教育部高等学校电子信息类专业教学指导委员会规划教材

高等学校电子信息类专业系列教材·新形态教材

数字图像处理

使用Python分析与实现

蔡利梅　编著

清华大学出版社

北京

内 容 简 介

本书系统介绍了数字图像处理理论和技术的基本概念、原理、方法和 Python 实现,内容全面,重视实践,便于学习。

全书共分为 12 章,内容包括绪论、数字图像处理基础、图像基础性运算、图像的正交变换、图像增强、图像复原、图像的数学形态学处理、彩色图像处理、图像分割、图像描述与分析、特征检测与匹配,以及图像编码,涵盖了数字图像处理的核心内容。本书配以教学课件、Python 程序代码、微课视频、实验指导、思维导图及教学建议等数字资源,便于读者学习和掌握数字图像处理的算法理论、程序实现。

本书可以作为高等学校信息与通信工程、信号与信息处理、电子、计算机、遥感等专业本科生或研究生的教材或参考书,也可以作为工程技术人员和从事相关研究与应用的人员的参考用书。

图书在版编目(CIP)数据

数字图像处理:使用 Python 分析与实现/蔡利梅编著. -- 北京:清华大学出版社,
2025.4. --(高等学校电子信息类专业系列教材). -- ISBN 978-7-302-68789-4

Ⅰ. TN911.73

中国国家版本馆 CIP 数据核字第 2025C931F8 号

策划编辑:盛东亮
责任编辑:范德一
封面设计:李召霞
责任校对:王勤勤
责任印制:刘 菲

出版发行:清华大学出版社
   网 址:https://www.tup.com.cn,https://www.wqxuetang.com
   地 址:北京清华大学学研大厦 A 座 邮 编:100084
   社 总 机:010-83470000 邮 购:010-62786544
   投稿与读者服务:010-62776969,c-service@tup.tsinghua.edu.cn
   质量反馈:010-62772015,zhiliang@tup.tsinghua.edu.cn
   课件下载:https://www.tup.com.cn,010-83470236
印 装 者:三河市铭诚印务有限公司
经 销:全国新华书店
开 本:185mm×260mm 印 张:22.75   字 数:584 千字
版 次:2025 年 5 月第 1 版   印 次:2025 年 5 月第 1 次印刷
印 数:1~1500
定 价:69.00 元

产品编号:106648-01

前 言
PREFACE

数字图像处理是利用计算机对图像进行变换、增强、复原、分割、压缩、分析、理解的理论、方法和技术，是现代信息处理的研究热点。数字图像处理技术发展迅速，应用领域越来越广泛，对国民经济、社会生活和科学技术等方面产生了巨大的影响。

数字图像处理技术的学习和应用，离不开计算机仿真和实验。目前的教材多是采用MATLAB仿真，随着Python语言的应用越来越广泛，利用Python对数字图像进行处理的需求逐渐增大。因此，本书在讲解数字图像处理算法原理后，利用Python语言和OpenCV、NumPy、SciPy、Matplotlib等扩展库进行程序设计，便于移植以及和后续处理衔接。

本书共分为12章，内容包括绪论、数字图像处理基础、图像基础性运算、图像的正交变换、图像增强、图像复原、图像的数学形态学处理、彩色图像处理、图像分割、图像描述与分析、特征检测与匹配，以及图像编码，这些内容涵盖了数字图像处理的重点。

本书配以教学课件、Python程序代码、微课视频、实验指导、思维导图及教学建议等数字资源，便于读者学习和掌握数字图像处理的算法理论、程序实现。除算法配套程序外，本书还在第3章、第5章、第7章和第8章设计了综合实例，以加深读者对处理算法的综合理解，提高读者的实践能力。每章安排有具体的习题以及实践题目，读者可以根据需要选做。

本书由蔡利梅编写，在编写过程中参考了大量图像处理的文献、仿真工具的文档资料，再次对这些文献资料的作者表示真诚的感谢。

由于编者学识水平有限，书中不足之处敬请读者不吝指正。

编　者
2025年2月

全书思维导图

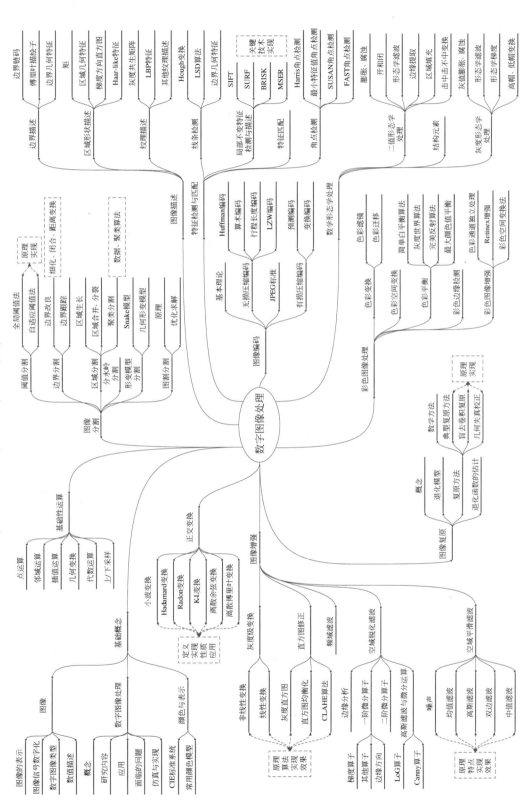

教学建议
TEACHING SUGGESTIONS

本教材为人工智能、计算机、信息、自动化、遥感等专业"数字图像处理"课程教材,理论授课学时数为 32 学时,实验课时 8 学时,不同专业根据不同的教学要求和计划教学时数可酌情对教材内容进行适当取舍。

教 学 内 容	学习要点及要求	课时安排
第 1 章 绪论	➤ 理解数字图像的基本概念和表示; ➤ 掌握数字图像处理的基本概念、研究内容; ➤ 熟悉常用数字图像处理仿真工具; ➤ 了解数字图像处理面临问题及应用	2
第 2 章 数字图像处理基础	➤ 了解人眼的视觉特性,了解与之相关的图像处理应用; ➤ 理解颜色的表示,掌握常用的颜色模型; ➤ 掌握图像的数字化及数字图像的类型、数值描述,能根据需要灵活转换图像类型; ➤ 熟悉图像处理中的常见概念	2
第 3 章 图像基础性运算	➤ 理解点运算、邻域运算的概念; ➤ 掌握插值运算的原理及实现; ➤ 掌握图像的几何变换的原理及实现; ➤ 掌握图像的代数运算及实现; ➤ 理解上采样和下采样的概念、方法及实现	2
第 4 章 图像的正交变换	➤ 掌握图像的 DFT 的定义、实现、性质及在图像处理中的应用; ➤ 掌握图像的 DCT、Radon 变换的定义、实现及在图像处理中的应用; ➤ 了解 K-L 变换、小波变换的含义及在图像处理中的应用	4
第 5 章 图像增强	➤ 掌握图像的线性、非线性灰度变换,能够分析不同变换的效果,能根据要求设计变换函数; ➤ 掌握图像的直方图的概念,均衡化原理及实现,理解限制对比度自适应直方图均衡化方法的原理及关键技术; ➤ 熟悉图像中的噪声分类、特点,能够给图像添加噪声; ➤ 掌握图像的空间域平滑滤波方法,包括均值、中值、高斯、双边滤波,掌握原理、方法特点及实现; ➤ 理解图像中的边缘特点及检测方法,掌握图像锐化的一阶微分算子、二阶微分算子的原理及实现; ➤ 掌握高斯滤波与微分运算的结合,即 LoG 算子和 Canny 算子的原理及实现; ➤ 理解频域滤波的思路,了解常用滤波,理解照度-反射模型,理解同态滤波的原理及实现	8

续表

教 学 内 容	学习要点及要求	课时安排
第6章 图像复原	➢ 掌握图像退化模型,理解图像复原的含义; ➢ 理解图像退化函数的估计; ➢ 掌握图像复原的代数方法; ➢ 理解常用的图像复原方法的原理及实现	可选,2
第7章 图像的数学形态学 处理	➢ 掌握图像的数学形态学基本概念; ➢ 掌握基本形态变换——膨胀、腐蚀、开、闭运算; ➢ 掌握二值图像的形态学处理方法及实现; ➢ 掌握灰度图像的形态学处理方法及实现	3
第8章 彩色图像处理	➢ 能灵活应用不同的色彩空间实现图像的处理; ➢ 掌握 Retinex 增强; ➢ 掌握彩色边缘检测的思路; ➢ 理解色彩平衡的含义,了解色彩平衡算法	2
第9章 图像分割	➢ 掌握图像分割基本概念; ➢ 掌握阈值分割原理、方法及实现; ➢ 理解边界分割的概念,了解边界改良的思路; ➢ 理解区域分割的含义,理解聚类分割的关键技术; ➢ 掌握分水岭分割原理、特点及实现; ➢ 了解形变模型分割、图割分割	3 (可选讲部 分内容)
第10章 图像描述与分析	➢ 理解边界描述的含义、方法,掌握常用的边界几何特征的计算; ➢ 理解区域形状描述的含义、方法,掌握常用区域几何特征的计算; ➢ 掌握 HOG 特征的计算及实现,理解 Haar-like 特征的含义; ➢ 理解纹理描述的含义、方法,掌握灰度共生矩阵法和 LBP 特征的原理、 特点及实现	2 (可选讲部 分内容)
第11章 特征检测与匹配	➢ 理解角点检测的含义、方法; ➢ 掌握 Harris 角点检测的原理、特点及实现,理解 SUSAN、FAST 角点 检测思路; ➢ 掌握 Hough 变换的原理、实现,理解 LSD 算法; ➢ 掌握 SIFT、SURF 的关键技术,了解 SIFT、SURF 特征向量的生成; ➢ 理解 BRISK、MSER 描述子的含义; ➢ 理解特征匹配的含义及关键技术	4 (可选讲部 分内容)
第12章 图像编码	➢ 理解图像压缩编码的基本理论; ➢ 掌握 Huffman 编解码的原理及实现,理解算术编码、行程长度编码、 LZW 编码的原理; ➢ 掌握预测编码、变换编码的原理; ➢ 掌握 JPEG 标准的编码过程、关键技术及实现; ➢ 了解 JPEG 2000 标准	可选,4
案例分析与复习		可选,2
实验	➢ 图像基础变换; ➢ 图像增强; ➢ 图像分割与描述; ➢ 图像综合处理	可选,8
总计		32～40＋8

目 录

CONTENTS

视频目录

VIDEO CONTENTS

第 1 章

CHAPTER 1

绪　　论

本章思维导图

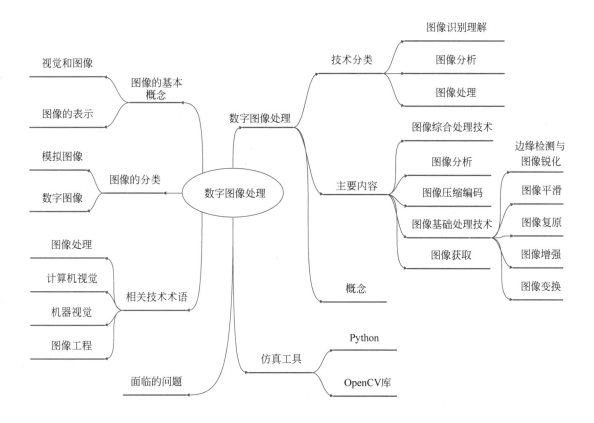

图像作为一种重要的信息载体,越来越深刻地影响人们的生活和工作。随着这些影响的深化,利用计算机对图像信号进行加工处理的数字图像处理技术逐渐发展并得到广泛应用,已经成为现代信息处理的关键技术。本章介绍了图像的基本概念、数字图像处理的研究内容和应用,分析了数字图像处理面临的问题,简要介绍了相关术语和常用的图像处理仿真工具。

1.1　图像的基本概念

图像信号是人类重要的信息来源,是数字图像处理的目标信号。本节简要介绍图像的相关概念及表示。

1.1.1　视觉与图像

视觉是人类观察世界和认知世界的重要手段,人类从外界获得的信息绝大部分是由视觉获取的。图像是视觉信息的重要表现方式,是对客观事物的相似、生动的描述。人的视觉系统十分完善,灵敏度高,作用距离远,传播速度快,再加上大脑的思维和联想能力,使得图像信息具有直观形象、信息量大、利用率高的特点;而且,除了可见光以外,红外线、紫外线、微波、X射线等非可见光也能够成像。图像技术拓展了人类视觉,可见光与非可见光成像如图1-1所示。

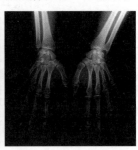

(a) 可见光成像　　　　　　　　(b) 红外成像　　　　　　　　(c) X射线成像

图 1-1　可见光与非可见光成像

1.1.2　图像的表示

从信息论角度来看,图像是一种二维信号,可以用二维函数 $f(x,y)$ 来表示,其中,x、y 是空间坐标,$f(x,y)$ 是点(x,y)的幅值。

视频又称动态图像,是多帧位图的有序组合,可以用三维函数 $f(x,y,t)$ 表示,其中,x、y 是空间坐标,t 为时间变量,$f(x,y,t)$ 是 t 时刻那一帧上点(x,y)的幅值。

图像可以分为两种类型:模拟图像和数字图像。

模拟图像是指通过客观的物理量表现颜色的图像,如照片、底片、印刷品、画等,其空间坐标值 x 和 y 连续,在每个空间点(x,y)的光强也连续,无法用计算机处理。对模拟图像进行数字化得到数字图像,才可以用计算机存储和处理。

数字图像由有限的元素组成,每一个元素的空间位置(x,y)和强度值 f 都被量化成离散的数值,这些元素称为像素。因此,数字图像是具有离散值的二维像素矩阵,能够存储在计算机存储器中,如图1-2所示。

图1-2(a)的白色方框内有8行8列共64个像素,每一点有不同的颜色值;图1-2(b)中用8×8个小方块表示这64个像素,每个方块的颜色和对应像素颜色一致;图1-2(c)是对应

  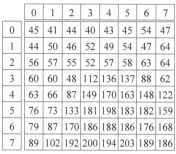

	0	1	2	3	4	5	6	7
0	45	41	44	40	43	45	54	47
1	44	50	46	52	49	54	47	64
2	56	57	55	52	57	58	63	64
3	60	60	48	112	136	137	88	62
4	63	66	87	149	170	163	148	122
5	76	73	133	181	198	183	182	159
6	79	87	170	186	188	186	176	168
7	89	102	192	200	194	203	189	186

(a) 一幅数字图像　　　(b) 8×8像素子块　　　(c) 8×8子块像素值

图 1-2　数字图像数据形式示意图

64 个像素的数值(其具体含义见第 2 章)。可以看出,数字图像就是一个二维的像素矩阵。

1.2　数字图像处理

数字图像处理(Digital Image Processing)是利用计算机对图像进行降噪、增强、复原、分割、提取特征等的理论、方法和技术,是信号处理的子类,相关理论涉及通信、计算机、电子、数学、物理等多个学科,已经成为一门发展迅速的综合性技术。

1.2.1　数字图像处理的主要内容

1. 图像获取

图像获取是指通过某些成像设备,将物体表面的反射光或通过物体的折射光转换成电压,然后在成像平面形成图像,通常需要经过模数转换实现数字图像的获取。获取图像的相关成像器件有电荷耦合器件(Charge-Coupled Device,CCD)图像传感器、互补金属氧化物半导体器件(Complementary Metal Oxide Semiconductor,CMOS)图像传感器、电荷注入器件(Charge-Injected Device,CID)图像传感器及其他一些特定场所应用的成像设备,也有一些非光学获取图像的方式,可看相关参考资料。

2. 图像基础处理技术

图像基础处理技术指目的单一的处理技术,包括图像变换、图像增强、图像平滑、边缘检测与图像锐化以及图像复原等。

1) 图像变换

图像变换是对图像进行某种正交变换,将空间域中的图像信息转换到如频域、时频域等变换域。经过变换后,图像信息的表现形式发生变化,某些特征会突显出来,方便后续处理,如低通滤波、高通滤波、变换编码等。图像变换常用的正交变换有离散傅里叶变换、离散余弦变换、K-L(Karhunen-Loeve)变换、离散小波变换等,不同变换具有不同的特点及应用。

2) 图像增强

图像增强的目的是将一幅图像中的有用信息(即感兴趣的信息)进行增强,同时将无用信息(即干扰信息或噪声)进行抑制,以提高图像的可观察性。根据增强目的的不同,图像增强技术涵盖对比度增强、图像平滑及图像锐化。

传统的图像对比度增强方法有灰度变换、基于直方图的增强等。随着技术的发展,一些新型技术被用于增强处理,如模糊增强、基于人类视觉的增强等。增强处理也被用于特定情形下的图像,并衍生出一系列的新方法,如去雾增强、低照度图像增强等。

3）图像平滑

图像在获取、传输和存储过程中常常会受到各种噪声的干扰和影响,使图像质量下降,对分析图像不利。图像平滑是指通过抑制或消除图像中存在的噪声来改善图像质量的处理方法。

4）边缘检测与图像锐化

边缘检测是指通过计算局部图像区域的亮度差异,检测出不同目标或场景各部分之间的边界,是图像锐化、图像分割、区域形状特征提取等技术的重要基础。图像锐化的目的是加强图像中景物的边缘和轮廓,突出或增强图像中的细节。

5）图像复原

图像复原是将退化了的图像的原有信息复原,以达到清晰化的目的。图像复原是图像退化的逆过程,通过估计图像的退化过程,建立数学模型并补偿退化过程造成的失真。根据退化产生原因的不同,采用不同图像复原方法可使图像变得清晰。

3. 图像压缩编码

图像压缩编码是指利用图像信号的统计特性和人类视觉的生理及心理特性,改变图像信号的表示方式,达到降低数据量的目的,以便存储和传输。图像编码的主要方法有统计编码、变换编码、预测编码、混合编码及一些新型编码方法。

经过多年的研究,行业内已经制定了若干图像编码标准,如针对静态图像编码的 JPEG、JPEG 2000 标准,针对实时视频通信应用的 H.26x 系列标准,针对视频数据、广播电视和视频流的网络传输的 MPEG 系列标准,低比特率视频标准 H.264 以及新一代国际视频编解码标准等。

4. 图像分析

图像分析包含图像分割、图像描述与分析两部分内容。

1）图像分割

图像分割是指把一幅图像分成不同的区域,以便进一步分析或改变图像的表示方式,如卫星图像中分成工业区、住宅区、森林等;人脸检测中需要分割人脸等。由于图像内容的复杂性,利用计算机实现图像自动分割是图像处理中最困难的问题之一,没有一种分割方法适用于所有问题。经验表明,实际应用中需要结合众多方法,根据具体的领域知识确定方案。

2）图像描述与分析

图像描述与分析是计算并提取图像中感兴趣目标的关键数据,用更加简洁、明确的数值和符号表示,突出重要信息并降低数据量,以便计算机对图像进行识别和理解,是数字图像处理系统中不可缺少的环节。

5. 图像综合处理技术

随着图像处理研究和应用的发展,除了上述基础处理技术之外,逐渐出现并发展了多种综合处理技术,如图像匹配、图像融合、图像检索、目标检测与跟踪、图像水印、立体视觉等。这些图像处理技术的实现,常常需要多种基础处理技术的综合应用,属于较高层次的图像处理。

1）图像匹配

图像匹配是指针对不同时间、不同视角或不同拍摄条件下的同一场景的两幅或多幅图像,寻找它们之间在某一特性上的相似性,建立图像间的对应关系,以便进行对准、拼接、计算相关参数等操作,应用需求广泛。根据考虑特性的不同,匹配方法可以分为基于灰度的匹配和基于特征的匹配。

2)图像融合

图像融合是信息融合的一个分支,通过算法将两幅或多幅图像合成为一幅新图像,最大限度地获取目标场景的各种特征信息描述,以增强和优化后续的显示和处理。

3)图像检索

随着多媒体技术的迅猛发展,图像数据增长惊人。图像检索指的是能够快速、准确地查找访问图像的技术,包括基于内容的图像检索和基于特征的图像检索。

4)图像水印

图像水印技术是利用数据嵌入的方法将特定意义的标记隐藏在数字图像产品中,来辨识数据的版权或实现内容认证、防伪及隐蔽通信,是多媒体信息安全的内容之一。

5)立体视觉

立体视觉是仿照人类利用双目线索感知距离的方法来实现对三维信息的感知。在实现上采用基于三角测量的方法,运用两个或多个摄像机对同一景物从不同位置成像,并进而从视差中恢复距离,重建三维场景。

6)目标检测与跟踪

目标检测是搜索图像中感兴趣的目标并获得目标的客观信息。目标跟踪是根据当前运动信息估计和预测运动目标的运动趋势,以便为后续识别提供信息。目标检测与跟踪主要面向动态图像序列。

1.2.2 数字图像处理技术的分类

数字图像处理技术一般分为三个层次:图像处理、图像分析及图像识别理解。

图像处理是指对输入图像进行变换,改善图像的视觉效果或增强某些特定信息(见图1-3),是从图像到图像的处理过程。这类处理技术有降噪、增强、锐化、色彩处理、复原等。

(a) 原图   (b) 增强图像

图 1-3 图像处理的增强示例

图像分析通过对图像中相关目标、相关内容进行检测和计算,获取某些客观信息,从而建立对图像的描述,以便对图像内容进行识别理解(见图1-4)。图像分析是从图像到非图像(数据或符号)的处理过程,这类处理技术包括图像分割、图像描述和分析等。

图像识别理解是利用模式识别的方法和理论,根据从图像中提取出的数据理解图像内容。常采用的方法有经典的统计模式分类方法、支持向量机及人工神经网络等。从技术上来说,图像识别理解属于机器学习及模式识别技术范围。

本书主要讲解图像处理和分析方面的相关技术、原理和方法。

```
status =
    Contrast:0.6303
    Correlation:0.7874
    Energy: 0.0901
    Homogeneity:0.7628
```

(a) 原图　　　　　　(b) 计算出的纹理参数

图 1-4　图像分析示例(含义见第 10 章)

1.2.3　数字图像处理的应用

数字图像处理技术诞生于 20 世纪 50 年代,随着计算机技术的发展,数字图像处理也逐渐形成了完整的体系。近几年来,数字图像处理技术在各个领域得到广泛应用,对工业生产、日常生活产生巨大的影响。下面介绍部分典型应用。

1. 航空航天技术方面

这方面的应用主要是在飞机遥感和卫星遥感技术中,主要用于地形地质、矿藏、森林、水利、海洋、农业等资源调查,自然灾害预测预报,环境污染监测,气象卫星云图处理及地面军事目标的识别等。

2. 工业生产方面

图像处理技术在产品检测、工业探伤、自动流水线生产和装配、自动焊接、印制电路板(Printed Circuit Board,PCB)检查以及各种危险场合的生产自动化方面得到大量应用,加快了生产速度,保证了质量的一致性,还可以避免因人的疲劳、注意力不集中等带来的误判。

3. 生物医学方面

计算机断层扫描(Computed Tomography,CT)、核磁共振断层成像、超声成像、计算机辅助手术、显微医学操作等医学图像处理技术在医疗诊断中发挥着越来越重要的作用,医学图像处理、分析、识别、判读等都广泛地应用图像处理技术,实现自动处理、分析与识别,降低目视判读工作量,提高检验精度。

4. 军事公安方面

图像处理技术应用于巡航导弹制导、无人驾驶飞机飞行、自动行驶车辆、移动机器人、精确制导及自动巡航捕获目标和确定距离等方面,既可避免人的参与及由此带来的危险,也可提高精度和速度。此外,各种侦察照片的判读、公安业务图片的判读分析、指纹识别、人脸鉴别、不完整图片的复原、交通监控、事故分析等,利用图像处理技术拓展了刑侦手段。

5. 文化娱乐方面

数字图像处理技术在视频画面的数字编辑、动画制作、电子图像游戏设计、工艺品设计、服装设计与制作、发型设计、文物资料照片的复制和修复、依据头骨的人像复原等方面的应用中卓有成效,成为一种独特的美术工具,也给人们的生活带来巨大的视觉享受。

总之,图像处理技术的应用范围十分广泛,并且随着技术的发展,应用的广度及深度也不断加大。图 1-5 是数字图像处理的部分应用展示。

(a) 运动员动作分析   (b) 机器视觉

(c) 医学应用   (d) 自动驾驶   (e) 遥感应用

图 1-5 数字图像处理的部分应用展示

1.3 数字图像处理面临的问题

前面列举了不少图像处理的应用,但是,由于图像信号的特殊性,在实际应用中也面临着许多的问题,真正实现起来受到许多制约,需要在学习中注意。

1. 图像的多义性

三维场景被投影为二维图像,则深度和不可见部分的信息丢失,因而会出现不同形状的三维物体投影在图像平面上产生相同图像的问题;同时不同视角获取同一物体的图像也会有很大的差异,导致获取的图像存在多义性。

2. 环境因素的影响

图像受到场景中诸多因素的影响,如照明、物体形状、表面颜色、摄像机以及空间关系变化等。任何一个因素发生变化时,在人类视觉看来还是同样的场景,但对计算机来讲,数据发生了很大的变化,进而会影响到数字图像处理的各个环节。同一场景环境对图像的影响如图 1-6 所示,三幅图像的拍摄角度、空间位置、照明情况略有变化,人工判断是同一个场景,但计算机读取的数据截然不同。

图 1-6 同一场景环境对图像的影响

3. 图像数据量大

图像的数据量很大,例如,一幅未压缩的 1024×768 的真彩色 24 位图像,存储每个像素需

3 字节(见第 2 章),总的大小为 $1024 \times 768 \times 3B \approx 2.3MB$；如果处理的是图像序列,则数据量更大。巨大的数据量给存储、处理、传输带来了很多问题。

研究人员致力于图像压缩技术的研究,目前已有多种很好的压缩方法及压缩标准,经过压缩的图像在保证质量的情况下大幅度降低了数据量,同时得益于计算机软硬件技术的发展,保证了图像的存储和传输。但是,随着图像技术越来越广泛的应用,信息逐渐膨胀,图像的大数据量对于图像处理的实时性要求依然是巨大的挑战。

1.4　相关术语

随着图像处理技术的发展,应用也越来越广,因而衍生出不同的专业术语,在此进行简要的区别介绍。

1. 图像处理

图像处理一词一般有狭义和广义两种理解方式。狭义的图像处理即数字图像处理技术的第一层,属于信息预处理技术,输入图像,输出的是调整了视觉效果或增强了某些信息的图像。而广义的图像处理则涵盖了从预处理到图像识别理解的整个过程,是相关处理技术的一个统称。

2. 计算机视觉

计算机视觉是使计算机具有通过一幅或多幅图像认知周围环境信息的能力,由相关的理论和技术,根据感测到的图像对实际物体和场景作出有意义的判定,是人工智能技术的分支。实际上包括了图像预处理以及识别理解。

3. 机器视觉

机器视觉建立在计算机视觉理论基础上,在许多情况下,两个术语是一样的。不过对于工业应用,常用的术语是机器视觉。机器视觉是一门综合技术,包括图像处理、机械工程技术、控制、光学成像、数字视频技术、计算机软硬件技术等。

4. 图像工程

图像工程是各种与图像有关技术的总称,包括图像处理、图像分析和图像理解三个层次及对图像技术的综合应用。

从以上介绍可以看出,这些不同术语的核心技术都是处理并理解图像信息,因应用环境不同,语义的侧重点也不同。

1.5　图像处理仿真

在正式实现图像处理之前,先进行计算机模拟或仿真,将其中核心的算法进行验证、调试和优化。在仿真实验以后,将其结果再放到计算机平台或其他硬件平台去运行调试。

1. 仿真环境与工具简介

本书所有例程使用环境管理工具 Anaconda 和集成开发环境 PyCharm 开发,Anaconda 的版本为 Anaconda Navigator 2.6.0,PyCharm 的版本为 PyCharm Community Edition 2024.1。程序中主要用到 OpenCV、NumPy、SciPy、Matplotlib 库,个别案例采用了 Pillow、Scikit-image 库,小波变换采用 PyWavelets 实现。

Anaconda 是开源的 Python 发行版本和环境管理器,集成了包括 Conda、Python 在内的大量工具库,支持包括 NumPy、OpenCV、TensorFlow 等常用人工智能开发库的环境配置。可以通过访问 Anaconda 官网下载适用的安装包进行安装,或通过国内的开源软件镜像网站下载。

PyCharm 是一种 Python 集成开发环境,带有一整套可以帮助用户提高开发效率的工具,如代码调试、语法高亮、项目管理、代码跳转、智能提示、代码自动补全、版本控制等。PyCharm 有 Professional 和 Community 两个版本。与 PyCharm Community 相比,PyCharm Professional 具有科学工具、Web 开发、Python Web 框架、Python 分析器、远程开发、支持数据库与 SQL 等更多高级功能,是一款商业软件;PyCharm Community 功能相对较少,是一款免费软件。可以通过访问 PyCharm 官网下载适用的安装包进行安装。

OpenCV(Open Source Computer Vision Library)是一个开源的跨平台计算机视觉和机器学习软件库,拥有 2500 多种优化算法,具有 C++、Python、Java 和 MATLAB 接口,并支持 Windows、Linux、Android 和 macOS 操作系统。目前版本为 V4.10.0,于 2024 年 6 月 3 日发布。更多的内容可以访问 OpenCV 官网获取。

NumPy 是使用 Python 进行数据计算的开源软件库,创建于 2005 年,可高效存储和处理矩阵,提供了大量的数学函数库,运算便利。本书例程建立在 NumPy 库中的数组、矩阵运算上,对于各种函数的详细内容可以访问 NumPy 官网进行学习。

SciPy 是建立在 NumPy 基础上的开源的高级科学计算库,拥有丰富的数学计算、数理统计、线性代数、优化计算、信号处理等方面的功能函数,应用广泛,更多详细内容请访问 SciPy 官网获取。

Matplotlib 是 Python 中实现可视化的绘图库,由神经生物学家 John Hunter 创建,已经应用于各种不同的领域。本书例程结果图通过 Matplotlib 库函数绘制。更多的内容可以访问 Matplotlib 官网获取。

Scikit-image 是基于 Python 的图像处理函数库,建立在 NumPy、SciPy 基础上,更多的内容可以访问 Scikit-image 官网获取。

Pillow 是基于 Python 的图像处理库,PyWavelets 是基于 Python 的小波变换库。

2. OpenCV 安装与环境配置

在本书例程中,图像处理算法主要采用 OpenCV 函数实现,在设计、运行程序前,需要对 OpenCV 进行安装与环境配置。

通过 Anaconda 安装 OpenCV 主要有两类方式:在线安装和本地安装。如果采用在线安装,首先在 Anaconda 中新建一个 Python 环境(在 Anaconda 主界面左侧选择 Environments,单击界面中部左下角的 Create 按钮新建 Python 环境),然后在新环境中安装 OpenCV(在未安装库列表中搜索 OpenCV,选中 OpenCV 并单击右下角的 Apply 按钮,在弹出的安装包列表界面中单击 Apply 进行安装)。

如果网络状态不佳,可以选择本地安装。首先访问 OpenCV 官网或国内的镜像网站,下载对应版本的安装包。然后打开 Anaconda 的 Environments,单击新环境右侧的"▶",选择 Open Terminal 打开命令行工具,定位安装包所在目录,输入指令"pip install 安装包文件名"进行安装。

打开 PyCharm,选择 New Project 进入新项目创建界面,在 Location 中指定项目的存放位置,在 Interpreter type 选项组中选择 Custom environment,在 Environment 选项组中选择 Select existing,在 Type 中选择 Conda。创建好新项目后即可开始编写程序。

习题

1.1　什么是图像？图像可以分成哪些类别？有哪些特点？

1.2　数字图像处理的主要内容是什么？主要方法有哪些？

1.3　结合个人经历，举例说明一种图像处理技术及其在日常生活中的应用。

1.4　查阅资料，试说明数字图像成像器件、图像输入输出设备及其原理。

1.5　观看一个视频游戏、电视或电影片断，思考数字图像技术如何用于产生特殊视觉效果。

1.6　观察一项图像处理技术在日常生活中的应用，分析其关键技术。

1.7　熟悉 Python 语言，熟悉仿真环境。

第 2 章

数字图像处理基础

本章思维导图

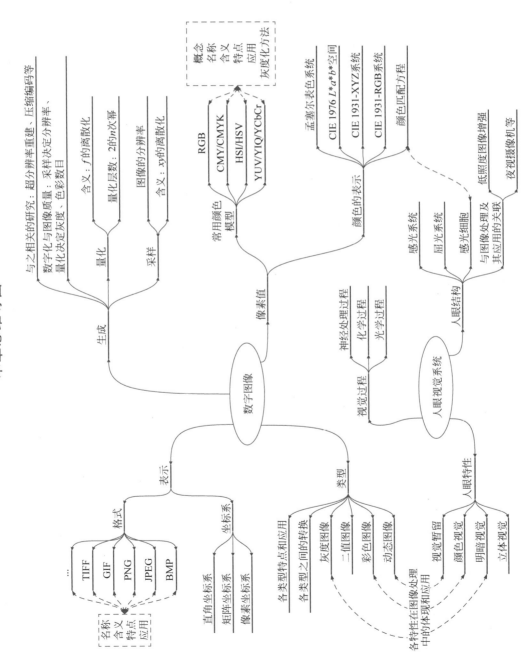

数字图像处理是一门综合性的技术,涉及物理、数学、电子、信息处理等多个领域。本章讲解与数字图像处理密切相关的基本概念和基础知识,主要包括人眼视觉系统、色度学基础与颜色模型、数字图像的生成与表示、图像类型转换。本章可为后续更好地学习各种图像处理算法奠定基础。

2.1 人眼视觉系统

许多图像处理技术的目的是改善图像的视觉质量,这常常需要利用人眼视觉系统的特性;而人眼视觉系统也往往给图像处理技术以启发,所以,需要对人眼视觉系统有一定的了解。本节对人眼视觉系统的基本构造、视觉过程和视觉特性进行介绍。

2.1.1 人眼基本构造

人的视觉系统由眼球、神经系统和大脑的视觉中枢构成,人眼球的断面图如图 2-1 所示。

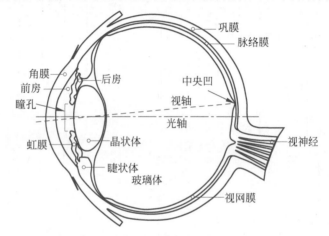

图 2-1 人眼球的断面图

眼球直径约 24mm,大部分眼球壁由三层膜组成:外层保护着眼的内部,前部称为角膜,后部称为巩膜;中层包括虹膜、睫状体和脉络膜;内层为视网膜。眼球内部主要有晶状体和玻璃体。虹膜中央的圆孔是瞳孔,控制进入眼睛内部的光通量。睫状体位于虹膜后,其内部有睫状肌,可以调节晶状体曲率。角膜和虹膜之间、虹膜和晶状体之间充满水样透明液体,这种液体由睫状体产生,称为房水。

角膜、房水、晶状体、玻璃体是折射率不同的光学介质,属于屈光系统,作用是将不同远近的物体清晰地成像在视网膜上。

视网膜是人眼的感光系统,将光能转换并加工成神经冲动,经视神经传入大脑中的视觉中枢,从而产生视觉。视网膜由三层细胞组成,由外到内依次为感光细胞、双极细胞和神经节细胞。每一层均不只包含一类细胞。

视网膜第一层为感光细胞层,距离玻璃体最远,包括锥体细胞和杆体细胞两种视细胞,以它们的形状命名。锥体细胞感光灵敏度低,有 3 种类型(详见 2.1.4 节),对入射的辐射有不同的频谱响应,是颜色视觉的基础。杆体细胞感光灵敏度高,分辨细节能力低,不感受颜色,仅提供视野的整体视像。

视网膜第二层为双极细胞层。双极细胞一端与视细胞连接,另一端与神经节细胞连接。

一般情况下,每一个锥体细胞都与一个双极细胞连接,因此,在光亮条件下,每一锥体细胞能够清晰地分辨外界对象的细节。而多个杆体细胞只连接一个双极细胞,因此在黑暗条件下,通过多个杆体细胞对外界微弱刺激的总和作用,能得到高的感光灵敏度。

视网膜第三层是神经节细胞层,距离玻璃体最近,主要含有神经节细胞,与视神经连接。视神经穿过眼球后壁进入脑内的视觉中枢。

光线由角膜进入眼球到达视网膜,先通过视网膜的第三层和第二层,最后才到达锥体细胞和杆体细胞。

视网膜中央部位有一个呈黄色的锥体细胞密集区,直径为 2~3mm,称为黄斑。黄斑中央有一凹窝,称为中央凹,是视觉最敏锐的地方,锥体细胞的密度在中央凹处最大。在视网膜中央的黄斑部位和中央凹大约 3° 视角范围内主要是锥体细胞,几乎没有杆体细胞;由里向外锥体细胞急剧减少,而杆体细胞逐渐增多。在距离中央凹 20° 的地方,杆体细胞的数量最大。在距中央凹约 4mm 的鼻侧,为视神经纤维及视网膜中央动脉和静脉所通过,此处没有视细胞,称为盲点。

2.1.2 视觉过程

视觉过程从光源发光开始,光通过场景中的物体反射进入作为视觉感官的左右眼睛,并同时作用在视网膜上引起光感觉,光刺激在视网膜上,经神经处理产生的神经冲动沿视神经纤维传出眼睛,通过视觉通道传到大脑皮层进行处理,并最终引起视知觉。整个视觉过程可以分为3 个过程:光学过程、化学过程和神经处理过程。

光学过程由人眼实现光学成像过程,基本确定了成像的尺寸。

化学过程与人眼视网膜中的感光细胞有关,基本确定了成像的亮度或颜色。锥体细胞和杆体细胞均由色素分子组成,可吸收光。当入射光增加,受到照射的视网膜细胞数量也增加,色素的化学反应增强,从而产生更强的神经元信号。

神经处理过程是在大脑神经系统里进行的转换过程。每个视网膜接受单元都通过突触与一个神经元细胞相连,每个神经元细胞借助于其他的突触与其他细胞连接,从而构成光神经网络。光神经进一步与大脑中的侧区域连接,并到达大脑中的纹状皮层,对光刺激产生的响应进行一系列处理,最终形成关于场景的表象,进而将对光的感觉转换为对景物的知觉。

人眼在观察景物时,从物体反射光到光信号传入大脑神经,经过屈光、感光、传输、处理等一系列过程,从而产生物体大小、形状、亮度、颜色、运动、立体等感觉。

2.1.3 明暗视觉

明暗视觉是指与光的刺激强度(即光的亮度因子)有关的视觉。本节主要介绍人眼明暗视觉方面的两大特性:人眼的亮度适应特性;主观亮度和客观亮度的非线性关系特性。

1. 人眼的亮度适应

亮度是视觉中最基本的信息。人的视觉系统有很大的亮度适应范围,在照度为 10^5 lx(勒克司,法定符号 lx,照度单位,为距离光强为 1cd(坎德拉)的光源 1m 处的照明强度)的直射日光下和照度为 0.0003lx 的夜晚都能看到物体。但人眼并不能同时在这么大范围内工作,是靠改变它的具体敏感度来实现亮度适应的:一是通过改变瞳孔大小来调节光量,调节范围是10~20 倍;二是通过明暗视觉转换来适应。

在光亮条件下,即亮度 3cd/m² 以上时(亮度分界点有不同说法),锥体细胞起作用,称为明视觉。当亮度达到 $10\mathrm{cd/m^2}$ 以上时可以认为完全是锥体细胞起作用。在暗条件下,亮度达到 $0.001\mathrm{cd/m^2}$ 以下时,杆体细胞起作用,称为暗视觉。杆体细胞能感受微光的刺激,但不能分辨颜色和细节。在明视觉和暗视觉之间的亮度水平下,称为中间视觉,锥体细胞和杆体细胞共同起作用。

亮度适应包括暗适应和明适应,使得眼睛能够在极宽的光照范围内(10^{10} 量级)工作。暗适应是指眼睛从亮处进入暗处时,一开始几乎看不见任何物体,一段时间内逐渐恢复视觉的现象。暗适应过程中人眼瞳孔放大,以增加射入眼内的光能;人眼由锥体细胞起作用转变成杆体细胞起作用。明适应则是指从暗处进入亮处,感觉光线刺眼,一段时间后恢复正常的现象。在明适应时间段内,瞳孔缩小,以减少射入眼内的光能;同时人眼由杆体细胞起作用转变为锥体细胞起作用。

2. 马赫带效应和同时对比度

亮度是一种外界辐射的物理量在视觉中反映出来的心理物理量,感觉亮度(主观亮度)与实际亮度之间呈非线性关系。这种非线性关系在马赫带效应和同时对比度中有所体现。

马赫带效应如图 2-2 所示。图 2-2(a)给出两块亮度不同的均匀区域,在两块区域边界处亮度突变,但感觉在亮度变化的边界附近的暗区和亮区中,分别存在一条更黑和更亮的条带,称为马赫(Mach)带。图 2-2(b)有多个不同亮度块,每个边界处都有很明显的马赫带效应。

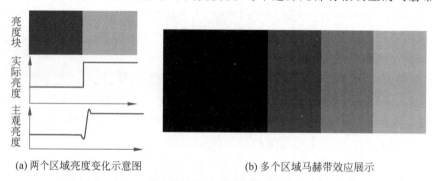

(a) 两个区域亮度变化示意图　　　　　(b) 多个区域马赫带效应展示

图 2-2　马赫带效应

同时对比度如图 2-3 所示,4 个相同亮度的小方块,放在不同亮度的背景下,感觉小方块亮度不一样,暗背景下的小方块要亮一些,亮背景下的小方块要暗一些。

图 2-3　同时对比度

2.1.4　颜色视觉

颜色视觉,是指可见光谱的辐射能量作用于人的视觉器官所产生的颜色感觉,又称色觉。本节介绍颜色视觉的原理及颜色恒常性和色适应两个特性。

1. 光感受细胞与颜色

人眼除了对光有明暗亮度的分辨力外,还能分辨颜色。实验证明,人眼视网膜上含有三种不同类型的锥体细胞,三种锥体细胞中分别含有三种不同的视色素,具有不同的光谱敏感性。

实验测得三种视色素的光谱吸收峰值分别在 440～450nm、530～540nm、560～570nm 处,称这三种视色素为亲蓝、亲绿和亲红视色素。外界光辐射进入人眼时被三种锥体细胞按它们各自的吸收特性所吸收,细胞色素吸收光子后引起光化学反应,视色素被分解漂白,同时触发生物能,引起视神经活动。视色素的漂白程度及产生的生物能的大小与此类锥体细胞吸收的光子数量有关,光子数越多,则漂白程度越高。人体对不同色彩的感觉,就是不同的光辐射对三种视色素不同程度的漂白的综合结果。人眼的明亮感觉是三种锥体细胞提供的亮度之和。

实验证明杆体细胞只有一种,它含有视紫红色素,其光谱吸收峰值在 500nm 左右,暗视觉条件下只有杆体细胞起作用,仅由视紫红色素吸收光子,所以暗视觉时不能分辨颜色,只有明亮感觉。杆体细胞中视紫红色素的合成需要维生素 A 的参与,所以缺乏维生素 A 的人常有夜盲症。

视网膜中央凹部位与边缘部位锥体细胞和杆体细胞的分布不同,由中央向边缘过渡,锥体细胞减少,杆体细胞增多,对颜色的分辨能力逐渐减弱,直到对颜色感觉消失。

2. 颜色恒常性

颜色恒常性(Color Constancy)是指当外界条件发生变化后,人们对物体表面颜色的知觉仍然保持不变。物体的颜色不是由入射光决定的,而是由物体本身的吸收、反射属性决定的。某一个特定物体,由于环境(尤其特指光照环境)的变化,该物体表面的反射谱会有不同,人类的视觉识别系统能够识别出这种变化,并能够判断出该变化是由光照环境的变化而产生的,从而认为该物体表面颜色是恒定不变的。例如,白天阳光下的煤块反射出来的光亮的绝对值比夜晚的白雪反射出来的还大,但仍然感觉白雪是白色的,煤块是黑色的。

3. 色适应

人眼对某一色光适应后再观察另一物体的颜色时,不能立即获得客观的颜色印象,而是带有原适应色光的补色成分,经过一段时间适应后才会获得客观的颜色感觉,这就是色适应的过程。如图 2-4 所示,盯着图 2-4(a)中间的深色点,持续十几秒,转移目光到白色背景,则看到如图 2-4(b)所示的图像。这一诱导出的补色时隐时现,直到最后完全消失,这就是色适应现象,其生理过程和亮度适应类似,是外界环境变化时三种锥体细胞各自调节其灵敏度导致的。

(a) 原图   (b) 补色图

图 2-4 色适应示例

2.1.5 立体视觉

立体视觉是指从二维视网膜像中获得三维视觉空间,也就是获得物体的深度距离等信息。人类并没有专门用来感知距离的器官,对空间的感知一是依靠视力,二是借助于一些外部客观条件和自身机体内部条件。

人对空间场景的深度感知主要依靠双目视觉实现,每只眼睛的视网膜上各自形成一个独立的视像,由于双眼相距约 65mm,两个视像相当于从不同角度观察,因而两眼视像不同,即双眼视差。双眼视差和物体的深度之间存在有一定的关系,从而可以感知距离,产生立体视觉。单目视觉也可以提供深度距离信息,刺激物本身的一些物理条件,通过观察者的经验和学习,在一定条件下也可以成为感知深度和距离的线索,如物体大小、照明变化、物体的遮挡等。

机体自身也可以提供一些感知深度信息的线索,如通过眼肌调节晶状体以在视网膜上获得清晰视像,这种调节活动提供了有关物体距离的信息;在观看远近不同的物体时,两眼视轴要完成一定的辐合运动,将各自的中央凹对准物体,将物体映射到视网膜感受性最高的区域,控制视轴辐合的眼肌运动也能给大脑提供关于物体距离的信息。

立体视觉是数字图像处理的一个研究方面,也是机器视觉的重要研究内容,其核心的研究思路就是仿照人类利用双目线索感知距离的方法实现对三维信息的感知,在实现上采用基于三角测量的方法,运用两个或多个摄像机对同一景物从不同位置成像,进而从视差中恢复距离。

2.1.6　视觉暂留

人眼在观察景物时,光信号传入大脑神经,需经过一段短暂的时间,光的作用结束后,视觉形象并不立即消失,这种残留的视觉称"后像",视觉的这一现象则被称为"视觉暂留"。

人眼对于不同频率的光有不同的暂留时间,主要是感光细胞中的色素反应需要一定时间导致的。视觉暂留是动态图像产生的原因,其具体应用是电影的拍摄和放映。

人眼视觉系统是一个很复杂的系统,除了能够产生明暗、颜色、立体等视觉信息,还可以感知形状、运动等信息,甚至是产生视错觉,本节只是介绍了跟后续图像处理技术结合比较紧密的相关知识,要对人眼视觉系统有更进一步的了解请参阅相关参考资料。

2.2　色度学基础与颜色模型

若要将颜色转变为数字量,必须解决它的定量度量问题,但是,颜色是光作用于人眼引起的视觉特性,不是纯物理量,涉及观察者的视觉生理、心理、照明、观察条件等许多问题。颜色的测量和定量描述是色度学的研究内容,但颜色是图像的基础,理解了颜色的概念才能准确理解图像数据的含义,因此,学习图像处理首先要了解颜色的相关知识。本节主要介绍 CIE(国际照明委员会)色度学的基础知识,主要包括颜色的表示和相关计算,详细地介绍在以后学习和研究中常用的一些概念和模型。

2.2.1　颜色匹配

颜色匹配是指混合基本颜色,将混合色和待测颜色调节到视觉上相同,以便用基本颜色数量表示待测颜色。用于颜色混合以产生任意颜色的三种颜色称为三原色,三原色中任何一种颜色不能由其余两种原色相加混合得到。通常相加混色中用红、绿、蓝三种颜色为三原色。

1. 颜色匹配实验

颜色匹配实验是色度学中最基本的心理物理学实验。实验方法如图 2-5 所示。图的左方是一块白色屏幕,上下用一黑挡屏隔开,红、绿、蓝三原色光照射白色屏幕的上半部,待测色光照射白色屏幕的下半部,并通过小孔观察上下两种颜色。调节上方三原色光的强度,使混合色和待测色在视觉上相同。所看到的视场如图 2-5 中的右下方所示。

视场小孔内的颜色称为孔色,中间有分界线。当视场两部分光颜色相同时,分界线消失,认为待测光的光色与三原色的混合光色达到色匹配。视场外周一圈色光是背景,在视场两部分光色达到匹配后,改变背景光,两个颜色始终保持匹配(颜色匹配恒常律)。

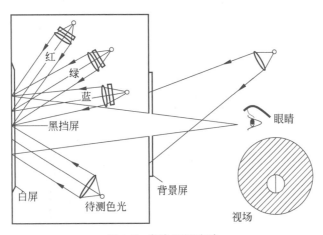

图 2-5 颜色匹配实验

2. 三刺激值和色品图

颜色匹配实验中,当颜色匹配时,可用如下公式表示:

$$C(C) \equiv R(R) + G(G) + B(B) \tag{2-1}$$

式中,"≡"代表视觉上相等,即颜色相互匹配;(C)代表被匹配颜色单位;(R)、(G)、(B)代表产生混合色的红、绿、蓝三原色单位;C 代表被匹配色数量;R、G、B 分别代表三原色红、绿、蓝数量,称为"三刺激值"。一种颜色与一组 RGB 值相对应,两种颜色只要 RGB 数值相同,颜色感觉就相同。

三原色各自在 R+G+B 总量中的相对比例称为色品坐标,用符号 r、g、b 来表示,公式如下:

$$\begin{cases} r = R/(R+G+B) \\ g = G/(R+G+B) \\ b = B/(R+G+B) \end{cases} \tag{2-2}$$

由于 r+g+b=1,所以 b=1-r-g,实质上只有两个独立量。

以色品坐标 r、g、b 表示的平面图称为色品图,如图 2-6 所示。三角形三个顶点对应于三原色(R)、(G)、(B),横坐标为 r,纵坐标为 g。标准白光(W)的三刺激值为 R=G=B=1,所以,它的色品坐标为 r=g=1/3。

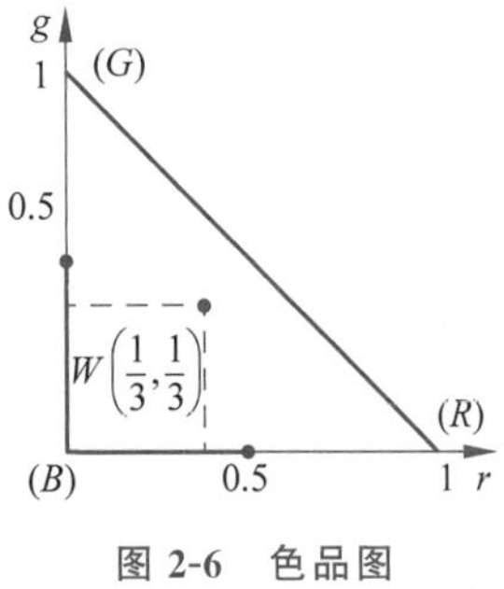

3. 光谱三刺激值

在颜色匹配实验中,将待测色光设为某一种波长的单色光(亦称为光谱色),可得到对应于各种单色光的三刺激值。将各单色光的辐射能量值都保持为相同(称为等能光谱),所得到的三刺激值称为"光谱三刺激值",即匹配等能光谱色的三原色数量。光谱三刺激值又称为颜色匹配函数,其数值只取决于人眼的视觉特性。

任何颜色的光都可以看成是不同单色光混合而成的,所以光谱三刺激值能作为颜色色度计算的基础。

图 2-6 色品图

2.2.2 CIE 1931-RGB 系统

颜色匹配方程和计算任一颜色的三刺激值都必须测得人眼的光谱三刺激值,将辐射光谱与人眼颜色特性相连。实验证明不同观察者视觉特性有差异,但正常颜色视觉的人的差异不大,故可根据一些观察者的颜色匹配实验,确定一组匹配等能光谱色的三原色数据——"标准色度观察三刺激值"。

由于选用的三原色不同及确定三刺激值单位的方法不一致,因而数据无法统一。CIE综合了莱特(W. D. Wright)和吉尔德(J. Guild)颜色匹配实验结果,选择波长为700nm(红)、546.1nm(绿)、435.8nm(蓝)的三种单色光作为三原色,以相等数量的三原色刺激值匹配出等能白光(E光源),确定了三刺激值单位。700nm是可见光谱的红色末端,546.1nm和435.8nm为明显的汞谱线,三者都能比较精确地产生出来。

1931年,CIE定出匹配等能光谱色的RGB三刺激值,用$\bar{r}$、$\bar{g}$、$\bar{b}$表示,称为"CIE 1931-RGB系统标准色度观察者光谱三刺激值",简称"CIE 1931-RGB系统标准色度观察者",代表人眼2°视场的平均颜色视觉特性,这一系统称为"CIE 1931-RGB色度系统",如图2-7所示。在色品图中偏马蹄形曲线是所有光谱色色品点连接起来的轨迹,称为光谱轨迹。

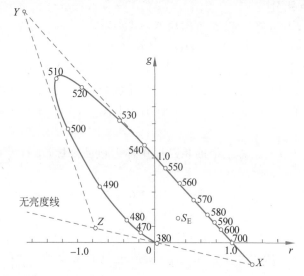

图2-7　CIE 1931-RGB系统色品图及(R)、(G)、(B)向(X)、(Y)、(Z)的转换

光谱三刺激值与光谱色色品坐标的关系为

$$\begin{cases} r = \dfrac{\bar{r}}{\bar{r} + \bar{g} + \bar{b}} \\[2mm] g = \dfrac{\bar{g}}{\bar{r} + \bar{g} + \bar{b}} \end{cases} \tag{2-3}$$

从图2-7可以看出,光谱三刺激值和光谱轨迹的色品坐标有很大一部分出现负值。其物理意义可从匹配实验的过程中来理解。当投射到半视场的某些光谱色用另一半视场的三原色来匹配时,不管三原色如何调节都不能使两视场颜色达到匹配,只有在光谱色半视场内加入适量的原色之一才能达到匹配,加在光谱色半视场的原色用负值表示,于是出现负色品坐标值。色品图的三角形顶点表示红(R)、绿(G)、蓝(B)三原色;负值的色品坐标落在原色三角形之外;在原色三角形以内的各色品点的坐标为正值。

2.2.3 CIE 1931 标准色度系统

CIE 1931-RGB 系统是通过实验得出的,可用于色度学计算,但计算中会出现负值,用起来不方便,又不易理解,故 1931 年 CIE 推荐了一个新的国际通用的色度系统:CIE 1931-XYZ 系统,由 CIE 1931-RGB 系统推导而来,其匹配等能光谱的三刺激值定名为"CIE 1931 标准色度观察者光谱三刺激值",简称为"CIE 1931 标准色度观察者"。

CIE 1931-XYZ 系统用三个假想的原色(X)、(Y)、(Z)建立了一个新的色度系统,系统中光谱三刺激值全为正值。因此选择三原色时,必须使三原色所形成的颜色三角形能包括整个光谱轨迹,即整个光谱轨迹完全落在 X、Y、Z 所形成的虚线三角形内。

CIE 1931 标准色度观察者的色品图是马蹄形的,假想的三原色(X)为红原色,(Y)为绿原色,(Z)为蓝原色。它们都落在光谱轨迹的外面,在光谱外面的所有颜色都是物理上不能实现的。光谱轨迹曲线以及连接光谱两端点的直线所构成的马蹄形内包括了一切物理上能实现的颜色。

RGB 系统向 XYZ 系统推导的过程就是假想三角形 XYZ 三条边 XY、XZ、YZ 方程确定的过程,如图 2-7 所示。规定 X、Z 两原色只代表色度,XZ 线称为无亮度线;光谱轨迹从 540nm 附近至 700nm,在 RGB 色品图上基本是一段直线,为 XY 边;YZ 边取与光谱轨迹波长 503nm 点相切的直线。

通过两个色度系统的坐标转换得到任意一种颜色新旧三刺激值之间的关系如下:

$$\begin{cases} X = 2.7689R + 1.7517G + 1.1302B \\ Y = 1.0000R + 4.5907G + 0.0601B \\ Z = 0 + 0.0565G + 5.5942B \end{cases} \tag{2-4}$$

颜色的色品坐标如下:

$$\begin{cases} x = X/(X+Y+Z) \\ y = Y/(X+Y+Z) \\ z = Z/(X+Y+Z) \end{cases} \tag{2-5}$$

色品图中心为白点(非彩色点),光谱轨迹上的点代表不同波长的光谱色,是饱和度最高的颜色,越接近色品图中心(白点),颜色的饱和度越低。围绕色品图中心不同角度的颜色色调不同。

图 2-8 中的 C 和 E 代表的是 CIE 标准光源 C 和等能白光 E。图 2-8 中越靠近 C 点或 E 点的颜色饱和度越低。

CIE 1931 标准色度观察者的数据适用于 2°视场的中央视觉观察条件(视场在 1°～4°范围内),主要是中央凹锥体细胞起作用。对极小面积的颜色观察不再有效;对于大于 4°视场的观察面积,另有 10°视场的"CIE 1964 标准色度观察者",可参看相关资料。

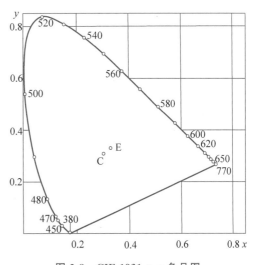

图 2-8　CIE 1931 x-y 色品图

2.2.4　CIE 1976 $L^*a^*b^*$ 均匀颜色空间

标准色度系统解决了用数量来描述颜色的问题,但不能解决色差判别的问题,因此,CIE做了大量的工作,对人眼的辨色能力进行了研究,寻找到不同的均匀颜色空间。所谓均匀颜色空间,指的是一个三维空间,每个点代表一种颜色,空间中两点之间的距离代表两种颜色的色差,相等的距离代表相同的色差。

1976 年,CIE 推荐了两个色空间及有关的色差公式,分别称为 CIE 1976 $L^*u^*v^*$ 色空间和 CIE 1976 $L^*a^*b^*$ 色空间,也可以简写为 CIE LUV 和 CIE LAB。CIE LUV 均匀颜色空间及色差公式主要应用于照明、CRT 和电视工业以及采用加色法混合产生色彩的行业;CIE LAB 主要应用于颜料和图像艺术工业,近代的颜色数码成像标准和实际应用也是用 CIE LAB。因此,本小节主要介绍 CIE 1976 $L^*a^*b^*$ 色空间及色差公式。

1. CIE 1976 $L^*a^*b^*$ 均匀颜色空间

CIE $L^*a^*b^*$ 均匀颜色空间的三维坐标如式(2-6)所示,其示意图如图 2-9 所示。

$$\begin{cases} L^* = 116 f(Y/Y_n) - 16 \\ a^* = 500[f(X/X_n) - f(Y/Y_n)] \\ b^* = 200[f(Y/Y_n) - f(Z/Z_n)] \end{cases} \tag{2-6}$$

式中,

$$\begin{cases} f(\alpha) = (\alpha)^{\frac{1}{3}}, & \alpha > (24/116)^3 \\ f(\alpha) = \alpha 841/108 + 16/116, & \alpha \leqslant (24/116)^3 \end{cases},且 \alpha = \frac{X}{X_n}, \frac{Y}{Y_n}, \frac{Z}{Z_n}$$

其中,X、Y、Z 为颜色的三刺激值;X_n、Y_n、Z_n 为指定的白色刺激的三刺激值,多数情况下为 CIE 标准照明体照射在完全漫反射体上,再经过完全漫反射面反射至观察者眼中的白色刺激的三刺激值,其中 $Y_n = 100$。

式(2-6)的逆运算如下:

$$\begin{cases} f(Y/Y_n) = (L^* + 16)/116 \\ f(X/X_n) = a^*/500 + f(Y/Y_n) \\ f(Z/Z_n) = f(Y/Y_n) - b^*/200 \end{cases} \tag{2-7}$$

式中,

$$\begin{cases} \beta = \beta_n [f(\beta/\beta_n)]^3, & f(\beta/\beta_n) > 24/116 \\ \beta = \beta_n [f(\beta/\beta_n) - 16/116] \cdot 108/841, & f(\beta/\beta_n) \leqslant 24/116 \end{cases},且 \beta = X, Z$$

$$\begin{cases} Y = Y_n [f(Y/Y_n)]^3, & f(Y/Y_n) > 24/116 \text{ 或 } L^* > 8 \\ Y = Y_n [f(Y/Y_n) - 16/116] \cdot 108/841, & f(Y/Y_n) \leqslant 24/116 \text{ 或 } L^* \leqslant 8 \end{cases}$$

2. CIE 1976 $L^*a^*b^*$ 色差公式

$L^*a^*b^*$ 颜色色差示意图如图 2-10 所示,色差公式如下:

$$\begin{aligned} \Delta E_{ab}^* &= [(L_1^* - L_2^*)^2 + (a_1^* - a_2^*)^2 + (b_1^* - b_2^*)^2]^{\frac{1}{2}} \\ &= [(\Delta L^*)^2 + (\Delta a^*)^2 + (\Delta b^*)^2]^{\frac{1}{2}} \end{aligned} \tag{2-8}$$

式中，ΔE_{ab}^{*} 是两个颜色的色差，ΔL^{*} 为明度差；Δa^{*} 为红绿色品差（a^{*} 轴为红绿轴），Δb^{*} 为黄蓝色品差（b^{*} 轴为黄蓝轴）。

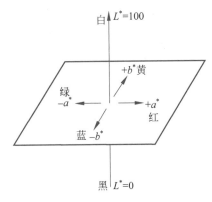

图 2-9　$L^{*}a^{*}b^{*}$ 均匀颜色空间示意图

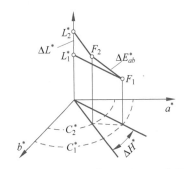

图 2-10　$L^{*}a^{*}b^{*}$ 颜色色差示意图

CIE 又定义了心理彩度 C^{*} 和心理色相角 H^{*}，它们与心理明度 L^{*} 共同构成了与孟塞尔圆柱坐标相对应的心理明度（L^{*}）、彩度（C^{*}）和色相角（H^{*}）圆柱坐标体系。计算方法如下：

$$\begin{cases} L^{*} = 116(Y/Y_n)^{\frac{1}{3}} - 16 \\ C_{ab}^{*} = [(a^{*})^2 + (b^{*})^2]^{1/2} \\ H_{ab}^{*} = \arctan(b^{*}/a^{*}) \end{cases} \tag{2-9}$$

色调差为

$$\Delta H_{ab}^{*} = [(\Delta E_{ab}^{*})^2 - (\Delta L^{*})^2 - (\Delta C_{ab}^{*})^2]^{1/2} \tag{2-10}$$

CIE 1976 $L^{*}a^{*}b^{*}$ 色空间也不是完善的知觉均匀色空间，因而在 1976 年以后提出许多改进 CIE LAB 色差公式的方案，例如 CMC（l：c）色差公式、BFD 色差公式、CIE DE2000 色差公式等，可参看相关资料。

2.2.5　孟塞尔表色系统

CIE 色度系统通过三刺激值来定量地描述颜色，这一表色系统称为混色系统。混色系统的颜色可用数字量表示、计算和测量，是应用心理物理学的方法表示在特定条件下的颜色量，但三刺激值和色品坐标不能与人的视觉所能感知的颜色三属性（明度、色调和饱和度）直接关联。

孟塞尔表色系统是由美国美术家孟塞尔（A. H. Munsell）在 20 世纪初建立的一种表色系统，已成为美国国家标准协会和美国材料测试协会的颜色标准，是目前世界公认最重要的表色系统之一，中国颜色体系及日本颜色标准将其作为参考。

孟塞尔表色系统用一个三维空间模型将各种表面色的三种视觉特性（明度、色调、饱和度）全部表示出来。在立体模型中，每一个点代表着一种特定的颜色，其中颜色饱和度用孟塞尔彩度表示，并按色度、明度、彩度的次序给出一个特定的颜色标号。各标号的颜色都用一种着色物体（如纸片）制成颜色卡片，按标号次序排列起来，汇编成颜色图册。

1. 孟塞尔明度（Value）

孟塞尔颜色立体的中心轴代表由底部的黑色到顶部白色的非彩色系列的明度值，称为孟塞尔明度，以符号 V 表示。孟塞尔明度值由 0～10 共分为 11 个在视觉上等距（等明度差）的等级。

理想黑色 V＝0，理想白色 V＝10。实际应用中由于理想的白色、黑色不存在，所以只用到

1~9 级。

2. 孟塞尔彩度(Chroma)

在孟塞尔色立体中,颜色的饱和度以离开中央轴的距离来表示,称为孟塞尔彩度,表示这一颜色与相同明度值的非彩色之间的差别程度,以符号 C 来表示。

3. 孟塞尔色调(Hue)

孟塞尔色调是以围绕色立体中央轴的角位置来代表的,以符号 H 表示。

孟塞尔色立体水平剖面上以中央轴为中心,将圆周等分为 10 部分,排列着 10 种基本色调组成色调环。孟塞尔色立体的某一色调面如图 2-11 所示,孟塞尔色立体的色调分布示意图如图 2-12 所示。

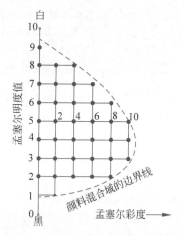

图 2-11　孟塞尔色立体的某一色调面

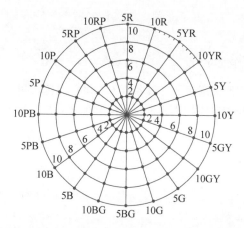

图 2-12　孟塞尔色立体的色调分布示意图

色调环上的 10 种基本色调中,有红(R)、黄(Y)、绿(G)、蓝(B)、紫(P)5 个主要色调,黄红(YR)、绿黄(GY)、蓝绿(BG)、紫蓝(PB)、红紫(RP)5 个中间色调,10 个色调的正色赋予数值5。每一种色调再细分成 10 个等级,从 1 到 10,并规定每种主要色调和中间色调的标号均为5,孟塞尔色调环共有 100 个刻度(色调)。色调值 10 等于下一个色调的 0。

2.2.6　常用颜色模型

颜色模型是为了不同的研究目的确立了某种标准,并按这个标准用基色表示颜色。一般情况下,一种颜色模型用一个三维坐标系统和系统中的一个子空间来表示,每种颜色是这个子空间的一个单点。颜色模型也称为色彩空间。

CIE 在进行大量的色彩测试实验的基础上提出了一系列的颜色模型对色彩进行描述,不同的颜色模型之间可以通过数学方法互相转换。

1. RGB 模型

CIE 规定以 700nm(红)、546.1nm(绿)、435.8nm(蓝)三个色光为三基色,又称为物理三基色。颜色可以用这三基色按不同比例混合而成,RGB 模型正是基于 RGB 三基色的颜色模型。

RGB 模型是一个正立方体形状,如图 2-13 所示。其中任一个点都代表一种颜色,含有 R、G、B 三个分量,每个分量均量化到 8 位,用 0~255 表示。坐标原点为黑色(0,0,0);坐标轴上的三个顶点分别为红(255,0,0)、绿(0,255,0)、蓝(0,0,255);另外三个坐标面上的顶点为紫(255,0,255)、青(0,255,255)、黄(255,255,0);白色在原点的对角点上;从黑到白的连线上,颜色 $R = G = B$ 的各点为不同明暗度的灰色,所以灰度图像也可以认为是各颜色 RGB

值相等的彩色图像。

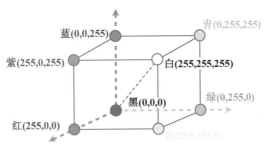

图 2-13　RGB 颜色模型

这个模型易于用硬件实现,通常应用于彩色监视器、摄像机等产品上。

2. CMY/CMYK 模型

这种模型基于相减混色原理,白光照射到物体上,物体吸收一部分光线,并将剩下的光线反射,反射光线的颜色即是物体的颜色。CMY 为"青色(Cyan)、品红(Magenta)、黄色(Yellow)"的缩写,是 CMY 模型的三基色,例如,白光照射到青色染料上,吸收了红色光,所以呈现出青色。CMY 三种染料混合,会吸收所有可见光,产生黑色,但实际产生的黑色不纯,因此,在 CMY 基础上,加入黑色,形成 CMYK 彩色模型。

CMY 模型运用于大多数在纸上沉积彩色颜料的设备,如彩色打印机和复印机。

在计算机中表示颜色,通常采用 RGB 数据,而彩色打印机要求输入 CMYK 数据,所以要进行一次 RGB 数据向 CMY 数据的转换,这一变换可以表示为

$$\begin{cases} K = \min(1-R, 1-G, 1-B) \\ C = (1-R-K)/(1-K) \\ M = (1-G-K)/(1-K) \\ Y = (1-B-K)/(1-K) \end{cases} \tag{2-11}$$

3. HSI 与 HSV 模型

HSI 模型基于孟塞尔表色系统,它反映了人的视觉系统感知彩色的方式,以色调(Hue)、饱和度(Saturation)和亮度(Intensity 或 Brightness)三种基本特征量来表示颜色。

色调与光波的波长有关,它表示人的感官对不同颜色的感受,如红色、绿色、蓝色等,它也可表示一定范围的颜色,如暖色、冷色等。

饱和度表示颜色的纯度,纯光谱色是完全饱和的,加入白光会稀释饱和度。饱和度越大,颜色看起来就会越鲜艳。

强度对应成像亮度和图像灰度,是颜色的明亮程度。

将图 2-13 所示立方体沿着主对角线进行投影,得到图 2-14(a)所示的六边形。在这个表示方法中,原来沿着颜色立方体对角线的灰色现在都投影到中心点,而红色点则位于右边的角上,绿色点位于左上角,蓝色点则位于左下角。图 2-14(b)所示的 HSI 模型称为双六棱锥的三维颜色表示法。

图 2-14 中将前述立方体(见图 2-13)的对角线看成一条竖直的强度轴 I,表示光照强度或称为亮度,用来确定像素的整体亮度,不管其颜色是什么。沿锥尖向上,由黑到白。

色调(H)反映了该颜色最接近什么样的光谱波长,在模型中,红绿蓝三条坐标轴平分 $360°$：$0°$ 为红色,$120°$ 为绿色,$240°$ 为蓝色。任一点 P 的 H 值是圆心到 P 的向量与红色轴的夹角。$0°\sim240°$ 覆盖了所有可见光谱的颜色,$240°\sim300°$ 是人眼可见的非光谱色(紫)。

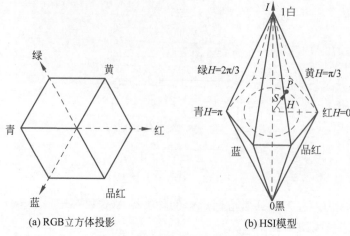

(a) RGB立方体投影　　　　　(b) HSI模型

图 2-14　HSI 模型双六棱锥表示

饱和度（S）是指一种颜色被白色稀释的程度，与彩色点 P 到色环圆心的距离成正比，距圆心越远，饱和度越大。在环的外围圆周是纯的或称饱和的颜色，其饱和度值为 1；在中心是中性（灰）影调，即饱和度为 0。

当强度 $I=0$ 时，色调 H、饱和度 S 无定义；当 $S=0$ 时，色调 H 无定义。

若用圆表示 RGB 模型的投影，则 HSI 色度空间可用三维双圆锥表示。HSI 模型也可用圆柱来表示。

HSI 颜色模型的特点：I 分量与图像的彩色信息无关，而 H 和 S 分量与人感受颜色的方式紧密相连。由于人的视觉对亮度的敏感程度远强于对颜色浓淡的敏感程度，在模型中将亮度与色调、饱和度分开，避免颜色受到光照明暗等条件的干扰，仅仅分析反映色彩本质的色调和饱和度，简化图像分析和处理工作，比 RGB 模型更为便利。因此，HSI 颜色模型被广泛应用于计算机视觉、图像检索、视频检索等领域。

HSI 颜色模型和 RGB 颜色模型只是同一物理量的不同表示法，因而它们之间存在着转换关系，采用几何推导法可以得到下列公式。

RGB 转换为 HSI 的公式如下：

$$\begin{cases} I = \dfrac{1}{3}(R+G+B) \\[2mm] S = \begin{cases} 0, & I=0 \\[2mm] 1 - \dfrac{3}{R+G+B}[\min\{R,G,B\}], & I \neq 0 \end{cases} \\[4mm] H = \begin{cases} \theta, & G \geqslant B \\ 2\pi - \theta, & G < B \end{cases}, \quad \theta = \arccos\left[\dfrac{[(R-G)+(R-B)]}{2\sqrt{(R-G)^2+(R-B)(G-B)}}\right] \end{cases} \tag{2-12}$$

HSI 转换为 RGB 的公式如下：

当 $0° \leqslant H < 120°$ 时：

$$\begin{cases} R = I[1+S\cos(H)/\cos(60°-H)] \\ G = 3I-R-B \\ B = I(1-S) \end{cases}$$

当 $120° \leqslant H < 240°$ 时：

$$\begin{cases} R = I(1-S) \\ G = I[1+S\cos(H-120°)/\cos(180°-H)] \\ B = 3I-R-G \end{cases}$$

当 $240° \leqslant H < 360°$ 时：
$$\begin{cases} R = 3I - G - B \\ G = I(1-S) \\ B = I[1 + S\cos(H - 240°)/\cos(300° - H)] \end{cases} \quad (2\text{-}13)$$

与 HSI 相似的颜色模型还有 HSV 模型和 HSL 模型，其中 HSV 模型应用较多。

HSV 中的 H、S 的含义和 HSI 中的含义相同，V 是明度。与 HSI 不一样的是，HSV 一般用下六棱锥、下圆锥或圆柱表示，其底部是黑色，$V=0$；顶部是纯色，$V=1$，如图 2-15 所示。

HSV 和 RGB 之间的转换按式(2-14)进行：

$$\begin{cases} S = \begin{cases} 0, & V = 0 \\ C/V, & \text{其他} \end{cases} \\ V = \max(R,G,B) \\ H = \begin{cases} \text{未定义}, & C = 0 \\ 60° \times [(G-B)/C \bmod 6], & \max(R,G,B)=R \\ 60° \times [(B-R)/C + 2], & \max(R,G,B)=G \\ 60° \times [(R-G)/C + 4], & \max(R,G,B)=B \end{cases} \end{cases}$$
$$(2\text{-}14)$$

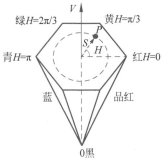

图 2-15　HSV 模型六棱锥表示

其中，$C = \max(R,G,B) - \min(R,G,B)$。

HSV 转换为 RGB 的公式如下：

$$(R,G,B) = \begin{cases} (\alpha,\alpha,\alpha), & H \text{ 未定义} \\ (\beta,\gamma,\alpha), & 0 \leqslant H' \leqslant 1 \\ (\gamma,\beta,\alpha), & 1 \leqslant H' \leqslant 2 \\ (\alpha,\beta,\gamma), & 2 \leqslant H' \leqslant 3 \\ (\alpha,\gamma,\beta), & 3 \leqslant H' \leqslant 4 \\ (\gamma,\alpha,\beta), & 4 \leqslant H' \leqslant 5 \\ (\beta,\alpha,\gamma), & 5 \leqslant H' \leqslant 6 \end{cases} \quad (2\text{-}15)$$

式中，$H' = H/60°$，$C' = V \times S$，$X = C' \times (1 - |H' \bmod 2 - 1|)$，$\alpha = V - C'$，$\beta = C' + \alpha$，$\gamma = X + \alpha$。

4. YIQ 模型

YIQ 模型被北美的电视系统所采用，属于 NTSC(National Television Standards Committee)系统。模型中，Y 是提供黑白电视及彩色电视的亮度(Luminance)信号，即亮度(Brightness)，也就是图像的灰度值；I 指 In-phase，Q 指 Quadrature-phase，都指色调，描述色彩及饱和度，I 分量代表从橙色到青色的颜色变化，而 Q 分量则代表从紫色到黄绿色的颜色变化。

YIQ 颜色模型去掉了亮度信息与色度信息间的紧密联系，分别独立进行处理，在处理图像的亮度成分时不影响颜色成分。

YIQ 模型利用人的可视系统特点而设计，人眼对橙蓝之间颜色的变化(I)比对紫绿之间的颜色变化(Q)更敏感，传送 Q 可以用较窄的频宽。

RGB 颜色模型和 YIQ 模型之间可以用如下公式互相转换：

$$\begin{bmatrix} Y \\ I \\ Q \end{bmatrix} = \begin{bmatrix} 0.299 & 0.587 & 0.114 \\ 0.596 & -0.275 & -0.321 \\ 0.212 & -0.523 & 0.311 \end{bmatrix} \begin{bmatrix} R \\ G \\ B \end{bmatrix} \quad (2\text{-}16)$$

$$\begin{bmatrix} R \\ G \\ B \end{bmatrix} = \begin{bmatrix} 1 & 0.956 & 0.621 \\ 1 & -0.272 & -0.647 \\ 1 & -1.106 & 1.703 \end{bmatrix} \begin{bmatrix} Y \\ I \\ Q \end{bmatrix} \tag{2-17}$$

5. YUV 颜色模型

YUV 颜色模型则是被欧洲的电视系统所采用,属于 PAL(Phase Alteration Line)系统。U 和 V 也指色调,但和 I、Q 的表达方式不完全相同。

YUV 模型也是利用人的可视系统对亮度变化比对色调和饱和度变化更敏感而设计的,可以对 U、V 进行下采样,降低数据,同时不影响视觉效果。采样格式有 4∶2∶2(2∶1 的水平取样,没有垂直下采样)、4∶1∶1(4∶1 的水平取样,没有垂直下采样)、4∶2∶0(2∶1 的水平取样,2∶1 的垂直下采样)等。

RGB 颜色模型和 YUV 模型之间可以用如下公式互相转换:

$$\begin{bmatrix} Y \\ U \\ V \end{bmatrix} = \begin{bmatrix} 0.299 & 0.587 & 0.114 \\ -0.148 & -0.289 & 0.437 \\ 0.615 & -0.515 & -0.100 \end{bmatrix} \begin{bmatrix} R \\ G \\ B \end{bmatrix} \tag{2-18}$$

$$\begin{bmatrix} R \\ G \\ B \end{bmatrix} = \begin{bmatrix} 1 & 0 & 1.140 \\ 1 & -0.395 & -0.581 \\ 1 & 2.032 & 0 \end{bmatrix} \begin{bmatrix} Y \\ U \\ V \end{bmatrix} \tag{2-19}$$

6. YCbCr 模型

YCbCr 是作为 ITU-R BT. 601[International Telecommunication Union(国际电信联盟)、Radiocommunication Sector(无线电部)、Broadcasting Service Television(电视广播服务)]标准的一部分而制定,是 YUV 经过缩放和偏移的版本。YCbCr 的 Y 与 YUV 中的 Y 含义一致,代表亮度分量,Cb 和 Cr 与 U、V 同样都指色彩。

YCbCr 的计算过程如下:

模拟 RGB 信号转换为模拟 YPbPr,再转换为数字 YCbCr,如式(2-20)、式(2-21)所示。

$$\begin{cases} Y' = 0.299R' + 0.587G' + 0.114B' \\ P_b = (B' - Y')/k_b = -0.1687R' - 0.3313G' + 0.500B' \\ P_r = (R' - Y')/k_r = 0.500R' - 0.4187G' - 0.0813B' \end{cases} \tag{2-20}$$

$$\begin{cases} Y = 219 * Y' + 16 \\ C_b = 224 * P_b + 128 \\ C_r = 224 * P_r + 128 \end{cases} \tag{2-21}$$

式中,$k_r = 2(1 - 0.299)$,$k_b = 2(1 - 0.114)$。R'、G'、B' 是经过 Gamma 校正的色彩分量,归一化到 $[0,1]$ 范围,则 $Y' \in [0,1]$,而 P_b,$P_r \in [-0.5, 0.5]$,可得 $Y \in [16,235]$,C_b,$C_r \in [16,240]$。

YCbCr 转换为 RGB 的公式如下:

$$\begin{cases} R = \dfrac{255}{219}(Y - 16) + \dfrac{255}{224} \cdot k_r \cdot (C_r - 128) \\ G = \dfrac{255}{219}(Y - 16) - \dfrac{255}{224} \cdot k_b \cdot \dfrac{0.114}{0.587} \cdot (C_b - 128) - \dfrac{255}{224} \cdot k_r \cdot \dfrac{0.299}{0.587} \cdot (C_r - 128) \\ B = \dfrac{255}{219}(Y - 16) + \dfrac{255}{224} \cdot k_b \cdot (C_b - 128) \end{cases}$$

$$\tag{2-22}$$

2.3　数字图像的生成与表示

成像一般是通过某些成像设备,将物体表面的反射光或通过物体的透射光转换成电压,在成像平面生成图像。图像中目标的亮度取决于投影成目标的景物所受到的光照度、景物表面对光的反射程度及成像系统的特性。本节主要讲解图像信号的数字化及数字图像的类型,关于光的物理性质及成像设备请参看相关资料。

2.3.1　图像信号的数字化

模拟图像 $f(x,y)$ 是连续的,即空间位置和光强变化都连续,这种图像无法用计算机处理。将代表图像的连续(模拟)信号转变为离散数字信号,这一过程称为图像信号的数字化。

1. 采样

图像像素空间坐标 (x,y) 的离散化称为采样。图像是一种二维分布的信息,采样是在垂直和水平两个方向上进行。先沿垂直方向按一定间隔从上到下确定一系列水平线,顺序地沿水平方向直线扫描,取出各水平线上灰度值的一维扫描,然后再对一维扫描线信号按一定间隔采样得到离散信号。

对一幅图像采样时,若每行(即横向)像素为 M 个,每列(即纵向)像素为 N 个,则图像大小为 $M \times N$ 像素,也称图像的宽为 M,高为 N,如图 2-16 所示。

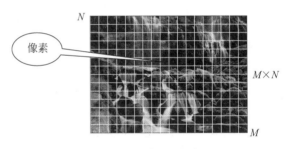

图 2-16　图像采样示例

图像采样要满足二维采样定理。图像是二维信号,认为水平方向上有一系列频率,垂直方向上有一系列频率,各自按照最大频率,依据 Nyguist 取样定理确定各自的采样频率。若水平和垂直方向的最大频率为 U_m 和 V_m,采样频率 U_0 和 V_0 需满足

$$U_0 \geqslant 2U_m, \quad V_0 \geqslant 2V_m \tag{2-23}$$

图像分辨率就是采样所获得的图像总像素的多少,可以用 $M \times N$ 表示,代表 M 列 N 行,如 2560×1920,因 $2560 \times 1920 = 4915200$,也称为 500 万像素分辨率。分辨率不一样,数字图像的质量也不一样,如图 2-17 所示。图 2-17(a)分辨率为 256×256,图 2-17(b)中从下到上分辨率依次为 128×128、64×64、32×32、16×16,随着图像分辨率的降低,图像的清晰度也随之下降。

(a) 分辨率256×256　　　　(b) 分辨率递减

图 2-17　不同分辨率的图像

生成图像时,分辨率要合适,分辨率太低会影响图像的质量,影响识别效果或测量不准确;分辨率太高则数据量大,处理图像需要花费较长的时间。

2. 量化

量化是指将各像素所含的明暗信息离散化后用数字来表示。一般的量化值为整数。

量化层数一般取为 2 的 n 次幂,充分考虑到人眼的识别能力之后,目前非特殊用途的图像均为 8 位量化,即量化层数为 2^8,采用 $0\sim255$ 的范围描述"从黑到白",0 和 255 分别对应亮度的最低和最高级别。

量化层数不一样,对应图像质量也不一样,如图 2-18 所示。

(a) 256级灰度　　　　　　(b) 16级灰度　　　　　　(c) 8级灰度

图 2-18　不同量化层数的图像

3 位以下的量化会出现伪轮廓现象。如果要求更高精度,可以增大量化分层,但编码时占用位数也会增多,数据量加大。

启发:

图像数字化时,希望数字图像数据量小而质量好,这是矛盾的要求:分辨率高,量化层数多,图像质量好,但数据量大;分辨率低,量化层数少,图像质量差,但数据量小。正如学习中的付出与收获:付出多,收获大;付出少,收获也少。

2.3.2　数字图像类型

经过采样和量化后,图像表示为离散的像素矩阵。根据量化层数的不同,每个像素的取值也表示为不同范围的离散取值,对应不同的图像类型。

1. 二值图像

二值图像是指每个像素取值为 0 或为 1 的数字图像,一般表示为黑白两色,如图 2-19 所示。

由于只有两种颜色,只能表示简单的前景和背景,二值图像一般不用来表示自然图像;但因其易于运算,多用于图像处理过程后期的图像表示,如用二值图像表示检测到的目标模板、进行文字分析、应用于一些工业机器视觉系统等。

2. 灰度图像

灰度图像中每个像素只有一个强度值,呈现黑、灰、白等色,如图 2-20 所示,图中共有 3×3 个像素,每个像素呈现强度不一的灰色,数值表示为 $0\sim255$ 的数。

图 2-19　二值图像

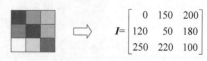

$$I=\begin{bmatrix} 0 & 150 & 200 \\ 120 & 50 & 180 \\ 250 & 220 & 100 \end{bmatrix}$$

图 2-20　灰度图像示例

灰度图像没有色彩,一般也不用于表示自然图像。因数据量较少,方便处理,很多图像处理算法都是面向灰度图像的,彩色图像处理的很多算法也是在灰度图像处理的基础上发展而来的。二值和灰度图像可以用一个二维矩阵表示,也称为单通道图像。

3. 彩色图像

彩色图像中每个像素值为包含三个分量的向量,分别为组成该色彩的 RGB 值。把一幅图像中各点的 RGB 分量对应提取出来,则转变为 3 幅灰度图像。图 2-21 所示为一幅 3×3 的彩色数字图像的 3 个色彩通道的数值,实际上是 3 幅灰度图像,如果颜色还含有透明信息,则称图像有 4 个通道:3 个色彩通道和透明信息通道。

$$\boldsymbol{R} = \begin{bmatrix} 255 & 240 & 240 \\ 255 & 0 & 80 \\ 255 & 0 & 0 \end{bmatrix} \quad \boldsymbol{G} = \begin{bmatrix} 0 & 160 & 80 \\ 255 & 255 & 160 \\ 0 & 255 & 0 \end{bmatrix} \quad \boldsymbol{B} = \begin{bmatrix} 0 & 80 & 160 \\ 0 & 0 & 240 \\ 255 & 255 & 255 \end{bmatrix}$$

图 2-21　彩色图像示例

在 Python 中,彩色图像用多维数组表示,如一般 RGB 图像用"高度×宽度×3"的三维数组表示。

彩色图像色彩丰富,信息量大,目前数码产品获取图像一般为彩色图像。

4. 动态图像

动态图像是相对于静态图像而言的。静态图像是指某个瞬间所获取的图像,是一个二维信号,前面所讲图像都是指静态图像。动态图像由一组静态图像按时间顺序排列组成,是一个三维信号 $f(x,y,t)$,其中 t 是时间。动态图像中的一幅静态图像称为一帧,这一帧可以是灰度图像,也可以是彩色图像。

由于人眼的视觉暂留特性(其时值是 1/24s),多帧图像顺序显示间隔 $\Delta t \leqslant 1/24s$ 时,产生连续活动视觉效果。动态图像的快慢由帧率(帧的切换速度)决定,电视的帧率在 NTSC 制式下是 30 帧/s,在 PAL 制式下是 25 帧/s。

动态图像作为多帧位图的组合,数据量大,一般要采用压缩算法来降低数据量。

5. 索引图像

索引图像实际上不是一种图像类型,而是图像的一种存储方式,涉及数据编码的问题。假设图像中有两种颜色,可以用 0 和 1 来表示,存储具体像素值则只需 1 位,具体的颜色数据(RGB 数据)则存放在调色板中,颜色编号(索引)分别为 0 和 1。再如 256 色的图像,调色板中存放 256 种颜色,索引为 0~255,图像数据区中存放每个像素的颜色索引值,读取图像数据时,根据得到的每个像素的颜色索引值,到调色板中找到相应的颜色,再进行显示。表 2-1 中列出了图像中颜色数目不同情况下的表示方式及像素值存储所需的位数(也称为深度)。

表 2-1　颜色数目与存储位数

颜 色 数 目	表 示 方 法	存 储 位 数
2	0、1	1
4	00、01、10、11	2
16	0000~1111	4
256	00000000~11111111	8
真彩色 24 位(无调色板)	00…0~11…1	24

2.3.3　数字图像的数值描述

数字图像的数值描述是用数值方式来表示一幅数字图像。量化值是整数,因此描述数字图像的矩阵一般是整数矩阵,为处理方便,也常常对量化值进行归一化,即变换到[0,1]范围内。

1. 常用的坐标系

数字图像是二维的离散信号,所以有一个坐标系定义上的特殊性。由于仿真工具多样、不同格式图像的表示方式不一样,因此,在不同的文献中数字图像所使用的坐标系也不统一,需要在编程和学习处理原理实例时注意。数字图像处理中常用的坐标系有矩阵坐标系、直角坐标系及像素坐标系三种,如图 2-22 所示。

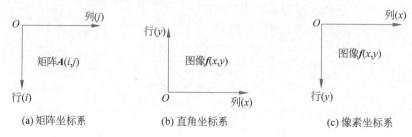

(a) 矩阵坐标系　　　　　(b) 直角坐标系　　　　　(c) 像素坐标系

图 2-22　图像表示常用的坐标系

1) 矩阵坐标系

矩阵按行列顺序定位数据。矩阵坐标系原点定位在左上角,矩阵 $A(i,j)$,i 表示行,垂直向下;j 表示列,水平向右。

2) 直角坐标系

直角坐标系坐标原点定位在左下角,一幅图像 $f(x,y)$,x 表示列,水平向右;y 表示行,垂直向上。BMP 图像数据存储时,从左下角开始,从左到右,从下到上,实际采用的就是直角坐标系表示方式。相关参考书中的部分原理是基于直角坐标系讲解的。

3) 像素坐标系

像素坐标系坐标原点在左上角,一幅图像 $f(x,y)$,x 表示列,水平向右;y 表示行,垂直向下。屏幕逻辑坐标系也是采用这种定位方式,相关参考书中对图像处理原理示例多采用像素坐标系。

在本书中,原理讲解采用像素坐标表达图像,而仿真示例基于 Python 软件,采用二维或多维数组表示,实际是矩阵坐标。

2. 数字图像的数据结构

数字图像的存储一般包括两部分:文件头和图像数据。文件头是图像的自我说明,一般包含图像的维数、类型、创建日期和某类标题,也可以包含用于解释像素值的颜色表或编码表(如 JPEG 文件),甚至包含如何建立和处理图像的信息。图像数据一般为像素颜色值或压缩后的数据。

图像压缩对于图像信号来讲十分重要。图像数据量大,许多格式提供了对图像数据的压缩,可以使图像数据减少到原来的 30%,甚至减少至 3%,具体压缩率取决于需要的图像质量和所用的压缩方法。压缩方法分为无损压缩和有损压缩,无损压缩方法在解压时能完全恢复出原始图像,而有损压缩则不能完全恢复原始图像。数字图像和符号数字信息不同,丢失或改变几位数字图像数据不会影响人或机器对图像内容的理解。

3. 常见数字图像格式

数字图像在通信、数据库和机器视觉中广泛应用,并且已经开发了标准格式以便不同的硬件和软件能共享数据,但在实际使用中,仍然有多种不同的图像格式在使用。下面介绍几种常见的图像格式:BMP、JPEG、GIF、TIFF 和 PNG。

这 5 种常见的图像文件格式,除 BMP 外,均采用了相应的压缩方法,图像显示时,需先解压缩,再把压缩后的数据还原为 RGB 数据。目前,图像处理的相关仿真软件和处理函数库中已经提供了相应的打开图像文件的函数,即使程序员不了解压缩方法,也可以通过调用函数直接实现数据的读取和解压,如 OpenCV 中的 imread 函数。尽管如此,了解各种不同图像文件格式,可以加深对图像信号的理解和实现对图像的灵活处理、应用。

1) BMP

BMP(Bitmap)格式由 Microsoft 公司开发,一般用于打印、显示图像。BMP 采用位映射存储格式,一般不采用压缩技术,因此,BMP 文件所占用的空间很大,不适合于网络传送。BMP 文件通常可保存的颜色深度有 1 位、8 位、24 位及 32 位(带 8 位的 Alpha 通道)。BMP 文件存储数据时,图像的扫描方式是从左到右、从下到上。在 Windows 环境中运行的图形图像软件都支持 BMP 格式图像。

OpenCV 中的 imread 函数可以读取 BMP、JPEG、TIFF 等多种格式的图像文件,imshow 函数显示图像,imwrite 函数存储图像。

```
cv.imread(filename[, flags]) -> retval
```

参数 filename 是用字符串表示的待读取的文件,读取当前目录下的图像文件时只需列出文件名,读取非当前目录下的图像文件时要包含文件路径;flags 指明打开文件的方式,其常用取值如表 2-2 所示。读取彩色图像时输出数据的三个色彩通道的顺序为 BGR。

表 2-2　imread 函数的 flags 参数常用取值

取　值	含　义
cv.IMREAD_UNCHANGED	不加改变,读取并输出原数据
cv.IMREAD_GRAYSCALE	转换图像为单通道的灰度图像
cv.IMREAD_COLOR	转换图像为三个色彩通道的 BGR 数据
cv.IMREAD_ANYDEPTH	如果深度为 16 位或 32 位,返回对应位数的数据,否则读出数据为 8 位

```
cv.imshow(winname, mat) -> None
```

参数 winname 指定显示图像的窗口名称;mat 是图像数据,8 位无符号数据直接输出,16 位无符号数据、[0,1] 的浮点数先映射到 [0,255],再输出。imshow 函数后需要调用 cv.waitKey 函数,指明窗口显示时间,参数为 0 表示直到按下任意键继续。

```
cv.imwrite(filename, img[, params]) -> retval
```

一般只有无符号 8 位单通道或三个色彩通道图像数据可以用 cv.imwrite 函数存储。

【例 2.1】 编写程序,读取 BMP 格式图像并显示。

解:程序如下。

```
import cv2 as cv
img_bgr = cv.imread('flower.bmp')
img_bi = cv.imread('bird.bmp')
img_gray = cv.imread('girl.bmp')
img_ind = cv.imread('pig.bmp')
cv.imshow("Color image", img_bgr)
cv.imshow("Binary image", img_bi)
cv.imshow("Grayscale image", img_gray)
cv.imshow("Indexed image", img_ind)
```

```
cv.waitKey()
cv.destroyAllWindows()
```

程序运行结果如图 2-23 所示。程序中打开的四幅图像分别为彩色图像、二值图像、灰度图像和索引图像,而 img_bgr、img_bi、img_gray、img_ind 都是三维数组,在不加限制的情况下,imread 函数将图像读取为彩色图像数据。

   (a) 彩色图像   (b) 二值图像   (c) 灰度图像   (d) 索引图像

图 2-23　读取不同类型的 BMP 图像

2) JPEG

JPEG(Joint Photographic Experts Group,联合图片专家组)是一种彩色静止图像国际压缩标准,用于彩色图像的存储和网络传送。JPEG 每个文件只有一幅图像,文件头能包含一幅相当于 64KB 未压缩字节的缩略图。JPEG 采用灵活但较复杂的有损压缩编码方案,常常能以 20:1 压缩一幅高质量图像而没有明显的图像失真,压缩的核心技术为 DCT(Discrete Cosine Transform,离散余弦变换)、量化和 Huffman 编码。经解压缩方可显示图像,显示速度较慢。

【例 2.2】　编写程序,打开 cameraman.jpg 图像,对其取反并显示。

解:程序如下。

```
import cv2 as cv
I = cv.imread('cameraman.jpg')
cv.imshow("Original image", I)
J = 255 - I
cv.imshow("Inverse image", J)
cv.imwrite("NewI.jpg", J)
cv.waitKey()
```

程序运行结果如图 2-24 所示。尽管 cameraman.jpg 图像的像素为灰色,但依然是彩色图像的数据,变量 I 为 uint8 的三维数组,存放所有像素 BGR 分量值。变量 J 将 I 中低灰度值变为高灰度值,高灰度值变为低灰度值,实现反色。采用 imwrite 函数实现图像存储。

       (a) 原始图像   (b) 反色图像

图 2-24　读取及存储 JPEG 图像

3) GIF

GIF(Graphics Interchange Format,图形交换格式)由 CompuServe 公司开发,用于屏幕

显示图像、动画并进行网络传送。GIF 具有 87a、89a 两种格式,87a 描述单一(静止)图像,89a 描述多帧图像,所以可以实现动画功能。GIF 采用改进的 LZW 压缩算法,是一种无损压缩算法。GIF 图像彩色限制在 256 色,不能应用于高精度色彩。

4) TIFF

TIFF(Tag Image File Format,标记图像文件)格式由 Aldus 公司开发,用于存储包括照片和艺术图在内的图像,非常通用但较复杂,用于所有流行的平台,是扫描仪经常使用的格式。TIFF 是一种灵活、适应性强的文件格式。通过在文件头中使用"标签",它能够在一个文件中处理多幅图像和数据;可采用多种压缩数据格式。例如,TIFF 可以包含 JPEG 和行程长度编码压缩的图像。TIFF 格式广泛地应用于对图像质量要求较高的图像的存储与转换。

5) PNG

PNG(Portable Network Graphic,便携式网络图形)格式是一种无损压缩的位图图形格式,支持索引、灰度、RGB 三种颜色方案以及 Alpha 通道等特性。PNG 能提供更大颜色深度的支持,包括 24 位(8 位 3 通道)和 48 位(16 位 3 通道)真彩色,可以做到更高的颜色精度,更平滑的颜色过渡等。加入 Alpha 通道后,可以支持每个像素 64 位的表示。采用无损压缩方式。PNG 格式图片因其高保真性、透明性及文件体积较小等特性,被广泛应用于网页设计、平面设计中。

关于 GIF、TIFF 和 PNG 格式图像的读取和显示,请扫描二维码,查看讲解。

2.4 图像类型转换

第 1 集
微课视频

在图像处理过程中,从输入图像到得到最终结果,图像的表示形式也在不断地发生变化,即不同类型的图像可以通过图像处理算法来转换,以满足图像处理系统的需求。本节介绍常用的图像类型转换方法。

2.4.1 多值图像转换为二值图像

将彩色、灰度图像转换为二值图像,也称二值化。可以采用图像分割方法,把图像分成两个区域,前景用 1、背景用 0 表示,则转换为二值图像,这是比较直接的转换方法。也可以根据具体情况,如检测到目标后,把目标区域用 1 表示,背景部分用 0 表示,转换为二值图像以便进行模板操作。

【例 2.3】 设计程序,将彩色图像、灰度图像转换为二值图像。

解:程序如下。

```
import cv2 as cv
import numpy as np
gray = cv.imread('coins.png', cv.IMREAD_UNCHANGED)    #读取灰度图像
thresh = 100                                          #设定单通道阈值
BW = np.where(gray > thresh, 255, 0).astype(np.uint8)
            #根据像素灰度和阈值的大小关系,区分前景和背景,转换为二值图像,二值表示为 0 和 255
show1 = np.concatenate((gray, BW), axis = 1)        #将灰度图像和二值图像水平拼接,方便对比显示
cv.imshow("Gray image -> binary image", show1)
BGR = cv.imread('rose.jpg')                          #读取彩色图像
b, g, r = cv.split(BGR)                              #分开 BGR 三个色彩通道
b = np.where(b > thresh, 1, 0).astype(np.uint8)     #蓝色通道阈值化为 0/1 矩阵
r = np.where(r > thresh, 1, 0).astype(np.uint8)     #红色通道阈值化为 0/1 矩阵
BW = b * r * 255    #两个 0/1 矩阵相乘,红色、蓝色分量同时大于阈值的像素表示为 255,否则为 0
```

```
BW_color = np.stack((BW, BW, BW), axis = 2)        ♯将二维数组拼接为三维数组
show2 = np.concatenate((BGR, BW_color), axis = 1)   ♯将彩色图像和二值图像水平拼接,方便显示
cv.imshow("Color image -> binary image", show2)
cv.waitKey()
```

程序运行结果如图 2-25 所示。

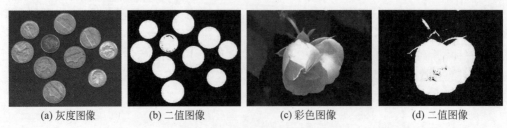

   (a) 灰度图像   (b) 二值图像   (c) 彩色图像   (d) 二值图像

图 2-25　多值图像转换为二值图像

2.4.2　彩色图像转换为灰度图像

彩色图像转换为灰度图像也称为图像的灰度化。彩色图像信息量大,但数据量也大,在某些情况下,为了简化算法,需要进行这种转换。灰度化一般是用像素的亮度值作为像素值,亮度值的计算可以通过变换颜色模型来计算,如

$$Y = 0.299R + 0.587G + 0.114B \tag{2-24}$$

$$I = (R + G + B)/3 \tag{2-25}$$

$Y, I \in [0,255]$,记录每个像素的 Y 值或 I 值,则把彩色图像转换为灰度图像。也可以采用保留彩色图像不同色彩通道数据的方法。

【例 2.4】　打开彩色图像,采用不同的方法将其灰度化。

解:程序如下。

```
import cv2 as cv
import numpy as np
BGR = cv.imread('flower.jpg')
b, g, r = cv.split(BGR)
Y = (0.299 * r + 0.587 * g + 0.114 * b).astype(np.uint8)   ♯转换为亮度 Y
I = r // 3 + g // 3 + b // 3                                 ♯转换为亮度 I
gray = cv.imread('flower.jpg', cv.IMREAD_GRAYSCALE)   ♯设置参数,读取时直接转换为灰度图像
cv.imshow("Original color image", BGR)
cv.imshow("Y", Y)
cv.imshow("I", Y)
cv.imshow("B", b)
cv.imshow("G", g)
cv.imshow("R", ι)
cv.waitKey()
```

程序运行结果如图 2-26 所示。

2.4.3　灰度图像转换为彩色图像

灰度图像转换为彩色图像通过将灰度值映射为彩色值实现,称为伪彩色增强技术。一般情况下,这样处理后显示的不是实际物理传感器的数据,而是经转换或者分类后的数据,目的是能够进行更好的观察,例如将图像中不同属性的材料或者图像中不同的区域表示为不同的色彩。

|(a) 原彩色图|(b) 亮度Y|(c) 亮度I|
|(d) 蓝色通道|(e) 绿色通道|(f) 红色通道|

图 2-26 彩色图像灰度化

1. 密度分割法

密度分割法又称为灰度分割法,该方法将图像中的整个灰度范围分为若干段,给每一段灰度分配一种颜色,进而将灰度图像变为彩色图像。若整个灰度范围仅分为两段,则实现二值化效果。该方法简单直观,易于实现,但变换出的彩色信息有限,变换的彩色图像不够细腻。

【例 2.5】 编写程序,采用密度分割法将灰度图像转换为彩色图像。

解:程序如下。

```
import cv2 as cv
import numpy as np
gray = cv.imread('cartoon.bmp', cv.IMREAD_UNCHANGED)
h, w = np.shape(gray)
r, g, b = np.zeros([h, w]), np.zeros([h, w]), np.zeros([h, w])
pos1, pos2 = gray < 32, (gray > 31) & (gray < 64)
pos3, pos4 = (gray > 63) & (gray < 96), (gray > 95) & (gray < 128)
pos5, pos6 = (gray > 127) & (gray < 160), (gray > 159) & (gray < 192)
pos7 = gray > 191                        #将灰度范围分为 7 段
r[pos1], g[pos1], b[pos1] = 30, 32, 30
r[pos2], g[pos2], b[pos2] = 93, 193, 195
r[pos3], g[pos3], b[pos3] = 180, 108, 186
r[pos4], g[pos4], b[pos4] = 67, 119, 98
r[pos5], g[pos5], b[pos5] = 95, 137, 110
r[pos6], g[pos6], b[pos6] = 81, 173, 255
r[pos7], g[pos7], b[pos7] = 255, 255, 255    #给每一灰度段指定颜色
new_im = cv.merge([b, g, r]).astype(np.uint8)   #三个二维数组合为一个三维数组
cv.imshow("Gray image", gray)
cv.imshow("Gray image -> color image", new_im)
cv.waitKey()
```

程序运行结果如图 2-27 所示。程序将整个灰度范围分为 7 段,指定了每一段的颜色值。这种方法显示效果跟美观无关,比较适用于图像中特定灰度对应某种特殊信息的情况,给该段灰度以彩色,突出显示。

(a) 原灰度图　　　　(b) 彩色化图像

图 2-27　用密度分割法转换灰度图像为彩色图像

2. 灰度级变换法

将灰度图像 $f(x,y)$ 进行 3 种不同的变换,产生 3 个输出 $f_R(x,y)$、$f_G(x,y)$、$f_B(x,y)$,作为彩色图像的红、绿、蓝色彩分量,合成一幅彩色图像。灰度级变换法生成的伪彩色图像颜色渐变,视觉效果较好,但变换效果依赖于变换函数。

灰度级变换法常采用的变换函数如图 2-28 所示,对应的公式如式(2-26)所示。L 为灰度图像的灰度级别数,一般取 256。

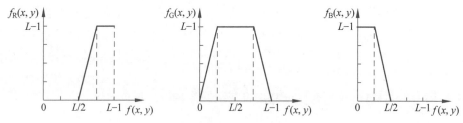

图 2-28　常用的一种灰度变换函数

$$R = \begin{cases} 0, & 0 \leqslant f < \dfrac{L}{2} \\ 4f - 2L, & \dfrac{L}{2} \leqslant f < \dfrac{3L}{4} \\ L - 1, & \dfrac{3L}{4} \leqslant f < L \end{cases} \quad G = \begin{cases} 4f, & 0 \leqslant f < \dfrac{L}{4} \\ L - 1, & \dfrac{L}{4} \leqslant f < \dfrac{3L}{4} \\ 4L - 4f, & \dfrac{3L}{4} \leqslant f < L \end{cases} \quad B = \begin{cases} L - 1, & 0 \leqslant f < \dfrac{L}{4} \\ 2L - 4f, & \dfrac{L}{4} \leqslant f < \dfrac{L}{2} \\ 0, & \dfrac{L}{2} \leqslant f < L \end{cases}$$

$$(2\text{-}26)$$

【例 2.6】　设计程序,基于式(2-26)将灰度图像转换为彩色图像。

解: 程序如下。

```
import cv2 as cv
import numpy as np
gray = cv.imread('lotus.bmp', cv.IMREAD_UNCHANGED)
h, w = np.shape(gray)
r, g, b = np.zeros([h, w]), np.zeros([h, w]), np.zeros([h, w])
L = 256
r[gray < L/2] = 0
r[(gray > L/2 - 1) & (gray < 3 * L/4)] = 4 * gray[(gray > L/2 - 1) & (gray < 3 * L/4)] - 2 * L
r[gray > 3 * L/4 - 1] = L - 1
g[gray < L/4] = 4 * gray[gray < L/4]
g[(gray > L/4 - 1) & (gray < 3 * L/4)] = L - 1
g[gray > 3 * L/4 - 1] = -4 * gray[gray > 3 * L/4 - 1] + 4 * L
b[gray < L/4] = L - 1
```

```
b[(gray > L/4 - 1) & (gray < L/2)] = -4 * gray[(gray > L/4 - 1) & (gray < L/2)] + 2 * L
b[gray > L/2 - 1] = 0
new_im = cv.merge([b, g, r]).astype(np.uint8)
cv.imshow("Gray image", gray)
cv.imshow("Gray image -> color image", new_im)
cv.waitKey()
```

程序运行结果如图 2-29 所示。

(a) 原灰度图   (b) 彩色化图像

图 2-29 用灰度级变换法转换灰度图像为彩色图像

此外,另外两种常见的灰度级变换方法为彩虹编码和热金属编码,如图 2-30 和图 2-31 所示。

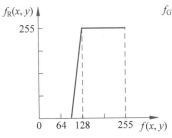 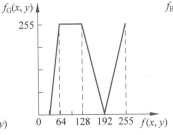 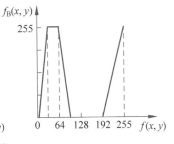

图 2-30 彩虹编码的灰度变换函数

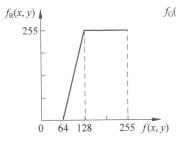 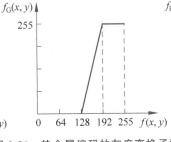 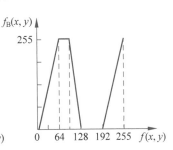

图 2-31 热金属编码的灰度变换函数

在运算过程中,图像数据类型会发生变化,即整型、浮点型数据的变化,在用 imshow 函数显示图像、用 imwrite 函数存储图像时要注意函数对数据的要求,避免显示或存储图像不正确。

习题

2.1 什么是马赫带效应?

2.2 结合人眼视觉系统的相关知识,了解"黑白陀螺转起来呈现彩色"的原理。

2.3 了解帧动画的原理。

2.4 在 CIE 1931-RGB 系统中光谱三刺激值出现负值的意义是什么？CIE 1931-XYZ 系统与 CIE 1931-RGB 系统是什么关系？

2.5 什么是三原色原理？

2.6 什么是 RGB 颜色模型？什么是 CMY 颜色模型？二者是什么关系？

2.7 常用颜色模型各自的特点是什么？

2.8 图像信号的数字化包括哪些步骤？数字化的过程是否影响数字图像的质量？如有影响，一般表现在哪些方面？

2.9 数字图像的数据结构一般包括哪些部分？数字图像能否压缩？是否需要压缩？

2.10 编写程序，打开一幅真彩色图像，将绿色和蓝色通道进行互换，显示通道互换后的图像，并对结果进行说明。

2.11 编写程序，打开一幅灰度图像，对其实现热金属编码。

第 3 章

图像基础性运算

本章思维导图

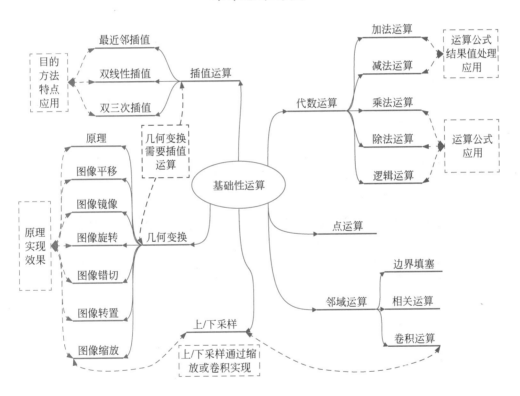

图像处理的过程是对图像像素值进行运算的过程,处理效果不同,运算对应的名称也不同。本章学习在不同的图像处理算法中经常用到的运算,即基础性运算,包括点运算、邻域运算、插值运算、几何变换、代数运算、上采样和下采样。

3.1 点运算

对图像进行点运算时,每个像素的输出值只取决于其自身的输入和相关参数,与其他像素无关,是一种常用的处理方法,如灰度级变换、代数运算。

【例 3.1】 设计程序,增大 office.jpg 图像的亮度。

解:程序如下。

```
import cv2 as cv
import numpy as np
Image = cv.imread('office.jpg', cv.IMREAD_GRAYSCALE)
Image = Image / 255
result = 4 * Image
cv.imshow("Original image", Image)
cv.imshow("Result image", result)
cv.waitKey()
```

运行程序,读取的灰度图像如图 3-1(a)所示,整体很暗;对图像进行点运算,将每个像素的像素值都增大为原来的 4 倍,处理后的像素值由自身原来的值和增大的倍数决定,跟周围像素的值无关。增大亮度的图像如图 3-1(b)所示,超出像素值表达范围的会被限幅为最大值。

(a) 原图　　　　　　　　　　　　(b) 增大亮度图

图 3-1　点运算示例

3.2 邻域运算

邻域运算是每个像素和其周围邻点共同参与的运算,通常通过模板操作进行,每个像素的输出值由其周围邻域内像素的值和模板中的数值共同决定。模板也叫滤波器、核、掩模或窗口,用一个小的二维阵列表示(如 3×3)。通常把对应的模板上的值称为加权系数。

1. 相关运算

相关运算如图 3-2 所示。将模板在图像上移动,每移动到一个位置,即模板的中心对准 1 个像素,模板所覆盖范围内的像素值分别与模板内对应系数相乘,乘积求和即为该像素的输出值,如式(3-1)所示。模板顺次移动,每个位置处计算出一个值,最终得到一幅新图像,如式(3-2)所示。

$$g(x,y) = \sum_{m,n} f(x+m, y+n) h(m,n) \tag{3-1}$$

$$\boldsymbol{g} = \boldsymbol{f} \otimes \boldsymbol{h} \tag{3-2}$$

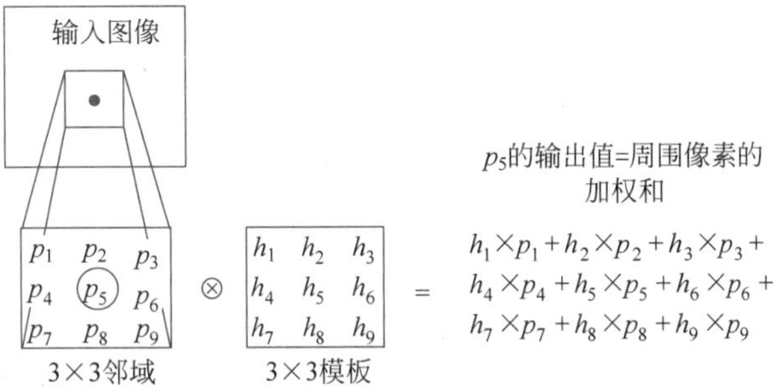

图 3-2 相关运算示意图

其中, h 是模板。

2. 卷积运算

对式(3-1)进行变形, 将 f 中的偏移量符号反向, 得

$$g(x, y) = \sum_{m,n} f(x-m, y-n) h(m, n)$$

$$= \sum_{m,n} f(m, n) h(x-m, y-n) \tag{3-3}$$

称为卷积运算。图像的卷积运算表达为

$$g = f * h \tag{3-4}$$

由式(3-1)和式(3-3)可以看出, 卷积运算是将模板进行翻转(上下换位、左右换位)后, 再进行相关运算, 当模板中心对称时, 两者运算结果一致。

邻域运算的效果由模板决定, 模板中数据取值不同, 处理效果也不同。

3. 边界填塞

当模板中心与图像外围像素重合时, 模板的部分行和列可能会处于图像之外, 没有相应的像素值与模板数据进行运算。对于这种问题, 需要采用一定的措施来解决。

假设模板是大小为 $n \times n$ 的方形模板, 对于图像中行和列方向上距离边缘小于 $(n-1)/2$ 像素的区域, 根据不同要求, 可以采用不同的处理方法。

(1) 不处理该区域中原来的像素。例如, 对图像平滑去噪, 外围像素即使存在一些噪声, 一般不会影响对图像内容的理解, 可以保留这些像素值。

(2) 在图像边缘以外再补上 $(n-1)/2$ 行和 $(n-1)/2$ 列像素。不同的情况下, 有不同的填塞方法, 例如, 可以将对应的像素值置为零, 设为固定的值, 复制或者镜像反射外围像素值等方式。

在 OpenCV 的枚举 borderTypes 中给出多种填塞方法, 取值如表 3-1 所示。

表 3-1 borderTypes 取值及含义

参 数	含 义
cv.BORDER_CONSTANT	指定为固定值 i: iiiiii|abcdefgh|iiiiiii(|表示图像边界)
cv.BORDER_REPLICATE	复制最外围像素值: aaaaaa|abcdefgh|hhhhhhh
cv.BORDER_REFLECT	镜像反射外围像素: fedcba|abcdefgh|hgfedcb
cv.BORDER_WRAP	cdefgh|abcdefgh|abcdefg
cv.BORDER_REFLECT_101	gfedcb|abcdefgh|gfedcba
cv.BORDER_TRANSPARENT	填塞透明像素: uvwxyz|abcdefgh|ijklmno
cv.BORDER_DEFAULT	同 cv.BORDER_REFLECT_101

【例 3.2】　一幅图像为 $\begin{bmatrix} 3 & 3 & 3 & 3 & 3 \\ 3 & 7 & 7 & 7 & 3 \\ 3 & 7 & 15 & 7 & 3 \\ 3 & 7 & 7 & 7 & 3 \\ 3 & 3 & 3 & 3 & 3 \end{bmatrix}$，模板为 $\dfrac{1}{5}\begin{bmatrix} 0 & 1 & 0 \\ 1 & 1 & 1 \\ 0 & 1 & 0 \end{bmatrix}$，进行卷积运算，外围像素保持原像素值不变。

解：由于模板中心对称，卷积运算和相关运算一致。以模板中心点对准像素 15 为例，模板覆盖范围内像素值为 $\begin{bmatrix} & 7 & \\ 7 & 15 & 7 \\ & 7 & \end{bmatrix}$，9 个数据分别和模板中的 9 个值对应相乘，乘积相加得 8.6，取整，输出图像中该点的值变为 9。对图像中每一点进行相同的处理，即卷积运算。

当模板中心点对准外围像素，如左下角像素 3，模板覆盖范围内像素值为 $\begin{bmatrix} \_ & 3 & 7 \\ \_ & 3 & 3 \\ \_ & \_ & \_ \end{bmatrix}$，有 5 个数据为空，不进行相乘相加运算，保留像素值 3 不变，其他外围像素同样，输出结果如图 3-3(a) 所示。或者将 5 个数据补充为 0，即 $\begin{bmatrix} 0 & 3 & 7 \\ 0 & 3 & 3 \\ 0 & 0 & 0 \end{bmatrix}$ 和模板元素对应相乘再相加，得 1.8，取整，输出为 2，其他外围像素同样，输出结果如图 3-3(b) 所示。两种处理方法仅影响外围像素值。

$$\begin{bmatrix} 3 & 3 & 3 & 3 & 3 \\ 3 & 5 & 8 & 5 & 3 \\ 3 & 8 & 9 & 8 & 3 \\ 3 & 5 & 8 & 5 & 3 \\ 3 & 3 & 3 & 3 & 3 \end{bmatrix} \qquad \begin{bmatrix} 2 & 3 & 3 & 3 & 2 \\ 3 & 5 & 8 & 5 & 3 \\ 3 & 8 & 9 & 8 & 3 \\ 3 & 5 & 8 & 5 & 3 \\ 2 & 3 & 3 & 3 & 2 \end{bmatrix}$$

(a) 保留外围像素不变的计算结果　　(b) 外围像素外补 0 的计算结果

图 3-3　卷积运算 1

例题中对中心像素和上、下、左、右 4 个邻点取平均，能够实现抑制噪声的功能。

关于模板运算的含义及示例运算过程，请扫描二维码，查看讲解。

【例 3.3】　对 shape.png 图像采用取值全为 $1/25$ 的 5×5 模板进行卷积运算，外围像素保持原像素值不变。

解：程序如下。

```python
import cv2 as cv
import numpy as np
Image = cv.imread('shape.png', cv.IMREAD_GRAYSCALE)
height, width = np.shape(Image)
H = np.ones([5, 5]) / 25              # 定义 5×5 的模板
H = np.flip(H, (0, 1))                # 模板上下、左右翻转
h, w = np.shape(H)
r1, r2 = h // 2, w // 2               # 模板半径
result = np.array(Image)             # 将原图赋予 result，便于保留边缘像素值
for y in range(r1, height - r1):     # 模板遍历图像时避开外围像素
    for x in range(r2, width - r2):
        neighbors = Image[y - r1 : y + r1 + 1, x - r2 : x + r2 + 1]
                                     # 获取模板覆盖范围内像素值矩阵
```

```
        Parray = neighbors * H          ♯模板系数和像素值对应相乘
        result[y, x] = np.sum(Parray)   ♯乘积求和作为当前点输出
cv.imshow("Original image", Image)
cv.imshow("Result image", result)
cv.waitKey()
```

程序运行结果如图 3-4 所示。

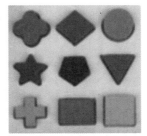

　　(a) 原灰度图　　　　　　　　(b) 卷积结果图

图 3-4　卷积运算 2

OpenCV 的 filter2D 函数实现相关运算，其调用格式如下：

```
cv.filter2D(src, ddepth, kernel[, dst[, anchor[, delta[, borderType]]]]) -> dst
```

参数 src 是输入图像，可以是二维或三维数组；ddepth 指定目标图像的深度；kernel 是相关运算的模板；anchor 指定模板的参考原点，应在模板内部，默认 $(-1,-1)$ 表示为几何中心；borderType 指定边界填塞方法，如表 3-1 所示。

【例 3.4】　采用 filter2D 函数实现对 shape.png 图像的卷积运算，卷积核为 $\boldsymbol{h}=\begin{bmatrix} -1 & -1 & -1 \\ 0 & 0 & 0 \\ 1 & 1 & 1 \end{bmatrix}$。

解：程序如下。

```
import cv2 as cv
import numpy as np
Image = cv.imread('shape.png', cv.IMREAD_GRAYSCALE)
H = np.array([[-1, -1, -1], [0, 0, 0], [1, 1, 1]])
result = cv.filter2D(Image, cv.CV_8U, H, cv.BORDER_REPLICATE)
cv.imshow("original image", Image)
cv.imshow("result image", result)
cv.waitKey()
```

程序运行结果如图 3-5 所示。

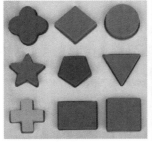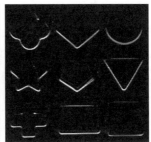

　　(a) 原灰度图　　　　　　　　(b) 卷积结果图

图 3-5　卷积运算 3

3.3 插值运算

在图像处理过程中,可能会产生一些原图中没有的新的像素,即像素坐标非整数,给这些像素赋值需要应用插值运算,即利用已知邻近像素的灰度值产生未知像素的灰度值。插值效果的好坏将直接影响图像显示的视觉效果。常用的插值方法有最近邻插值(Nearest Neighbor Interpolation)、双线性插值(Bilinear Interpolation)、双三次插值(Bicubic Interpolation)等。

1. 最近邻插值

最近邻插值是最简单的插值方法,将新像素的像素值设为距离它最近的输入像素的像素值。当图像中邻近像素之间灰度级有较大的变化时,该算法产生的新图像的细节比较粗糙。

2. 双线性插值

双线性插值原理图如图 3-6 所示,对于一个插值点 $(x+a, y+b)$(其中 x、y 均为非负整数,$0 \leqslant a, b \leqslant 1$),则该点的值 $f(x+a, y+b)$ 可由原图像中坐标为 (x, y)、$(x+1, y)$、$(x, y+1)$、$(x+1, y+1)$ 所对应的 4 个像素的值决定:

$$f(x, y+b) = f(x, y) + b[f(x, y+1) - f(x, y)]$$
$$f(x+1, y+b) = f(x+1, y) + b[f(x+1, y+1) - f(x+1, y)]$$
$$f(x+a, y+b) = f(x, y+b) + a[f(x+1, y+b) - f(x, y+b)] \tag{3-5}$$

可以看出,双线性插值是根据非整数像素距周围 4 个像素的距离比,由 4 个邻点像素值进行线性插值,这种方法具有防锯齿效果,新图像拥有较平滑的边缘。

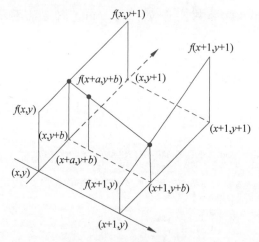

图 3-6 双线性插值原理图

3. 双三次插值

双三次插值是一种较复杂的插值方式,在计算新像素的值时,要将周围的 16 个点全部考虑进去。双三次插值图像边缘比双线性插值图像更平滑,同时也需要更大的计算量。

点 $(x+a, y+b)$ 处的像素值 $f(x+a, y+b)$ 可由式(3-6)计算。

$$f(x+a, y+b) = [\boldsymbol{A}][\boldsymbol{B}][\boldsymbol{C}] \tag{3-6}$$

其中,

$$[\boldsymbol{A}] = [s(a+1) \quad s(a) \quad s(a-1) \quad s(a-2)]$$

$$[\boldsymbol{B}]=\begin{bmatrix} f(x-1,y-1) & f(x-1,y) & f(x-1,y+1) & f(x-1,y+2) \\ f(x+0,y-1) & f(x+0,y) & f(x+0,y+1) & f(x+0,y+2) \\ f(x+1,y-1) & f(x+1,y) & f(x+1,y+1) & f(x+1,y+2) \\ f(x+2,y-1) & f(x+2,y) & f(x+2,y+1) & f(x+2,y+2) \end{bmatrix}$$

$$[\boldsymbol{C}]=\begin{bmatrix} s(b+1) \\ s(b+0) \\ s(b-1) \\ s(b-2) \end{bmatrix} \qquad s(k)=\begin{cases} 1-2\times|k|^2+|k|^3, & 0\leqslant|k|<1 \\ 4-8\times|k|+5\times|k|^2-|k|^3, & 1\leqslant|k|<2 \\ 0, & |k|\geqslant 2 \end{cases}$$

在 OpenCV 的枚举 InterpolationFlags 中给出多种插值方法,其中,最近邻插值、双线性插值和双三次插值的表示分别为 cv. INTER_NEAREST、cv. INTER_LINEAR 和 cv. INTER_CUBIC。

3.4　几何变换

几何变换是指对图像进行平移、旋转、镜像、缩放、错切、转置等变换,改变图像的大小、形状和位置,常用于图像变形、几何失真图像的校正、图像配准、影像特技处理等。

3.4.1　图像几何变换原理

图像几何变换将图像中任一像素映射到一个新位置,是一种空间变换,关键在于确定变换前后图像中点与点之间的映射关系,明确原图像任意像素变换后的坐标,或者变换后的图像像素在原图像中的坐标位置,对新图像像素赋值而产生新图像。

1. 几何变换的齐次坐标表示

用 $n+1$ 维向量表示 n 维向量的方法称为齐次坐标表示法。图像空间一个点 (x,y) 用齐次坐标表示为 $\begin{bmatrix} x \\ y \\ 1 \end{bmatrix}$,和某个变换矩阵 $\boldsymbol{T}=\begin{bmatrix} a & b & k \\ c & d & m \\ p & q & s \end{bmatrix}$ 相乘变为新的点 $\begin{bmatrix} x' \\ y' \\ 1 \end{bmatrix}$,如式(3-7)所示,这种变换称为几何变换。

$$\begin{bmatrix} x' \\ y' \\ 1 \end{bmatrix}=\begin{bmatrix} a & b & k \\ c & d & m \\ p & q & s \end{bmatrix}\begin{bmatrix} x \\ y \\ 1 \end{bmatrix} \tag{3-7}$$

若 $\boldsymbol{T}=\begin{bmatrix} a & b & k \\ c & d & m \\ 0 & 0 & 1 \end{bmatrix}$,则称这种有 6 个参数的变换为仿射变换;若 $\boldsymbol{T}=\begin{bmatrix} a & b & k \\ c & d & m \\ p & q & 1 \end{bmatrix}$,称这种有 8 个参数的变换为投影变换。

二维图像可以表示为 $3\times MN$ 的点集矩阵 $\begin{bmatrix} x_1 & x_2 & \cdots & x_{MN} \\ y_1 & y_2 & \cdots & y_{MN} \\ 1 & 1 & \cdots & 1 \end{bmatrix}$,实现二维图像几何变换的一般过程如下。

变换后的点集矩阵=变换矩阵 $\boldsymbol{T}\times$ 变换前的点集矩阵。

2. 图像几何变换过程

图像几何变换可以采用前向映射法和后向映射法实现。前向映射法计算原图像中像素 (x,y) 在新图像中的对应点 (x',y')，并给 (x',y') 赋值 $f(x,y)$。但是，如果 (x',y') 为非整数像素，需要将 (x',y') 取整，然后再复制 $f(x,y)$，或者使用加权的方法将 $f(x,y)$ 分配给周围 4 个近邻，这些操作会丢失细节；同时，前向映射会产生裂缝或空洞，即新图像中某些像素没有赋值，需要再用邻近的像素填补，进一步导致图像模糊，在图像放大时更为明显。

实际几何变换中经常采用后向映射法，后向映射法计算新图像中的像素在原图像中的对应点，并反向赋值，具体步骤如下。

(1) 根据不同的几何变换公式计算新图像的尺寸。

(2) 根据几何变换的逆变换，确定新图像中的每一点在原图像中的对应点。

(3) 按对应关系给新图像中各像素赋值。

① 若原图像中的对应点存在，直接将其值赋给新图像中的点。

② 若原图像中的对应点坐标超出图像宽高范围，直接赋背景色。

③ 若原图像中的对应点坐标在图像宽高范围内，但坐标非整数，采用插值的方法计算该点的值，并赋给新图像。

3.4.2　图像平移

图像平移是将一幅图像上的所有点都按照给定的偏移量沿 x 轴、y 轴移动，平移后的图像与原图像相同，内容不发生变化，只是改变了原有景物在画面上的位置。

将点 (x,y) 进行平移后，移到点 (x',y') 处，其中 x 轴方向的平移量为 Δx，y 轴方向的平移量为 Δy，则平移变换为

$$\begin{bmatrix} x' \\ y' \\ 1 \end{bmatrix} = \begin{bmatrix} 1 & 0 & \Delta x \\ 0 & 1 & \Delta y \\ 0 & 0 & 1 \end{bmatrix} \begin{bmatrix} x \\ y \\ 1 \end{bmatrix} \tag{3-8}$$

平移变换求逆，得

$$\begin{bmatrix} x \\ y \\ 1 \end{bmatrix} = \begin{bmatrix} 1 & 0 & -\Delta x \\ 0 & 1 & -\Delta y \\ 0 & 0 & 1 \end{bmatrix} \begin{bmatrix} x' \\ y' \\ 1 \end{bmatrix} \tag{3-9}$$

这样，平移后图像上每一点 (x',y') 都可在原图像中找到对应点 (x,y)。

如果图像经过平移处理后，不想丢失被移出的部分图像，可将可视区域的宽度扩大 $|\Delta x|$，高度扩大 $|\Delta y|$。

【例 3.5】 根据式(3-8)和式(3-9)，采用后向映射法实现图像平移，分别沿 x 轴、y 轴平移 20 像素。

解：程序如下。

```python
import cv2 as cv
import numpy as np
Image = cv.imread('lotus.jpg')
Image = Image / 255                # 像素值归一化
h, w, c = np.shape(Image)          # 获取表示图像的三维数组形状
result = np.ones([h, w, c])        # 新图像初始化
deltax, deltay = 20, 20            # 指定平移量
for y in range(h):
```

```
        for x in range(w):                          #循环扫描新图像中的点
            oldx, oldy = x - deltax, y - deltay     #确定新图像中点在原图中的对应点
            if (oldx >= 0) & (oldx < w) & (oldy >= 0) & (oldy < h):
                result[y, x, :] = Image[oldy, oldx, :]   #若对应点在图像内则赋值
cv.imshow("Original image", Image)
cv.imshow("Result image", result)
cv.waitKey()
```

程序运行结果如图 3-7 所示。其中,图 3-7(a)为原始图像,图 3-7(b)为分别沿 x、y 方向平移 20 像素后的结果,图 3-7(c)在图 3-7(b)的处理结果基础之上把可视区域进行了扩大。

(a) 原图   (b) 平移后的图像   (c) 可视区域扩大后的平移图像

图 3-7 图像平移变换实例

由于平移前后的图像相同,而且图像上的像素顺序放置,所以图像的平移也可以通过直接逐行地复制图像实现。

OpenCV 中 warpAffine 函数实现几何变换,理解原理后,可以采用函数实现图像的几何变换,调用格式如下:

```
cv.warpAffine(src, M, dsize[, dst[, flags[, borderMode[, borderValue]]]]) -> dst
```

参数 src 是输入图像,可以是二维或三维数组;M 是 2×3 的变换矩阵;dsize 是输出图像尺寸;flags 选定插值方法;borderMode 选择边界填塞方法,取 cv.BORDER_CONSTANT 时,borderValue 指定填充的颜色值。

【例 3.6】 采用函数 warpAffine 实现图像的平移变换。

解:程序如下。

```
import cv2 as cv
import numpy as np
Image = cv.imread('lotus.jpg')
Image = Image / 255
h, w, c = np.shape(Image)
deltax, deltay = 20, 20
newh, neww = h + np.abs(deltax), w + np.abs(deltay)   #新图像扩大尺寸
T = np.array([[1.0, 0, deltax], [0, 1, deltay]])
result = cv.warpAffine(Image, T, dsize = (neww, newh), flags = cv.INTER_LINEAR,
        borderValue = [1, 1, 1])
            #进行平移变换,双线性插值,边界外填充为白色,[1,1,1]为 BGR 颜色值
cv.imshow("Original image", Image)
cv.imshow("Result image", result)
cv.waitKey()
```

程序运行结果如图 3-7(a)和图 3-7(c)所示。

3.4.3 图像镜像

设图像的分辨率为 $M \times N$,采用像素坐标系,图像镜像变换如式(3-10)所示,可以看出,镜

像就是左右、上下或对角对换。

$$水平镜像：\begin{bmatrix} x' \\ y' \\ 1 \end{bmatrix} = \begin{bmatrix} -1 & 0 & M-1 \\ 0 & 1 & 0 \\ 0 & 0 & 1 \end{bmatrix} \begin{bmatrix} x \\ y \\ 1 \end{bmatrix}$$

$$垂直镜像：\begin{bmatrix} x' \\ y' \\ 1 \end{bmatrix} = \begin{bmatrix} 1 & 0 & 0 \\ 0 & -1 & N-1 \\ 0 & 0 & 1 \end{bmatrix} \begin{bmatrix} x \\ y \\ 1 \end{bmatrix} \qquad (3\text{-}10)$$

$$对角镜像：\begin{bmatrix} x' \\ y' \\ 1 \end{bmatrix} = \begin{bmatrix} -1 & 0 & M-1 \\ 0 & -1 & N-1 \\ 0 & 0 & 1 \end{bmatrix} \begin{bmatrix} x \\ y \\ 1 \end{bmatrix}$$

【例 3.7】 采用 NumPy 中的矩阵翻转函数实现图像镜像变换,并将镜像图像拼接成大图。

解：程序如下。

```
import cv2 as cv
import numpy as np
Image = cv.imread('dog.jpg')
Image = Image / 255
HImage = np.flip(Image, 1)              #左右翻转,即水平镜像
VImage = np.flip(Image, 0)              #上下翻转,即垂直镜像
CImage = np.flip(HImage, 0)            #左右翻转后再上下翻转,即对角镜像
result1 = cv.hconcat((Image, HImage))   #原图和水平镜像图水平拼接
result2 = cv.hconcat((VImage, CImage))  #垂直镜像和对角镜像图水平拼接
result = cv.vconcat((result1, result2)) #上下拼接为一幅大图
cv.imshow("Original image", Image)
cv.imshow("Result image", result)
cv.waitKey()
```

程序运行,镜像拼接效果如图 3-8 所示。

图 3-8　镜像图像拼接

3.4.4　图像旋转

图像旋转是指以图像中的某一点为原点,以逆时针或顺时针方向将图像上的所有像素都旋转一个相同的角度。经过旋转变换后,图像的大小一般会改变,并且图像中的部分像素可能会旋转出可视区域范围,因此需要扩大可视区域范围以显示所有的图像。

1. 图像旋转的原理

设原图像中点 (x,y) 绕原点逆时针旋转 θ 角后的对应点为 (x',y')，如图 3-9 所示。

在旋转变换前，原图像中点 (x,y) 的坐标表达式为

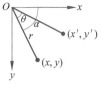

$$\begin{cases} x = r \cdot \cos\alpha \\ y = r \cdot \sin\alpha \end{cases} \tag{3-11}$$

图 3-9　图像旋转示意图

逆时针旋转 θ 角后为

$$\begin{cases} x' = r \cdot \cos(\alpha - \theta) = x \cdot \cos\theta + y \cdot \sin\theta \\ y' = r \cdot \sin(\alpha - \theta) = -x \cdot \sin\theta + y \cdot \cos\theta \end{cases} \tag{3-12}$$

则图像旋转变换的矩阵表达为

$$\begin{bmatrix} x' \\ y' \\ 1 \end{bmatrix} = \begin{bmatrix} \cos\theta & \sin\theta & 0 \\ -\sin\theta & \cos\theta & 0 \\ 0 & 0 & 1 \end{bmatrix} \begin{bmatrix} x \\ y \\ 1 \end{bmatrix} \tag{3-13}$$

若顺时针旋转，则角度 θ 取负值。

绕原点旋转的逆变换为

$$\begin{cases} x = x'\cos\theta - y'\sin\theta \\ y = x'\sin\theta + y'\cos\theta \end{cases} \tag{3-14}$$

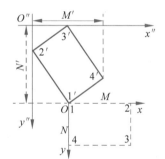

**图 3-10　绕原点逆时针
旋转示意图**

2. 图像旋转变换过程

1) 确定旋转后新图像尺寸

绕原点逆时针旋转示意图如图 3-10 所示：xOy 为原始图像坐标系，图像 4 个角标注为 1、2、3、4，旋转后为 1′、2′、3′、4′，新图像坐标系表示为 $x''O''y''$。

设原始图像大小为 $M \times N$，以图像起始点作为坐标原点，则原始图像 4 个角坐标分别为

$(x_1, y_1) = (0, 0)$，　$(x_2, y_2) = (M-1, 0)$，

$(x_3, y_3) = (M-1, N-1)$，　$(x_4, y_4) = (0, N-1)$

按照逆时针旋转公式，即式(3-12)，旋转后，4 个点在原坐标系中的坐标为

$$\begin{cases} (x_1', y_1') = (0, 0) \\ (x_2', y_2') = ((M-1)\cos\theta, -(M-1)\sin\theta) \\ (x_3', y_3') = ((M-1)\cos\theta + (N-1)\sin\theta, -(M-1)\sin\theta + (N-1)\cos\theta) \\ (x_4', y_4') = ((N-1)\sin\theta, (N-1)\cos\theta) \end{cases} \tag{3-15}$$

令 $\max x'$ 和 $\min x'$ 分别为坐标值 x_1', x_2', x_3', x_4' 的最大值和最小值，$\max y'$ 和 $\min y'$ 分别为坐标值 y_1', y_2', y_3', y_4' 的最大值和最小值，则新图像的宽度 M' 和高度 N' 为

$$\begin{cases} M' = \max x' - \min x' + 1 \\ N' = \max y' - \min y' + 1 \end{cases} \tag{3-16}$$

2) 坐标变换

对于新图像中的像素 (x'', y'')，$x'' \in [0, M'-1]$，$y'' \in [0, N'-1]$，先进行平移变换，变换

到原像素坐标系

$$\begin{cases} x' = x'' + \min x' \\ y' = y'' + \min y' \end{cases} \tag{3-17}$$

3）旋转逆变换

对于每一个点(x',y')，利用旋转变换的逆变换式(3-14)，在原图像中找对应点。

4）给新图像赋值

按对应关系直接给新图像中各像素赋值，或采用插值方法给新图像中各像素赋值。

【例3.8】 有一幅图像$f(x,y) = \begin{bmatrix} 59 & 60 & 58 \\ 61 & 59 & 57 \\ 62 & 56 & 55 \end{bmatrix}$，以图像原点为坐标原点，将其逆时针旋转30°。

解：(1) 确定旋转后新图像的分辨率。按照式(3-15)计算图像4角点旋转后的坐标为

$$\begin{cases} (x'_1, y'_1) = (0,0) \\ (x'_2, y'_2) = (2\cos30°, -2\sin30°) = (1.732, -1) \\ (x'_3, y'_3) = (2\cos30° + 2\sin30°, -2\sin30° + 2\cos30°) = (2.732, 0.732) \\ (x'_4, y'_4) = (2\sin30°, 2\cos30°) = (1, 1.732) \end{cases}$$

$$\max x' = 2.732 \quad \min x' = 0 \quad \max y' = 1.732 \quad \min y' = -1$$

计算新图像分辨率为

$$\begin{cases} M' = \max x' - \min x' + 1 = 3.732 \approx 4 \\ N' = \max y' - \min y' + 1 = 3.732 \approx 4 \end{cases}$$

所以，新图像中每一点(x'',y'')满足：$x'' \in [0,3]$，$y'' \in [0,3]$。

(2) 对于新图像中的点(x'',y'')，先进行平移变换，变换到原像素坐标系(x',y')，再利用旋转变换的逆变换，在原图像中找对应点(x,y)，并赋值。对应关系如表3-2所示。

表3-2 绕原点旋转像素对应关系

(x'',y'')	(x',y')	(x,y)	最近邻点	(x'',y'')	(x',y')	(x,y)	最近邻点
(0,0)	(0,-1)	(0.5,-0.866)	(1,-1)	(1,0)	(1,-1)	(1.366,-0.366)	(1,0)
(0,1)	(0,0)	(0,0)	(0,0)	(1,1)	(1,0)	(0.866,0.5)	(1,1)
(0,2)	(0,1)	(-0.5,0.866)	(-1,1)	(1,2)	(1,1)	(0.366,1.366)	(0,1)
(0,3)	(0,2)	(-1,1.732)	(-1,2)	(1,3)	(1,2)	(-0.134,2.232)	(0,2)
(2,0)	(2,-1)	(2.232,0.134)	(2,0)	(3,0)	(3,-1)	(3.098,0.634)	(3,1)
(2,1)	(2,0)	(1.732,1)	(2,1)	(3,1)	(3,0)	(2.598,1.5)	(3,2)
(2,2)	(2,1)	(1.232,1.866)	(1,2)	(3,2)	(3,1)	(2.098,2.366)	(2,2)
(2,3)	(2,2)	(0.732,2.732)	(1,3)	(3,3)	(3,2)	(1.598,3.232)	(2,3)

产生的新图像$g(x,y)$为

$$g(x,y) = \begin{bmatrix} 255 & 60 & 58 & 255 \\ 59 & 59 & 57 & 255 \\ 255 & 61 & 56 & 55 \\ 255 & 62 & 255 & 255 \end{bmatrix}$$

在上述运算过程中，原图中的对应点超出图像范围，或新图像中的点在原图像中没有对应点，直接赋背景色255；未超出图像范围但不是整数像素的对应点按最近邻插值。

为提高图像效果,可以采用双线性插值,如新图像中(1,2)点,对应原图中(0.366,1.366)点,该点位于(0,1)、(1,1)、(0,2)、(1,2)四点之间,可以按照式(3-5)计算(0.366,1.366)点的值,并赋给新图像中的(1,2)点。

$$f(0,1.366) = f(0,1) + 0.366[f(0,2) - f(0,1)] = 61 + 0.366 \times (62 - 61) = 61.366$$
$$f(1,1.366) = f(1,1) + 0.366[f(1,2) - f(1,1)] = 59 + 0.366 \times (56 - 59) = 57.902$$
$$f(0.366,1.366) = f(0,1.366) + 0.366[f(1,1.366) - f(0,1.366)] \approx 60$$

绕中心点旋转先要将坐标系平移到中心点,再绕原点旋转进行变换,然后平移回原坐标原点。绕任意点旋转与此相同,仅仅是平移量的不同。

关于绕中心点的旋转变换,请扫描二维码,查看讲解。

3. 图像旋转的实现

图像旋转按照例3.8中所述步骤实现。OpenCV 中 rotate 函数可以将二维矩阵顺时针旋转 90°、180°和 270°,调用格式如下:

cv.rotate(src, rotateCode[, dst]) -> dst

参数 rotateCode 选择旋转的角度,可取:cv. ROTATE_90_CLOCKWISE、cv. ROTATE_180 和 cv. ROTATE_90_COUNTERCLOCKWISE。

函数 getRotationMatrix2D 计算绕中心点旋转的变换矩阵,调用格式如下:

cv.getRotationMatrix2D(center, angle, scale) -> retval

参数 center 指明图像旋转中心;angle 是旋转角度,正值表示逆时针旋转(相对于左上角);scale 是比例变换因子。设置旋转变换矩阵后可以用 warpAffine 函数实现旋转变换。

【例 3.9】 编写程序,实现图像旋转。

解:程序如下。

```
import cv2 as cv
import numpy as np
Image = cv.imread('dog.jpg')
Image = Image / 255
result1 = cv.rotate(Image, cv.ROTATE_90_CLOCKWISE)          #顺时针旋转90°
height, width, color = np.shape(Image)
angle, center = 15, (width // 2, height // 2)
T = cv.getRotationMatrix2D(center, angle, 1.0)              #创建旋转变换矩阵
result2 = cv.warpAffine(Image, T, dsize = (width, height), flags = cv.INTER_LINEAR,
            borderValue = [1, 1, 1])          #旋转变换,和原图尺寸一样,双线性插值,填充白色
cv.imshow("Original image", Image)
cv.imshow("Rotating by90 degrees clockwise", result1)
cv.imshow("Rotating any angle", result2)
cv.waitKey()
```

第 3 集
微课视频

程序运行结果如图 3-11 所示。

(a) 原图　　　　(b) rotate函数旋转90°　　　(c) 旋转任意指定角度

图 3-11　图像旋转变换

3.4.5 图像缩放

图像缩放是指将给定图像的尺寸在 x、y 方向分别缩放 k_x、k_y 倍,获得一幅新的图像。其中,若 $k_x = k_y$,即在 x 轴、y 轴方向缩放的比率相同,则称为图像的按比例缩放。若 $k_x \neq k_y$,缩放会改变原始图像像素间的相对位置,产生几何畸变,称为图像的不按比例缩放。进行缩放变换后,新图像的分辨率为 $k_x M \times k_y N$。

图像的缩放处理分为图像的缩小和图像的放大处理:

(1) 当 $0 < k_x, k_y < 1$,实现图像的缩小处理;

(2) 当 $k_x, k_y > 1$,则实现图像的放大处理。

设原图像中点 (x, y) 进行缩放处理后,变换到点 (x', y'),则缩放处理的矩阵形式可表示为

$$\begin{bmatrix} x' \\ y' \\ 1 \end{bmatrix} = \begin{bmatrix} k_x & 0 & 0 \\ 0 & k_y & 0 \\ 0 & 0 & 1 \end{bmatrix} \begin{bmatrix} x \\ y \\ 1 \end{bmatrix} \tag{3-18}$$

可以根据后向映射法,按照式(3-18)实现图像缩放。可以通过定义变换矩阵,利用 warpAffine 函数实现图像缩放变换。此外,OpenCV 也提供了图像缩放变换函数 resize,调用格式如下:

```
cv.resize(src, dsize[, dst[, fx[, fy[, interpolation]]]]) -> dst
```

参数 src 可以是二维或三维数组;dsize 指定输出图像尺寸;fx 和 fy 是水平和垂直缩放因子,设为 0 时,根据 dsize 和原图像尺寸计算;interpolation 选择插值计算方法。

【例 3.10】 编写程序,实现图像缩放变换。

解:程序如下。

```
import cv2 as cv
import numpy as np
Image = cv.imread('dog.jpg')
result1 = cv.resize(Image, dsize = None, fx = 0.8, fy = 1.9,
                    interpolation = cv.INTER_LINEAR)    #不按比例缩放
result2 = cv.resize(Image, dsize = None, fx = 0.8, fy = 0.8,
                    interpolation = cv.INTER_LINEAR)    #按比例缩小
cv.imshow("Original image", Image)
cv.imshow("Result image 1", result1)
cv.imshow("Result image 2", result2)
cv.waitKey()
```

程序运行结果如图 3-12 所示。

(a) 原图　　　　　　(b) 不按比例　．　　　(c) 按比例

图 3-12　图像缩放变换

3.4.6　图像错切

图像的错切变换是平面景物在投影平面上的非垂直投影。错切变换使图像中的图形产生扭变。这种扭变只在水平或垂直方向上产生时,分别称为水平方向错切和垂直方向错切。

设原图像中点 (x,y) 进行错切变换后,变换到点 (x',y'),则错切变换的矩阵表达式为

$$\begin{bmatrix} x' \\ y' \\ 1 \end{bmatrix} = \begin{bmatrix} 1 & d_x & 0 \\ d_y & 1 & 0 \\ 0 & 0 & 1 \end{bmatrix} \begin{bmatrix} x \\ y \\ 1 \end{bmatrix} \tag{3-19}$$

【例 3.11】　采用函数 warpAffine 实现图像错切变换。

解：程序如下。

```
import cv2 as cv
import numpy as np
Image = cv.imread('dog.jpg')
Image = Image / 255
height, width, color = np.shape(Image)
dx, dy = 0.5, 0.2
T1 = np.array([[1, dx, 0], [0, 1, 0]])                  #水平错切变换矩阵
T2 = np.array([[1, 0, 0], [dy, 1, 0]])                  #垂直错切变换矩阵
T3 = np.array([[1, dx, 0], [dy, 1, 0]])                 #水平、垂直同时错切变换矩阵
h1, w1 = height, int(width - 1 + (height - 1) * dx)     #新图像尺寸
h2, w2 = int(height - 1 + (width - 1) * dy), width
h3, w3 = int(height - 1 + (width - 1) * dy), int(width - 1 + (height - 1) * dx)
hImage = cv.warpAffine(Image, T1, dsize = (w1, h1), flags = cv.INTER_LINEAR,
        borderValue = [1, 1, 1])                        #水平错切
vImage = cv.warpAffine(Image, T2, dsize = (w2, h2), flags = cv.INTER_LINEAR,
        borderValue = [1, 1, 1])                        #垂直错切
hvImage = cv.warpAffine(Image, T3, dsize = (w3, h3), flags = cv.INTER_LINEAR,
        borderValue = [1, 1, 1])                        #水平、垂直同时错切
cv.imshow("Original image", Image)
cv.imshow("Horizontal shear transform", hImage)
cv.imshow("Vertical shear transform", vImage)
cv.imshow("Shear transform", hvImage)
cv.waitKey()
```

程序运行结果如图 3-13 所示。

3.4.7　图像转置

图像转置变换是指将图像的行、列坐标互换。设原图像中的点 (x,y) 进行转置后,变换到点 (x',y'),则转置变换的矩阵表达式为

$$\begin{bmatrix} x' \\ y' \\ 1 \end{bmatrix} = \begin{bmatrix} 0 & 1 & 0 \\ 1 & 0 & 0 \\ 0 & 0 & 1 \end{bmatrix} \begin{bmatrix} x \\ y \\ 1 \end{bmatrix} \tag{3-20}$$

图像用矩阵表达,可以直接通过矩阵转置实现图像转置,也可以用 OpenCV 中的 transpose 函数实现,其调用格式如下：

```
cv.transpose(src[, dst]) -> dst
```

(a)原图　　　　　　　　　　(b)水平错切

(c)垂直错切　　　　　(d)水平、垂直同时错切

图 3-13　图像错切变换

【例 3.12】　设计程序实现图像转置变换。

解：程序如下。

```
import cv2 as cv
import numpy as np
Image = cv.imread('dog.jpg')
height, width, color = np.shape(Image)
result1 = cv.transpose(Image)                    # 直接使用转置函数实现变换
result2 = np.zeros([width, height, color])
for i in range(color):
    result2[:, :, i] = Image[:, :, i].T          # 使用 NumPy 的".T" 对各通道转置
cv.imshow("Original image", Image)
cv.imshow("Transposing 1", result1)
cv.imshow("Transposing 2", result2 / 255)
cv.waitKey()
```

程序运行结果如图 3-14 所示。

(a)原图　　　　　　(b)图像转置

图 3-14　图像转置变换

3.5 代数运算

图像代数运算是指对两幅或多幅输入图像进行点对点的加、减、乘、除、与、或、非等运算，有时涉及将简单的代数运算进行组合而得到更复杂的代数运算结果。从原理上来讲，代数运算简单易懂，但在实际应用中很常见。

3.5.1 加法运算

1. 原理

加法运算将两幅或多幅图像对应点像素值相加，如式(3-21)所示。

$$g(x,y) = f_1(x,y) + f_2(x,y) \tag{3-21}$$

式中，f_1、f_2 是同等大小的两幅图像。

进行相加运算，对应像素值的和可能会超出灰度值表达的范围，对于这种情况，可以采用下列方法进行处理。

(1) 截断处理。如果 $g(x,y)$ 大于 255，仍取 255；但新图像 $g(x,y)$ 像素值会偏大，图像整体较亮，后续需要灰度级调整。

(2) 加权求和，即

$$g(x,y) = \alpha f_1(x,y) + (1-\alpha) f_2(x,y) \tag{3-22}$$

式中，$\alpha \in [0,1]$。这种方法需要选择合适的 α。

编程时，可以用"+"运算符或者 OpenCV 中的函数 add 实现图像相加，采用函数 addWeighted 实现两幅图像线性组合，要求图像具有相同大小和通道数。调用格式如下：

```
cv.add(src1, src2[, dst[, mask[, dtype]]]) -> dst
cv.addWeighted(src1, alpha, src2, beta, gamma[, dst[, dtype]]) -> dst
```

参数 mask 是和图像同等大小的 8 位二维数组，其中取值不为 0 的像素将参与运算；dtype 设定输出数组的深度，默认值为 −1，表示输入和输出深度相同。alpha 和 beta 分别是 src1 和 src2 的权系数，gamma 是叠加的常数项。

【例 3.13】 采用函数 add、addWeighted 实现图像相加。

解：程序如下。

```
import cv2 as cv
import numpy as np
Back = cv.imread('back.jpg')               #背景图
Foreground = cv.imread('fore.jpg')         #前景图
cv.imshow("Back image", Back)
cv.imshow("Foreground image", Foreground)
result1 = cv.add(Back, Foreground)         #前景和背景直接相加
alpha, beta, gamma = 0.6, 0.4, 0           #alpha×Back + beta×Foreground + gamma
result2 = cv.addWeighted(Back, alpha, Foreground, beta, gamma)
thresh = 25
b, g, r = cv.split(Foreground)
Back[~((b < thresh) & (g < thresh) & (r < thresh))] = 0
                                           #前景图中目标部分在背景图中的对应部分被设为 0
result3 = Back + Foreground
show = cv.hconcat((result1, result2, result3))  #三个相加结果拼接为一幅大图便于显示比较
cv.imshow("Image addition", show)
cv.waitKey()
```

程序运行结果如图 3-15 所示。采用不同的方式将图 3-15(a)和图 3-15(b)相加,图 3-15(c)是将和值限幅截断,图 3-15(d)是加权求和,图 3-15(e)是前景目标覆盖背景。

(a) 背景图　　　　(b) 目标图　　　　(c) 截断处理　　　　(d) 加权求和　　　　(e) 前景覆盖

图 3-15　加法运算效果

2. 主要应用

1)多图像平均去除叠加性噪声

假设有一幅混有噪声的图像 $g(x,y)$ 由原始标准图像 $f(x,y)$ 和噪声 $n(x,y)$ 叠加而成,即

$$g(x,y)=f(x,y)+n(x,y) \tag{3-23}$$

若 $n(x,y)$ 为互不相关的加性噪声,且均值为 0。令 $E[g(x,y)]$ 为 $g(x,y)$ 的期望值,则有

$$E[g(x,y)]=E[f(x,y)+n(x,y)]=E[f(x,y)]=f(x,y) \tag{3-24}$$

对 L 幅重复采集的有噪声图像进行平均后的输出图像为

$$\bar{g}(x,y)=\frac{1}{L}\sum_{i=1}^{L}g_i(x,y)\approx E[g(x,y)]=f(x,y) \tag{3-25}$$

消除了图像中的噪声。

该方法常用于摄像机的视频图像中,用于减少电视摄像机光电摄像管或 CCD 器件所引起的噪声。

2)图像合成和图像拼接

将一幅图像的内容经配准后叠加到另一幅图像上,以改善图像的视觉效果,不同视角的图像拼接到一起生成全景图像等,需要加法运算。

3)在多光谱图像中的应用

在多光谱图像中,通过加法运算加宽波段,如绿色和红色波段图像相加可以得到近似全色图像。

3.5.2　减法运算

1. 原理

减法运算将两幅或多幅图像对应点像素值相减,如式(3-26)所示。

$$g(x,y)=f_1(x,y)-f_2(x,y) \tag{3-26}$$

式中,f_1、f_2 是同等大小的两幅图像。

进行相减运算,对应像素值的差可能为负数,对于这种情况,可以采用下列方法进行处理。

(1)截断处理。如果 $g(x,y)$ 小于 0,仍取 0;但新图像 $g(x,y)$ 像素值会偏小,图像整体较暗,后续需要灰度级调整。

(2)取绝对值,即

$$g(x,y)=\left|f_1(x,y)-f_2(x,y)\right| \tag{3-27}$$

2. 主要应用

1）显示两幅图像的差异

将两幅图像相减,灰度或颜色相同部分相减为 0,呈现黑色;相似部分差值很小;而相异部分差值较大,差值图像中相异部分突显,可用于检测同一场景两幅图像之间的变化,如运动目标检测中的背景减法、视频中镜头边界的检测。

2）去除不需要的叠加性图案

叠加性图案可能是缓慢变化的背景阴影或周期性的噪声,或在图像上每一像素处均已知的附加污染等,如电视制作的蓝屏技术。

3）图像分割

如分割运动的车辆,减法去掉静止部分,剩余的是运动元素和噪声。

4）生成合成图像

编程时,可以用“-”运算符或者 OpenCV 中的函数 subtract 实现图像相减,采用函数 absdiff 求绝对值差图像,调用格式如下:

```
cv.absdiff(src1, src2[, dst]) -> dst
cv.subtract(src1, src2[, dst[, mask[, dtype]]]) -> dst
```

【例 3.14】 编程实现两幅图像相减。

解:程序如下。

```
import cv2 as cv
import numpy as np
Back = cv.imread('hallback.bmp')
Foreground = cv.imread('hallforeground.bmp')
Back, Foreground = Back / 255, Foreground / 255
result1 = cv.absdiff(Back, Foreground)
result2 = Foreground - Back
show = cv.hconcat((Back, Foreground, result1, result2))
cv.imshow("Image subtraction", show)
cv.waitKey()
```

程序运行结果如图 3-16 所示。

（a）背景图　　　　　（b）前景图　　　　（c）差的绝对值图像　　　（d）差值图像

图 3-16　减法运算结果图

3.5.3 乘法运算

乘法运算将两幅或多幅图像对应点像素值相乘,如式(3-28)所示。

$$g(x,y)=f_1(x,y)\times f_2(x,y) \tag{3-28}$$

式中,f_1、f_2 是同等大小的两幅图像。

乘法运算主要用于图像的局部显示和提取,通常采用二值模板图像与原图像做乘法来实现;也可以用来生成合成图像。

可以用矩阵点乘实现两幅图像相乘,也可以采用 OpenCV 的 multiply 函数,其调用格式如下:

```
cv.multiply(src1, src2[, dst[, scale[, dtype]]]) -> dst
```

参数 src1 和 src2 具有相同大小和数据类型,scale 是像素乘积的比例因子。

【例 3.15】 编程将两幅图像相乘,实现目标提取。

解:程序如下。

```
import cv2 as cv
import numpy as np
Back = cv.imread('bird.jpg')
Foreground = cv.imread('birdtemplet.bmp')
Back, Foreground = Back / 255, Foreground / 255    #8位数据转换为0～1的浮点数,避免溢出
result1 = cv.multiply(Back, Foreground)
result2 = Foreground * Back                        #矩阵点乘
show = cv.hconcat((Back, Foreground, result1, result2))
cv.imshow("Image multiplication", show)
cv.waitKey()
```

程序运行结果如图 3-17 所示。

(a) 背景图　　　　(b) 模板　　　　(c) 图像相乘　　　　(d) 矩阵点乘

图 3-17　乘法运算结果图

3.5.4　除法运算

除法运算将两幅或多幅图像对应点像素值相除,如式(3-29)所示。

$$g(x,y) = f_1(x,y) \div f_2(x,y) \tag{3-29}$$

式中,f_1、f_2 是同等大小的两幅图像。

除法运算可以用于消除空间可变的量化敏感函数、归一化、产生比率图像等。

可以用矩阵点除实现图像除法,也可以采用 OpenCV 的 divide 函数,其调用格式如下:

```
cv.divide(src1, src2[, dst[, scale[, dtype]]]) -> dst
cv.divide(scale, src2[, dst[, dtype]]) -> dst
```

缺少参数 src1 时,执行的是参数 scale 除以 src2。

【例 3.16】 设计程序,将两幅图像相除,实现目标提取。

解:程序如下。

```
import cv2 as cv
import numpy as np
Back = cv.imread('bird.jpg')
Templet = cv.imread('birdtemplet.bmp')
Back, Templet, Templet1 = Back / 255, Templet / 255, Templet / 255
Templet1[Templet1 != 1] = 1000                    #模板图像中非模板区值设为较大值1000
result1 = cv.divide(Back, Templet1)               #图像相除
```

```
result2 = Back / Templet1                    #矩阵点除
show = cv.hconcat((Back, Templet, result1, result2))
cv.imshow("Image division", show)
cv.waitKey()
```

程序运行结果如图 3-18 所示,可以看出,通过合理设置模板图像,除法也实现了模板运算。

(a) 背景　　　　　　　(b) 模板　　　　　　(c) 图像相除

图 3-18　除法运算结果图

3.5.5　逻辑运算

在两幅图像对应像素间进行与、或、非等运算,称为逻辑运算。

非运算: $g(x,y)=255-f(x,y)$,用于获得原图像的补图像,或称反色。

与运算: $g(x,y)=f_1(x,y)\&f_2(x,y)$,求两幅图像的相交子图,可用于图像的局部显示和提取。

或运算: $g(x,y)=f_1(x,y)|f_2(x,y)$,合并两幅图像的子图像,可用于图像的局部显示和提取。

OpenCV 中有按位求补 bitwise_not 函数,按位求与 bitwise_and 函数,按位求或 bitwise_or 函数,按位异或 bitwise_xor 函数,调用格式如下:

第 4 集
微课视频

```
cv.bitwise_not(src[, dst[, mask]]) -> dst
cv.bitwise_and(src1, src2[, dst[, mask]]) -> dst
cv.bitwise_or(src1, src2[, dst[, mask]]) -> dst
cv.bitwise_xor(src1, src2[, dst[, mask]]) -> dst
```

【例 3.17】　对两幅图像按位进行逻辑运算。

解:程序如下。

```
import cv2 as cv
import numpy as np
Back = cv.imread('bird.jpg')
Templet = cv.imread('birdtemplet.bmp')
result1 = cv.bitwise_not(Back)              #求反
result2 = cv.bitwise_and(Back, Templet)     #求与
result3 = cv.bitwise_or(Back, Templet)      #求或
result4 = cv.bitwise_xor(Back, Templet)     #求异或
show = cv.hconcat((result1, result2, result3, result4))
cv.imshow("Logical operation", show)
cv.waitKey()
```

程序运行结果如图 3-19 所示。

关于图像的局部显示与提取,请扫描二维码,查看讲解。

| (a) 背景图求反 | (b) 与模板相与 | (c) 与模板相或 | (d) 与模板异或 |

图 3-19　按位逻辑运算结果图

3.6　上采样和下采样

上采样指增大图像的分辨率,下采样指降低图像的分辨率,常用于生成图像的多分辨率表达,即同一幅图像采用不同大小的分辨率表示,以便实现不同尺度的特征提取,或者用于搜索算法。

上、下采样有不同的实现方法,可以采用图像缩放变换实现,即将新分辨率图像像素映射到原分辨率图像中,通过插值运算,获取像素值,生成新图像。

上采样也可以通过反卷积的方式实现。通过合理的方式将低分辨率图像补零,再进行卷积,提高分辨率。不同的补零方式,对应不同的反卷积。

图 3-20(a)为 2×2 的低分辨率图像,在周围补两行两列的零,和图 3-20(b)所示模板进行卷积运算,如图 3-20(c)所示,得 4×4 的高分辨率图像,如图 3-20(d)所示,这种方法称为转置卷积。

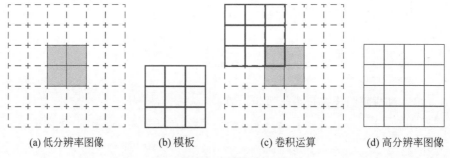

| (a) 低分辨率图像 | (b) 模板 | (c) 卷积运算 | (d) 高分辨率图像 |

图 3-20　转置卷积

图 3-21(a)为 2×2 的低分辨率图像,在原图像素周围补零,并和模板进行卷积运算,如图 3-21(c)所示,得 3×3 的高分辨率图像,如图 3-21(d)所示,这种方法称为微步卷积。

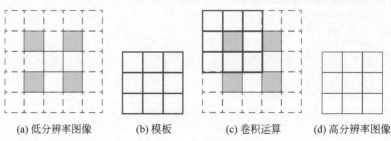

| (a) 低分辨率图像 | (b) 模板 | (c) 卷积运算 | (d) 高分辨率图像 |

图 3-21　微步卷积

下采样也可以仅在某些像素处计算卷积,降低分辨率,如图 3-22 所示。

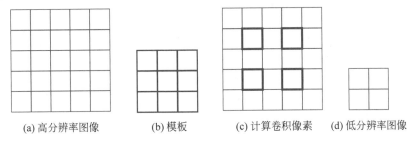

(a) 高分辨率图像　　(b) 模板　　(c) 计算卷积像素　(d) 低分辨率图像

图 3-22　下采样

上、下采样方法很多,操作灵活,需要根据具体设计目的选择合适的方法。

3.7　综合实例

【例 3.18】　编写程序,将一幅图像连续旋转、显示,图像宽高不变且不出现背景色,并将旋转过程保存为 AVI 格式的视频。

解:设计思路如下。

设置旋转角度在一个范围内逐渐变化,即可实现图像的连续旋转。但是,如图 3-23(b)所示,图像旋转后,4 个角落会有填充的背景色。为去除背景像素,将图像放大,把背景色部分外推出图像宽高范围,关键在于放大比例的设置。找出图 3-23(b)中的白线,将中间部分放大到和原图像宽高一致即可去除背景色部分,所以,可以根据中间部分和图像宽高的相对比值设置放大比例。

(a) 原图　　　　　　　　　　　(b) 旋转后

图 3-23　图像旋转变换

利用 OpenCV 的 VideoWriter 类实现视频的生成,其构造函数如下:

```
cv.VideoWriter(filename, fourcc, fps, frameSize[, isColor]) -> <VideoWriter object>
```

参数 fourcc 用 4 个字符表示视频编码方式;fps 是帧率;frameSize 指定视频帧尺寸;isColor 如果非零,对彩色帧进行压缩编码。

设计框图如图 3-24 所示。

程序如下。

```
import cv2 as cv
import numpy as np
Image = cv.imread('flower.jpg')
```

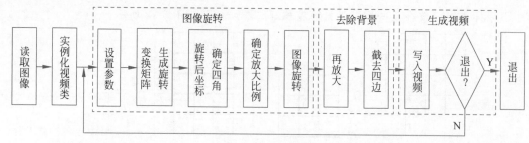

图 3-24　设计框图

```
Image = Image / 255
height, width, color = np.shape(Image)
times, angle_original = 0, 20                              # times 控制旋转角度变化方向
angle, center = - angle_original, (width // 2, height // 2)
corner = np.array([[0, 0, 1], [width - 1, 0, 1], [width - 1, height - 1, 1],
                   [0, height - 1, 1]])                    # 原图四个角的坐标
fourcc = cv.VideoWriter.fourcc( * 'XVID')                  # 设置视频参数
out = cv.VideoWriter('rotating.avi', fourcc, 10, (width, height))   # 视频类实例化
while 1:
    T = cv.getRotationMatrix2D(center, angle, 1.0)        # 生成当前角度对应的旋转变换矩阵
    corner_new = np.sort(T @ corner.T)                    # 旋转后四个角的坐标
    (w, h) = corner_new[:, 2] - corner_new[:, 1]          # 确定白线中间部分宽和高
    scale = width / w if width / w > height / h else height / h  # 确定放大比例
    rotatedI = cv.warpAffine(Image, T, dsize = (width, height), flags = cv.INTER_LINEAR)
    resizedI = cv.resize(rotatedI, dsize = None, fx = scale, fy = scale,
                         interpolation = cv.INTER_LINEAR)  # 先旋转再放大
    height_new, width_new, color = np.shape(resizedI)     # 新图像尺寸
    rh, rw = height_new // 2, width_new // 2              # 新图像中心
    frame = (resizedI[rh - center[1]:rh + center[1],
             rw - center[0]:rw + center[0], :] * 255).astype(np.uint8)   # 截去四边
    if not out.isOpened():
        print('Can not open video! ')
        break
    out.write(frame)                                      # 作为帧写入视频
    cv.imshow("Rotating", frame)                          # 显示
    key = cv.waitKey(60)
    if key == ord('q') or key == 27:                      # 按下"Q"或"Esc"键退出
        break
    if times == 0:                                        # 旋转角度逐渐增大
        angle += 1
        if angle == angle_original:                       # 角度达到最大正值,反向变化
            times += 1
    else:                                                 # 旋转角度逐渐减小
        angle -= 1
        if angle == - angle_original:                     # 角度达到最大负值,反向变化
            times -= 1
```

运行程序,显示一幅图像不断旋转的画面,并在当前目录下生成对应的 AVI 格式的视频。

启发:

从图 3-24 的设计框图可以看出,无论多复杂的工程问题,都是由一个个的小问题构成的,将任务分解为若干模块,逐个击破,也就解决了复杂问题。同理,再宏大的目标,都可以一点一点完成。从一点一滴做起,每天进步一点点。

习题

3.1　编写程序,设计不同的模板,对图像进行卷积运算,尝试采用不同的边界填塞方法。

3.2　一幅图像为 $f = \begin{bmatrix} 1 & 4 & 7 \\ 2 & 5 & 8 \\ 3 & 6 & 9 \end{bmatrix}$,设 $k_x = 2.3, k_y = 1.6$,根据几何变换过程编写程序,采用双线性插值法对其进行放大。

3.3　编写程序,对习题 3.2 中的图像逆时针旋转 $60°$,采用双线性插值法。

3.4　编写程序,实现手机图像编辑中的裁剪功能。

3.5　编写程序,在例 3.14 中的减法运算程序的基础上,从原图中抠取人物。

3.6　编写程序,尝试实现图像的上采样和下采样。

第 4 章

图像的正交变换

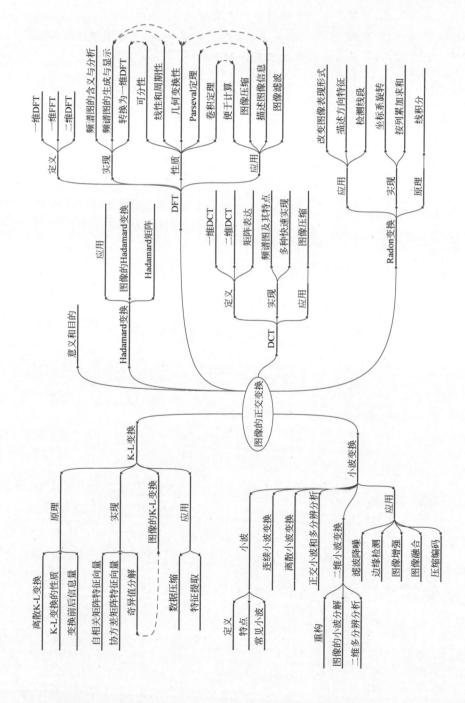

本章思维导图

　　正交变换是信号处理的一种有效工具。图像信号不仅可以在空间域表示,也可以在频域表示,后者将有利于许多问题的分析及讨论。对图像进行正交变换,在图像增强、图像复原、图像特征提取、图像编码等处理中都经常采用。常用的正交变换有多种,本章主要介绍离散傅里叶变换、离散余弦变换、K-L 变换、Radon 变换、Hadamard 变换和小波变换,并对各变换在图像处理中的应用进行概括。

4.1 离散傅里叶变换

　　离散傅里叶变换(Discrete Fourier Transform,DFT)是直接处理离散时间信号的傅里叶变换,在数字信号处理中应用广泛。

4.1.1 离散傅里叶变换的定义

1. 一维 DFT

对于有限长数字序列 $f(x),x=0,1,\cdots,N-1$,一维 DFT 定义为

$$F(u)=\sum_{x=0}^{N-1}f(x)\mathrm{e}^{-\mathrm{j}\frac{2\pi ux}{N}},\quad u=0,1,2,\cdots,N-1 \tag{4-1}$$

一维离散傅里叶逆变换(IDFT)定义为

$$f(x)=\frac{1}{N}\sum_{u=0}^{N-1}F(u)\mathrm{e}^{\mathrm{j}\frac{2\pi ux}{N}},\quad x=0,1,2,\cdots,N-1 \tag{4-2}$$

$f(x)$ 和 $F(u)$ 为离散傅里叶变换对,表示为 $\mathscr{F}[f(x)]=F(u)$ 或 $f(x)\Leftrightarrow F(u)$。

设 $W=\mathrm{e}^{-\mathrm{j}\frac{2\pi}{N}}$,则一维的 DFT 和 IDFT 表示为

$$\begin{cases}F(u)=\sum_{x=0}^{N-1}f(x)W^{ux}, & u=0,1,2,\cdots,N-1 \\ f(x)=\frac{1}{N}\sum_{u=0}^{N-1}F(u)W^{-ux}, & x=0,1,2,\cdots,N-1\end{cases} \tag{4-3}$$

2. 一维快速傅里叶变换

　　直接对序列进行 DFT,运算量大,很难实时地处理问题。因此,根据 DFT 的奇、偶、虚、实等特性,对 DFT 算法进行改进而获得快速傅里叶变换(FFT)算法。

1) FFT 原理

　　FFT 不是一种新的变换,只是 DFT 的一种算法。式(4-3)中的 W 因子具有周期性和对称性,如式(4-4)所示。因此,DFT 中的乘法运算中有许多重复内容,导致 DFT 的计算量大,运算时间长,如例 4.1 所示。FFT 的原理即是通过合理安排重复出现的相乘运算,进而减少计算工作量。

$$\begin{cases}W^{u\pm rN}=\mathrm{e}^{-\mathrm{j}\frac{2\pi}{N}(u\pm rN)}=\mathrm{e}^{-\mathrm{j}\frac{2\pi}{N}u}\times\mathrm{e}^{\mp\mathrm{j}2\pi r}=\mathrm{e}^{-\mathrm{j}\frac{2\pi}{N}u}=W^{u} \\ W^{u\pm\frac{N}{2}}=\mathrm{e}^{-\mathrm{j}\frac{2\pi}{N}(u\pm\frac{N}{2})}=\mathrm{e}^{-\mathrm{j}\frac{2\pi}{N}u}\times\mathrm{e}^{\mp\mathrm{j}\pi}=-\mathrm{e}^{-\mathrm{j}\frac{2\pi}{N}u}=-W^{u}\end{cases} \tag{4-4}$$

【例 4.1】 一个长为 4 的数字序列 $f(x)$,求其 DFT 变换 $F(u)$。

解:将 DFT 定义式展开如下。

$$F(u) = \sum_{x=0}^{3} f(x)W^{ux} = f(0)W^0 + f(1)W^u + f(2)W^{2u} + f(3)W^{3u}$$

表示为矩阵运算的形式为

$$\begin{bmatrix} F(0) \\ F(1) \\ F(2) \\ F(3) \end{bmatrix} = \begin{bmatrix} W^0 & W^0 & W^0 & W^0 \\ W^0 & W^1 & W^2 & W^3 \\ W^0 & W^2 & W^4 & W^6 \\ W^0 & W^3 & W^6 & W^9 \end{bmatrix} \begin{bmatrix} f(0) \\ f(1) \\ f(2) \\ f(3) \end{bmatrix}$$

在上式中,对于 u 的每一个值,均需要计算 4 次乘法 3 次加法,共 16 次乘法运算和 12 次加法运算。因 W 的对称性,$W^2 = -W^0$,$W^3 = -W^1$,因 W 的周期性,$W^4 = W^0$,$W^6 = W^2$,$W^9 = W^1$,$F(u)$ 可以表示为

$$\begin{bmatrix} F(0) \\ F(1) \\ F(2) \\ F(3) \end{bmatrix} = \begin{bmatrix} W^0 & W^0 & W^0 & W^0 \\ W^0 & W^1 & -W^0 & -W^1 \\ W^0 & -W^0 & W^0 & -W^0 \\ W^0 & -W^1 & -W^0 & W^1 \end{bmatrix} \begin{bmatrix} f(0) \\ f(1) \\ f(2) \\ f(3) \end{bmatrix}$$

$$= \begin{bmatrix} 1 & 1 & 1 & 1 \\ 1 & W^1 & -1 & -W^1 \\ 1 & -1 & 1 & -1 \\ 1 & -W^1 & -1 & W^1 \end{bmatrix} \begin{bmatrix} f(0) \\ f(1) \\ f(2) \\ f(3) \end{bmatrix} = \begin{bmatrix} f(0) + f(2) + [f(1) + f(3)] \\ f(0) - f(2) + [f(1) - f(3)]W^1 \\ f(0) + f(2) - [f(1) + f(3)] \\ f(0) - f(2) - [f(1) - f(3)]W^1 \end{bmatrix}$$

换成这种形式后,DFT 计算只需进行 4 次乘法运算,8 次加法运算,运算量大为降低。

2) FFT 算法

W 因子具有以下特性:

$$W_{2N}^k = e^{-j\frac{2\pi}{2N}k} = e^{-j\frac{2\pi}{N} \cdot \frac{k}{2}} = W_N^{k/2} \tag{4-5}$$

DFT 可以表示为

$$F(u) = \sum_{x=0}^{N-1} f(x)W_N^{ux} = \sum_{x=0}^{N/2-1} f(2x)W_N^{2ux} + \sum_{x=0}^{N/2-1} f(2x+1)W_N^{u(2x+1)}$$

$$= \sum_{x=0}^{N/2-1} f(2x)W_{N/2}^{ux} + \sum_{x=0}^{N/2-1} f(2x+1)W_{N/2}^{ux}W_N^u$$

令 $M = N/2$,则

$$F(u) = \sum_{x=0}^{M-1} f(2x)W_M^{ux} + \sum_{x=0}^{M-1} f(2x+1)W_M^{ux}W_N^u$$

$$= F_e(u) + W_N^u F_o(u), \quad 0 \leqslant u < M \tag{4-6}$$

$$F(u+M) = F_e(u+M) + W_N^{u+M}F_o(u+M)$$

$$= F_e(u) - W_N^u F_o(u) \tag{4-7}$$

将原函数分为偶数项和奇数项,通过不断的一个偶数项一个奇数项的相加(减),最终得到需要的结果。FFT 是将复杂的运算变成两个数相加(减)的简单运算的重复。

【例 4.2】 一个长为 8 的数字序列 $f(x)$,利用 FFT 算法求其 DFT 变换 $F(u)$。

解:序列长为 8,则 $N=8$,序列表示为 $f_0, f_1, f_2, f_3, f_4, f_5, f_6, f_7$。按式(4-6)和式(4-7),

$F(u)$可以表示为奇偶项$F_o(u)$和$F_e(u)$的组合。把$f(x)$按奇偶分开,$F_e(u)$为$f_0,f_2,f_4,$ f_6序列的DFT,$F_o(u)$为f_1,f_3,f_5,f_7序列的DFT。为求$F_e(u)$和$F_o(u)$,进一步把两个子序列各自奇偶分开为$f_0,f_4,f_2,f_6,f_1,f_5,f_3,f_7$。以此类推,直到子序列长为1,一个数的DFT就是其自身。再按式(4-6)和式(4-7)逐层组合计算整个序列的DFT。过程如下:

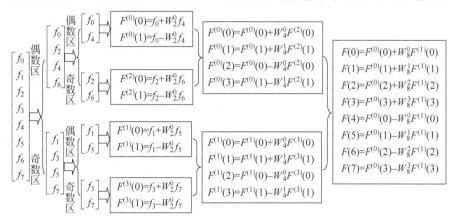

3. 二维离散傅里叶变换

数字图像为二维数据,二维DFT由一维DFT推广而来。二维DFT和IDFT定义为

$$
\begin{cases}
F(u,v)=\displaystyle\sum_{x=0}^{M-1}\sum_{y=0}^{N-1}f(x,y)\mathrm{e}^{-\mathrm{j}2\pi\left(\frac{xu}{M}+\frac{yv}{N}\right)} & x,u=0,1,2,\cdots,M-1 \\[3mm]
f(x,y)=\dfrac{1}{MN}\displaystyle\sum_{u=0}^{M-1}\sum_{v=0}^{N-1}F(u,v)\mathrm{e}^{\mathrm{j}2\pi\left(\frac{xu}{M}+\frac{yv}{N}\right)} & y,v=0,1,2,\cdots,N-1
\end{cases}
\tag{4-8}
$$

式中,$f(x,y)$是二维离散信号,$F(u,v)$为$f(x,y)$的频谱,u、v为频域采样值;$f(x,y)$和$F(u,v)$为二维DFT变换对,记为$\mathscr{F}[f(x,y)]=F(u,v)$或$f(x,y)\Leftrightarrow F(u,v)$。

$F(u,v)$一般为复数,表示为

$$
F(u,v)=R(u,v)+\mathrm{j}I(u,v)=|F(u,v)|\,\mathrm{e}^{\mathrm{j}\phi(u,v)}
\tag{4-9}
$$

式中,$|F(u,v)|$为$f(x,y)$的傅里叶谱,$\phi(u,v)$为$f(x,y)$的相位谱。$f(x,y)$的功率谱定义为傅里叶谱的平方,公式如下:

$$
|F(u,v)|=\sqrt{R^2(u,v)+I^2(u,v)}
\tag{4-10}
$$

$$
\phi(u,v)=\arctan\frac{I(u,v)}{R(u,v)}
\tag{4-11}
$$

$$
E(u,v)=|F(u,v)|^2=R^2(u,v)+I^2(u,v)
\tag{4-12}
$$

4.1.2　离散傅里叶变换的实现

将二维DFT变换式进行变换,即

$$
\begin{aligned}
F(u,v)&=\sum_{x=0}^{M-1}\sum_{y=0}^{N-1}f(x,y)\mathrm{e}^{-\mathrm{j}2\pi\frac{xu}{M}}\mathrm{e}^{-\mathrm{j}2\pi\frac{yv}{N}}=\sum_{x=0}^{M-1}\left[\sum_{y=0}^{N-1}f(x,y)\mathrm{e}^{-\mathrm{j}2\pi\frac{yv}{N}}\right]\mathrm{e}^{-\mathrm{j}2\pi\frac{xu}{M}}\\
&=\sum_{x=0}^{M-1}\{\mathscr{F}_y[f(x,y)]\}\,\mathrm{e}^{-\mathrm{j}2\pi\frac{xu}{M}}\\
&=\mathscr{F}_x\{\mathscr{F}_y[f(x,y)]\}
\end{aligned}
\tag{4-13}
$$

式(4-13)称为二维 DFT 的可分性,表明二维 DFT 可用一维 DFT 来实现,即先对 $f(x,y)$ 的每一列进行一维 DFT,得到 $\mathscr{F}_y[f(x,y)]$,再对该中间结果的每一行进行一维 DFT 得到 $F(u,v)$,运算过程中可以采用一维 FFT 实现快速运算。相反的顺序(先行后列)也可以。

【例 4.3】 有一幅图像 $f = \begin{bmatrix} 1 & 0 & 2 & 1 \\ 0 & 3 & 1 & 2 \\ 3 & 1 & 0 & 2 \\ 2 & 3 & 1 & 0 \end{bmatrix}$,利用 FFT 算法求其 DFT 变换 $F(u,v)$。

解:按照二维 DFT 的可分性,先对图像的每一列进行一维 DFT,采用 FFT 实现快速运算。

第一列:
$$\begin{bmatrix} 1 \\ 0 \\ 3 \\ 2 \end{bmatrix} \Rightarrow \begin{matrix} \begin{pmatrix} 1 \\ 3 \end{pmatrix} \Rightarrow \begin{pmatrix} 1+W_2^0\times 3 = 4 \\ 1-W_2^0\times 3 = -2 \end{pmatrix} \\ \begin{pmatrix} 0 \\ 2 \end{pmatrix} \Rightarrow \begin{pmatrix} 0+W_2^0\times 2 = 2 \\ 0-W_2^0\times 2 = -2 \end{pmatrix} \end{matrix} \Rightarrow \begin{bmatrix} 4+W_4^0\times 2 \\ -2+W_4^1\times(-2) \\ 4-W_4^0\times 2 \\ -2-W_4^1\times(-2) \end{bmatrix} = \begin{bmatrix} 6 \\ -2+2j \\ 2 \\ -2-2j \end{bmatrix}$$

其他列:具体过程省略,变换结果为
$$\begin{bmatrix} 0 \\ 3 \\ 1 \\ 3 \end{bmatrix} \Rightarrow \begin{bmatrix} 7 \\ -1 \\ -5 \\ -1 \end{bmatrix}, \quad \begin{bmatrix} 2 \\ 1 \\ 0 \\ 1 \end{bmatrix} \Rightarrow \begin{bmatrix} 4 \\ 2 \\ 0 \\ 2 \end{bmatrix}, \quad \begin{bmatrix} 1 \\ 2 \\ 2 \\ 0 \end{bmatrix} \Rightarrow \begin{bmatrix} 5 \\ -1-2j \\ 1 \\ -1+2j \end{bmatrix}$$

经过列变换后为
$$\begin{bmatrix} 6 & 7 & 4 & 5 \\ -2+2j & -1 & 2 & -1-2j \\ 2 & -5 & 0 & 1 \\ -2-2j & -1 & 2 & -1+2j \end{bmatrix}$$

再对列变换后的数据每一行进行 DFT 变换,结果如下:
$$\begin{bmatrix} 6 \\ 7 \\ 4 \\ 5 \end{bmatrix} \Rightarrow \begin{bmatrix} 22 \\ 2-2j \\ -2 \\ 2+2j \end{bmatrix}, \quad \begin{bmatrix} -2+2j \\ -1 \\ 2 \\ -1-2j \end{bmatrix} \Rightarrow \begin{bmatrix} -2 \\ -2+2j \\ 2+4j \\ -6+2j \end{bmatrix}, \quad \begin{bmatrix} 2 \\ -5 \\ 0 \\ 1 \end{bmatrix} \Rightarrow \begin{bmatrix} -2 \\ 2+6j \\ 6 \\ 2-6j \end{bmatrix}, \quad \begin{bmatrix} -2-2j \\ -1 \\ 2 \\ -1+2j \end{bmatrix} \Rightarrow \begin{bmatrix} -2 \\ -6-2j \\ 2-4j \\ -2-2j \end{bmatrix}$$

最终二维 DFT 为
$$F(u,v) = \begin{bmatrix} 22 & 2-2j & -2 & 2+2j \\ -2 & -2+2j & 2+4j & -6+2j \\ -2 & 2+6j & 6 & 2-6j \\ -2 & -6-2j & 2-4j & -2-2j \end{bmatrix}$$

二维 DFT 后,$F(u,v)$ 为二维复数矩阵,可以进一步计算傅里叶谱 $|F(u,v)|$,生成可视的频谱图。

OpenCV 中的 dft 函数可以实现一维或二维的离散傅里叶变换及逆变换,idft 函数可以实现离散傅里叶逆变换,magnitude 函数可以计算二维向量的幅值,phase 函数可以计算二维向量的角度,调用格式如下:

```
cv.dft(src[, dst[, flags[, nonzeroRows]]]) -> dst
cv.idft(src[, dst[, flags[, nonzeroRows]]]) -> dst
```

```
cv.magnitude(x, y[, magnitude]) -> magnitude
cv.phase(x, y[, angle[, angleInDegrees]]) -> angle
```

dft 和 idft 函数的参数 flags 取 cv.DFT_INVERSE 时执行离散傅里叶逆变换,取 cv.DFT
_SCALE 时变换结果除以图像像素数,取 cv.DFT_REAL_OUTPUT 时将假设输入是共轭复
对称,并输出实数结果,取 cv.DFT_COMPLEX_OUTPUT 时输出三维数组表示的复数结果。

另外,NumPy 库的 fft 模块、SciPy 库的 fft 模块也都提供了进行二维 DFT 的相关函数。

【例 4.4】 编写程序,对灰度图像进行 DFT、显示频谱图、相位图并重建图像。

解:程序如下。

```
import cv2 as cv
import numpy as np
grayI = cv.imread('cameraman.tif', cv.IMREAD_GRAYSCALE)
cv.imshow("Original image", grayI)
grayI = grayI.astype(np.float32)
DFT = cv.dft(grayI, flags = cv.DFT_COMPLEX_OUTPUT)      # 计算 DFT,输出三维数组表示的复数矩阵
ADFT = cv.magnitude(DFT[:, :, 0], DFT[:, :, 1])         # 计算傅里叶谱
top, bottom = np.max(ADFT), np.min(ADFT)
ADFT1 = (ADFT - bottom) / (top - bottom) * 100          # 傅里叶谱系数规格化到[0,100]
ADFT2 = np.fft.fftshift(ADFT1)                          # 频谱搬移,低频移至频谱图中心
phaseI = cv.phase(DFT[:, :, 0], DFT[:, :, 1])           # 计算相位谱
phaseI = phaseI / np.max(phaseI)                        # 相位谱归一化
recI = cv.idft(DFT, flags = cv.DFT_REAL_OUTPUT + cv.DFT_SCALE).astype(np.uint8)
                                                        # 利用 DFT 结果重建图像
cv.imshow("Original spectrum", ADFT1)
cv.imshow("Centered spectrum", ADFT2)
cv.imshow("Phase spectrum", phaseI)
cv.imshow("IDFT", recI)
cv.waitKey()
```

程序运行结果如图 4-1 所示。图 4-1(a)是原图,将傅里叶谱规格化到[0,100]的频谱图如
图 4-1(b)所示,四角部分对应低频成分,中央部分对应高频成分;采用 fftshift 函数将频谱图进行
移位,如图 4-1(c)所示,频谱图中间为低频部分,越靠外频率越高。图像中的能量主要集中在低
频区,高频区的能量很少或为零。图 4-1(d)是相位谱。图 4-1(e)是根据 DFT 系数重建的图像。

(a) 原图   (b) 规格化频谱图   (c) 频谱位移

(d) 相位谱   (e) 重建图

图 4-1 灰度图像傅里叶变换

彩色图像有三个色彩通道,其数据为三个二维矩阵,因此,需要进行三个二维 DFT,将三个频谱图合成彩色频谱图。

关于 DFT 频谱图的生成与显示,请扫描二维码,查看讲解。

4.1.3　离散傅里叶变换的性质

DFT 有许多重要性质,这些性质给 DFT 的运算和实际应用提供了极大的便利,这里主要介绍几个和二维 DFT 在图像处理中的应用密切相关的性质。

1. 线性和周期性

若 $\mathscr{F}[f(x,y)]=F(u,v),0\leqslant x,u<M,0\leqslant y,v<N$,则

$$\mathscr{F}[a_1f_1(x,y)+a_2f_2(x,y)]=a_1\mathscr{F}[f_1(x,y)]+a_2\mathscr{F}[f_2(x,y)] \tag{4-14}$$

$$\begin{cases} F(u,v)=F(u+M,v)=F(u,v+N)=F(u+M,v+N) \\ f(x,y)=f(x+M,y)=f(x,y+N)=f(x+M,y+N) \end{cases} \tag{4-15}$$

式(4-15)表明,尽管 $F(u,v)$ 对无穷多个 u 和 v 的值重复出现,但只需根据在任一个周期中的值就可从 $F(u,v)$ 得到 $f(x,y)$,同样只需一个周期中的变换就可将 $F(u,v)$ 在频域中完全确定。

2. 几何变换性

1) 共轭对称性

若 $\mathscr{F}[f(x,y)]=F(u,v)$,$F^*(-u,-v)$ 是 $f(-x,-y)$ 的 DFT 的共轭函数,则

$$F(u,v)=F^*(-u,-v) \tag{4-16}$$

2) 平移性

若 $\mathscr{F}[f(x,y)]=F(u,v)$,则

$$\begin{cases} f(x-x_0,y-y_0) \Longleftrightarrow F(u,v)\mathrm{e}^{-\mathrm{j}2\pi\left(\frac{x_0u}{M}+\frac{y_0u}{N}\right)} \\ f(x,y)\mathrm{e}^{\mathrm{j}2\pi\left(\frac{xu_0}{M}+\frac{yv_0}{N}\right)} \Longleftrightarrow F(u-u_0,v-v_0) \end{cases} \tag{4-17}$$

上式表示平移图像不影响其傅里叶变换的幅值,只改变相位谱。当 $u_0=M/2,v_0=N/2$ 时,$\mathrm{e}^{\mathrm{j}2\pi(u_0x/M+v_0y/N)}=\mathrm{e}^{\mathrm{j}\pi(x+y)}=(-1)^{x+y}$,则 $f(x,y)(-1)^{x+y} \Longleftrightarrow F(u-M/2,v-N/2)$,频域的坐标原点从起始点 $(0,0)$ 移至中心点,只要将 $f(x,y)$ 乘以 $(-1)^{x+y}$ 因子再进行傅里叶变换即可实现,即例 4.4 中的频谱搬移。

3) 旋转性

把 $f(x,y)$ 和 $F(u,v)$ 表示为极坐标形式,若 $f(\gamma,\theta) \Longleftrightarrow F(k,\varphi)$,则

$$f(\gamma,\theta+\theta_0) \Longleftrightarrow F(k,\varphi+\theta_0) \tag{4-18}$$

空间域函数旋转角度 θ_0,那么变换域函数的 DFT 也旋转同样的角度;反之,若变换域函数旋转某一角度,则空间域函数也旋转同样的角度。

4) 比例变换特性

若 $\mathscr{F}[f(x,y)]=F(u,v)$,则

$$f(ax,by) \Longleftrightarrow \frac{1}{|ab|}F\left(\frac{u}{a},\frac{v}{b}\right) \tag{4-19}$$

对图像 $f(x,y)$ 在空间尺度的缩放导致其傅里叶变换 $F(u,v)$ 在频域尺度的相反缩放。

【例4.5】　编写程序,对一幅图像进行几何变换,再进行DFT运算,验证以上性质。

解：程序如下。

```
import cv2 as cv
import numpy as np
Image = cv.imread('block.bmp', cv.IMREAD_GRAYSCALE)
height, width = np.shape(Image)
        #以下对图像进行缩小、旋转、平移变换
scaleI = cv.resize(Image, dsize = None, fx = 0.5, fy = 0.5, interpolation = cv.INTER_LINEAR)
T = cv.getRotationMatrix2D((width // 2, height // 2), 30, 1.0)
rotateI = cv.warpAffine(Image, T, dsize = (width, height), flags = cv.INTER_LINEAR)
T = np.array([[1.0, 0, 20], [0, 1, 20]])
transI = cv.warpAffine(Image, T, dsize = (width, height), flags = cv.INTER_LINEAR)
    #以下对原图、缩小图、旋转图和平移图分别进行DFT变换
OrigDft = np.abs(np.fft.fftshift(np.fft.fft2(Image)))
ScaleDft = np.abs(np.fft.fftshift(np.fft.fft2(scaleI)))
RotateDft = np.abs(np.fft.fftshift(np.fft.fft2(rotateI)))
TransDft = np.abs(np.fft.fftshift(np.fft.fft2(transI)))
    #以下对四种情况的频谱图进行归一化处理
ODFT = (OrigDft - np.min(OrigDft)) / (np.max(OrigDft) - np.min(OrigDft))
SDFT = (ScaleDft - np.min(ScaleDft)) / (np.max(ScaleDft) - np.min(ScaleDft))
RDFT = (RotateDft - np.min(RotateDft)) / (np.max(RotateDft) - np.min(RotateDft))
TDFT = (TransDft - np.min(TransDft)) / (np.max(TransDft) - np.min(TransDft))
cv.imshow("Original image", Image)
cv.imshow("Resized image", scaleI)
cv.imshow("Rotated image", rotateI)
cv.imshow("Translated image", transI)
cv.imshow("Original DFT", ODFT)
cv.imshow("Resized image's DFT", SDFT)
cv.imshow("Rotated image's DFT", RDFT)
cv.imshow("Translated image's DFT", TDFT)
cv.waitKey()
```

程序运行结果如图4-2所示。图4-2(a)～图4-2(d)分别是原图、缩小变换、旋转变换和平移变换后的图像,图4-2(e)～图4-2(h)分别是对应的傅里叶频谱图。可以看出,缩小变换后图像的频谱图尺度展宽,旋转后图像的频谱图随着旋转,平移后图像的频谱图没有变化。

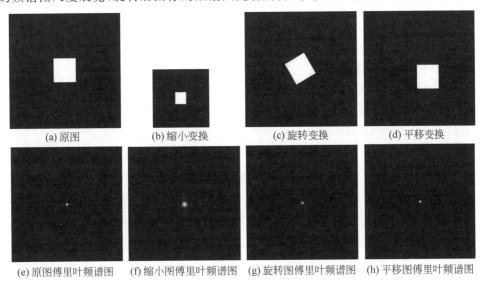

(a) 原图　　　　(b) 缩小变换　　　　(c) 旋转变换　　　　(d) 平移变换

(e) 原图傅里叶频谱图　(f) 缩小图傅里叶频谱图　(g) 旋转图傅里叶频谱图　(h) 平移图傅里叶频谱图

图4-2　图像几何变换及其傅里叶频谱图

3. Parseval 定理

若 $\mathscr{F}[f(x,y)]=F(u,v)$，则

$$\sum_{x=0}^{M-1}\sum_{y=0}^{N-1}|f(x,y)|^2=\sum_{u=0}^{M-1}\sum_{v=0}^{N-1}|F(u,v)|^2 \tag{4-20}$$

Parseval 定理也称为能量保持定理，这个性质说明变换前后不损失能量，只是改变了信号的表现形式，是变换编码的基本条件。

4. 卷积定理

若 $\mathscr{F}[f(x,y)]=F(u,v)$，$\mathscr{F}[g(x,y)]=G(u,v)$，则

$$\begin{cases}f(x,y)*g(x,y)\Leftrightarrow F(u,v)\cdot G(u,v)\\ f(x,y)\cdot g(x,y)\Leftrightarrow F(u,v)*G(u,v)\end{cases} \tag{4-21}$$

在以上几个性质中，共轭对称性、平移性、旋转性、比例变换特性使得二维 DFT 具有一定的几何变换不变性，可以作为一种图像特征；Parseval 定理是变换编码的基本条件，卷积定理可以降低某些复杂图像处理算法的计算量，这几个性质在图像处理中应用较多。

4.1.4 离散傅里叶变换在图像处理中的应用

DFT 在图像处理中的应用主要包括描述图像信息、滤波、压缩以及卷积几方面。

1. 傅里叶描述子

从原始图像中产生的数值、符号或图形称为图像特征，反映了原图像的重要信息和主要特性，以便让计算机有效地识别目标。这些表征图像特征的一系列符号称为描述子。

描述子应具有几何变换不变性，即在图像内容不变，仅产生几何变换（平移、旋转、缩放等）的情况下描述子不变，以保证识别结果的稳定性。DFT 在图像特征提取方面应用较多，傅里叶描述子是将 DFT 系数直接作为特征的应用。

一个闭合区域，区域边界上的点 (x,y)，用复数表示为 $x+\mathrm{j}y$。沿边界跟踪一周，得到一个复数序列 $z(n)=x(n)+\mathrm{j}y(n)$，$n=0,1,\cdots,N-1$，$z(n)$ 为周期信号，其 DFT 系数用 $Z(k)$ 表示，$Z(k)$ 称为傅里叶描述子。

根据 DFT 特性，$Z(k)$ 系数幅值具有旋转和平移不变性，相位信息具有缩放不变性，在一定程度上满足描述子的几何变换不变性，可以作为一种图像特征，称为傅里叶描述子（见第 10 章）。

2. DFT 在图像滤波中的应用

经过 DFT 后，傅里叶频谱的中间部分为低频部分，越靠外边频率越高。因此，可以在 DFT 后，设计相应的滤波器，实现低通滤波、高通滤波等处理（见第 5 章）。

3. DFT 在图像压缩中的应用

由 Parseval 定理知，变换前后能量不发生损失，只是改变了信号的表现形式，DFT 系数表现的是各个频率点上的幅值。高频反映细节、低频反映景物概貌，往往认为可将高频系数置为 0，降低数据量；同时由于人眼的惰性，合理地设置高频系数为 0，图像质量在一定范围内的降低不会被人眼察觉到。因此，DFT 可以方便地进行压缩编码（见第 12 章）。

4. DFT 卷积性质的应用

抽象来看，图像处理算法可以认为是图像信息经过了滤波器的滤波（如平滑滤波、锐化滤波等），空间域滤波通常需要进行卷积运算。如果滤波器的结构比较复杂，可以利用 DFT 的卷积性质，把空间域卷积变为变换域的相乘，以简化运算，如式(4-22)所示。

$$\begin{cases} g = f * h \\ G(u,v) = F(u,v) \cdot H(u,v) \\ g = \mathrm{IDFT}(G) \end{cases} \tag{4-22}$$

式中,f 为原图像,h 为滤波器。利用 h 对 f 滤波,是用 h 和 f 卷积得到 g;这个过程可以改变为先对 f、h 进行 DFT,把 H 和 F 相乘得 G,再进行傅里叶逆变换,以降低卷积计算量。

需要注意的是,由于 DFT 和 IDFT 都是周期函数,在计算卷积时,需要让这两个离散函数具有同样的周期,否则将产生错误。利用 FFT 计算卷积时,为防止频谱混叠误差,需对离散的二维函数补零,即周期延拓,两个函数同时周期延拓,使具有相同的周期。

【例 4.6】 编写程序,打开一幅图像,对其进行 DFT 变换及频域滤波。

解:程序如下。

```
import cv2 as cv
import numpy as np
Image = cv.imread('desert.jpg', cv.IMREAD_GRAYSCALE)
h, w = np.shape(Image)
DFTI = np.fft.fftshift(np.fft.fft2(Image))          # DFT 及频谱搬移
cf = 30                                              # 截止频率
HDFTI = np.array(DFTI)
HDFTI[h//2 - cf:h//2 + cf, w//2 - cf:w//2 + cf] = 0  # 低频置为零
hp_out = (np.abs(np.fft.ifft2(np.fft.ifftshift(HDFTI)))).astype(np.uint8)  # IDFT
LDFTI = np.zeros([[h, w], dtype = complex)
LDFTI[h//2 - cf:h//2 + cf, w//2 - cf:w//2 + cf] =
                DFTI[h//2 - cf:h//2 + cf, w//2 - cf:w//2 + cf]  # 高频置为零
lp_out = (np.abs(np.fft.ifft2(np.fft.ifftshift(LDFTI)))).astype(np.uint8)  # IDFT
cv.imshow("Original image", Image)
cv.imshow("Highpass filtering", hp_out)
cv.imshow("Lowpass filtering", lp_out)
cv.waitKey()
```

程序运行结果如图 4-3 所示。

(a) 原图   (b) 高通滤波   (c) 低通滤波

图 4-3 图像频域滤波结果

4.2 离散余弦变换

离散余弦变换(Discrete Cosine Transform,DCT)是一种与傅里叶变换紧密相关的数学运算。在傅里叶级数展开式中,如果被展开的函数是实偶函数,那么其傅里叶级数中只包含余弦项,再将其离散化可导出余弦变换,因此称为离散余弦变换。

4.2.1 离散余弦变换的定义

1. 一维离散余弦变换

对于有限长数字序列 $f(x)$,$x = 0, 1, \cdots, N-1$,其一维 DCT 定义为

$$F(u) = C(u)\sqrt{\frac{2}{N}}\sum_{x=0}^{N-1}f(x)\cos\frac{(2x+1)u\pi}{2N}, \quad u=0,1,\cdots,N-1 \tag{4-23}$$

一维离散余弦逆变换定义为

$$f(x) = \sqrt{\frac{2}{N}}\sum_{u=0}^{N-1}C(u)F(u)\cos\frac{(2x+1)u\pi}{2N}, \quad x=0,1,\cdots,N-1 \tag{4-24}$$

其中，$C(u) = \begin{cases} 1/\sqrt{2}, & u=0 \\ 1, & u=1,2,\cdots,N-1 \end{cases}$。

【例 4.7】 根据定义式，计算长为 4 的序列的 DCT。

解：根据定义，计算 $F(u) = C(u)\sqrt{\frac{2}{4}}\sum_{x=0}^{3}f(x)\cos\frac{(2x+1)u\pi}{8}, u=0,1,2,3$，得

$$F(0) = C(0)\sqrt{\frac{2}{4}}\sum_{x=0}^{3}f(x) = \sqrt{\frac{2}{4}}\frac{1}{\sqrt{2}}\sum_{x=0}^{3}f(x)$$

$$F(1) = \sqrt{\frac{2}{4}}\sum_{x=0}^{3}f(x)\cos\frac{(2x+1)\pi}{8}$$

$$F(2) = \sqrt{\frac{2}{4}}\sum_{x=0}^{3}f(x)\cos\frac{2(2x+1)\pi}{8}$$

$$F(3) = \sqrt{\frac{2}{4}}\sum_{x=0}^{3}f(x)\cos\frac{3(2x+1)\pi}{8}$$

上式可以表示成矩阵运算形式，即

$$\begin{bmatrix} F(0) \\ F(1) \\ F(2) \\ F(3) \end{bmatrix} = \sqrt{\frac{2}{4}}\begin{bmatrix} \frac{1}{\sqrt{2}} & \frac{1}{\sqrt{2}} & \frac{1}{\sqrt{2}} & \frac{1}{\sqrt{2}} \\ \cos\frac{\pi}{8} & \cos\frac{3\pi}{8} & \cos\frac{5\pi}{8} & \cos\frac{7\pi}{8} \\ \cos\frac{2\pi}{8} & \cos\frac{6\pi}{8} & \cos\frac{10\pi}{8} & \cos\frac{14\pi}{8} \\ \cos\frac{3\pi}{8} & \cos\frac{9\pi}{8} & \cos\frac{15\pi}{8} & \cos\frac{21\pi}{8} \end{bmatrix}\begin{bmatrix} f(0) \\ f(1) \\ f(2) \\ f(3) \end{bmatrix}$$

则一维 DCT 的矩阵形式表示为

$$\boldsymbol{F} = \boldsymbol{A}f \tag{4-25}$$

$$\boldsymbol{A} = \sqrt{\frac{2}{N}}\begin{bmatrix} \frac{1}{\sqrt{2}} & \frac{1}{\sqrt{2}} & \cdots & \frac{1}{\sqrt{2}} \\ \cos\frac{1}{2N}\pi & \cos\frac{3}{2N}\pi & \cdots & \cos\frac{(2N-1)}{2N}\pi \\ \vdots & \vdots & & \vdots \\ \cos\frac{N-1}{2N}\pi & \cos\frac{3(N-1)}{2N}\pi & \cdots & \cos\frac{(2N-1)(N-1)}{2N}\pi \end{bmatrix} \tag{4-26}$$

式中，$\boldsymbol{F}$ 为变换系数矩阵，$\boldsymbol{A}$ 为正交变换矩阵，f 为时域数据矩阵。

一维 DCT 逆变换的矩阵形式表示为

$$f = \boldsymbol{A}^{\mathrm{T}}\boldsymbol{F} \tag{4-27}$$

2. 二维离散余弦变换

数字图像为二维数据,把一维 DCT 推广到二维,二维 DCT 和逆变换定义为

$$\begin{cases} F(u,v)=\dfrac{2}{\sqrt{MN}}C(u)C(v)\displaystyle\sum_{x=0}^{M-1}\sum_{y=0}^{N-1}f(x,y)\cos\left[\dfrac{\pi(2x+1)u}{2M}\right]\cos\left[\dfrac{\pi(2y+1)v}{2N}\right] \\[4mm] f(x,y)=\dfrac{2}{\sqrt{MN}}\displaystyle\sum_{u=0}^{M-1}\sum_{v=0}^{N-1}C(u)C(v)F(u,v)\cos\left[\dfrac{\pi(2x+1)u}{2M}\right]\cos\left[\dfrac{\pi(2y+1)v}{2N}\right] \end{cases}$$

$$(4\text{-}28)$$

式中,

$$\begin{cases} x,u=0,1,2,\cdots,M-1 \\ y,v=0,1,2,\cdots,N-1 \end{cases}$$

$$C(u),C(v)=\begin{cases} 1/\sqrt{2}, & u,v=0 \\ 1, & u,v=1,2,\cdots,N-1 \end{cases}$$

【例 4.8】 求一幅 4×4 图像的 DCT 矩阵。

解: $F(u,v)=\dfrac{2}{4}C(u)C(v)\displaystyle\sum_{x=0}^{3}\sum_{y=0}^{3}f(x,y)\cos\left[\dfrac{\pi(2x+1)u}{8}\right]\cos\left[\dfrac{\pi(2y+1)v}{8}\right]$

$$\begin{bmatrix} F(u,0) \\ F(u,1) \\ F(u,2) \\ F(u,3) \end{bmatrix}=\frac{1}{2}\begin{bmatrix} \dfrac{1}{\sqrt{2}} & \dfrac{1}{\sqrt{2}} & \dfrac{1}{\sqrt{2}} & \dfrac{1}{\sqrt{2}} \\[3mm] \cos\dfrac{\pi}{8} & \cos\dfrac{3\pi}{8} & \cos\dfrac{5\pi}{8} & \cos\dfrac{7\pi}{8} \\[3mm] \cos\dfrac{2\pi}{8} & \cos\dfrac{6\pi}{8} & \cos\dfrac{10\pi}{8} & \cos\dfrac{14\pi}{8} \\[3mm] \cos\dfrac{3\pi}{8} & \cos\dfrac{9\pi}{8} & \cos\dfrac{15\pi}{8} & \cos\dfrac{21\pi}{8} \end{bmatrix}\begin{bmatrix} C(u)\displaystyle\sum_{x=0}^{3}f(x,0)\cos\left[\dfrac{\pi(2x+1)u}{8}\right] \\[3mm] C(u)\displaystyle\sum_{x=0}^{3}f(x,1)\cos\left[\dfrac{\pi(2x+1)u}{8}\right] \\[3mm] C(u)\displaystyle\sum_{x=0}^{3}f(x,2)\cos\left[\dfrac{\pi(2x+1)u}{8}\right] \\[3mm] C(u)\displaystyle\sum_{x=0}^{3}f(x,3)\cos\left[\dfrac{\pi(2x+1)u}{8}\right] \end{bmatrix}$$

$$=\frac{1}{2}\begin{bmatrix} \dfrac{1}{\sqrt{2}} & \dfrac{1}{\sqrt{2}} & \dfrac{1}{\sqrt{2}} & \dfrac{1}{\sqrt{2}} \\[3mm] \cos\dfrac{\pi}{8} & \cos\dfrac{3\pi}{8} & \cos\dfrac{5\pi}{8} & \cos\dfrac{7\pi}{8} \\[3mm] \cos\dfrac{2\pi}{8} & \cos\dfrac{6\pi}{8} & \cos\dfrac{10\pi}{8} & \cos\dfrac{14\pi}{8} \\[3mm] \cos\dfrac{3\pi}{8} & \cos\dfrac{9\pi}{8} & \cos\dfrac{15\pi}{8} & \cos\dfrac{21\pi}{8} \end{bmatrix}\begin{bmatrix} f(0,0) & f(1,0) & f(2,0) & f(3,0) \\ f(0,1) & f(1,1) & f(2,1) & f(3,1) \\ f(0,2) & f(1,2) & f(2,2) & f(3,2) \\ f(0,3) & f(1,3) & f(2,3) & f(3,3) \end{bmatrix}\begin{bmatrix} C(u)\cos\dfrac{u\pi}{8} \\[3mm] C(u)\cos\dfrac{3u\pi}{8} \\[3mm] C(u)\cos\dfrac{5u\pi}{8} \\[3mm] C(u)\cos\dfrac{7u\pi}{8} \end{bmatrix}$$

$$\boldsymbol{F}(u,v)=\frac{1}{2}\begin{bmatrix} \dfrac{1}{\sqrt{2}} & \dfrac{1}{\sqrt{2}} & \dfrac{1}{\sqrt{2}} & \dfrac{1}{\sqrt{2}} \\[3mm] \cos\dfrac{\pi}{8} & \cos\dfrac{3\pi}{8} & \cos\dfrac{5\pi}{8} & \cos\dfrac{7\pi}{8} \\[3mm] \cos\dfrac{2\pi}{8} & \cos\dfrac{6\pi}{8} & \cos\dfrac{10\pi}{8} & \cos\dfrac{14\pi}{8} \\[3mm] \cos\dfrac{3\pi}{8} & \cos\dfrac{9\pi}{8} & \cos\dfrac{15\pi}{8} & \cos\dfrac{21\pi}{8} \end{bmatrix}\boldsymbol{f}\begin{bmatrix} \dfrac{1}{\sqrt{2}} & \cos\dfrac{\pi}{8} & \cos\dfrac{2\pi}{8} & \cos\dfrac{3\pi}{8} \\[3mm] \dfrac{1}{\sqrt{2}} & \cos\dfrac{3\pi}{8} & \cos\dfrac{6\pi}{8} & \cos\dfrac{9\pi}{8} \\[3mm] \dfrac{1}{\sqrt{2}} & \cos\dfrac{5\pi}{8} & \cos\dfrac{10\pi}{8} & \cos\dfrac{15\pi}{8} \\[3mm] \dfrac{1}{\sqrt{2}} & \cos\dfrac{7\pi}{8} & \cos\dfrac{14\pi}{8} & \cos\dfrac{21\pi}{8} \end{bmatrix}$$

则二维 DCT 的矩阵形式表示为

$$\boldsymbol{F} = \boldsymbol{A}f\boldsymbol{A}^{\mathrm{T}}$$ (4-29)

二维 DCT 逆变换的矩阵形式表示为

$$f = \boldsymbol{A}^{\mathrm{T}}\boldsymbol{F}\boldsymbol{A}$$ (4-30)

式中,$\boldsymbol{F}$ 为变换系数矩阵,$\boldsymbol{A}$ 为正交变换矩阵,f 为空域数据矩阵。

【例 4.9】 设一幅图像为 $f = \begin{bmatrix} 0 & 0 & 1 & 1 \\ 0 & 0 & 1 & 1 \\ 0 & 0 & 1 & 1 \\ 0 & 0 & 1 & 1 \end{bmatrix}$,用矩阵算法求其 DCT。

解:二维 DCT 矩阵形式为

$$\boldsymbol{A} = \frac{1}{\sqrt{2}} \begin{bmatrix} \dfrac{1}{\sqrt{2}} & \dfrac{1}{\sqrt{2}} & \dfrac{1}{\sqrt{2}} & \dfrac{1}{\sqrt{2}} \\ \cos\dfrac{\pi}{8} & \cos\dfrac{3\pi}{8} & \cos\dfrac{5\pi}{8} & \cos\dfrac{7\pi}{8} \\ \cos\dfrac{2\pi}{8} & \cos\dfrac{6\pi}{8} & \cos\dfrac{10\pi}{8} & \cos\dfrac{14\pi}{8} \\ \cos\dfrac{3\pi}{8} & \cos\dfrac{9\pi}{8} & \cos\dfrac{15\pi}{8} & \cos\dfrac{21\pi}{8} \end{bmatrix} = \begin{bmatrix} 0.5 & 0.5 & 0.5 & 0.5 \\ 0.653 & 0.271 & -0.271 & -0.653 \\ 0.5 & -0.5 & -0.5 & 0.5 \\ 0.271 & -0.653 & 0.653 & -0.271 \end{bmatrix}$$

则

$$\boldsymbol{F} = \boldsymbol{A}f\boldsymbol{A}^{\mathrm{T}} = \begin{bmatrix} 2 & -1.848 & 0 & 0.765 \\ 0 & 0 & 0 & 0 \\ 0 & 0 & 0 & 0 \\ 0 & 0 & 0 & 0 \end{bmatrix}$$

从结果可以看出,离散余弦变换具有使信息集中的特点。图像进行 DCT 后,在变换域中,矩阵左上角低频的幅值大,而右下角高频幅值小。

4.2.2　离散余弦变换的实现

可以根据式(4-28)或式(4-29)直接对图像进行离散余弦变换,如例 4.9,但计算量较大;二维 DCT 的快速运算方法有很多,例如,可以利用 DCT 的可分性,转换二维 DCT 为行和列的一维 DCT,减少运算次数,从而减少运算时间,此处不做详细讨论。

OpenCV 中 dct 函数可以实现一维或二维的离散余弦变换及逆变换,idct 函数可以实现离散余弦逆变换,调用格式如下:

```
cv.dct(src[, dst[, flags]]) -> dst
cv.idct(src[, dst[, flags]]) -> dst
```

参数 flags 同 dft 函数的参数 flags。

另外,SciPy 库的 fft 模块也提供了进行二维 DCT 的函数 dctn。

【例 4.10】 对彩色图像进行 DCT 变换、显示频谱图并重建原图。

解:程序如下。

```
import cv2 as cv
import numpy as np
Image = cv.imread('peppers.png')          # 打开彩色图像
```

```
cv.imshow("Original image", Image)
Image = Image.astype(np.float32)
height, width, color = np.shape(Image)
DCTs = np.zeros([height, width, color])                              # DCT 频谱图初始化
BGROut = np.zeros([height, width, color])                           # 重建图初始化
for i in range(color):                                              # 分色彩通道处理
    channel = Image[:, :, i]
    DCT = cv.dct(channel)                                           # DCT
    ADCT = np.log(np.abs(DCT) + 1)                                  # 系数绝对值取对数
    top, bottom = np.max(ADCT), np.min(ADCT)
    DCTs[:, :, i] = (ADCT - bottom) / (top - bottom)               # 系数归一化
    BGROut[:, :, i] = cv.idct(DCT, flags = cv.DFT_REAL_OUTPUT + cv.DFT_SCALE) # IDCT
BGROut = BGROut.astype(np.uint8)
cv.imshow("Spectrum", DCTs)
cv.imshow("IDCT", BGROut)
cv.waitKey()
```

程序运行结果如图 4-4 所示。由于 dct 函数只对一维或二维数组进行运算，彩色图像为三维矩阵，所以，程序中通过循环，按色彩通道分别进行处理，将三个频谱图合成彩色图 DCT 频谱图，如图 4-4(b)所示，能量集中在左上角低频分量处。

(a) 原图   (b) 彩色图DCT频谱图   (c) DCT重建图

图 4-4 彩色图像 DCT 并重建

4.2.3 离散余弦变换在图像处理中的应用

离散余弦变换在图像处理中主要用于对图像（包括静止图像和运动图像）进行有损数据压缩。如静止图像编码标准 JPEG、运动图像编码标准 MPEG 中都使用了离散余弦变换。这是由于离散余弦变换具有很强的"能量集中"特性——大多数的能量都集中在离散余弦变换后的低频部分，压缩编码效果较好。

具体的做法一般是先把图像分成 8×8 的块，对每个方块进行二维 DCT，变换后的能量主要集中在低频区。对 DCT 系数进行量化，对高频系数大间隔量化，对低频部分小间隔量化，舍弃绝大部分取值很小或为 0 的高频数据，降低数据量，同时保证重构图像不会发生显著失真。

【例 4.11】 编写程序，打开一幅图像，对其进行 DCT；将高频置为 0，并进行逆变换。

解：程序如下。

```
import cv2 as cv
import numpy as np
from scipy.fft import dctn, idctn
Image = cv.imread('desert.jpg', cv.IMREAD_GRAYSCALE)
DCTI = dctn(Image)                                                  # DCT 变换
cf = 60
FDCTI = np.zeros(np.shape(Image))
FDCTI[0:cf, 0:cf] = DCTI[0:cf, 0:cf]                               # 高频置零
Out = (np.abs(idctn(FDCTI))).astype(np.uint8)                      # DCT 逆变换
```

```
cv.imshow("Original image", Image)
cv.imshow("Lowpass filtering", Out)
cv.waitKey()
```

程序运行结果如图 4-5 所示。由于丢失了部分高频系数,重建图比原图模糊。程序中将大于截止频率的高频系数直接置零,并没有考虑系数的大小;截止频率的指定也缺乏依据,比较合理的高频系数置零方法在第 12 章学习。

(a) 原图　　　　　　　　　　　　　　　　(b) DCT压缩重建图

图 4-5　DCT 压缩示例

4.3　K-L 变换

K-L 变换(Karhunen-Loeve Transform)是建立在统计特性基础上的一种变换,又称为霍特林(Hotelling)变换或主成分分析。K-L 变换的突出优点是相关性好,是均方误差(Mean Square Error,MSE)意义下的最佳变换,它在数据压缩技术中占有重要地位。

4.3.1　K-L 变换原理

首先学习一维离散 K-L 变换。

1. 离散 K-L 变换

用确定的正交归一向量系 $\boldsymbol{u}_j$,$j=1,2,\cdots,\infty$ 展开向量 $\boldsymbol{X}$,有

$$\boldsymbol{X}=\sum_{j=1}^{\infty}a_j\boldsymbol{u}_j \tag{4-31}$$

用有限的 m 项来估计 $\boldsymbol{X}$,则

$$\hat{\boldsymbol{X}}=\sum_{j=1}^{m}a_j\boldsymbol{u}_j \tag{4-32}$$

由此引起的均方误差为

$$\overline{\varepsilon^2}=E\big[(\boldsymbol{X}-\hat{\boldsymbol{X}})^{\mathrm{T}}(\boldsymbol{X}-\hat{\boldsymbol{X}})\big]-E\left[\sum_{j=m+1}^{\infty}a_j\boldsymbol{u}_j\cdot\sum_{j=m+1}^{\infty}a_j\boldsymbol{u}_j\right] \tag{4-33}$$

因 $\boldsymbol{u}$ 为正交归一向量系,且

$$\boldsymbol{u}_i^{\mathrm{T}}\boldsymbol{u}_j=\begin{cases}1,&i=j\\0,&i\neq j\end{cases}$$

所以

$$\overline{\varepsilon^2}=E\left[\sum_{j=m+1}^{\infty}a_j^2\right]$$

因 $a_j=\boldsymbol{u}_j^{\mathrm{T}}\boldsymbol{X}$,所以

$$\overline{\varepsilon^2} = E\left[\sum_{j=m+1}^{\infty} \boldsymbol{u}_j^{\mathrm{T}} \boldsymbol{X} \boldsymbol{X}^{\mathrm{T}} \boldsymbol{u}_j\right] = \sum_{j=m+1}^{\infty} \boldsymbol{u}_j^{\mathrm{T}} E[\boldsymbol{X} \boldsymbol{X}^{\mathrm{T}}] \boldsymbol{u}_j$$

令 $\boldsymbol{\psi} = E[\boldsymbol{X} \boldsymbol{X}^{\mathrm{T}}]$,则

$$\overline{\varepsilon^2} = \sum_{j=m+1}^{\infty} \boldsymbol{u}_j^{\mathrm{T}} \boldsymbol{\psi} \boldsymbol{u}_j$$

利用拉格朗日乘数法求均方误差取极值时的 $\boldsymbol{u}$,拉格朗日函数为

$$L(\boldsymbol{u}_j) = \sum_{j=m+1}^{\infty} \boldsymbol{u}_j^{\mathrm{T}} \boldsymbol{\psi} \boldsymbol{u}_j - \sum_{j=m+1}^{\infty} \lambda[\boldsymbol{u}_j^{\mathrm{T}} \boldsymbol{u}_j - 1]$$

对 $\boldsymbol{u}_j$ 求导数,得

$$(\boldsymbol{\psi} - \lambda_j \boldsymbol{I}) \boldsymbol{u}_j = 0, \quad j = m+1, m+2, \cdots, \infty$$

截断均方误差为

$$\overline{\varepsilon^2} = \sum_{j=m+1}^{\infty} \lambda_j \tag{4-34}$$

式中,λ_j 是 $\boldsymbol{X}$ 的自相关矩阵 $\boldsymbol{\psi}$ 的特征值,$\boldsymbol{u}_j$ 是对应的特征向量。

综合以上分析,可得到以下结论。

以 $\boldsymbol{X}$ 的自相关矩阵 $\boldsymbol{\psi}$ 的 m 个最大特征值对应的特征向量来逼近 $\boldsymbol{X}$ 时,其截断均方误差具有极小性质。

这 m 个特征向量所组成的正交坐标系 $\boldsymbol{U}$ 称作 $\boldsymbol{X}$ 所在的 n 维空间的 m 维 K-L 变换坐标系。$\boldsymbol{X}$ 在 K-L 坐标系上的展开系数向量 $\boldsymbol{A}$ 称作 $\boldsymbol{X}$ 的 K-L 变换,满足

$$\begin{cases} \boldsymbol{A} = \boldsymbol{U}^{\mathrm{T}} \boldsymbol{X} \\ \boldsymbol{X} = \boldsymbol{U} \boldsymbol{A} \end{cases} \tag{4-35}$$

式中,$\boldsymbol{U} = \begin{bmatrix} \boldsymbol{u}_1 & \boldsymbol{u}_2 & \cdots & \boldsymbol{u}_m \end{bmatrix}$。

2. K-L 变换的性质

λ_j 是 $\boldsymbol{X}$ 的自相关矩阵 $\boldsymbol{\psi}$ 的特征值,$\boldsymbol{u}_j$ 是对应的特征向量,$\boldsymbol{\psi} \boldsymbol{u}_j = \lambda_j \boldsymbol{u}_j$,即 $\boldsymbol{\psi} \boldsymbol{U} = \boldsymbol{U} \boldsymbol{D}_\lambda$。$\boldsymbol{D}_\lambda$ 为对角形矩阵,其互相关成分都应为 0,即

$$\boldsymbol{D}_\lambda = \begin{bmatrix} \lambda_1 & 0 & \cdots & 0 \\ 0 & \lambda_2 & \cdots & 0 \\ \vdots & \vdots & & \vdots \\ 0 & 0 & \cdots & \lambda_n \end{bmatrix} \tag{4-36}$$

因 $\boldsymbol{U}$ 为正交矩阵,所以,$\boldsymbol{\psi} = \boldsymbol{U} \boldsymbol{D}_\lambda \boldsymbol{U}^{\mathrm{T}}$。

因 $\boldsymbol{X} = \boldsymbol{U} \boldsymbol{A}$,则 $\boldsymbol{\psi} = E[\boldsymbol{X} \boldsymbol{X}^{\mathrm{T}}] = E[\boldsymbol{U} \boldsymbol{A} \boldsymbol{A}^{\mathrm{T}} \boldsymbol{U}^{\mathrm{T}}] = \boldsymbol{U} E[\boldsymbol{A} \boldsymbol{A}^{\mathrm{T}}] \boldsymbol{U}^{\mathrm{T}}$,所以

$$E[\boldsymbol{A} \boldsymbol{A}^{\mathrm{T}}] = \boldsymbol{D}_\lambda \tag{4-37}$$

由上式可知,变换后的向量 $\boldsymbol{A}$ 的自相关矩阵 $\boldsymbol{\psi}_A$ 是对角矩阵,且对角元素就是 $\boldsymbol{X}$ 的自相关矩阵 $\boldsymbol{\psi}$ 的特征值。显然,通过 K-L 变换,消除了原有向量 $\boldsymbol{X}$ 的各分量之间的相关性,即变换后的数据 $\boldsymbol{A}$ 的各分量之间的信息是相互独立的。

3. 信息量分析

前面的分析中,数据 $\boldsymbol{X}$ 的 K-L 坐标系的产生矩阵采用的是自相关矩阵 $\boldsymbol{\psi} = E[\boldsymbol{X} \boldsymbol{X}^{\mathrm{T}}]$,由于总体均值向量 $\boldsymbol{\mu}$ 常常没有什么意义,也常常把数据的协方差矩阵作为 K-L 坐标系的产生矩阵。

$$\boldsymbol{\Sigma} = E\left[(\boldsymbol{X} - \boldsymbol{\mu})(\boldsymbol{X} - \boldsymbol{\mu})^{\mathrm{T}}\right] \tag{4-38}$$

已知：$a_1 = \boldsymbol{u}_1^{\mathrm{T}} \boldsymbol{X}$，计算 a_1 的方差为

$$\mathrm{var}(a_1) = E\left[a_1^2\right] - E\left[a_1\right]^2 = E\left[\boldsymbol{u}_1^{\mathrm{T}} \boldsymbol{X} \boldsymbol{X}^{\mathrm{T}} \boldsymbol{u}_1\right] - E\left[\boldsymbol{u}_1^{\mathrm{T}} \boldsymbol{X}\right] E\left[\boldsymbol{X}^{\mathrm{T}} \boldsymbol{u}_1\right] = \boldsymbol{u}_1^{\mathrm{T}} \boldsymbol{\Sigma} \boldsymbol{u}_1$$

式中，$\boldsymbol{u}_1$ 为 $\boldsymbol{\Sigma}$ 的特征向量，λ_1 为对应的特征值，则 $\mathrm{var}(a_1) = \boldsymbol{u}_1^{\mathrm{T}} \boldsymbol{\Sigma} \boldsymbol{u}_1 = \lambda_1 \boldsymbol{u}_1^{\mathrm{T}} \boldsymbol{u}_1 = \lambda_1$，即 a_1 的方差为 $\boldsymbol{\Sigma}$ 最大的特征值，a_1 称作第一主成分。

采用大特征值对应的特征向量组成变换矩阵，能对应地保留原向量中方差最大的成分，K-L 变换起到了减小相关性、突出差异性的效果，称为主成分分析（Principal Component Analysis，PCA）。

计算主成分的方差之和，即

$$\sum_{j=1}^{n} \mathrm{var}(a_j) = \sum_{j=1}^{n} \lambda_j = \mathrm{tr}(\boldsymbol{\Sigma}) = \sum_{j=1}^{n} \mathrm{var}(\boldsymbol{X}_j) \tag{4-39}$$

说明 n 个互不相关的主成分的方差之和等于原数据的总方差，即 n 个互不相关的主成分包含了原数据中的全部信息，各主成分的贡献率依次递减，第一主成分贡献率最大，数据的大部分信息集中在较少的几个主成分上。

主成分 a_i 的贡献率为

$$\lambda_i \bigg/ \sum_{j=1}^{n} \lambda_j, \quad i = 1, 2, \cdots, n \tag{4-40}$$

前 m 个主成分的累积贡献率反映前 m 个主成分综合原始变量信息的能力，定义为

$$\sum_{i=1}^{m} \lambda_i \bigg/ \sum_{j=1}^{n} \lambda_j \tag{4-41}$$

【例 4.12】 设向量集为 $\begin{cases} \boldsymbol{\omega}_1 : [0 \ \ 0 \ \ 0]^{\mathrm{T}}, [1 \ \ 0 \ \ 1]^{\mathrm{T}}, [1 \ \ 0 \ \ 0]^{\mathrm{T}}, [1 \ \ 1 \ \ 0]^{\mathrm{T}} \\ \boldsymbol{\omega}_2 : [0 \ \ 0 \ \ 1]^{\mathrm{T}}, [0 \ \ 1 \ \ 1]^{\mathrm{T}}, [0 \ \ 1 \ \ 0]^{\mathrm{T}}, [1 \ \ 1 \ \ 1]^{\mathrm{T}} \end{cases}$，采用其自相关矩阵作为产生矩阵对其进行 K-L 变换，并尝试编程，实现向二维降维，即求其前两个主成分。

解：计算自相关矩阵

$$\boldsymbol{\psi} = E[\boldsymbol{X}\boldsymbol{X}^{\mathrm{T}}] = \frac{1}{8}\sum_{i=1}^{8} \boldsymbol{x}_i \boldsymbol{x}_i^{\mathrm{T}} = \frac{1}{8}\left\{ \begin{bmatrix} 0 \\ 0 \\ 0 \end{bmatrix} [0 \ \ 0 \ \ 0] + \cdots + \begin{bmatrix} 1 \\ 1 \\ 1 \end{bmatrix} [1 \ \ 1 \ \ 1] \right\} = \frac{1}{4}\begin{bmatrix} 2 & 1 & 1 \\ 1 & 2 & 1 \\ 1 & 1 & 2 \end{bmatrix}$$

求 $\boldsymbol{\psi}$ 的特征值：令 $|\boldsymbol{\psi} - \lambda \boldsymbol{I}| = 0$，即

$$\begin{vmatrix} 2-4\lambda & 1 & 1 \\ 1 & 2-4\lambda & 1 \\ 1 & 1 & 2-4\lambda \end{vmatrix} = \begin{vmatrix} 1-4\lambda & 4\lambda-1 & 0 \\ 0 & 1-4\lambda & 4\lambda-1 \\ 1 & 1 & 2-4\lambda \end{vmatrix} = (1-4\lambda)^2 \begin{vmatrix} 1 & -1 & 0 \\ 0 & 1 & -1 \\ 1 & 1 & 2-4\lambda \end{vmatrix}$$

$$= (1-4\lambda)^2 \begin{vmatrix} 1 & -1 & 0 \\ 0 & 1 & -1 \\ 0 & 2 & 2-4\lambda \end{vmatrix} = 4(1-4\lambda)^2(1-\lambda) = 0$$

$$\lambda_1 = 1, \quad \lambda_2 = 1/4, \quad \lambda_3 = 1/4$$

求 $\boldsymbol{\psi}$ 的特征向量：

$$\boldsymbol{\psi} - \lambda_1 \boldsymbol{I} = \frac{1}{4}\begin{bmatrix} -2 & 1 & 1 \\ 1 & -2 & 1 \\ 1 & 1 & -2 \end{bmatrix} \sim \begin{bmatrix} -1 & 1 & 0 \\ 0 & -1 & 1 \\ 0 & 0 & 0 \end{bmatrix} \Rightarrow \begin{cases} \boldsymbol{x}_1 = \boldsymbol{x}_2 \\ \boldsymbol{x}_2 = \boldsymbol{x}_3 \\ \boldsymbol{x}_3 = \boldsymbol{x}_3 \end{cases}$$

$$\boldsymbol{\psi} - \lambda_2 \boldsymbol{I} = \frac{1}{4} \begin{bmatrix} 1 & 1 & 1 \\ 1 & 1 & 1 \\ 1 & 1 & 1 \end{bmatrix} \sim \begin{bmatrix} 1 & 1 & 1 \\ 0 & 0 & 0 \\ 0 & 0 & 0 \end{bmatrix} \Rightarrow \boldsymbol{x}_3 = -(\boldsymbol{x}_1 + \boldsymbol{x}_2)$$

取正交的单位向量:

$$\boldsymbol{u}_1 = \frac{1}{\sqrt{3}} \begin{bmatrix} 1 & 1 & 1 \end{bmatrix}^T, \quad \boldsymbol{u}_2 = \frac{1}{\sqrt{2}} \begin{bmatrix} 1 & -1 & 0 \end{bmatrix}^T, \quad \boldsymbol{u}_3 = \frac{1}{\sqrt{6}} \begin{bmatrix} 1 & 1 & -2 \end{bmatrix}^T$$

因 $\lambda_1 > \lambda_2 = \lambda_3$,所以降到二维, $\boldsymbol{U} = \begin{bmatrix} \boldsymbol{u}_1 & \boldsymbol{u}_2 \end{bmatrix}$,计算 K-L 变换,即求 $\boldsymbol{A} = \boldsymbol{U}^T \boldsymbol{X}$,结果为

$$\boldsymbol{\omega}_1^* : \left\{ \begin{bmatrix} 0 & 0 \end{bmatrix}^T, \begin{bmatrix} \frac{2}{\sqrt{3}} & \frac{1}{\sqrt{2}} \end{bmatrix}^T, \begin{bmatrix} \frac{1}{\sqrt{3}} & \frac{1}{\sqrt{2}} \end{bmatrix}^T, \begin{bmatrix} \frac{2}{\sqrt{3}} & 0 \end{bmatrix}^T \right\}$$

$$\boldsymbol{\omega}_2^* : \left\{ \begin{bmatrix} \frac{1}{\sqrt{3}} & 0 \end{bmatrix}^T, \begin{bmatrix} \frac{2}{\sqrt{3}} & -\frac{1}{\sqrt{2}} \end{bmatrix}^T, \begin{bmatrix} \frac{1}{\sqrt{3}} & -\frac{1}{\sqrt{2}} \end{bmatrix}^T, \begin{bmatrix} \frac{3}{\sqrt{3}} & 0 \end{bmatrix}^T \right\}$$

程序如下。

```
import numpy as np
from matplotlib import pyplot as plt
X = np.array([[0, 0, 0], [1, 0, 1], [1, 0, 0], [1, 1, 0],
            [0, 0, 1], [0, 1, 1], [0, 1, 0], [1, 1, 1]])
N, n = np.shape(X)
V = X.T @ X / N                                  # 自相关矩阵
eigenvalues, eigenvectors = np.linalg.eigh(V)    # 求特征值和特征向量,按特征值升序排列
u1, u2 = eigenvectors[:, -1], eigenvectors[:, -2] # 找最大两个特征值对应的特征向量
U = np.concatenate(([u1], [u2]), axis=0)         # 降维矩阵
Z1, Z2 = U @ X.T, eigenvectors @ X.T             # K-L 变换
rec_X1, rec_X2 = Z1.T @ U, Z2.T @ eigenvectors   # 重建数据
np.set_printoptions(precision=4)
print('变换向量为\n', U.T)
fig = plt.figure()
plt.rcParams['font.sans-serif'] = ['SimSun']
plt.rcParams['axes.unicode_minus'] = False
ax = plt.axes(projection='3d')
ax.scatter(X[:, 0], X[:, 1], X[:, 2], marker='.', c='r', s=11)
ax.scatter(rec_X1[:, 0], rec_X1[:, 1], rec_X1[:, 2], marker='+', c='g', s=31)
ax.scatter(rec_X2[:, 0], rec_X2[:, 1], rec_X2[:, 2], marker='o', c='b', s=31, alpha=0.3)
ax.legend(['原始数据', '第一、第二主成分重建数据', '所有主成分重建数据'])
plt.xticks(fontproperties='Times New Roman')
plt.yticks(fontproperties='Times New Roman')
plt.figure()
plt.plot(Z1[0, :], Z1[1, :], 'k+')
plt.xlabel('第一主成分得分')
plt.ylabel('第二主成分得分')
plt.title('K-L变换')
plt.xticks(fontproperties='Times New Roman')
plt.yticks(fontproperties='Times New Roman')
plt.show()
```

程序运行结果如图 4-6 所示,并在输出窗口输出变换向量如下。

```
变换向量为
[[ 0.5774 -0.2957]
 [ 0.5774 -0.5113]
 [ 0.5774  0.807 ]]
```

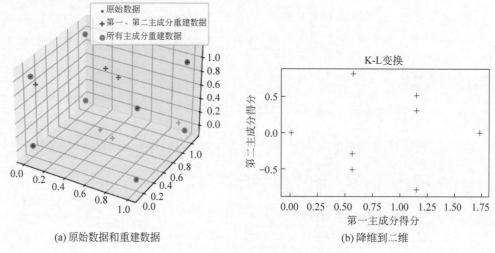

(a) 原始数据和重建数据　　　　　　　　(b) 降维到二维

图 4-6　K-L 变换

4.3.2　图像 K-L 变换

图像的 K-L 变换通常将二维的图像转换为一维的向量,采用奇异值分解进行 K-L 变换。

1. 原理

将二维图像采用行堆叠或列堆叠的方法转换为一维处理。设一幅大小为 $M \times N$ 的图像 $f(x,y)$,在某个传输通道上传输了 L 次,由于受到各种因素的随机干扰,接收到的图像是一个图像集合,即

$$\{f_1(x,y),f_2(x,y),\cdots,f_L(x,y)\}$$

采用列堆叠将每一个 $M \times N$ 的图像表示为 MN 维的向量,即

$$\boldsymbol{f}_i = \begin{bmatrix} f_i(0,0) & f_i(0,1) & \cdots & f_i(M-1,N-1) \end{bmatrix}^{\mathrm{T}}$$

图像向量 $\boldsymbol{f} = \begin{bmatrix} \boldsymbol{f}_1 & \boldsymbol{f}_2 & \cdots & \boldsymbol{f}_L \end{bmatrix}$,其协方差矩阵和相应变换核矩阵为

$$\boldsymbol{\Sigma}_f = E\left[(\boldsymbol{f} - \boldsymbol{\mu}_f)(\boldsymbol{f} - \boldsymbol{\mu}_f)^{\mathrm{T}}\right] \approx \frac{1}{L}\left[\sum_{i=1}^{L} \boldsymbol{f}_i \boldsymbol{f}_i^{\mathrm{T}}\right] - \boldsymbol{\mu}_f \boldsymbol{\mu}_f^{\mathrm{T}} \tag{4-42}$$

式中,$\boldsymbol{f} - \boldsymbol{\mu}_f$ 为原始图像 $\boldsymbol{f}$ 减去平均值向量 $\boldsymbol{\mu}_f$,称为中心化图像向量;$\boldsymbol{\Sigma}_f$ 是 $MN \times MN$ 维的矩阵。

设 λ_i 和 $\boldsymbol{u}_i$ 为 $\boldsymbol{\Sigma}_f$ 的特征值和特征向量,且降序排列,即

$$\lambda_1 > \lambda_2 > \lambda_3 > \lambda_4 > \cdots > \lambda_{M \times N}$$

K-L 变换矩阵 $\boldsymbol{U}$ 为

$$\boldsymbol{U} = \begin{bmatrix} \boldsymbol{u}_1 & \boldsymbol{u}_2 & \cdots & \boldsymbol{u}_{M \times N} \end{bmatrix} = \begin{bmatrix} u_{11} & u_{21} & \cdots & u_{MN1} \\ u_{12} & u_{22} & \cdots & u_{MN2} \\ \vdots & \vdots & & \vdots \\ u_{1MN} & u_{2MN} & \cdots & u_{MNMN} \end{bmatrix}$$

二维 K-L 变换表示为

$$\boldsymbol{F} = \boldsymbol{U}^{\mathrm{T}}(\boldsymbol{f} - \boldsymbol{\mu}_f) \tag{4-43}$$

离散 K-L 变换向量 $\boldsymbol{F}$ 是中心化向量 $\boldsymbol{f} - \boldsymbol{\mu}_f$ 与变换核矩阵 $\boldsymbol{U}$ 相乘所得的结果。

2. 奇异值分解

如前所述,$\boldsymbol{f}$ 向量的协方差矩阵 $\boldsymbol{\Sigma}_f$ 是 $MN \times MN$ 维的矩阵,由于图像的维数 M、N 的值

一般很高,直接求解$\boldsymbol{\Sigma}_f$的特征值和特征向量不现实。本小节简单介绍奇异值分解(Singular Value Decomposition,SVD)的方法,其详细的数学理论可以参看矩阵论的相关资料。

1) 原理

奇异值分解将一个大矩阵分解为几个小矩阵的乘积,有

$$\boldsymbol{B} = \boldsymbol{PDQ}^{\mathrm{T}} \tag{4-44}$$

式中,$\boldsymbol{B}$ 为 $m \times n$ 的矩阵;$\boldsymbol{P}$ 为 $m \times m$ 的方阵,其列向量正交,称为左奇异向量;$\boldsymbol{D}$ 为 $m \times n$ 的矩阵,仅对角线元素不为 0,对角线上的元素称为奇异值;$\boldsymbol{Q}^{\mathrm{T}}$ 为 $n \times n$ 的方阵,其列向量正交,称为右奇异向量。

式(4-44)中小矩阵的求解可以采用下列方法。

设 $\boldsymbol{R} = \boldsymbol{B}^{\mathrm{T}}\boldsymbol{B}$,得到一个方阵,且 $\boldsymbol{R}^{\mathrm{T}} = (\boldsymbol{B}^{\mathrm{T}}\boldsymbol{B})^{\mathrm{T}} = \boldsymbol{B}^{\mathrm{T}}\boldsymbol{B} = \boldsymbol{R}$,即 $\boldsymbol{R}$ 为 n 阶厄米特矩阵,可以证明 $\boldsymbol{R}$ 的特征值均为非负值。对矩阵 $\boldsymbol{R}$ 求特征值,如式(4-45)所示:

$$(\boldsymbol{B}^{\mathrm{T}}\boldsymbol{B})\boldsymbol{q}_i = \lambda_i \boldsymbol{q}_i \tag{4-45}$$

右奇异矩阵 $\boldsymbol{Q}$ 由 $\boldsymbol{q}_i$ 组成,所以通过上式可求得右奇异矩阵 $\boldsymbol{Q}$。

由式(4-46)可得左奇异矩阵 $\boldsymbol{P}$。

$$\begin{cases} \sigma_i = \sqrt{\lambda_i} \\ \boldsymbol{p}_i = \boldsymbol{B}\boldsymbol{q}_i / \sigma_i \end{cases} \tag{4-46}$$

式中,左奇异矩阵 $\boldsymbol{P}$ 由 $\boldsymbol{p}_i$ 组成;σ 即是矩阵 $\boldsymbol{B}$ 的奇异值,在矩阵 $\boldsymbol{D}$ 中从大到小排列,且减小很快,可以用前 r 个大的奇异值近似描述矩阵,所以

$$\boldsymbol{B}_{m \times n} \approx \boldsymbol{P}_{m \times r} \boldsymbol{D}_{r \times r} \boldsymbol{Q}_{n \times r}^{\mathrm{T}} \tag{4-47}$$

需注意,$\boldsymbol{Q}$ 为 $n \times r$ 的矩阵,$\boldsymbol{Q}^{\mathrm{T}}$ 为 $r \times n$ 的矩阵。

2) 图像 K-L 变换的实现

将中心化图像向量 $\boldsymbol{f} - \boldsymbol{\mu}_f$ 进行奇异值分解,即 $\boldsymbol{B} = \boldsymbol{f} - \boldsymbol{\mu}_f$,用前 r 个大的奇异值近似描述

$$\boldsymbol{B}_{MN \times L} \approx \boldsymbol{P}_{MN \times r} \boldsymbol{D}_{r \times r} \boldsymbol{Q}_{L \times r}^{\mathrm{T}} \tag{4-48}$$

将式(4-48)两边同时右乘 $\boldsymbol{Q}_{L \times r}$,得

$$\boldsymbol{B}_{MN \times L} \boldsymbol{Q}_{L \times r} \approx \boldsymbol{P}_{MN \times r} \boldsymbol{D}_{r \times r} \boldsymbol{Q}_{L \times r}^{\mathrm{T}} \boldsymbol{Q}_{L \times r}$$

由于 $\boldsymbol{Q}$ 为正交矩阵,所以 $\boldsymbol{Q}^{\mathrm{T}}\boldsymbol{Q}$ 为单位阵,得

$$\boldsymbol{B}_{MN \times L} \boldsymbol{Q}_{L \times r} \approx \boldsymbol{P}_{MN \times r} \boldsymbol{D}_{r \times r} = \widetilde{\boldsymbol{B}}_{MN \times r} \tag{4-49}$$

由式(4-45)求出矩阵 $\boldsymbol{Q}$,进而求出 $\widetilde{\boldsymbol{B}}_{MN \times r}$,实现列压缩。

将式(4-48)两边同时左乘 $\boldsymbol{P}_{MN \times r}^{\mathrm{T}}$,得

$$\boldsymbol{P}_{MN \times r}^{\mathrm{T}} \boldsymbol{B}_{MN \times L} \approx \boldsymbol{P}_{MN \times r}^{\mathrm{T}} \boldsymbol{P}_{MN \times r} \boldsymbol{D}_{r \times r} \boldsymbol{Q}_{L \times r}^{\mathrm{T}}$$

由于 $\boldsymbol{P}$ 为正交矩阵,所以 $\boldsymbol{P}^{\mathrm{T}}\boldsymbol{P}$ 为单位阵,得

$$\boldsymbol{P}_{MN \times r}^{\mathrm{T}} \boldsymbol{B}_{MN \times L} \approx \boldsymbol{D}_{r \times r} \boldsymbol{Q}_{L \times r}^{\mathrm{T}} = \widetilde{\boldsymbol{B}}_{r \times L} \tag{4-50}$$

由式(4-45)和式(4-46)求出矩阵 $\boldsymbol{Q}$、$\boldsymbol{D}$、$\boldsymbol{P}$,进而求出 $\widetilde{\boldsymbol{B}}_{r \times L}$,实现行压缩。

【例 4.13】 打开人脸图像,采用 SVD 方法对其进行 K-L 变换,并显示变换结果。

解:程序如下。

```
import numpy as np
from skimage import io, color
```

```
import cv2 as cv
import tkinter as tk
from tkinter import filedialog
import os
import sys
root = tk.Tk()
root.withdraw()
FilePath = filedialog.askopenfilenames(title = '打开人脸图像',
                        filetypes = [('jpg图片', '*.jpg')])      #交互式选择训练样本图像
if len(FilePath) == 0:
    print("未选择图像")
    sys.exit()                                      #若FilePath为空,表明没有选择图像,退出程序
X = color.rgb2gray(io.imread(FilePath[0]))          #读取第一幅图像,灰度化,归一化
h, w = np.shape(X)
InImage = np.array(X)
X = X.reshape(-1, 1)
for i, filename in enumerate(FilePath):
    if i > 0:
        Image = color.rgb2gray(io.imread(filename))
        X = np.concatenate((X, Image.reshape(-1, 1)), axis = 1)   #把图像作为矩阵第i列
        InImage = cv.hconcat((InImage, Image))
cv.imshow("Original image", InImage)
N = len(FilePath)
average_X = (np.mean(X, axis = 1)).reshape(-1, 1)             #计算图像的平均向量μ
X = X - average_X                                            #求中心化图像向量B = f - u_f
R = X.T @ X                                                  #奇异值分解中的矩阵R = B^T B
D, Q = np.linalg.eigh(R)                                     #求矩阵R的特征值和特征向量
D_sorted, Q_sorted = sorted(D, reverse = True), np.fliplr(Q)  #调整特征值、特征向量顺序
D = np.diag(np.power(np.array(D_sorted) + 0.00001, -0.5))
P = X @ Q_sorted @ D                                         #求左奇异矩阵P
D_cum = np.cumsum(D_sorted) / np.sum(D_sorted)
r = np.where(D_cum > 0.95)[0][0]                             #取占全部奇异值之和95%的前r个奇异值
KLCoefR = P.T @ X
rec_X = P[:, 0:2] @ KLCoefR[0:2, :] + average_X     #基于前2个奇异值重建人脸图像
OutImage1 = np.reshape(rec_X[:, 0], (h, w))
for i in range(1, N):
    OutImage1 = cv.hconcat((OutImage1, np.reshape(rec_X[:, i], (h, w))))
cv.imshow("Reconstructed image based on 2 singular value", OutImage1)
rec_X = P[:, 0:r+1] @ KLCoefR[0:r+1, :] + average_X    #基于前r个奇异值重建人脸图像
OutImage2 = np.reshape(rec_X[:, 0], (h, w))
for i in range(1, N):
    OutImage2 = cv.hconcat((OutImage2, np.reshape(rec_X[:, i], (h, w))))
cv.imshow("Reconstructed image based on r singular value", OutImage2)
KLCoefC = X @ Q                                             #使用右奇异矩阵进行K-L变换
OutImage3 = np.reshape(KLCoefC[:, 0], (h, w))
for i in range(1, N):
    OutImage3 = cv.hconcat((OutImage3, np.reshape(KLCoefC[:, i], (h, w))))
cv.imshow("K-L translation", OutImage3)
cv.waitKey()
```

程序运行结果如图 4-7 所示。很明显,重建时采用的奇异向量越多,重建图像质量越好。

OpenCV 中提供了 PCA 类用于主成分分析。在 Python 中,通过 cv.PCACompute 函数可以调用 PCA 类的 operator 函数计算数据矩阵的均值、协方差矩阵的特征值和特征向量,通过 cv.PCAProject 函数可以调用 PCA 类的 project 函数实现 K-L 变换,通过 cv.PCABackProject 函数可以调用 PCA 类的 backProject 函数实现数据重建,调用格式如下:

```
cv.PCACompute(data, mean[, eigenvectors[, maxComponents]]) -> mean, eigenvectors
cv.PCACompute2(data, mean, retainedVariance[, eigenvectors[, eigenvalues]]) -> mean, eigenvectors,
eigenvalues
```

(a) 原始人脸图像

(b) 基于左奇异矩阵前两个奇异值重建图像

(c) 基于左奇异矩阵前7个奇异值（和占总数的95%以上）重建图像

(d) 基于右奇异矩阵的K-L变换

图 4-7　人脸图像 K-L 变换

```
cv.PCAProject(data, mean, eigenvectors[, result]) -> result
cv.PCABackProject(data, mean, eigenvectors[, result]) -> result
```

参数 maxComponents 指定保留主成分的个数，默认时保留全部主成分；retainedVariance 指定保留的累计方差的百分比，即累积贡献率。

可以利用这些函数改写例 4.13。

4.3.3　K-L 变换在图像处理中的应用

K-L 变换在图像处理中主要用于图像数据压缩和特征提取。

如前面所述，K-L 变换矩阵由特征向量组成，特征向量按特征值递减顺序排列。由于能量集中在特征值较大的系数中，因此丢掉特征值小的特征向量构成变换矩阵，K-L 变换结果 F 是原图像 f 的低维投影，减少数据量。在保留的主成分的贡献率不低于一定程度的情况下，不影响重建图像的质量。

K-L 变换常作为一种特征提取方法，从一组特征中计算出一组按重要性从大到小排列的新特征是原有特征的线性组合，并且相互之间是不相关的，实现数据的降维。例如，在人脸识别中，可以用 K-L 变换对人脸图像的原始空间进行转换，即构造人脸图像数据集的协方差矩阵，求出协方差矩阵的特征向量，再依据特征值的大小对这些特征向量进行排序，每一个特征向量的维数与原始图像一致，可以被看作一个图像，称作特征脸，每一个人脸图像都可以确切地表示为一组特征脸的线性组合。

4.4　Radon 变换

图像的 Radon 变换也是一种重要的图像处理研究方法,是指图像函数 $f(x,y)$ 沿其所在平面内的不同直线做线积分,即进行投影变换,可以获取图像在该方向上的突出特性,在去噪、重建、检测、复原中多有应用。

4.4.1　Radon 变换的原理

如图 4-8(a)所示,直线 L 的方程可以表示为 $\rho = x\cos\theta + y\sin\theta$,其中,$\rho$ 代表坐标原点到直线 L 的距离,$\theta \in [0,\pi]$ 是直线法线与 x 轴的夹角,要将函数 $f(x,y)$ 沿直线 L 做线积分,即进行 Radon 变换,变换式可表示为

$$R(\rho,\theta) = \int_L f(x,y)\mathrm{d}s \tag{4-51}$$

采用狄拉克函数求解该线积分。狄拉克函数是一个广义函数,在非零点取值为 0,而在整个定义域的积分为 1,最简单的狄拉克函数如式(4-52)所示。

$$\delta(t) = \begin{cases} 0, & t \neq 0 \\ 1, & t = 0 \end{cases} \tag{4-52}$$

对于直线 L,直线上的点 (x,y) 满足 $\delta(t)=1$,非直线上的点满足 $\delta(t)=0$,即

$$\delta(x\cos\theta + y\sin\theta - \rho) = \begin{cases} 0, & x\cos\theta + y\sin\theta - \rho \neq 0 \\ 1, & x\cos\theta + y\sin\theta - \rho = 0 \end{cases} \tag{4-53}$$

则 Radon 变换表达式为

$$R(\rho,\theta) = \int_{-\infty}^{\infty} \int_{-\infty}^{\infty} f(x,y)\delta(x\cos\theta + y\sin\theta - \rho)\mathrm{d}x\mathrm{d}y \tag{4-54}$$

$R(\rho,\theta)$ 是 $f(x,y)$ 的 Radon 变换,表示为 $\mathscr{R}[f(x,y)] = R(\rho,\theta)$。

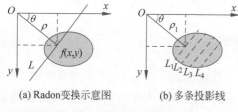

(a) Radon变换示意图　　(b) 多条投影线

图 4-8　Radon 变换坐标系图

给定一组 (ρ,θ),即可得出一个沿 $L_{\rho,\theta}$ 的积分值。如图 4-8(b)所示,n 条与直线 L 平行的线,具有相同的 θ,但 ρ 不同。若对每一条线都做 $f(x,y)$ 的线积分,则有 n 条投影线,即对一幅图像,在某一特定角度下的 Radon 变换会产生 n 个线积分值,构成一个 n 维的向量,称为 $f(x,y)$ 在角度 θ 下的投影。

Radon 变换可以看成 xy 空间向 $\rho\theta$ 空间的投影,$\rho\theta$ 空间上的每一点对应 xy 空间的一条直线。图像中高灰度值的线段会在 $\rho\theta$ 空间形成亮点,而低灰度值的线段在 $\rho\theta$ 空间形成暗点。因而,对图像中线段的检测可转换为在变换空间对亮点、暗点的检测。

二维 Radon 变换的逆变换如式(4-55)所示。

$$f(x,y) = \frac{1}{2\pi^2} \int_0^\pi \mathrm{d}\theta \int_{-\infty}^{\infty} \frac{\partial R/\partial \rho}{x\cos\theta + y\sin\theta - \rho}\mathrm{d}\rho \tag{4-55}$$

4.4.2　Radon 变换的实现

在给定 θ 方向的情况下,若想实现数字图像 $f(x,y)$ 沿直线 L 的线积分,可以通过坐标系

旋转后按列累加实现。如图 4-9 所示，θ 是积分直线 L 的法线与 x 轴的夹角，坐标系 xOy 顺时针旋转 θ 角变为 $x'Oy'$，x' 轴与 L 垂直，则 y' 轴与 L 平行，将 $f(x',y')$ 沿 y' 方向求和，实现数字图像在 θ 方向的 Radon 变换。

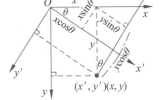

由图 4-9 可知，坐标系旋转前后点的对应关系为

$$\begin{cases} x' = x\cos\theta + y\sin\theta \\ y' = y\cos\theta - x\sin\theta \end{cases} \qquad (4\text{-}56)$$

图 4-9 坐标系旋转示意图

因此，图像的 Radon 变换可以按下列步骤实现：

（1）计算图像对角线的长度，增加两个像素的余量，即 ρ 的取值范围；

（2）设定旋转方向 $\theta \in [0, \pi]$；

（3）将图像中的点按式（4-56）变为新坐标系中的点；

（4）将 $f(x', y')$ 沿 y' 方向求和。

【例 4.14】 对一幅图像进行指定方向上的 Radon 变换，并显示变换结果。

解：程序如下。

```
import cv2 as cv
import numpy as np
from scipy import ndimage
from matplotlib import pyplot as plt
Image = cv.imread('oblong.bmp', cv.IMREAD_GRAYSCALE)
height, width = np.shape(Image)
diagonal = int(np.sqrt(height ** 2 + width ** 2))      # 对角线长度, ρ 的取值范围
x = np.linspace(- diagonal // 2, diagonal // 2, diagonal)   # 投影后向量横坐标, 用于绘图
R = np.zeros([diagonal, 1])                            # 初始化投影向量
free = (diagonal - width) // 2                         # 将投影值置于向量中间, 求出前后置的元素数目
R[free : free + width, 0] = np.sum(Image, axis = 0)    # 垂直投影, 即 0°方向上的 Radon 变换
rotateI = ndimage.rotate(Image, 45)                    # 图像旋转 45°
newh, neww = np.shape(rotateI)
free1 = (diagonal - neww) // 2
R1 = np.zeros([diagonal, 1])
R1[free1 : free1 + neww, 0] = np.sum(rotateI, axis = 0)  # 求和, 即 45°方向上的 Radon 变换
plt.rcParams['font.sans - serif'] = ['Times New Roman']
plt.rcParams['axes.unicode_minus'] = False
plt.subplot(221), plt.imshow(Image, cmap = 'gray'), plt.axis('off')
plt.subplot(222), plt.imshow(rotateI, cmap = 'gray'), plt.axis('off')
plt.subplot(223), plt.plot(x, R)
plt.subplot(224), plt.plot(x, R1)
plt.show()
```

程序运行结果如图 4-10 所示。

OpenCV 中 ximgproc 模块的 RadonTransform 函数可以实现图像的 Radon 变换，其调用格式如下：

```
cv.ximgproc.RadonTransform(src[, dst[, theta[, start_angle[, end_angle[, crop[, norm]]]]]]) -> dst
```

参数 src 为单通道图像；theta、start_angle、end_angle 分别指定角度单位、起始角度和终止角度；crop 设为 True 时，将原图像裁剪成圆形；norm 设为 True 时，输出 dst 将被调整为 uint8 型数据。

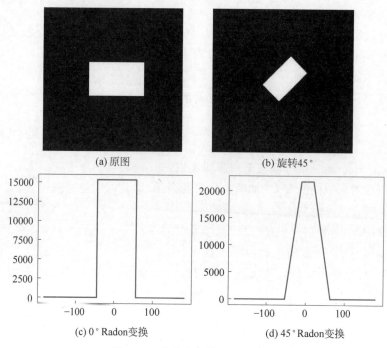

(a) 原图　　　　　　　　　(b) 旋转45°

(c) 0°Radon变换　　　　　　(d) 45°Radon变换

图 4-10　特定方向的 Radon 变换

【**例 4.15**】　利用 RadonTransform 函数对图像进行变换，并显示变换结果。

解：程序如下。

```
import cv2 as cv
import numpy as np
from matplotlib import pyplot as plt
Image = cv.imread('oblong.bmp', cv.IMREAD_GRAYSCALE)
R1 = cv.ximgproc.RadonTransform(Image, theta = 1, start_angle = 0, end_angle = 180)
R2 = cv.ximgproc.RadonTransform(Image, theta = 6, start_angle = 0, end_angle = 180)
plt.rcParams['font.sans-serif'] = ['Times New Roman']
plt.subplot(131), plt.imshow(R1, cmap = 'gray')
plt.subplot(132), plt.imshow(R2, cmap = 'gray')
plt.subplot(133), plt.imshow(R2, cmap = 'gray', extent = (0, 180, 0, R2.shape[0],0))
plt.show()
```

程序运行结果如图 4-11 所示。程序中 R1、R2 表示变换后的矩阵，矩阵每一列对应一个方向上的投影向量，将矩阵中元素数值按大小转换为不同颜色，在坐标轴对应位置处以该颜色

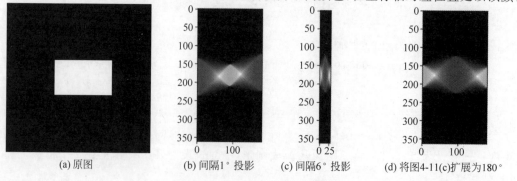

(a) 原图　　　(b) 间隔1°投影　　(c) 间隔6°投影　　(d) 将图4-11(c)扩展为180°

图 4-11　0°至 180°的 Radon 变换

染色。R1 是间隔 1°的投影,矩阵有 180 列,如图 4-11(b)所示；R2 是间隔 6°的投影,矩阵只有 30 列,如图 4-11(c)所示,为便于观察,将其扩展为 180 列,如图 4-11(d)所示。投影间隔角度越小,投影后的变换曲线越多,染色越细腻。

4.4.3　Radon 变换的应用

Radon 变换可用来检测图像中的线段。将原来的 xy 平面内的点映射到 $\rho\theta$ 平面上,原 xy 平面一条线段上所有的点都将投影到 $\rho\theta$ 平面上同一点。记录 $\rho\theta$ 平面上的点的累积程度,累积程度足够的点所对应的 $\rho\theta$ 值即是 xy 平面上线段的参数。与第 11 章要讲的 Hough 变换检测线段的原理一样,可用于需要进行线检测的相关应用中,如线轨迹检测、滤波、倾斜校正等。

Radon 变换计算出原图中各方向上的投影值,可以作为方向特征用于目标检测和识别,如应用于掌纹、静脉识别。

Radon 变换改变图像的表现形式,为相关处理提供便利,比如图像复原中在 Radon 域用高阶统计量估计点扩散函数,提高算法的运算速度。

关于 Radon 变换与线性检测,请扫描二维码,查看讲解。

4.5　Hadamard 变换

Hadamard(阿达玛)变换也称为沃尔什-阿达玛(Walsh-Hadamard)变换,是采用值为 1 或 -1 的矩形波作为基函数展开信号的正交变换,多应用在图像处理、语音处理、滤波和功率谱分析等方面。

第 6 集
微课视频

对于有限长数字序列 $f(x)$,$x=0,1,\cdots,N-1$,其一维 Hadamard 变换和逆变换定义为

$$\begin{cases} F(u) = \dfrac{1}{\sqrt{N}} \sum_{x=0}^{N-1} f(x)(-1)^{\sum\limits_{i=1}^{n} b_i(x)b_i(u)} & u = 0,1,\cdots,N-1 \\ f(x) = \sum_{u=0}^{N-1} F(u)(-1)^{\sum\limits_{i=1}^{n} b_i(x)b_i(u)} & x = 0,1,\cdots,N-1 \end{cases} \quad (4\text{-}57)$$

式中,n 指 x、u 的二进制表示的位数,$b_i(x)$、$b_i(u)$ 指 x、u 的二进制表示的第 i 位。

展开式(4-57),得一维 Hadamard 变换的矩阵表示为

$$\boldsymbol{F} = \boldsymbol{H}\boldsymbol{f}/\sqrt{N} \quad (4\text{-}58)$$

$\boldsymbol{H}$ 称为 Hadamard 矩阵,矩阵的元素为 $+1$ 或 -1,且

$$\boldsymbol{H}^{\mathrm{T}}\boldsymbol{H} = N\boldsymbol{I} \quad (4\text{-}59)$$

式中,$\boldsymbol{I}$ 为单位阵。

一维 Hadamard 逆变换的矩阵表示为

$$\boldsymbol{f} = \boldsymbol{H}^{\mathrm{T}}\boldsymbol{F}/\sqrt{N} \quad (4\text{-}60)$$

正、逆变换形式一致。

高阶 Hadamard 矩阵可以由低阶 Hadamard 矩阵生成:

$$\boldsymbol{H}_{2^k} = \begin{bmatrix} \boldsymbol{H}_{2^{k-1}} & \boldsymbol{H}_{2^{k-1}} \\ \boldsymbol{H}_{2^{k-1}} & -\boldsymbol{H}_{2^{k-1}} \end{bmatrix} \quad (4\text{-}61)$$

其中，k 取非负整数，$H_0 = [1]$，则

$$H_1 = \begin{bmatrix} H_0 & H_0 \\ H_0 & -H_0 \end{bmatrix} = \begin{bmatrix} 1 & 1 \\ 1 & -1 \end{bmatrix}$$

$$H_2 = \begin{bmatrix} H_1 & H_1 \\ H_1 & -H_1 \end{bmatrix} = \begin{bmatrix} 1 & 1 & 1 & 1 \\ 1 & -1 & 1 & -1 \\ 1 & 1 & -1 & -1 \\ 1 & -1 & -1 & 1 \end{bmatrix}$$

统计矩阵每一行符号变化次数，称为行的列率；可以将 Hadamard 矩阵各行从上至下按列率从小到大排序，称为有序的 Hadamard 矩阵。例如，H_2 各行的列率为 0、3、1、2，按列率重排，得

$$H_2 = \begin{bmatrix} 1 & 1 & 1 & 1 \\ 1 & 1 & -1 & -1 \\ 1 & -1 & -1 & 1 \\ 1 & -1 & 1 & -1 \end{bmatrix}$$

对于二维函数 $f(x,y)$，二维 Hadamard 变换和逆变换定义为

$$\begin{cases} F(u,v) = \dfrac{1}{\sqrt{MN}} \sum_{x=0}^{M-1} \sum_{y=0}^{N-1} f(x,y)(-1)^{\sum\limits_{i=1}^{m} b_i(x)b_i(u) + \sum\limits_{i=1}^{n} b_i(y)b_i(v)} \\ f(x,y) = \sum_{u=0}^{M-1} \sum_{v=0}^{N-1} F(u,v)(-1)^{\sum\limits_{i=1}^{m} b_i(x)b_i(u) + \sum\limits_{i=1}^{n} b_i(y)b_i(v)} \end{cases} \quad (4\text{-}62)$$

其中，m 指 x、u 的二进制表示的位数，n 指 y、v 的二进制表示的位数，二维 Hadamard 变换一般对方阵进行变换，即取 $M = N$，所以，$m = n$；$b_i(\cdot)$ 指对应变量二进制表示的第 i 位。

二维 Hadamard 正、逆变换的矩阵表示为

$$\begin{cases} F = HfH^{\mathrm{T}}/N \\ f = H^{\mathrm{T}}FH/N \end{cases} \quad (4\text{-}63)$$

Hadamard 变换仅含有加（减）运算，且正、逆变换形式相同，算法复杂度低，易于实现。在 H.264 编码标准中，16 个 4×4 的亮度残差块进行 DCT 后，每块直流系数构成一个新的 4×4 矩阵；4 个 4×4 的色差残差块经 DCT 后，每块的直流系数构成一个新的 2×2 矩阵，分别进行 Hadamard 变换，进一步消除空间冗余。在匹配算法中，先对残差信号进行 Hadamard 变换，然后再求各元素绝对值之和，作为匹配准则值。作为一种特征变换方法，Hadamard 变换也常用于分类识别。

SciPy 库中 linalg 的 hadamard 函数可以创建 $n \times n$ 的 Hadamard 矩阵，调用格式如下：

```
scipy.linalg.hadamard(n, dtype = < class 'int'>)
```

【例 4.16】 对图像进行 Hadamard 变换并重建。

解：程序如下。

```
import cv2 as cv
import numpy as np
from scipy.linalg import hadamard
Image = cv.imread('cameraman.tif', cv.IMREAD_GRAYSCALE)
Image = Image / 255
height, width = np.shape(Image)
H1, H2 = hadamard(height), hadamard(width)
```

♯生成 height×height、width×width 的 Hadamard 矩阵,要求 height、width 必须为 2 的幂
```
result = H1 @ Image @ H2 / np.sqrt(height * width)    ♯二维 Hadamard 变换
cv.imshow("Original image", Image)
cv.imshow("Hadamard transform", result)
cv.waitKey()
```

程序运行结果如图 4-12 所示。程序中 cameraman. tif 图像长、宽均为 256,H1、H2 以及 Image 均为 256×256 的矩阵,矩阵乘法能够进行运算;如果图像不是方形的,或长、宽不是 2 的幂,需要进行合理处理。

(a) 原图　　　　　　(b) Hadamard变换结果

图 4-12　图像的 Hadamard 变换

4.6　小波变换

作为重要的数学工具,小波变换被应用到数字图像处理的多方面,如图像平滑、边缘检测、图像分割及压缩编码等。

4.6.1　概述

波(wave)被定义为时间或空间的一个振荡函数,例如一条正弦曲线。小波(wavelet)是"小的波",具有在时间上集中能量的能力,是分析瞬变、非平稳或时变现象的工具。波和小波如图 4-13 所示,正弦曲线在 $-\infty \leqslant t \leqslant \infty$ 上等振幅振荡,具有无限能量,而小波具有围绕一点集结的有限能量。

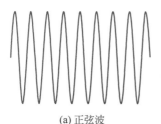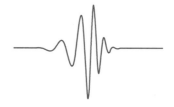

(a) 正弦波　　　　　　(b) Daubechies小波db8

图 4-13　波和小波

在分析、描述或处理一个信号或函数 $f(t)$ 时,常常把该函数展开,即

$$f(t) = \sum_i \alpha_i \psi_i(t) \tag{4-64}$$

式中,i 可能有限,也可能无限,α_i 是展开系数,$\psi_i(t)$ 是 t 的实值函数集合,称为展开集。

如果展开式(4-64)唯一,则该集称为能展开函数的一组基。如果基是正交的,即

$$\langle \psi_m(t), \psi_n(t) \rangle = \int \psi_m(t)\psi_n(t)\mathrm{d}t = \begin{cases} 1, & m=n \\ 0, & m \neq n \end{cases} \tag{4-65}$$

那么,系数 α_i 可以用内积计算,有

$$\alpha_i = \langle f(t), \psi_i(t) \rangle = \int f(t)\psi_i(t)\mathrm{d}t \tag{4-66}$$

傅里叶级数的正交基是由角频率为 ω 的 $\sin\omega t$ 和 $\cos\omega t$ 组成,傅里叶变换其实就是求傅里叶级数的系数。

小波展开(wavelet expansion)是由具有两个参数的小波构成基展开函数,即

$$f(t) = \sum_a \sum_b \alpha_{a,b}\psi_{a,b}(t) \tag{4-67}$$

所谓小波变换即是计算展开系数的集 $\alpha_{a,b}$。与傅里叶变换不同的是,小波展开集不是唯一的。下面详细介绍小波变换及其特性和应用。

4.6.2　小波

1. 定义

设函数 $\psi(t)$ 满足下列条件:

$$\int_{\mathbf{R}} \psi(t)\mathrm{d}t = 0 \tag{4-68}$$

对其进行平移和伸缩产生函数族 $\psi_{a,b}(t)$:

$$\psi_{a,b}(t) = \frac{1}{\sqrt{a}}\psi\left(\frac{t-b}{a}\right), \quad a,b \in \mathbf{R}, a \neq 0 \tag{4-69}$$

式中,$\psi(t)$ 为基小波或母小波,a 为伸缩因子(尺度因子),b 为平移因子,$\psi_{a,b}(t)$ 称为 $\psi(t)$ 生成的连续小波。由傅里叶变换性质可得

$$\Psi_{a,b}(\omega) = \sqrt{a}\,\Psi(a\omega)\mathrm{e}^{-\mathrm{j}\omega b} \tag{4-70}$$

定义:若函数 $\psi(t)$ 的傅里叶变换 $\Psi(\omega)$ 满足

$$C_\psi = \int_{\mathbf{R}} \frac{|\Psi(\omega)|^2}{|\omega|}\mathrm{d}\omega < \infty \tag{4-71}$$

则称 $\psi(t)$ 为允许小波,式(4-71)称为允许性条件,其中 $\Psi(\omega) = \int_{\mathbf{R}} \psi(t)\mathrm{e}^{-\mathrm{j}\omega t}\mathrm{d}t$。

因为 $\Psi(\omega)|_{\omega=0} = \int_{\mathbf{R}} \psi(t)\mathrm{d}t = 0$,所以允许小波一定是基小波。

2. 特点

1) 紧支撑性

小波函数 $\psi(t)$ 满足式(4-68),即均值为零,$\psi(t)$ 应具有振荡性,即在图形上具有"波"的形状。$\psi(t)$ 满足 $\int_{\mathbf{R}} |\psi(t)|\,\mathrm{d}t < \infty, \int_{\mathbf{R}} |\psi(t)|^2\mathrm{d}t < \infty$,因此,$\psi(t)$ 仅在小范围内波动,且能量有限,即小波函数 $\psi(t)$ 的定义域是紧支撑的,超出一定范围时,波动幅度迅速衰减,具有速降性。

2) 变化性

小波函数 $\psi_{a,b}(t)$ 以及它的频谱 $\Psi_{a,b}(\omega)$ 随尺度因子 a 的变化而变化。由式(4-69)可知,随着 a 的减小,$\psi_{a,b}(t)$ 的支撑区随之变窄,其幅值变大,如图 4-14 所示。

由傅里叶变换的尺度变换性质:

$$若 \mathscr{F}[f(t)] = F(\omega),则 \mathscr{F}[f(\alpha t)] = F(\omega/\alpha)/|\alpha|$$

可知,$\Psi_{a,b}(\omega)$ 随着 a 的减小而向高频端展宽。

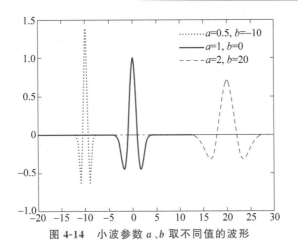

图 4-14 小波参数 a、b 取不同值的波形

3）消失矩

若小波 $\psi(t)$ 满足式（4-72），则称该小波具有 K 阶消失矩。

$$\int_{\mathbf{R}} t^k \psi(t) \mathrm{d}t = 0, \quad k = 0, 1, \cdots, K-1 \tag{4-72}$$

这时，$\Psi(\omega)$ 在 $\omega=0$ 处 K 次可微，即 $\Psi^k(0)=0, k=1,2,\cdots,K$。随着 K 的增加，小波 $\psi(t)$ 的波形振荡越来越强烈。

3．一维小波实例

1）Haar 小波

Haar 小波是最简单的小波，其表达式为

$$\begin{cases} \psi_{\mathrm{H}}(t) = \begin{cases} 1, & 0 \leqslant t < 1/2 \\ -1, & 1/2 \leqslant t < 1 \\ 0, & 其他 \end{cases} \\ \Psi_{\mathrm{H}}(\omega) = \dfrac{1 - 2\mathrm{e}^{-\frac{\mathrm{i}\omega}{2}} + \mathrm{e}^{-\mathrm{i}\omega}}{\omega\mathrm{i}} \end{cases} \tag{4-73}$$

Haar 小波具有紧支撑性（长度为 1）和对称性，消失矩为 1，即 $\displaystyle\int_{\mathbf{R}} \psi_{\mathrm{H}}(t)\mathrm{d}t = 0$。对于 t 的平移，Haar 小波是正交的，即

$$\int_{\mathbf{R}} \psi_{\mathrm{H}}(t)\psi_{\mathrm{H}}(t-n)\mathrm{d}t = 0, \quad n = 0, \pm 1, \pm 2, \cdots \tag{4-74}$$

从而 $\{\psi_{\mathrm{H}}(t-n)\}_{n \in \mathbf{Z}}$ 形成一个正交函数系。

Haar 小波不是连续函数，应用有限，但结构简单，一般用作原理示意或说明，其时域、频域图形如图 4-15 所示。

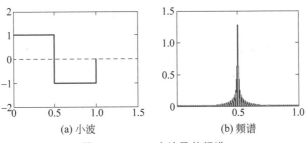

(a) 小波   (b) 频谱

图 4-15 Haar 小波及其频谱

2）Morlet 小波

Morlet 小波是用高斯函数构造的一种小波，其时域、频域表示为

$$\begin{cases} \psi(t)=\pi^{-1/4}(e^{-i\omega_0 t}-e^{-\omega_0^2/2})e^{-t^2/2} \\ \Psi(\omega)=\pi^{-1/4}[e^{-(\omega-\omega_0)^2/2}-e^{-\omega_0^2/2}e^{-\omega^2/2}] \end{cases} \tag{4-75}$$

由上式可以看出，Morlet 小波满足允许条件，即 $\Psi(0)=0$。

当 $\omega_0 \geqslant 5$ 时，$e^{-\omega_0^2/2}\approx 0$，所以，式（4-75）的第二项可以忽略，Morlet 小波可以近似表示为

$$\begin{cases} \psi(t)=\pi^{-1/4}e^{-i\omega_0 t}e^{-t^2/2} \\ \Psi(\omega)=\pi^{-1/4}e^{-(\omega-\omega_0)^2/2} \end{cases} \tag{4-76}$$

Morlet 小波在时域、频域都具有较好的局部性，是很常用的小波，其时域、频域图形如图 4-16 所示。

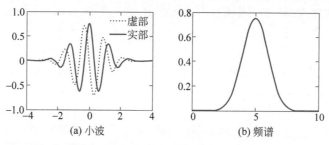

图 4-16　Morlet 小波及其频谱（$\omega_0 = 5$）

3）Mexico 草帽小波

Mexico 草帽小波与高斯函数二阶导数成比例，也称为 Marr 小波，其表达式为

$$\psi(t)=\left(\frac{2}{\sqrt{3}}\pi^{-1/4}\right)(1-t^2)e^{-t^2/2} \tag{4-77}$$

Mexico 草帽小波具有对称性，支撑区间是无限的，有效支撑区间为[−5,5]，在视觉信息处理方面有很多应用，其时域、频域图形如图 4-17 所示。

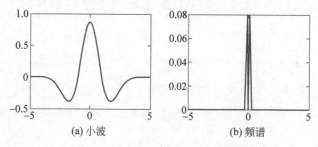

图 4-17　Mexico 草帽小波及其频谱

4.6.3　连续小波变换

1. 定义

定义：设 $f(t)$、$\psi(t)$ 是平方可积函数，且 $\psi(t)$ 满足允许性条件[见式（4-71）]，则称

$$W_f(a,b)=\frac{1}{\sqrt{a}}\int_{\mathbf{R}}f(t)\psi^*\left(\frac{t-b}{a}\right)\mathrm{d}t \tag{4-78}$$

为 $f(t)$ 的连续小波变换,其中, $\psi^*(t)$ 是 $\psi(t)$ 的共轭函数。

式(4-78)也可用内积表示,即

$$W_f(a,b) = \langle f(t), \psi_{a,b}(t) \rangle \tag{4-79}$$

则从数学意义上看,连续小波变换可看成平方可积函数 $f(t)$ 在函数族 $\{\psi_{a,b}(t)\}$ 上的投影分解过程。

若设 $\psi_a(t) = |a|^{-1/2} \psi\left(\dfrac{t}{a}\right)$,令 $\tilde{\psi}_a(t) = \psi_a(-t)$,则连续小波变换定义式(4-78)可改写为

$$W_f(a,b) = |a|^{-1/2} \int_{\mathbf{R}} f(t) \psi^*\left(\frac{t-b}{a}\right) \mathrm{d}t = |a|^{-1/2} \int_{\mathbf{R}} f(t) \psi^*\left(-\frac{b-t}{a}\right) \mathrm{d}t$$

$$= |a|^{-1/2} \int_{\mathbf{R}} f(t) \tilde{\psi}^*\left(\frac{b-t}{a}\right) \mathrm{d}t = f(t) * \tilde{\psi}_a(t) \tag{4-80}$$

因此,从信号处理上看,小波变换是原始信号 $f(t)$ 用一组不同尺度的带通滤波器进行滤波,将信号分解到一系列频带上并进行分析处理。

根据 Parseval 恒等式,连续小波变换定义式(4-78)可改写为

$$W_f(a,b) = \langle f(t), \psi_{a,b}(t) \rangle = \frac{1}{2\pi} \langle F(\omega), \Psi_{a,b}(\omega) \rangle$$

$$= \frac{1}{2\pi} \int_{\mathbf{R}} F(\omega) \Psi_{a,b}(\omega) \mathrm{d}\omega \tag{4-81}$$

式(4-81)是小波变换在频域分析中的频域定义式。

由连续小波变换 $W_f(a,b)$ 重构 $f(t)$ 的小波逆变换为

$$f(t) = \frac{1}{C_\psi} \int_{-\infty}^{\infty} \int_{-\infty}^{\infty} \frac{1}{a^2} W_f(a,b) \psi_{a,b}(t) \mathrm{d}a \, \mathrm{d}b \tag{4-82}$$

式中, C_ψ 满足式(4-71)。

在实际应用中,往往选择 $\psi(t)$ 为实函数,使其满足 $\Psi(\omega) = \Psi(-\omega)$,逆变换式(4-82)简化为

$$f(t) = \frac{1}{C_\psi} \int_0^{\infty} \frac{1}{a^2} \mathrm{d}a \int_{-\infty}^{\infty} W_f(a,b) \psi_{a,b}(t) \mathrm{d}b \tag{4-83}$$

2. 小波变换的时频特性

如果将小波变换定义式(4-78)与窗口傅里叶变换定义式进行比较,可称小波 $\psi_{a,b}(t)$ 是窗函数。为分析小波变换的时频特性,假设所选基小波 $\psi(t)$ 和 $\Psi(\omega)$ 都满足窗函数的要求,记 t^* 为 $\psi_{a,b}(t)$ 的时窗中心, Δt 为时窗半径, ω^* 为频窗中心, $\Delta\omega$ 为频窗半径,根据时窗中心、频窗中心和半径定义,可知

$$\begin{cases} t^* = \int_{\mathbf{R}} t \, |\psi_{a,b}(t)|^2 \mathrm{d}t \Big/ \|\psi_{a,b}(t)\|^2 \\[2mm] \Delta t = \left[\int_{\mathbf{R}} (t - t^*)^2 \, |\psi_{a,b}(t)|^2 \mathrm{d}t\right]^{\frac{1}{2}} \Big/ \|\psi_{a,b}(t)\| \\[2mm] \omega^* = \int_{\mathbf{R}} \omega \, |\Psi_{a,b}(\omega)|^2 \mathrm{d}\omega \Big/ \|\Psi_{a,b}(\omega)\|^2 \\[2mm] \Delta\omega = \left[\int_{\mathbf{R}} (\omega - \omega^*)^2 \, |\Psi_{a,b}(\omega)|^2 \mathrm{d}\omega\right]^{\frac{1}{2}} \Big/ \|\Psi_{a,b}(\omega)\| \end{cases} \tag{4-84}$$

由于小波变换中的窗函数 $\psi_{a,b}(t)$ 是 $\psi(t)$ 平移和缩放的结果,所以,记 $\psi(t)$ 对应的有关量

分别为 t_ψ^*, Δt_ψ, ω_ψ^*, $\Delta \omega_\psi$, 先分析 $\psi_{a,b}(t)$ 对应的窗口中心和窗半径与 $\psi(t)$ 对应量之间的关系。

时域对应关系如下：

$$\parallel \psi_{a,b}(t) \parallel^2 = \int_{\mathbf{R}} \mid \psi_{a,b}(t) \mid^2 \mathrm{d}t = \int_{\mathbf{R}} \left| \frac{1}{\sqrt{a}} \psi\left(\frac{t-b}{a}\right) \right|^2 \mathrm{d}t$$

$$= \int_{\mathbf{R}} \mid \psi\left(\frac{t-b}{a}\right) \mid^2 \mathrm{d}\left(\frac{t-b}{a}\right) = \parallel \psi(u) \parallel^2 \tag{4-85}$$

把式(4-85)代入 $\psi_{a,b}(t)$ 对应的时窗中心和时窗半径的定义式中，得

$$t^* = \int_{\mathbf{R}} t \mid \psi_{a,b}(t) \mid^2 \mathrm{d}t / \parallel \psi_{a,b}(t) \parallel^2 = \frac{1}{\parallel \psi(u) \parallel^2} \int_{\mathbf{R}} (au+b) \mid \frac{1}{\sqrt{a}} \psi(u) \mid^2 \mathrm{d}(au+b)$$

$$= \frac{1}{\parallel \psi(u) \parallel^2} \int_{\mathbf{R}} (au+b) \mid \psi(u) \mid^2 \mathrm{d}u = \frac{a \int_{\mathbf{R}} u \mid \psi(u) \mid^2 \mathrm{d}u}{\parallel \psi(u) \parallel^2} + \frac{\int_{\mathbf{R}} b \mid \psi(u) \mid^2 \mathrm{d}u}{\parallel \psi(u) \parallel^2}$$

$$= at_\psi^* + b \tag{4-86}$$

$$\Delta t = \frac{1}{\parallel \psi_{a,b}(t) \parallel} \left[\int_{\mathbf{R}} (t-t^*)^2 \mid \psi_{a,b}(t) \mid^2 \mathrm{d}t \right]^{\frac{1}{2}}$$

$$= \frac{1}{\parallel \psi_{a,b}(t) \parallel} \left[\int_{\mathbf{R}} (t - at_\psi^* - b)^2 \left| \frac{1}{\sqrt{a}} \psi\left(\frac{t-b}{a}\right) \right|^2 \mathrm{d}t \right]^{\frac{1}{2}}$$

$$= \frac{1}{\parallel \psi(u) \parallel} \left[\int_{\mathbf{R}} (au+b-at_\psi^*-b)^2 \frac{a}{a} \mid \psi(u) \mid^2 \mathrm{d}u \right]^{\frac{1}{2}}$$

$$= \frac{1}{\parallel \psi(u) \parallel} \left[a^2 \int_{\mathbf{R}} (u-t_\psi^*)^2 \mid \psi(u) \mid^2 \mathrm{d}u \right]^{\frac{1}{2}}$$

$$= a\Delta t_\psi \tag{4-87}$$

频域对应关系如下：

$$\parallel \Psi_{a,b}(\omega) \parallel^2 = \int_{\mathbf{R}} \mid \sqrt{a} \Psi(a\omega) \mathrm{e}^{-\mathrm{j}\omega b} \mid^2 \mathrm{d}\omega = \parallel \Psi(\omega) \parallel^2 \tag{4-88}$$

把式(4-88)代入 $\psi_{a,b}(t)$ 对应的频窗中心和频窗半径的定义式中，得

$$\omega^* = \frac{1}{\parallel \Psi_{a,b}(\omega) \parallel^2} \int_{\mathbf{R}} \omega \mid \Psi_{a,b}(\omega) \mid^2 \mathrm{d}\omega = \frac{1}{\parallel \Psi(\omega) \parallel^2} \int_{\mathbf{R}} \omega a \mid \Psi(a\omega) \mid^2 \mathrm{d}\omega$$

$$= \frac{1}{a} \frac{1}{\parallel \Psi(\omega) \parallel^2} \int_{\mathbf{R}} a\omega \mid \Psi(a\omega) \mid^2 \mathrm{d}(a\omega) = \frac{1}{a} \omega_\psi^* \tag{4-89}$$

$$\Delta\omega = \frac{1}{\parallel \Psi_{a,b}(\omega) \parallel} \left[\int_{\mathbf{R}} (\omega - \omega^*)^2 \mid \Psi_{a,b}(\omega) \mid^2 \mathrm{d}\omega \right]^{\frac{1}{2}}$$

$$= \frac{1}{\parallel \Psi_{a,b}(\omega) \parallel} \left[\int_{\mathbf{R}} \left(\omega - \frac{1}{a}\omega_\psi^*\right)^2 a \mid \Psi(a\omega) \mid^2 \mathrm{d}\omega \right]^{\frac{1}{2}}$$

$$= \frac{1}{\parallel \Psi(\omega) \parallel} \left[\frac{1}{a^2} \int_{\mathbf{R}} (a\omega - \omega_\psi^*)^2 \mid \Psi(a\omega) \mid^2 \mathrm{d}(a\omega) \right]^{\frac{1}{2}} = \frac{1}{a} \Delta\omega_\psi \tag{4-90}$$

由式(4-86)可以看出，$\psi_{a,b}(t)$ 的时窗中心是 $\psi(t)$ 的时窗中心扩大 a 倍后再平移 b 个单位；由式(4-89)可以看出，$\psi_{a,b}(t)$ 的频窗中心是 $\psi(t)$ 的频窗中心的 $\frac{1}{a}$ 倍；由式(4-87)可以看出，

$\psi_{a,b}(t)$的时窗宽度是$\psi(t)$的时窗宽度的a倍；由式(4-90)可以看出，$\psi_{a,b}(t)$的频窗宽度是$\psi(t)$的频窗宽度的$\frac{1}{a}$倍。因此，对于固定的b，随着a的增大($a>1$)，小波变换的时窗就增宽，而频窗变窄。

虽然$\psi_{a,b}(t)$的时窗中心、频窗中心及宽度随着a、b在变换，但是在时-频相平面上，时窗和频窗所形成的窗口面积不变，如式(4-91)所示。

$$2\Delta t \cdot 2\Delta \omega = 4a\Delta t_\psi \cdot \frac{1}{a}\Delta \omega_\psi = 4\Delta t_\psi \cdot \Delta \omega_\psi \tag{4-91}$$

综上所述，在时-频相平面上，小波变换$W_f(a,b)$的时频窗是面积相等但长宽不同的矩形区域，这些窗口的长、宽是相互制约的，它们都受尺度参数a的控制。

根据小波随a变化的性质，当a较小时，$W_f(a,b)$反映的是$t=b$时附近的高频成分的特性；当a较大时，$W_f(a,b)$反映的是$t=b$时附近的低频成分的特性；因此，有如下的对应：

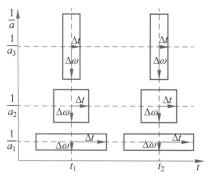

尺度参数a：小——→大⇔频率ω：大——→小

小波变换的时-频平面上的窗口分布如图 4-18 所示。

对于信号而言，低频分量(波形较宽)需用较长的时间段才能给出完全的信息；而高频分量(波形较窄)只用较短的时间段便可以给出较好的精度。因此，对时变信号进行分析，总希望时频窗口具有自适应性，即高频时频窗大，时窗小；低频时频窗小，时窗大。

图 4-18　小波变换的时-频平面上的窗口分布

通过分析小波变换的时频特性，发现利用小波变换分析信号具有自适应的时频窗口：当检测高频分量时，尺度参数$a>0$相应变小，时窗自动变窄，频率窗口高度增加，作为主频(中心频率)ω^*变大；分析检测低频特性时，尺度参数$a>0$相应增大，时间窗口自动变宽，频率窗口高度减小，主频中心变低，实现时频窗口的自适应变化。

3. 连续小波变换的冗余与再生核

由式(4-82)所示的小波变换的逆变换公式可知，$f(t)$可由它的小波变换$W_f(a,b)$精确地重建，也可看成将$f(t)$按"基"$\psi_{a,b}(t)$的分解，系数就是$f(t)$的小波变换。但$\psi_{a,b}(t)$的参数a、b是连续变化的，所以，$\psi_{a,b}(t)$之间不是线性无关的，而是存在某种关联，如式(4-92)所示。

$$\begin{aligned}
W_f(a_1,b_1) &= \int_{\mathbf{R}} f(t)\psi_{a_1,b_1}^*(t)\mathrm{d}t \\
&= \int_{\mathbf{R}} \left[\frac{1}{C_\psi}\int_0^\infty \frac{1}{a^2}\mathrm{d}a\int_{-\infty}^\infty W_f(a,b)\psi_{a,b}(t)\mathrm{d}b\right]\psi_{a_1,b_1}^*(t)\mathrm{d}t \\
&= \frac{1}{C_\psi}\int_0^\infty\int_{-\infty}^\infty \frac{1}{a^2}W_f(a,b)\left[\int_{\mathbf{R}}\psi_{a,b}(t)\psi_{a_1,b_1}^*(t)\mathrm{d}t\right]\mathrm{d}b\mathrm{d}a \\
&= \int_0^\infty\int_{-\infty}^\infty \frac{1}{a^2}W_f(a,b)k_\psi(a,a_1,b,b_1)\mathrm{d}b\mathrm{d}a
\end{aligned} \tag{4-92}$$

其中，

$$k_\psi(a,a_1,b,b_1) = \frac{1}{C_\psi}\int_{\mathbf{R}}\psi_{a,b}(t)\psi_{a_1,b_1}^*(t)\mathrm{d}t \tag{4-93}$$

式(4-92)表明,(a_1,b_1)处的小波变换$W_f(a_1,b_1)$可以由半平面$0<a<\infty,-\infty<b<\infty$上点$(a,b)$处的小波变换$W_f(a,b)$表示出,系数是$k_\psi(a,a_1,b,b_1)$,称为小波变换的再生核。

若$\psi_{a,b}(t)$与$\psi_{a_1,b_1}(t)$正交,由式(4-93)知$k_\psi(a,a_1,b,b_1)=0$,此时,(a,b)处的小波变换$W_f(a,b)$对$W_f(a_1,b_1)$的"贡献"为0。因此,要使各点小波变换之间互不相关,需要在函数族$\{\psi_{a,b}(t)\}$中寻找相互正交的基函数。

4.6.4　离散小波变换

将$\psi_{a,b}(t)$中的参数a、b离散化,以期能够找到相互正交的基函数,因此,引入离散小波变换。

尺度参数a的离散化,通常做法是取$a=a_0^j,j=0,\pm1,\pm2,\cdots$;位移参数$b$的离散化,通常取$b=ka_0^jb_0,j,k\in\mathbf{Z}$,相应的小波函数为$a_0^{-j/2}\psi(a_0^{-j}t-kb_0),j,k\in\mathbf{Z}$,调整时间轴使$kb_0$在轴上为整数$k$,于是,离散化后的小波函数为

$$\psi_{j,k}(t)=a_0^{-j/2}\psi(a_0^{-j}t-k),\quad j,k\in\mathbf{Z} \tag{4-94}$$

以上述小波函数为"基"的小波变换就是离散小波变换(DWT)。

定义:设$\psi(t)\in L^2(\mathbf{R})$,$a_0>0$是常数,$\psi_{j,k}(t)=a_0^{-j/2}\psi(a_0^{-j}t-k),j,k\in\mathbf{Z}$,则称

$$W_f(j,k)=\int_{\mathbf{R}}f(t)\psi_{j,k}^*(t)\mathrm{d}t \tag{4-95}$$

为$f(t)$的离散小波变换。

离散小波变换是尺度-位移相平面规则分布的离散点上的函数,与连续小波变换相比,少了许多点上的值。那么,不加限制的尺度间隔a_0和时间间隔b所得到的小波函数$\psi_{j,k}(t)$的离散小波变换$W_f(j,k)$不一定包含了函数$f(t)$的全部信息。所以,由$W_f(j,k)$不一定能重构原函数$f(t)$,即式(4-95)的逆变换不一定存在。

要想由离散小波变换$W_f(j,k)$重构$f(t)$,需要对$\psi_{j,k}(t)$有所限制,满足小波框架就是对$\psi_{j,k}(t)$的一种限制。但离散小波$\psi_{j,k}(t)$能否构成小波框架跟参数a_0、b_0的选择有关,因此,参数a_0、b_0的选择是离散小波变换能否实现的关键。

4.6.5　正交小波与多分辨分析

一般来说,离散小波框架信息量仍是有冗余的,希望寻找信息量没有冗余的小波框架和$L^2(\mathbf{R})$的正交基,实现正交小波变换。

1. 正交小波

定义:设$\psi(t)\in L^2(\mathbf{R})$是一个允许小波,若其二进制伸缩平移系($a_0=2$)

$$\psi_{j,k}(t)=2^{-j/2}\psi(2^{-j}t-k),\quad j,k\in\mathbf{Z} \tag{4-96}$$

构成$L^2(\mathbf{R})$的标准正交基,则称$\psi(t)$为正交小波,称$\psi_{j,k}(t)$是正交小波函数,称相应的离散小波变换$W_f(j,k)=\langle f(t),\psi_{j,k}(t)\rangle$为正交小波变换,其再生核恒为0。

例如,Haar小波的二进制伸缩平移系

$$\psi_{j,k}(t)=2^{-j/2}\psi(2^{-j}t-k)=\begin{cases}2^{-j/2}, & 2^jk\leqslant t<(2k+1)2^{j-1}\\ -2^{-j/2}, & (2k+1)2^{j-1}\leqslant t\leqslant(k+1)2^j\\ 0, & \text{其他}\end{cases}$$

可以验证$\{\psi_{j,k}(t)\}_{j,k\in\mathbf{Z}}$构成$L^2(\mathbf{R})$的一个标准正交基。

2. 多分辨分析

多分辨分析(Multi-Resolution Analysis,MRA)也称多尺度分析,是构造正交小波基的一般方法。

定义: 若 $L^2(\mathbf{R})$ 中一个子空间序列 $\{V_j\}_{j\in\mathbf{Z}}$ 及一个函数 $\varphi(t)$ 满足如下性质,则称其为一个正交多分辨分析。

(1) $V_j \subseteq V_{j-1}$,$j\in\mathbf{Z}$;

(2) $f(t)\in V_j \Leftrightarrow f(2t)\in V_{j-1}$;

(3) $\bigcap_{j\in\mathbf{Z}}V_j=\{0\}$,$\bigcup_{j\in\mathbf{Z}}V_j=L^2(\mathbf{R})$;

(4) $\varphi(t)\in V_0$,且 $\{\varphi(t-k)\}_{k\in\mathbf{Z}}$ 是 V_0 的标准正交基,称 $\varphi(t)$ 是此多分辨分析的尺度函数或父函数。

分析一:

由性质(2)、性质(4)可知,对于任何 $\varphi(t)\in V_0$,有 $\varphi(2^{-j}t)\in V_j$;$\{\varphi(t-k)\}_{k\in\mathbf{Z}}$ 是 V_0 的标准正交基,函数系 $\{2^{-j/2}\varphi(2^{-j}t-k)\}_{k\in\mathbf{Z}}$ 则构成了 V_j 的一组标准正交基,即 $\{\varphi(t-k)\}_{k\in\mathbf{Z}}$ 张成 $L^2(\mathbf{R})$ 的子空间 V_0,$\{2^{-j/2}\varphi(2^{-j}t-k)\}_{k\in\mathbf{Z}}$ 张成了 V_j。

$\varphi(t)\in V_0$,而 $V_0\subseteq V_{-1}$,因此,$\varphi(t)\in V_{-1}$。因函数系 $\{2^{1/2}\varphi(2t-k)\}_{k\in\mathbf{Z}}$ 构成了 V_{-1} 的一组标准正交基,因此,$\varphi(t)$ 可以借助于 $\{2^{1/2}\varphi(2t-k)\}_{k\in\mathbf{Z}}$ 的加权和表示,有

$$\varphi(t)=\sum_{k\in\mathbf{Z}}h_k\sqrt{2}\varphi(2t-k) \tag{4-97}$$

式中,系数 $\{h_k\}_{k\in\mathbf{Z}}$ 称为尺度函数(尺度滤波)系数,满足

$$\begin{cases} h_k=\dfrac{1}{\sqrt{2}}\displaystyle\int_{\mathbf{R}}\varphi(t)\varphi^*(2t-k)\mathrm{d}t \\[2mm] H(\omega)=\dfrac{1}{\sqrt{2}}\displaystyle\sum_k h_k\mathrm{e}^{-\mathrm{i}k\omega} \end{cases} \tag{4-98}$$

式(4-97)称为双尺度方程,其频域形式为

$$\Phi(2\omega)=H(\omega)\Phi(\omega) \tag{4-99}$$

分析二:

定义函数 $\psi_{j,k}(t)$,张成尺度函数在不同尺度下张成的空间之间的差空间 $\{W_j\}_{j\in\mathbf{Z}}$,称 W_j 为尺度为 j 的小波空间,V_j 为尺度为 j 的尺度空间。

由于 $V_j\subseteq V_{j-1}$,即 $V_{j-1}=V_j+W_j$,且 $W_j\perp V_j$,$j\in\mathbf{Z}$,显然,当 $m,n\in\mathbf{Z}$,$m\neq n$ 时,有 $W_m\perp W_n$,所以

$$V_{j-1}=V_j+W_j=V_{j+1}+W_{j+1}+W_j=\cdots=V_{j+s}+W_{j+s}+W_{j+s-1}+\cdots+W_{j+1}+W_j \tag{4-100}$$

令 $s\to\infty$,则 $V_{j-1}=\overset{\infty}{\underset{m=j}{\bigoplus}}W_m$;

令 $j\to-\infty$,则 $L^2(R)=\overset{\infty}{\underset{m=-\infty}{\bigoplus}}W_m$。

因 $W_0\subset V_{-1}$,张成 W_0 的小波函数 $\psi(t)$ 可以由 V_{-1} 的标准正交基 $\{2^{1/2}\varphi(2t-k)\}_{k\in\mathbf{Z}}$ 表示:

$$\psi(t)=\sum_{k\in\mathbf{Z}}g_k\sqrt{2}\varphi(2t-k) \tag{4-101}$$

式(4-101)也称为双尺度方程,其频域表示为

$$\Psi(2\omega) = G(\omega)\Phi(\omega) \tag{4-102}$$

$\{g_k\}_{k\in\mathbf{Z}}$ 满足

$$\begin{cases} g_k = \dfrac{1}{\sqrt{2}} \displaystyle\int_{\mathbf{R}} \psi(t)\varphi^*(2t-k)\,\mathrm{d}t \\[3mm] G(\omega) = \dfrac{1}{\sqrt{2}} \displaystyle\sum_k g_k \mathrm{e}^{-\mathrm{i}k\omega} \end{cases} \tag{4-103}$$

式(4-97)和式(4-101)这两个双尺度方程是多分辨分析赋予尺度函数 $\varphi(t)$ 和小波函数 $\psi(t)$ 的最基本性质。

综上所述,多分辨分析的基本思想其实就是:为有效地寻找空间 $L^2(\mathbf{R})$ 的基底,从 $L^2(\mathbf{R})$ 的某个子空间出发,在这个子空间中建立基底,然后利用简单的变换,再把该基底扩充到 $L^2(\mathbf{R})$ 中去。

3. 函数的正交小波分解

由以上讨论可知,给定一个多分辨分析($\{V_k\}_{k\in\mathbf{Z}}, \varphi(t)$),可确定一个小波函数 $\psi(t)$ 和其伸缩系 $\{\psi_{j,k}(t) = 2^{-j/2}\psi(2^{-j}t-k)\}_{j,k\in\mathbf{Z}}$,并张成小波空间 $\{W_j\}_{j\in\mathbf{Z}}$。因 $W_i \perp W_j (i \neq j)$,且 $L^2(\mathbf{R}) = \bigoplus_{j\in\mathbf{Z}} W_j$,所以 $\{\psi_{j,k}(t) = 2^{-j/2}\psi(2^{-j}t-k)\}_{j,k\in\mathbf{Z}}$ 构成 $L^2(\mathbf{R})$ 的标准正交基。因此,对任何 $f(t) \in L^2(\mathbf{R})$,有

$$f(t) = \sum_{j,k} d_{j,k}\psi_{j,k}(t) \tag{4-104}$$

其中,$d_{j,k} = \langle f(t), \psi_{j,k}(t)\rangle_{j,k\in\mathbf{Z}}$ 是 $f(t)$ 的离散小波变换,且是正交小波变换,式(4-104)是 $f(t)$ 的重构公式,也称为 $f(t)$ 的正交小波分解。

分析式(4-104):

由多分辨分析性质(2)($f(t)\in V_j \Leftrightarrow f(2t)\in V_{j-1}$)可知,$V_j$ 的频率范围是 V_{j-1} 的一半,且是 V_{j-1} 中的低频表现部分,而 $V_{j-1} = V_j + W_j$。所以,W_j 的频率表现在 V_j 与 V_{j-1} 之间的部分,而且 W_j 的频带互不重叠。因此,通常认为 V_j 表现了 V_{j-1} 的"概貌",W_j 表现了 V_{j-1} 的不同频带中的"细节"。记 $d_{j,k}\psi_{j,k}(t) = w_j(t)$,则 $w_j(t)\in W_j$,式(4-104)可写成

$$f(t) = \sum_j w_j(t) \tag{4-105}$$

式(4-105)说明,任何一个函数 $f(t)\in L^2(\mathbf{R})$ 都可以分解成不同频带的细节之和。

实际情况中,函数 $f(t)\in L^2(\mathbf{R})$ 仅有有限的细节。由式(4-100)得 $V_0 = V_s + W_s + W_{s-1} + \cdots + W_1$;设一个函数 $f(t)\in V_0$,则 $f(t)$ 可分解为 $f(t) = f_s(t) + w_s(t) + w_{s-1}(t) + \cdots + w_1(t)$,即

$$f(t) = \sum_{k\in\mathbf{Z}} c_{s,k}\varphi_{s,k}(t) + \sum_{j=1}^{s}\sum_{k\in\mathbf{Z}} d_{j,k}\psi_{j,k}(t) \tag{4-106}$$

其中,$c_{s,k} = \langle f(t), \varphi_{s,k}(t)\rangle, k\in\mathbf{Z}, d_{j,k} = \langle f(t), \psi_{j,k}(t)\rangle, k\in\mathbf{Z}$。

式(4-106)的第一项

$$f_s(t) = \sum_{k\in\mathbf{Z}} c_{s,k}\varphi_{s,k}(t) \tag{4-107}$$

为 $f(t)$ 的不同尺度 $s(s\geqslant 1)$ 下的逼近式,是 $f(t)$ 中频率不超过 2^{-s} 的成分。

式(4-106)第二项中的

$$w_j = \sum_{k \in \mathbf{Z}} d_{j,k} \psi_{j,k}(t), \quad j = 1, 2, \cdots, s \tag{4-108}$$

为 $f(t)$ 的不同尺度 j 下的细节,是 $f(t)$ 中频率 2^{-j} 到 2^{-j+1} 之间的细节成分。

4. Mallat 算法

根据以上分析,当尺度函数 $\varphi(t)$、小波函数 $\psi(t)$ 确定后,通过计算 $\{c_{s,k}\}_{k \in \mathbf{Z}}$、$\{d_{j,k}\}_{k \in \mathbf{Z}}$,即可得到函数 $f(t) \in L^2(\mathbf{R})$ 的逼近和细节。

1) 正交小波分解算法

$$
\begin{aligned}
c_{j+1,k} &= \langle f(t), \varphi_{j+1,k}(t) \rangle = \int_{\mathbf{R}} f(t) \varphi_{j+1,k}^*(t) \mathrm{d}t = \int_{\mathbf{R}} f(t) \{2^{-(j+1)/2} \varphi^*(2^{-(j+1)} t - k)\} \mathrm{d}t \\
&= \int_{\mathbf{R}} f(t) 2^{-(j+1)/2} \sum_{n \in \mathbf{Z}} h_n^* \sqrt{2} \varphi^*[2(2^{-(j+1)} t - k) - n] \mathrm{d}t \\
&= \int_{\mathbf{R}} f(t) 2^{-j/2} \sum_{n \in \mathbf{Z}} h_n^* \varphi^*[2^{-j} t - (2k + n)] \mathrm{d}t \\
&= \sum_{m \in \mathbf{Z}} h_{m-2k}^* \int_{\mathbf{R}} f(t) 2^{-j/2} \varphi^*(2^{-j} t - m) \mathrm{d}t \\
&= \sum_{m \in \mathbf{Z}} h_{m-2k}^* \int_{\mathbf{R}} f(t) \varphi_{j,m}^*(t) \mathrm{d}t \\
&= \sum_{m \in \mathbf{Z}} h_{m-2k}^* \langle f(t), \varphi_{j,m}(t) \rangle \\
&= \sum_{m \in \mathbf{Z}} h_{m-2k}^* c_{j,m}
\end{aligned}
$$

同理,得

$$
\begin{aligned}
d_{j+1,k} &= \langle f(t), \psi_{j+1,k}(t) \rangle = \int_{\mathbf{R}} f(t) \psi_{j+1,k}^*(t) \mathrm{d}t = \int_{\mathbf{R}} f(t) \{2^{-(j+1)/2} \psi^*(2^{-(j+1)} t - k)\} \mathrm{d}t \\
&= \int_{\mathbf{R}} f(t) 2^{-(j+1)/2} \sum_{n \in \mathbf{Z}} g_n^* \sqrt{2} \varphi^*[2(2^{-(j+1)} t - k) - n] \mathrm{d}t \\
&= \int_{\mathbf{R}} f(t) 2^{-j/2} \sum_{n \in \mathbf{Z}} g_n^* \varphi^*[2^{-j} t - (2k + n)] \mathrm{d}t \\
&= \sum_{m \in \mathbf{Z}} g_{m-2k}^* \int_{\mathbf{R}} f(t) 2^{-j/2} \varphi^*(2^{-j} t - m) \mathrm{d}t \\
&= \sum_{m \in \mathbf{Z}} g_{m-2k}^* \int_{\mathbf{R}} f(t) \varphi_{j,m}^*(t) \mathrm{d}t \\
&= \sum_{m \in \mathbf{Z}} g_{m-2k}^* \langle f(t), \varphi_{j,m}(t) \rangle \\
&= \sum_{m \in \mathbf{Z}} g_{m-2k}^* c_{j,m}
\end{aligned}
$$

因此,正交小波分解的 Mallat 快速算法为

$$\begin{cases} c_{j+1,k} = \sum_{n \in \mathbf{Z}} h_{n-2k}^* c_{j,n} \\ d_{j+1,k} = \sum_{n \in \mathbf{Z}} g_{n-2k}^* c_{j,n} \end{cases}, \quad k \in \mathbf{Z} \tag{4-109}$$

从式(4-109)可以看出,只要知道双尺度方程中的**传递系数** $\{h_k\}_{k \in \mathbf{Z}}$($g_k = (-1)^k h_{1-k}^*$),就可计算出一系列正交小波分解系数,过程如图 4-19 所示。

图 4-19 正交小波分解过程示意图

2）初始值 $c_{0,k}$

根据定义，$c_{0,k}=\langle f(t),\varphi_{0,k}(t)\rangle=\int_{\mathbf{R}}f(t)\varphi^*(t-k)\mathrm{d}t$，对于离散序列而言，$f(t)\rightarrow f_n=f(n\Delta t)$，因此

$$c_{0,k}\approx\sum_n f_n\varphi(n-k) \tag{4-110}$$

根据信号处理理论，利用序列 $\{h_k\}_{k\in\mathbf{Z}}$ 对一个离散信号 $\{x_n\}_{n\in\mathbf{Z}}\in l^2(\mathbf{Z})$ 进行滤波，则

$$y_k=h_k*x_k=\sum_{n\in\mathbf{Z}}h_{k-n}x_n \tag{4-111}$$

比较式（4-109）和式（4-111）发现，式（4-111）卷积式中 k 对所有的 n 值做卷积运算，而式（4-109）卷积式中 $2k$ 对所有的 n 值做卷积运算，缺少了奇数（$2k+1$）的部分，即卷积运算或滤波处理之后所得的序列抽去了 k 的奇数部分，只剩下偶数部分，这一过程称为再抽样，抽样率为 2。所以，分辨率 j 的近似分量 $c_{j,k}$ 分解为分辨率为 $j+1$ 的近似分量 $c_{j+1,k}$ 和细节分量 $d_{j+1,k}$，其分解方法可以用如图 4-20 所示的滤波过程表示。

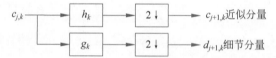

图 4-20　近似分量 $c_{j,k}$ 分解为 $c_{j+1,k}$ 和 $d_{j+1,k}$（2↓代表再抽样，抽样率为 2）

3）正交小波重构算法

所谓重构算法，即已知近似序列 $\{c_{j+1,k}\}_{k\in\mathbf{Z}}$ 和细节序列 $\{d_{j+1,k}\}_{k\in\mathbf{Z}}$ 求出序列 $\{c_{j,k}\}_{k\in\mathbf{Z}}$。

由正交小波分解式可知

$$f_j(t)=\sum_{k\in\mathbf{Z}}\langle f(t),\varphi_{j,k}(t)\rangle\varphi_{j,k}(t)=\sum_{k\in\mathbf{Z}}c_{j,k}\varphi_{j,k}(t) \tag{4-112}$$

由于 $V_j=V_{j+1}+W_{j+1}$，所以，$f_j(t)=f_{j+1}(t)+w_{j+1}(t)$，而

$$f_{j+1}(t)=\sum_{k\in\mathbf{Z}}\langle f(t),\varphi_{j+1,k}(t)\rangle\varphi_{j+1,k}(t)=\sum_{k\in\mathbf{Z}}c_{j+1,k}\varphi_{j+1,k}(t)$$

$$w_{j+1}(t)=\sum_{k\in\mathbf{Z}}\langle f(t),\psi_{j+1,k}(t)\rangle\psi_{j+1,k}(t)=\sum_{k\in\mathbf{Z}}d_{j+1,k}\psi_{j+1,k}(t)$$

$$f_{j+1}(t)+w_{j+1}(t)=\sum_{k\in\mathbf{Z}}c_{j+1,k}\varphi_{j+1,k}(t)+\sum_{k\in\mathbf{Z}}d_{j+1,k}\psi_{j+1,k}(t)$$

$$=\sum_{k\in\mathbf{Z}}c_{j+1,k}2^{-(j+1)/2}\varphi(2^{-(j+1)}t-k)+\sum_{k\in\mathbf{Z}}d_{j+1,k}2^{-(j+1)/2}\psi(2^{-(j+1)}t-k)$$

$$=\sum_{k\in\mathbf{Z}}c_{j+1,k}2^{-(j+1)/2}\sum_{n\in\mathbf{Z}}h_n\sqrt{2}\varphi[2(2^{-(j+1)}t-k)-n]+$$

$$\sum_{k\in\mathbf{Z}}d_{j+1,k}2^{-(j+1)/2}\sum_{n\in\mathbf{Z}}g_n\sqrt{2}\varphi[2(2^{-(j+1)}t-k)-n]$$

$$=\sum_{k\in\mathbf{Z}}c_{j+1,k}2^{-j/2}\sum_{n\in\mathbf{Z}}h_n\varphi[2^{-j}t-(2k+n)]+$$

$$\sum_{k\in\mathbf{Z}}d_{j+1,k}2^{-j/2}\sum_{n\in\mathbf{Z}}g_n\varphi[2^{-j}t-(2k+n)]$$

$$=\sum_{k\in\mathbf{Z}}c_{j+1,k}2^{-j/2}\sum_{m\in\mathbf{Z}}h_{m-2k}\varphi[2^{-j}t-m]+$$

$$\sum_{k\in\mathbf{Z}}d_{j+1,k}2^{-j/2}\sum_{m\in\mathbf{Z}}g_{m-2k}\varphi[2^{-j}t-m]$$

$$=\sum_{k\in\mathbf{Z}}c_{j+1,k}\sum_{m\in\mathbf{Z}}h_{m-2k}\varphi_{j,m}(t)+\sum_{k\in\mathbf{Z}}d_{j+1,k}\sum_{m\in\mathbf{Z}}g_{m-2k}\varphi_{j,m}(t)$$

$$=\sum_{m\in\mathbf{Z}}\Big(\sum_{k\in\mathbf{Z}}c_{j+1,k}h_{m-2k}+\sum_{k\in\mathbf{Z}}d_{j+1,k}g_{m-2k}\Big)\varphi_{j,m}(t) \tag{4-113}$$

由式(4-112)和式(4-113)可得，Mallat 小波重构算法为

$$c_{j,k}=\sum_{k\in\mathbf{Z}}c_{j+1,k}h_{n-2k}+\sum_{k\in\mathbf{Z}}d_{j+1,k}g_{n-2k} \tag{4-114}$$

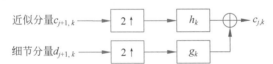

图 4-21　小波重构过程示意图

其重构过程如图 4-21 所示。

比较式(4-114)和式(4-111)发现，式(4-111)卷积式中 k 对所有的 n 值做卷积运算，而式(4-114)卷积式中是 n 对 k 的偶数序列 $2k$ 做卷积运算，造成 $c_{j+1,k}$、$d_{j+1,k}$ 的取值个数比 h_{n-2k}、g_{n-2k} 的取值个数多出一倍，所以只能将 $(2k+1)$ 对应的 $c_{j+1,k}$、$d_{j+1,k}$ 当作零值来处理，即在两个数值之间插入一个零，这一过程称为插值抽样，抽样率为 2。所以，分辨率 $j+1$ 的近似分量 $c_{j+1,k}$ 和细节分量 $d_{j+1,k}$ 重构分辨率 j 级近似分量 $c_{j,k}$ 的重构方法可以用图 4-22 所示的滤波过程来表示。

近似分量$c_{j+1,k}$　→　$2\uparrow$　→　h_k　→⊕→ $c_{j,k}$

细节分量$d_{j+1,k}$　→　$2\uparrow$　→　g_k　→

图 4-22　$c_{j+1,k}$ 和 $d_{j+1,k}$ 重构 $c_{j,k}$（$2\uparrow$ 代表插值抽样，抽样率为 2）

在前面几节，对小波变换的基本原理进行了简要的介绍和分析，小波变换还有很多别的很有用的理论和特点，如小波包、多带小波、多小波等，因篇幅关系，不再深入分析，有兴趣的同学可以查阅相关参考文献。下面学习二维小波变换及其在图像处理中的应用。

4.6.6　二维小波变换

图像为二维信号，用二元函数 $f(x,y)\in L^2(\mathbf{R}^2)$ 表示，可以对其进行二维小波变换和多分辨分析。

1. 二维小波变换

定义：设 $f(x,y)\in L^2(\mathbf{R}^2)$，$\psi(x,y)$ 满足允许条件

$$\iint_{\mathbf{R}^2}\psi(x,y)\mathrm{d}x\mathrm{d}y=0 \tag{4-115}$$

则称积分

$$W_f(a,b_1,b_2)=\iint_{\mathbf{R}^2}f(x,y)\frac{1}{a}\psi^*\Big(\frac{x-b_1}{a},\frac{y-b_2}{a}\Big)\mathrm{d}x\mathrm{d}y \tag{4-116}$$

为 $f(x,y)$ 的二维连续小波变换，其逆变换为

$$f(x,y) = \frac{1}{C_\psi} \int_0^\infty \frac{\mathrm{d}a}{a^3} \iint_{\mathbf{R}^2} W_f(a,b_1,b_2)\psi\left(\frac{x-b_1}{a},\frac{y-b_2}{a}\right)\mathrm{d}b_1\,\mathrm{d}b_2 \tag{4-117}$$

将式(4-116)中的参数 a、b 进行离散化,有 $a=2^j$,$b_1=al$,$b_2=am$,可得到离散型小波变换为

$$W_f(j,l,m) = 2^{-j}\iint_{\mathbf{R}^2} f(x,y)\psi^*(2^{-j}x-l,2^{-j}y-m)\,\mathrm{d}x\,\mathrm{d}y \tag{4-118}$$

2. 二维多分辨分析

定义:当二维 $L^2(\mathbf{R}^2)$ 空间的闭子空间列 $\{\widetilde{V}_j\}_{j\in\mathbf{Z}}$ 及一个函数 $\varphi(x,y)$ 满足如下性质,则称其为一个二维正交多分辨分析。

(1) $\widetilde{V}_j \subseteq \widetilde{V}_{j-1}$,$j\in\mathbf{Z}$;

(2) $f(x,y)\in\widetilde{V}_j \Leftrightarrow f(2x,2y)\in\widetilde{V}_{j-1}$;

(3) $\bigcap_{j\in\mathbf{Z}}\widetilde{V}_j = \{0\}$,$\bigcup_{j\in\mathbf{Z}}\widetilde{V}_j = L^2(\mathbf{R}^2)$;

(4) 存在函数 $\varphi(x,y)\in V_0$,使得 $\{\varphi(x-l,y-m)\}_{l,m\in\mathbf{Z}}$ 是 V_0 的 Riesz 基。

分析:

设 $(\{V_j^1\}_{j\in\mathbf{Z}},\varphi^1(t))$、$(\{V_j^2\}_{j\in\mathbf{Z}},\varphi^2(t))$ 是 $L^2(\mathbf{R})$ 的两个多分辨分析,$\psi^1(t)$、$\psi^2(t)$ 分别是相应的正交小波函数。$\widetilde{V}_j$ 是 V_j^1 与 V_j^2 的张量积空间,有

$$\widetilde{V}_j = V_j^1 \otimes V_j^2 = \{f^1(x)f^2(y) \mid f^1(x)\in V_j^1, f^2(y)\in V_j^2\} \tag{4-119}$$

式中,$\{\varphi_{j,l}^1(x)\}_{l\in\mathbf{Z}}$、$\{\varphi_{j,m}^2(y)\}_{m\in\mathbf{Z}}$ 是 V_j^1 与 V_j^2 的标准正交基,则 $\{\varphi_{j,l}^1(x)\varphi_{j,m}^2(y)\}_{l,m\in\mathbf{Z}}$ 是 $\widetilde{V}_j$ 的标准正交基。

设 W_j^1 是 V_j^1 在 V_{j-1}^1 中的正交补,W_j^2 是 V_j^2 在 V_{j-1}^2 中的正交补,则

$$\begin{aligned}
\widetilde{V}_{j-1} &= V_{j-1}^1 \otimes V_{j-1}^2 = (V_j^1 \oplus W_j^1) \otimes (V_j^2 \oplus W_j^2) \\
&= (V_j^1 \otimes V_j^2) \oplus (V_j^1 \otimes W_j^2) \oplus (W_j^1 \otimes V_j^2) \oplus (W_j^1 \otimes W_j^2) \\
&= \widetilde{V}_j \oplus \widetilde{W}_j^1 \oplus \widetilde{W}_j^2 \oplus \widetilde{W}_j^3
\end{aligned} \tag{4-120}$$

其中,$\widetilde{W}_j^1$、$\widetilde{W}_j^2$、$\widetilde{W}_j^3$ 被称为二维小波空间。它们的标准正交基依次为 $\{\varphi_{j,l}^1(x)\psi_{j,m}^2(y)\}_{l,m\in\mathbf{Z}}$、$\{\psi_{j,l}^1(x)\varphi_{j,m}^2(y)\}_{l,m\in\mathbf{Z}}$ 和 $\{\psi_{j,l}^1(x)\psi_{j,m}^2(y)\}_{l,m\in\mathbf{Z}}$,记为

$$\begin{aligned}
\psi^1(x,y) &= \varphi^1(x)\psi^2(y) \\
\psi^2(x,y) &= \psi^1(x)\varphi^2(y) \\
\psi^3(x,y) &= \psi^1(x)\psi^2(y) \\
\varphi(x,y) &= \varphi^1(x)\varphi^2(y)
\end{aligned} \tag{4-121}$$

则 $\varphi(x,y)$、$\psi^1(x,y)$、$\psi^2(x,y)$、$\psi^3(x,y)$ 的伸缩平移系分别构成 $\widetilde{V}_j$、$\widetilde{W}_j^1$、$\widetilde{W}_j^2$、$\widetilde{W}_j^3$ 的标准正交基。

由式(4-120)可知

$$L^2(\mathbf{R}^2) = \sum_{j=-\infty}^{\infty} \widetilde{W}_j \tag{4-122}$$

式中,$\widetilde{W}_j = \widetilde{W}_j^1 \oplus \widetilde{W}_j^2 \oplus \widetilde{W}_j^3$。对于任何 $f(x,y)\in L^2(\mathbf{R}^2)$,有

$$f(x,y) = \sum_{j=-\infty}^{\infty} w_j(x,y) \tag{4-123}$$

式中，$w_j(x,y) \in \widetilde{W}_j$。

因此，二维小波变换的重构公式为

$$f(x,y) = \sum_{j=-\infty}^{\infty} \sum_{l,m} \left[\alpha_{l,m}^j \varphi_{j,l}^1(x) \psi_{j,m}^2(y) + \beta_{l,m}^j \psi_{j,l}^1(x) \varphi_{j,m}^2(y) + \gamma_{l,m}^j \psi_{j,l}^1(x) \psi_{j,m}^2(y) \right] \tag{4-124}$$

式中，$\alpha_{l,m}^j$、$\beta_{l,m}^j$、$\gamma_{l,m}^j$ 是 $f(x,y)$ 的二维离散小波变换，$\alpha_{l,m}^j = \iint_{\mathbf{R}^2} f(x,y) \varphi_{j,l}^{1^*}(x) \psi_{j,m}^{2^*}(y) \mathrm{d}x\,\mathrm{d}y$，

$\beta_{l,m}^j = \iint_{\mathbf{R}^2} f(x,y) \psi_{j,l}^{1^*}(x) \varphi_{j,m}^{2^*}(y) \mathrm{d}x\,\mathrm{d}y$，$\gamma_{l,m}^j = \iint_{\mathbf{R}^2} f(x,y) \psi_{j,l}^{1^*}(x) \psi_{j,m}^{2^*}(y) \mathrm{d}x\,\mathrm{d}y$。

实际问题中，二元函数 $f(x,y)$ 只有有限分辨率，设 $f(x,y) \in \widetilde{V}_0$，因此

$$f(x,y) = f_s(x,y) + w_s(x,y) + w_{s-1}(x,y) + \cdots + w_1(x,y)$$

$$f(x,y) = \sum_{l,m} \left[\lambda_{l,m}^s \varphi_{s,l}^1(x) \varphi_{s,m}^2(y) \right] +$$

$$\sum_{j=1}^{s} \sum_{l,m} \left[\alpha_{l,m}^j \varphi_{j,l}^1(x) \psi_{j,m}^2(y) + \beta_{l,m}^j \psi_{j,l}^1(x) \varphi_{j,m}^2(y) + \gamma_{l,m}^j \psi_{j,l}^1(x) \psi_{j,m}^2(y) \right] \tag{4-125}$$

式中，$\lambda_{l,m}^s = \iint_{\mathbf{R}^2} f(x,y) \varphi_{s,l}^{1^*}(x) \varphi_{s,m}^{2^*}(y) \mathrm{d}x\,\mathrm{d}y$。

式(4-125)中第一项 $f_s(x,y)$ 是 $f(x,y)$ 在尺度 s 下的逼近；后三项称为 $f(x,y)$ 在不同尺度 j 下的细节。

3. 二维正交小波变换的 Mallat 算法

由于 $\varphi^1(x)$、$\varphi^2(y)$、$\psi^1(x)$、$\psi^2(y)$ 满足双尺度方程

$$\begin{cases} \varphi^1(x) = \sqrt{2} \sum_l h_l^1 \varphi^1(2x-l) \\ \psi^1(x) = \sqrt{2} \sum_l g_l^1 \varphi^1(2x-l) \end{cases} \quad \begin{cases} \varphi^2(y) = \sqrt{2} \sum_m h_m^2 \varphi^2(2y-m) \\ \psi^2(y) = \sqrt{2} \sum_m g_m^2 \varphi^2(2y-m) \end{cases} \tag{4-126}$$

将式(4-126)代入式(4-121)，得

$$\varphi(x,y) = \varphi^1(x)\varphi^2(y) = 2 \sum_{l,m} h_l^1 h_m^2 \varphi^1(2x-l)\varphi^2(2y-m) = 2 \sum_{l,m} h_l^1 h_m^2 \varphi(2x-l, 2y-m) \tag{4-127}$$

$$\psi^1(x,y) = \varphi^1(x)\psi^2(y) = 2 \sum_{l,m} h_l^1 g_m^2 \varphi^1(2x-l)\varphi^2(2y-m) = 2 \sum_{l,m} h_l^1 g_m^2 \varphi(2x-l, 2y-m) \tag{4-128}$$

$$\psi^2(x,y) = \psi^1(x)\varphi^2(y) = 2 \sum_{l,m} g_l^1 h_m^2 \varphi^1(2x-l)\varphi^2(2y-m) = 2 \sum_{l,m} g_l^1 h_m^2 \varphi(2x-l, 2y-m) \tag{4-129}$$

$$\psi^3(x,y) = \psi^1(x)\psi^2(y) = 2 \sum_{l,m} g_l^1 g_m^2 \varphi^1(2x-l)\varphi^2(2y-m) = 2 \sum_{l,m} g_l^1 g_m^2 \varphi(2x-l, 2y-m) \tag{4-130}$$

则

$$\lambda_{l,m}^{j+1} = \iint_{\mathbf{R}^2} f(x,y)\varphi_{j+1,l}^{1^*}(x)\varphi_{j+1,m}^{2^*}(y)\mathrm{d}x\mathrm{d}y$$

$$= \iint_{\mathbf{R}^2} f(x,y)\{2^{-(j+1)/2}\varphi^{1^*}[2^{-(j+1)}x-l]\}\{2^{-(j+1)/2}\varphi^{2^*}[2^{-(j+1)}y-m]\}\mathrm{d}x\mathrm{d}y$$

$$= \iint_{\mathbf{R}^2} f(x,y)\{2^{-j/2}\sum_n h_n^{1^*}\varphi^{1^*}[2(2^{-(j+1)}x-l)-n]\}$$

$$\times \{2^{-j/2}\sum_k h_k^{2^*}\varphi^{2^*}[2(2^{-(j+1)}y-m)-k]\}\mathrm{d}x\mathrm{d}y$$

$$= \iint_{\mathbf{R}^2} f(x,y)\{2^{-j/2}\sum_p h_{p-2l}^{1^*}\varphi^{1^*}(2^{-j}x-p)\}\{2^{-j/2}\sum_q h_{q-2m}^{2^*}\varphi^{2^*}(2^{-j}y-q)\}\mathrm{d}x\mathrm{d}y$$

$$= \sum_{p,q} h_{p-2l}^{1^*}h_{q-2m}^{2^*}\iint_{\mathbf{R}^2} f(x,y)\varphi_{j,p}^{1^*}(x)\varphi_{j,q}^{2^*}(y)\mathrm{d}x\mathrm{d}y$$

$$= \sum_{p,q} h_{p-2l}^{1^*}h_{q-2m}^{2^*}\lambda_{p,q}^{j} \tag{4-131}$$

同理,得

$$\begin{cases} \alpha_{l,m}^{j+1} = \sum_{p,q} h_{p-2l}^{1^*}g_{q-2m}^{2^*}\lambda_{p,q}^{j} \\ \beta_{l,m}^{j+1} = \sum_{p,q} g_{p-2l}^{1^*}h_{q-2m}^{2^*}\lambda_{p,q}^{j} \\ \gamma_{l,m}^{j+1} = \sum_{p,q} g_{p-2l}^{1^*}g_{q-2m}^{2^*}\lambda_{p,q}^{j} \end{cases} \tag{4-132}$$

由式(4-131)和式(4-132)可以看出,分辨率 j 的近似分量 $\lambda_{p,q}^{j}$ 分解为分辨率为 $j+1$ 的近似分量 $\lambda_{l,m}^{j+1}$ 和细节分量 $\alpha_{l,m}^{j+1}$、$\beta_{l,m}^{j+1}$、$\gamma_{l,m}^{j+1}$ 的分解方法可以用图 4-23 所示的滤波过程表示。首先对水平方向进行滤波,然后再对垂直方向进行滤波,得到 4 个不同的频带。若对近似分量 $\lambda_{l,m}^{j+1}$ 继续进行这样的滤波过程,即得图 4-24 所示塔形分解。

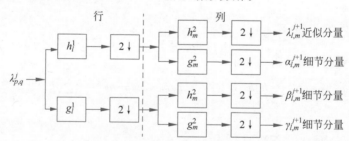

图 4-23　二维小波变换近似分量 $\lambda_{p,q}^{j}$ 分解为 $\lambda_{l,m}^{j+1}$ 和 $\boldsymbol{\alpha}_{l,m}^{j+1}$、$\boldsymbol{\beta}_{l,m}^{j+1}$、$\boldsymbol{\gamma}_{l,m}^{j+1}$

若对一幅二维图像进行三层分解得到如图 4-24 中的结果,其中 L 代表低频分量,H 代表高频分量;LH 代表垂直方向上的高频信息;HL 频带存放的是图像水平方向的高频信息;HH 频带存放图像在对角线方向的高频信息。

下面来分析二维小波重构算法。

因 $\widetilde{V}_j = \widetilde{V}_{j+1} \oplus \widetilde{W}_{j+1}^1 \oplus \widetilde{W}_{j+1}^2 \oplus \widetilde{W}_{j+1}^3$,所以

$$f_j(x,y) = f_{j+1}(x,y) + w_{j+1}^1(x,y) + w_{j+1}^2(x,y) + w_{j+1}^3(x,y)$$

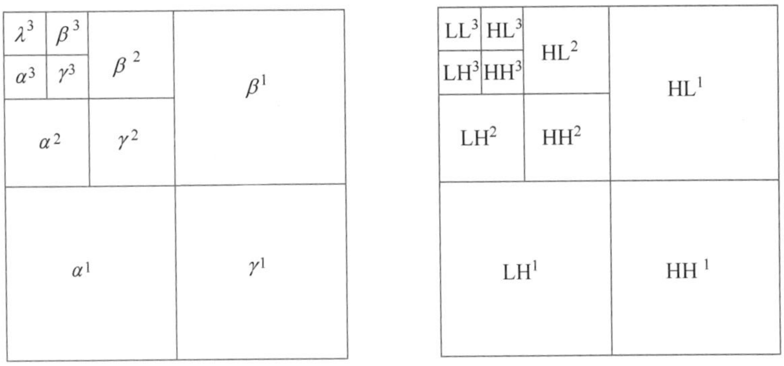

图 4-24　二维图像三层小波分解（塔形分解）示意图

而

$$f_{j+1}(x,y) = \sum_{l,m\in\mathbf{Z}} \langle f(x,y),\varphi_{j+1,l,m}(x,y)\rangle \varphi_{j+1,l,m}(x,y) = \sum_{l,m\in\mathbf{Z}} \lambda_{l,m}^{j+1}\varphi_{j+1,l}^1(x)\varphi_{j+1,m}^2(y)$$

$$= \sum_{l,m\in\mathbf{Z}} \lambda_{l,m}^{j+1}\left[2^{-(j+1)/2}\varphi^1(2^{-(j+1)}x-l)\right]\left[2^{-(j+1)/2}\varphi^2(2^{-(j+1)}y-m)\right]$$

$$= \sum_{l,m\in\mathbf{Z}} \lambda_{l,m}^{j+1}\left[2^{-j/2}\sum_{n\in\mathbf{Z}} h_n^1\varphi^1\left[2(2^{-(j+1)}x-l)-n\right]\right]$$

$$\left[2^{-j/2}\sum_{n\in\mathbf{Z}} h_n^2\varphi^2\left[2(2^{-(j+1)}y-m)-n\right]\right]$$

$$= \sum_{l,m\in\mathbf{Z}} \lambda_{l,m}^{j+1}\left[2^{-j/2}\sum_{p\in\mathbf{Z}} h_{p-2l}^1\varphi^1\left[2^{-j}x-p\right]\right]\left[2^{-j/2}\sum_{q\in\mathbf{Z}} h_{q-2m}^2\varphi^2\left[2^{-j}y-q\right]\right]$$

$$= \sum_{l,m\in\mathbf{Z}} \lambda_{l,m}^{j+1}\sum_{p,q\in\mathbf{Z}} h_{p-2l}^1 h_{q-2m}^2\varphi_{j,p}^1(x)\varphi_{j,q}^2(y) \tag{4-133}$$

同理，得

$$w_{j+1}^1(x,y) = \sum_{l,m\in\mathbf{Z}} \langle f(x,y),\psi_{j+1,l,m}^1(x,y)\rangle \psi_{j+1,l,m}^1(x,y) = \sum_{l,m\in\mathbf{Z}} \alpha_{l,m}^{j+1}\varphi_{j+1,l}^1(x)\psi_{j+1,m}^2(y)$$

$$= \sum_{l,m\in\mathbf{Z}} \alpha_{l,m}^{j+1}\sum_{p,q\in\mathbf{Z}} h_{p-2l}^1 g_{q-2m}^2\varphi_{j,p}^1(x)\varphi_{j,q}^2(y) \tag{4-134}$$

$$w_{j+1}^2(x,y) = \sum_{l,m\in\mathbf{Z}} \langle f(x,y),\psi_{j+1,l,m}^2(x,y)\rangle \psi_{j+1,l,m}^2(x,y) = \sum_{l,m\in\mathbf{Z}} \beta_{l,m}^{j+1}\psi_{j+1,l}^1(x)\varphi_{j+1,m}^2(y)$$

$$= \sum_{l,m\in\mathbf{Z}} \beta_{l,m}^{j+1}\sum_{p,q\in\mathbf{Z}} g_{p-2l}^1 h_{q-2m}^2\varphi_{j,p}^1(x)\varphi_{j,q}^2(y) \tag{4-135}$$

$$w_{j+1}^3(x,y) = \sum_{l,m\in\mathbf{Z}} \langle f(x,y),\psi_{j+1,l,m}^3(x,y)\rangle \psi_{j+1,l,m}^3(x,y) = \sum_{l,m\in\mathbf{Z}} \gamma_{l,m}^{j+1}\psi_{j+1,l}^1(x)\psi_{j+1,m}^2(y)$$

$$= \sum_{l,m\in\mathbf{Z}} \gamma_{l,m}^{j+1}\sum_{p,q\in\mathbf{Z}} g_{p-2l}^1 g_{q-2m}^2\varphi_{j,p}^1(x)\varphi_{j,q}^2(y) \tag{4-136}$$

所以

$$f_{j+1}(x,y) + w_{j+1}^1(x,y) + w_{j+1}^2(x,y) + w_{j+1}^3(x,y)$$

$$= \sum_{p,q\in\mathbf{Z}}\left\{\sum_{l,m\in\mathbf{Z}}\left[\lambda_{l,m}^{j+1}h_{p-2l}^1 h_{q-2m}^2 + \alpha_{l,m}^{j+1}h_{p-2l}^1 g_{q-2m}^2 + \beta_{l,m}^{j+1}g_{p-2l}^1 h_{q-2m}^2 + \right.\right.$$

$$\left.\left. \gamma_{l,m}^{j+1}g_{p-2l}^1 g_{q-2m}^2\right]\right\}\varphi_{j,p}^1(x)\varphi_{j,q}^2(y)$$

而

$$f_j(x,y) = \sum_{p,q \in \mathbf{Z}} \langle f(x,y), \varphi_{j,p,q}(x,y) \rangle \varphi_{j,p,q}(x,y) = \sum_{p,q \in \mathbf{Z}} \lambda_{p,q}^j \varphi_{j,p}^1(x) \varphi_{j,q}^2(y)$$

因此

$$\lambda_{p,q}^j = \left\{ \sum_{l,m \in \mathbf{Z}} \left[\lambda_{l,m}^{j+1} h_{p-2l}^1 h_{q-2m}^2 + \alpha_{l,m}^{j+1} h_{p-2l}^1 g_{q-2m}^2 + \beta_{l,m}^{j+1} g_{p-2l}^1 h_{q-2m}^2 + \gamma_{l,m}^{j+1} g_{p-2l}^1 g_{q-2m}^2 \right] \right\}$$

$$(4\text{-}137)$$

式(4-137)所示的重构可以用如图 4-25 所示的滤波过程表示。

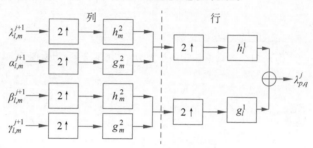

图 4-25　二维多分辨分析的重构

PyWavelets 库里封装了小波变换的相关函数，其中，dwt2 和 idwt2 函数分别可以实现二维离散小波变换及逆变换，wavedec2 和 waverec2 函数可以实现多级二维离散小波变换及逆变换，调用格式如下：

```
pywt.dwt2(data, wavelet, mode = 'symmetric', axes = (-2, -1)) -> coeffs
pywt.idwt2(coeffs, wavelet, mode = 'symmetric', axes = (-2, -1)) -> data
pywt.wavedec2(data, wavelet, mode = 'symmetric', level = None, axes = (-2, -1)) -> coeffs
pywt.waverec2(coeffs, wavelet, mode = 'symmetric', axes = (-2, -1)) -> data
```

参数 data 为二维的输入数据；wavelet 指定要采用的小波；coeffs 即小波系数组成的元组；level 指定分解级数。

此外，为方便处理，常常需要变换小波系数的表现形式，coeffs_to_array 函数可以将多级小波系数组合成如图 4-24 的矩阵形式，而 array_to_coeffs 函数可以将组合在一起的小波系数分开，ravel_coeffs 函数可以将小波系数转换为一维阵列，而 unravel_coeffs 函数可以将一维阵列形式的小波系数还原成多级小波系数形式，这些函数的调用格式如下：

```
pywt.coeffs_to_array(coeffs, padding = 0, axes = None) -> coeff_arr, coeff_slices
pywt.array_to_coeffs(coeff_arr, coeff_slices, output_format = 'wavedecn') -> coeffs
pywt.ravel_coeffs(coeffs, axes = None) -> coeff_arr, coeff_slices, coeff_shapes
pywt.unravel_coeffs(coeff_arr, coeff_slices, coeff_shapes, output_format = 'wavedecn') -> coeffs
```

【例 4.17】　编写程序，实现图像的多级小波分解及重构。

解：程序如下。

```
import pywt
import cv2 as cv
import numpy as np
import copy
from matplotlib import pyplot as plt
Image = cv.imread('cameraman.tif', cv.IMREAD_GRAYSCALE)
fig, axes = plt.subplots(2, 4)
axes[0, 0].imshow(Image, cmap = plt.cm.gray), axes[0, 0].set_axis_off()
axes[0, 0].set_title('Original image')
axes[1, 0].set_axis_off()
coeffs = pywt.dwt2(Image, 'db4')          ♯用 db4 小波对图像进行一级分解
```

```
LL, (LH, HL, HH) = coeffs                                        #获取各频带系数
LL = (LL - np.min(LL)) / (np.max(LL) - np.min(LL))
LH = (LH - np.min(LH)) / (np.max(LH) - np.min(LH))
HL = (HL - np.min(HL)) / (np.max(HL) - np.min(HL))
HH = (HH - np.min(HH)) / (np.max(HH) - np.min(HH))               #系数归一化
Dwt_I1 = cv.vconcat((cv.hconcat((LL, LH)), cv.hconcat((HL, HH))))   #显示用系数矩阵
axes[0, 1].imshow(Dwt_I1, cmap = plt.cm.gray), axes[0, 1].set_axis_off()
axes[0, 1].set_title('Coeffs(level 1)')
rec_I = pywt.idwt2(coeffs, 'db4') / 255                          #一级重构
axes[1, 1].imshow(rec_I, cmap = plt.cm.gray), axes[1, 1].set_axis_off()
axes[1, 1].set_title('Rec I')
max_level = 3
for level in range(2, max_level + 1):
    coeffs = pywt.wavedec2(Image, 'db4', level = level)          #三级分解
    back_c = copy.deepcopy(coeffs)
    coeffs[0] /= np.abs(coeffs[0]).max()                         #近似系数归一化
    for detail_level in range(level):                           #细节系数归一化
        coeffs[detail_level + 1] = [detail/np.abs(detail).max()
                                    for detail in coeffs[detail_level + 1]]
    arr, slices = pywt.coeffs_to_array(coeffs)                   #生成显示用系数矩阵
    axes[0, level].imshow(arr, cmap = plt.cm.gray), axes[0, level].set_axis_off()
    axes[0, level].set_title('Coeffs.(level {})'.format(level))
    back_c[0] = back_c[0] * 0
    rec_I = pywt.waverec2(back_c, 'db4') / 255                   #利用细节系数重构图像
    axes[1, level].imshow(rec_I, cmap = plt.cm.gray), axes[1, level].set_axis_off()
    axes[1, level].set_title('Rec with detail coeffs')
plt.rcParams['font.sans - serif'] = ['Times New Roman']
plt.tight_layout()
plt.show()
```

程序运行结果如图 4-26 所示。

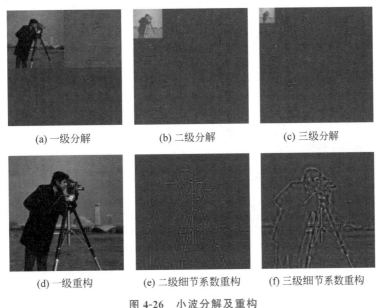

(a) 一级分解   (b) 二级分解   (c) 三级分解

(d) 一级重构   (e) 二级细节系数重构   (f) 三级细节系数重构

图 4-26　小波分解及重构

4.6.7　小波变换在图像处理中的应用

小波变换因其频率分解、多分辨分析等特性,广泛应用于数字图像处理,可以出色地完成诸如图像滤波、图像增强、图像融合、图像压缩等多种处理。本小节简单介绍小波变换在图像

处理中的几个典型应用。

1. 基于小波变换的图像降噪

小波变换具有下述特点：①低熵性，图像变换后熵降低；②多分辨性，采用多分辨率的方法，可以非常好地刻画信号的非平稳特征，如边缘、尖峰、断点等，可在不同分辨率下根据信号和噪声分布的特点去噪；③小波变换可以灵活地选择不同的小波基。因此，小波去噪是小波变换在数字图像处理中的一个重要应用。

如前所述，小波变换实际上是通过滤波将图像信号分解为低频和高频信号，噪声的大部分能量集中在高频部分，通过处理小波分解后的高频系数，实现噪声的降低。常见的基于小波变换的图像降噪方法如下。

（1）基于小波变换极大值原理的降噪方法。根据信号与噪声在小波变换各尺度上不同的传播特性，剔除由噪声产生的模极大值点，用剩余的模极大值点恢复信号。

（2）基于相关性的降噪方法。对含噪声的信号进行变换后，计算相邻尺度间小波系数的相关性，根据相关性大小区别小波系数的类型，并进行取舍、重构。如小波隐马尔可夫树去噪方法。

（3）基于阈值的降噪方法。按一定的规则（或阈值化）将小波系数划分成两类：重要的、规则的小波系数和非重要的或受噪声干扰的小波系数，并舍弃不重要的小波系数然后重构去噪后的图像。这种方法的关键是阈值的设计。常用的阈值函数有硬阈值和软阈值函数。硬阈值方法指的是设定阈值，小波系数绝对值大于阈值的保留，小于阈值的置零，这样可以很好地保留边缘等局部特征，但会出现振铃等失真现象；软阈值方法将较小的小波系数置零，较大的小波系数按一定的函数计算，向零收缩，其处理结果比硬阈值方法的结果平滑，但因绝对值较大的小波系数减小，会损失部分高频信息，造成图像边缘的失真模糊。

【例 4.18】 编写程序，对图像进行小波变换并去噪。

解：程序如下。

```
import copy
import pywt
import cv2 as cv
import numpy as np
Image = cv.imread('peppers.jpg', cv.IMREAD_GRAYSCALE)
cv.imshow("Original image", Image)
h, w = np.shape(Image)
noisyI = Image / 255 + np.random.normal(0, 0.05, (h, w))    #生成高斯噪声图像
cv.imshow("Noisy image", noisyI)
level = 2
coeffs = pywt.wavedec2(noisyI, 'db4', level = level)         #二级小波分解
c_arr, c_slices, c_shapes = pywt.ravel_coeffs(coeffs)        # 小波系数转换为 1 维阵列
back_arr = copy.deepcopy(c_arr)
thresh = np.mean(np.abs(c_arr))                              #设置阈值
c_arr[np.abs(c_arr) < thresh] = 0                           # 幅值小的系数置零
coeffs = pywt.unravel_coeffs(c_arr, c_slices, c_shapes, output_format = 'wavedec2')
denoisedI1 = pywt.waverec2(coeffs, 'db4')                    # 硬阈值去噪
c_arr[back_arr > thresh] = c_arr[back_arr > thresh] - thresh
c_arr[back_arr < - thresh] = c_arr[back_arr < - thresh] + thresh    #大系数向零收缩
coeffs = pywt.unravel_coeffs(c_arr, c_slices, c_shapes, output_format = 'wavedec2')
denoisedI2 = pywt.waverec2(coeffs, 'db4')
cv.imshow("Hard thresh", denoisedI1)
cv.imshow("Soft thresh", denoisedI2)
cv.waitKey()
```

程序运行结果如图 4-27 所示。

(a) 原图　　　　　(b) 高斯噪声图像　　　　　(c) 硬阈值去噪　　　　　(d) 软阈值去噪

图 4-27 利用小波变换降噪

2. 基于小波变换的边缘检测

图像边缘是指在图像平面中灰度值发生跳变的点连接所成的曲线段,包含了图像的重要信息。找出图像的边缘称为边缘检测,是图像处理中的重要内容(见第 5 章)。二维小波变换能检测二维函数 $f(x,y)$ 的局部突变,因此是检测图像边缘的有力工具。

例 4.17 利用了边缘突变对应高频信息这一特性,通过将低频系数置零并保留高频系数实现边缘检测。随着技术的发展,目前已经诞生了很多新颖的基于小波变换的图像边缘检测技术和方法,如多尺度小波变换边缘提取算法、嵌入可信度的边缘检测方法、奇异点模极大值检测算法等。

3. 基于小波变换的图像压缩

小波变换特别适用于细节丰富、空间相关性差、冗余度低的图像数据压缩处理。同 DCT 类似,小波变换后使图像能量集中在少部分的小波系数上,可以通过简单的量化方法,将较小能量的小波系数省去,保留能量较大的小波系数,从而达到压缩的目的。所以,可以采用直接阈值方法实现基于小波变换的图像压缩,压缩效果的好坏在于阈值的选择。考虑到人眼视觉系统对高频分量反应不敏感而对低频分量反应敏感,所以,可以给低频区分配相对高的码率、高频区相对低的码率,以降低数据量,如基于小波树结构的向量量化法、嵌入式零树小波编码等。JPEG2000 压缩标准中采用基于小波变换的图像压缩技术。

4. 基于小波变换的图像增强

图像增强是指提高图像的对比度,增加图像的视觉效果和可理解性,同时减少或抑制图像中的噪声,提高视觉质量。常用的增强技术可以分为基于空间域和基于变换域两种,前者直接对像素进行运算,后者通过将图像进行正交变换的方法对变换域内的系数进行调整以达到提高输出图像对比度的目的。小波变换将图像分解为大小、位置和方向不同的分量,根据需要改变某些分量系数,从而使得感兴趣的分量放大,不需要的分量减小,达到图像增强的目的。

5. 基于小波变换的图像融合

图像融合是将同一对象的两个或更多的图像合成在一幅图像中,以便比原来任何一幅图像更容易被人所理解。基于小波变换的图像融合是指将原图像进行小波分解,在小波域通过一定的融合算子融合小波系数,再重构生成融合的图像,其过程如图 4-28 所示。小波变换可以将图像分解到不同的频域,在不同的频域运用不同的融合算法,得到合成图像的多分辨分解,从而在合成图像中保留原图像在不同频域的显著特征。

基于小波变换的图像融合的关键在于融合算法,例如对于低频小波分解系数采用取平均的方法,对于高频分解系数的融合可采用均值法、最大值法、基于区域的方法、基于边缘强度的

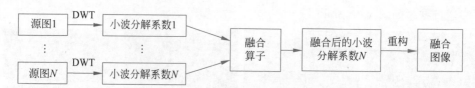

图 4-28　基于小波变换的图像融合过程

方法等。

　　小波融合能够针对输入图像的不同特征选择小波基及小波变换的级数,在融合时可以根据实际需要引入双方的细节信息,表现出更强的针对性和实用性,融合效果更好。

　　【例 4.19】　编写程序,采用 DWT 对图像进行融合。

　　解:程序如下。

```python
import pywt
import cv2 as cv
import numpy as np
Image1 = cv.imread('desert.jpg', cv.IMREAD_GRAYSCALE)
Image2 = cv.imread('car.jpg', cv.IMREAD_GRAYSCALE)
cv.imshow("Background image", Image1)
cv.imshow("Foreground image", Image2)
coeffs1 = pywt.dwt2(Image1, 'db4')          # 对背景图像进行一级小波分解
LL1, (LH1, HL1, HH1) = coeffs1
coeffs2 = pywt.dwt2(Image2, 'db4')          # 对前景图像进行一级小波分解
LL2, (LH2, HL2, HH2) = coeffs2
LL, LH = (LL1 + LL2) / 2, np.maximum(LH1, LH2)   # 低频系数取平均融合
HL, HH = np.maximum(HL1, HL2), np.maximum(HH1, HH2)  # 高频系数取最大值融合
coeffs = (LL, (LH, HL, HH))
result = pywt.idwt2(coeffs, 'db4') / 255
cv.imshow("Image fusion", result)
cv.waitKey()
```

程序运行结果如图 4-29 所示。

(a) 背景图像　　　　　　　　(b) 前景图像　　　　　　　　(c) DWT融合图像

图 4-29　利用小波变换融合图像

　　关于基于小波变换的图像处理,请扫描二维码,查看讲解。

　　以上对小波变换在图像处理中的主要应用做了简要介绍,有兴趣的读者可以在学习过图像处理的原理和概念后,结合小波变换的理论进行详细学习。

　　启发:

　　图像正交变换将图像从空间域变换到频域,改变图像的表现方式,便于处理和分析。在常规思路难以解决问题时,可以采取相反的或从其他领域引进的思维方式,打破“专业障碍”,换向换位思考有助于解决问题。任何事情都有解决办法,如果没找到,只是方向不对。

习题

4.1　一幅 4×4 的数字图像 $f = \begin{bmatrix} 1 & 0 & 2 & 0 \\ 3 & 0 & 4 & 0 \\ 5 & 0 & 6 & 0 \\ 7 & 0 & 8 & 0 \end{bmatrix}$，利用 FFT 对其进行二维 DFT 运算。

4.2　求习题 4.1 中的图像的 DCT。

4.3　设随机向量 x 的一组样本为 $\left\langle \begin{bmatrix} \dfrac{1}{2} & \dfrac{1}{2} \end{bmatrix}^{\mathrm{T}}, \begin{bmatrix} -\dfrac{1}{2} & -\dfrac{1}{2} \end{bmatrix}^{\mathrm{T}}, \begin{bmatrix} 1 & 1 \end{bmatrix}^{\mathrm{T}}, \begin{bmatrix} -1 & -1 \end{bmatrix}^{\mathrm{T}} \right\rangle$，计算其协方差矩阵，并对其进行离散 K-L 变换。

4.4　简述对小波变换的理解。

4.5　小波变换中的多分辨分析的含义是什么？

4.6　编写程序，打开一幅图像，对其进行 DFT，并置其不同区域内的系数为零，进行 IDFT，观察其输出效果。

4.7　编写程序，打开一幅图像，对其进行 DCT，并置其不同区域内的系数为零，进行 IDCT，观察其输出效果。

4.8　编写程序，打开一幅图像，采用 db8 小波对其进行三级分解与重构，并显示分解子带图及重构图。

4.9　在习题 4.8 的基础上，实现基于部分频带系数的重构。

4.10　编写程序，打开两幅图像，采用 db4 小波对其进行三级分解，利用均值法实现融合，并显示重构图像。

第 5 章

图 像 增 强

本章思维导图

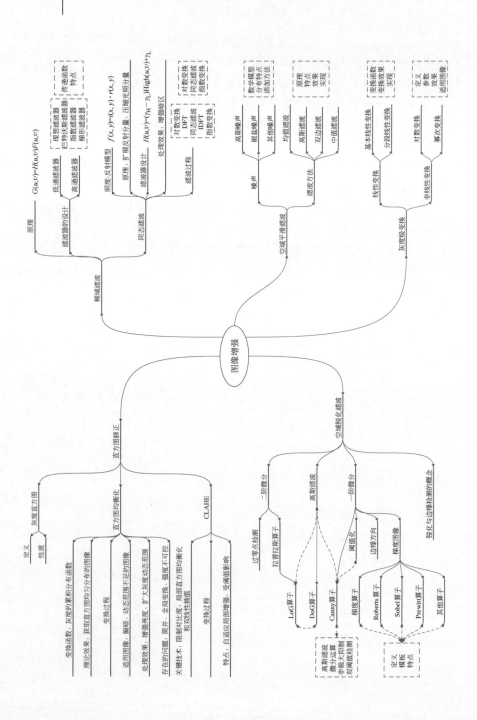

图像增强(Image Enhancement)是将一幅图像中的有用信息(即感兴趣信息)进行增强,同时抑制无用信息(即干扰信息或噪声),改善图像质量以增强图像的视觉效果,或者增强图像的感兴趣部分以利于计算机处理。典型的图像增强技术有基于灰度级变换、直方图修正的对比度增强,有抑制图像中噪声的图像平滑,有增强图像中细节或边缘的图像锐化等。由于图像平滑和锐化常采用滤波的方式进行,也称为滤波处理,可以在空间域进行,也可以在频域进行。随着技术的发展,一些新型技术被用于图像增强处理,如模糊增强、基于人类视觉的增强等;图像增强处理也被用于特定情形下的图像,并衍生出一系列的新方法,如去雾增强、低照度图像增强等。本章主要讲解典型的图像增强算法及其仿真实现。

5.1 灰度级变换

灰度级变换就是借助变换函数将输入的像素灰度值映射成一个新的输出值,通过改变像素的亮度值来增强图像,如式(5-1)所示。

$$g(x,y) = T[f(x,y)] \tag{5-1}$$

其中,$f(x,y)$是输入图像,$g(x,y)$是变换后的输出图像,T是灰度级变换函数。由于灰度级变换一般是将过暗的图像灰度值进行重新映射,扩展灰度级范围,使其分布在整个灰度值区间,又称为扩展。

由式(5-1)可看出,变换函数 T 的不同将导致不同的输出,其实现的变换效果也不一样。因此,在实际应用中,可以通过灵活地设计变换函数 T 来实现各种处理。

5.1.1 线性灰度级变换

线性灰度级变换指变换前后灰度级呈现线性关系,方法简便,易于理解,主要用于调整亮度、对比度。

1. 基本线性灰度级变换

最基本的线性灰度级变换如式(5-2)所示。

$$g(x,y) = f(x,y) \cdot \tan\theta \tag{5-2}$$

变换效果由变换函数的倾角 θ 所决定:当 $\theta=45°$,图像灰度无变化,如图 5-1(a)所示;当 $\theta<45°$,变换后灰度取值范围压缩,灰度值降低,图像均匀变暗,如图 5-1(b)所示;当 $\theta>45°$,变换后灰度取值范围拉伸,灰度值增大,图像均匀变亮,如图 5-1(c)所示。因此,可以根据图像的亮度,选择不同的倾角实现不同的处理效果。图 5-1 中 L 表示灰度级数目。

如果变换函数不经过原点,线性灰度级变换表示为

$$g(x,y) = \alpha f(x,y) + \beta \tag{5-3}$$

即 $\alpha=\tan\theta$,β 为偏移,变换函数如图 5-1(d)所示。式(5-2)其实是式(5-3)中 $\beta=0$ 的情况。

当灰度级变换函数如图 5-1(e)所示时,图像高低灰度值反转,即暗变亮、亮变暗。

【例 5.1】 编写程序,设置线性变换函数倾角 θ 和偏移 β,对灰度图像进行线性灰度级变换。

解: 图像采用矩阵表示,设置 θ 和 β 后,直接按照式(5-2)和式(5-3)对矩阵进行运算即可。程序如下。

```
import cv2 as cv
import numpy as np
Image = cv.imread('couple.bmp')
Image = Image / 255
```

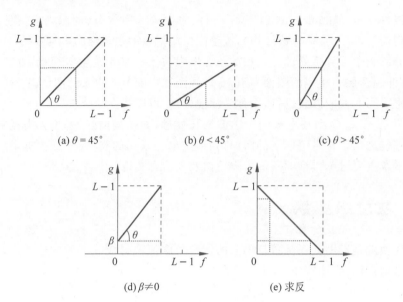

(a) $\theta = 45°$ (b) $\theta < 45°$ (c) $\theta > 45°$

(d) $\beta \neq 0$ (e) 求反

图 5-1 基本线性灰度级变换

```
result1, result2 = Image.copy(), Image.copy()
theta = [np.pi / 6, np.pi / 4, np.pi / 3]          ♯设置倾角 θ 分别为 π/6、π/4、π/3
for i in range(3):                                  ♯按式(5-2)进行变换
    result = Image * np.tan(theta[i])
    result1 = cv.hconcat((result1, result))         ♯变换后图像水平拼接,方便显示
cv.imshow("Image and brightness adjustment: beta = 0", result1)
beta = [- 30 / 255, 30 / 255, 60 / 255]             ♯设置偏移 β 分别为 - 30、30、60
for i in range(3):                                  ♯按式(5-3)进行变换
    result = Image * np.tan(theta[i]) + beta[i]
    result2 = cv.hconcat((result2, result))
cv.imshow("Image and brightness adjustment: beta is not equal to 0", result2)
cv.waitKey()
```

程序运行结果如图 5-2 所示。

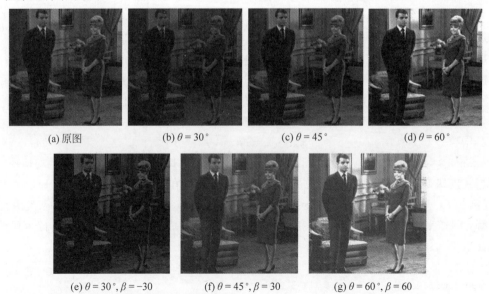

(a) 原图 (b) $\theta = 30°$ (c) $\theta = 45°$ (d) $\theta = 60°$

(e) $\theta = 30°, \beta = -30$ (f) $\theta = 45°, \beta = 30$ (g) $\theta = 60°, \beta = 60$

图 5-2 线性灰度级变换效果

OpenCV 中 intensity_transform 模块的 autoscaling 函数可以将图像的灰度级线性扩展到[0,255],其调用格式为

```
cv.intensity_transform.autoscaling(input, output) -> None
```

参数 input 可以是 BGR 或灰度图像数据。

另有 convertScaleAbs 函数,按式(5-3)变换后,取绝对值并转化为无符号 8 位数据,其调用格式为

```
cv.convertScaleAbs(src[, dst[, alpha[, beta]]]) -> dst
```

参数 src 是输入的原图像,可以是单通道或多通道。可以尝试用这两个函数改写例 5.1。

2. 分段线性灰度级变换

将输入图像的灰度级区间分段,各段分别作线性灰度级变换,称为分段线性灰度级变换,是一种常用的灰度级变换方法。图 5-3 所示为分段线性灰度级变换的示意图,将输入灰度分为了三段,灰度区间$[0,r_1]$变换为$[0,s_1)$,灰度区间$[r_1,r_2)$变换为$[s_1,s_2)$,灰度区间$[r_2,L-1]$变换为$[s_2,L-1]$。

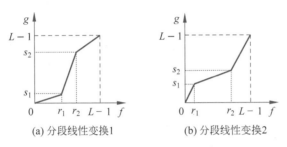

图 5-3　分段线性变换函数示意图

可以看出,随着参数 r_1、s_1、r_2、s_2 的不同,每段灰度的变化也不一样,所以,可以根据实际需要,灵活设置参数取值,实现不同的变换效果。在图 5-3(a)中,由于 $r_1 > s_1$,实现了低灰度的范围压缩,灰度值降低;由于 $r_2 < s_2$,第三段线性函数的倾角小于 45°,实现了高灰度的范围压缩,但灰度值增大;整幅图像低灰度更低,高灰度更高,实现了对比度增强。在图 5-3(b)中,由于 $r_1 < s_1$,实现了低灰度的范围拉伸,灰度值增大;由于 $r_2 > s_2$,第三段线性函数的倾角大于 45°,实现了高灰度的范围拉伸,但灰度值降低;整幅图像低灰度提升,高灰度降低,实现了对比度降低。

图 5-3 所示的三段式线性灰度级变换函数如式(5-4)所示。

$$g(x,y) = \begin{cases} \dfrac{s_1}{r_1}f(x,y), & 0 \leqslant f(x,y) < r_1 \\[2mm] \dfrac{s_2-s_1}{r_2-r_1}[f(x,y)-r_1]+s_1, & r_1 \leqslant f(x,y) < r_2 \\[2mm] \dfrac{L-1-s_2}{L-1-r_2}[f(x,y)-r_2]+s_2, & r_2 \leqslant f(x,y) < L \end{cases} \tag{5-4}$$

OpenCV 中的 intensity_transform 模块的 contrastStretching 函数可以实现三段式的分段线性灰度变换,将灰度级扩展到[0,255],其调用格式为

```
cv.intensity_transform.contrastStretching(input, output, r1, s1, r2, s2) -> None
```

参数 input 可以是 BGR 或灰度图像数据,r1、s1、r2、s2 即式(5-4)中的 r_1、s_1、r_2、s_2。

【例 5.2】 编写程序,采用图 5-3 所示的三段式线性变换函数对图像进行灰度级变换。

解:可以设定参数 r_1、s_1、r_2、s_2,然后根据式(5-4)对图像中的灰度级进行变换,本例直接使用 contrastStretching 函数,程序如下。

```
import cv2 as cv
import numpy as np
Image = cv.imread('panda.bmp', cv.IMREAD_GRAYSCALE)
r1, r2, s1, s2 = 80, 200, 30, 220                            #设置分段线性变换函数参数
result1, result2 = Image.copy(), Image.copy()
cv.intensity_transform.contrastStretching(Image, result1, r1, s1, r2, s2)
r1, r2, s1, s2 = 30, 220, 80, 200
cv.intensity_transform.contrastStretching(Image, result2, r1, s1, r2, s2)
cv.imshow("Original Image", Image)
cv.imshow("ContrastStretching 1", result1)
cv.imshow("ContrastStretching 2", result2)
cv.waitKey()
```

程序运行结果如图 5-4 所示。图 5-4(a)为原图;图 5-4(b)为 $r_1=80$、$s_1=30$、$r_2=200$、$s_2=220$ 时的处理效果,低灰度更低,高灰度更高,图像对比度得到增强;图 5-4(c)为 $r_1=30$、$s_1=80$、$r_2=220$、$s_2=200$ 时的处理效果,低灰度提升,高灰度降低,图像对比度降低。

(a)原图   (b) r_1=80、r_2=200、s_1=30、s_2=220   (c) r_1=30、r_2=220、s_1=80、s_2=200

图 5-4 分段线性灰度级变换效果图

5.1.2 非线性灰度级变换

采用非线性变换函数实现灰度级的变换,可以实现比线性变换更加灵活的变换效果,常用的有对数变换和幂变换等。

灰度级的对数变换如式(5-5)所示。

$$g(x,y)=\alpha\log[f(x,y)+1] \tag{5-5}$$

其中,α 是尺度比例系数,$[f(x,y)+1]$ 是为了避免对 0 求对数,确保 $\log[f(x,y)+1]\geqslant0$。式(5-5)实际是先对图像进行对数变换,再进行线性拉伸,以保证灰度值分布合理。

对数变换函数图形如图 5-5(a)所示,图像的低灰度区扩展,高灰度区压缩,一般适用于处理过暗图像。

灰度级的幂变换如式(5-6)所示。

$$g(x,y)=\alpha[f(x,y)]^{\gamma} \tag{5-6}$$

其中,γ 为正常数,决定了幂变换函数的图形以及灰度级变换效果,α 为尺度比例系数。

当 γ 取不同值时,可以得到一簇变换曲线。如图 5-5(b)所示。当 $\gamma=1$ 时,幂变换为线性变换;当 $0<\gamma<1$ 时,幂变换扩展中低灰度区,压缩高灰度区,使得图像变亮,增强图像中暗区的细节;当 $\gamma>1$ 时,幂变换扩展中高灰度区,压缩低灰度区,使得图像变暗,增强图像中亮区的细节。因此,幂变换也称为 gamma 校正,幂变换的指数值就是 gamma 值。

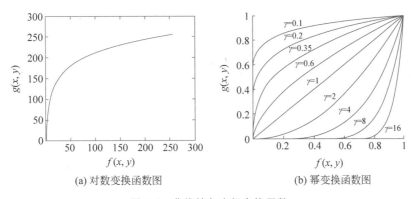

(a) 对数变换函数图　　　　　　(b) 幂变换函数图

图 5-5　非线性灰度级变换函数

OpenCV 中 intensity_transform 模块的 logTransform 和 gammaCorrection 函数可以实现灰度级的对数变换和幂变换,输出图像取值均在[0,255]之间,其调用格式为

```
cv.intensity_transform.logTransform(input, output) -> None
cv.intensity_transform.gammaCorrection(input, output, gamma) -> None
```

参数 input 可以是 BGR 或灰度图像数据。

【例 5.3】　编写程序,对图像进行对数变换和幂变换。

解:可以设定参数 α 和 γ,然后根据式(5-5)和式(5-6)对图像进行对数变换和幂变换,本例直接使用 logTransform 和 gammaCorrection 函数,程序如下。

```
import cv2 as cv
import numpy as np
Image = cv.imread('couple.bmp', cv.IMREAD_GRAYSCALE)
result1, result2, result3 = Image.copy(), Image.copy(), Image.copy()
cv.intensity_transform.logTransform(Image, result1)              ♯ 对数变换
cv.intensity_transform.gammaCorrection(Image, result2, 0.35)     ♯ 幂变换,0＜γ＜1
cv.intensity_transform.gammaCorrection(Image, result3, 2)        ♯ 幂变换,γ＞1
cv.imshow("Original Image", Image)
cv.imshow("Log transformation", result1)
cv.imshow("Gamma correction:gamma = 0.35", result2)
cv.imshow("Gamma correction:gamma = 2", result3)
cv.waitKey()
```

程序运行结果如图 5-6 所示。图 5-6(a)为原图,图像较暗;图 5-6(b)为对数变换处理效果,低灰度得到大幅度提升,图像变亮很多;图 5-6(c)为 $\gamma=0.35$ 的幂变换,拉伸了低灰度区,图像变亮,但变亮程度弱于图 5-6(b)的对数变换;图 5-6(d)为 $\gamma=2$ 的幂变换,图像变暗。

(a)原图　　　　　(b)对数变换　　　　(c)幂变换γ=0.35　　　(d)幂变换γ=2

图 5-6　非线性灰度级变换

5.2 直方图修正法

直方图是数字图像处理中一个常用的工具,是多种处理方法的基础,本节学习直方图的概念以及利用直方图进行灰度级变换的方法。

5.2.1 灰度直方图

1. 灰度直方图的定义

以灰度级为横坐标,以图像中灰度出现的次数(频数、概率)为纵坐标,绘制的图形称为灰度直方图,它反映了图像中灰度的分布状况。灰度直方图的定义如式(5-7)所示。

$$p(r_k) = \frac{n_k}{M \cdot N} \tag{5-7}$$

其中,$M \cdot N$ 为一幅数字图像的分辨率,也就是总像素数,n_k 是呈现第 k 级灰度 r_k 的像素数,$p(r_k)$ 为灰度级 r_k 出现的相对频数。

可以通过扫描图像,统计各个灰度出现的次数,计算频数并绘制灰度直方图。如一幅 6×6 分辨率的图像可以用如图 5-7(a)所示的矩阵表示,共有 $0 \sim 7$ 八个灰度级,灰度级分布统计如表 5-1 所示,则可以绘制并显示图像的灰度直方图,如图 5-7(b)所示。

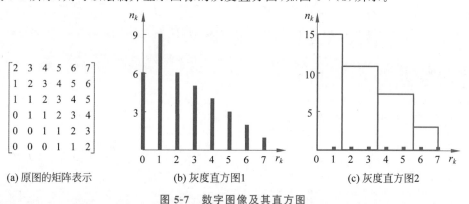

(a) 原图的矩阵表示   (b) 灰度直方图1   (c) 灰度直方图2

图 5-7　数字图像及其直方图

表 5-1　灰度级分布统计

r_k	0	1	2	3	4	5	6	7
n_k	6	9	6	5	4	3	2	1
$p(r_k)$	6/36	9/36	6/36	5/36	4/36	3/36	2/36	1/36

也可以将灰度范围分为几个区间,统计各灰度在各区间内的像素数目,如表 5-2 所示,绘制的灰度直方图如图 5-7(c)所示。

表 5-2　灰度区间分布统计

r_k	[0,1]	[2,3]	[4,5]	[6,7]
n_k	15	11	7	3
$p(r_k)$	15/36	11/36	7/36	3/36

【例 5.4】　编写程序,统计并显示图像的灰度直方图。

解:采用扫描图像的方法统计各个灰度出现的次数,进而计算其频数并绘制灰度直方图,程序如下。

```
import cv2 as cv
import numpy as np
from matplotlib import pyplot as plt
Image = cv.imread('couple.bmp', cv.IMREAD_GRAYSCALE)
height, width = np.shape(Image)
hist1, hist2 = np.zeros([256, 1]), np.zeros([1, 16])
for y in range(height):
    for x in range(width):
        hist1[Image[y, x]] += 1              ♯统计各灰度级出现的次数
        hist2[0, Image[y, x] // 16] += 1     ♯统计各灰度区间内像素数
hist1 /= hist1.max()
hist2 /= hist2.max()
cv.imshow("Source image", Image)
fig, ax = plt.subplots(1, 2)
ax[0].stem(range(256), hist1, linefmt = 'black', markerfmt = '')     ♯绘制256个级别的直方图
ax[0].set_title('Histogram with 256 bins')
ax[1].bar(list(range(0, 241, 16)), hist2[0], width = 16, align = 'edge',
          ec = [0, 0, 0], fc = [1, 1, 1])          ♯灰度级分为16个区间,绘制直方图
ax[1].set_title('Histogram with 16 bins')
plt.rcParams['font.sans - serif'] = ['Times New Roman']
plt.tight_layout()
plt.show()
```

程序运行结果如图 5-8 所示。图 5-8(a)为原图,图 5-8(b)为 256 个级别的灰度直方图,图 5-8(c)为 16 个区间的灰度直方图,两幅灰度直方图都进行了归一化。

 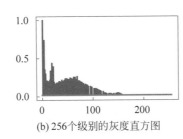 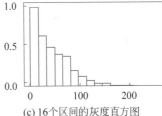

(a) 原图　　　　　　(b) 256个级别的灰度直方图　　　　(c) 16个区间的灰度直方图

图 5-8　统计并绘制灰度直方图

彩色图像有 3 个色彩通道,可以分别对每个通道统计灰度直方图或亮度直方图。

OpenCV 中的 calcHist 函数可以用于统计灰度直方图,其调用格式如下:

cv.calcHist(images, channels, mask, histSize, ranges[, hist[, accumulate]]) -> hist

参数 images 是输入图像的列表;channels 指明要进行统计的色彩通道;mask 是和图像同等大小的模板矩阵,选择参与统计的像素;histSize 指明直方图分区数;ranges 指明各区间的边界,如果均匀分区,只需要指明第一个区间的下边界和最后一个区间的上边界;accumulate 指明是否累积统计。

例 5.4 采用 calcHist 函数统计灰度直方图的程序如下:

```
import cv2 as cv
import numpy as np
from matplotlib import pyplot as plt
Image = cv.imread('couple.bmp', cv.IMREAD_GRAYSCALE)
h_size, h_range = [256], (0, 256)
hist = cv.calcHist([Image], [0], None, h_size, h_range)
plt.stem(range(256), hist/hist.max(), linefmt = 'black', markerfmt = '')
plt.rcParams['font.sans - serif'] = ['Times New Roman']
plt.title('Histogram')
```

```
plt.show()
```

程序运行结果如图 5-8(b)所示。

2. 灰度直方图的性质

一幅图像的灰度直方图通常具有如下性质：

（1）灰度直方图不具有空间特性。灰度直方图描述了灰度在各区间范围内的像素个数，但不能反映图像像素空间位置信息，即不能通过灰度直方图了解到各灰度在图像中出现的位置。

（2）灰度直方图反映图像大致描述，如图像灰度范围、灰度级分布、整幅图像平均亮度等。图 5-9 所示为两幅图像的灰度直方图，可以从中判断出图像的相关特性。在图 5-9(a)中，大部分像素值集中在低灰度级区域，图像偏暗；图 5-9(b)中的图像则相反，大部分像素的灰度集中在高灰度区域，图像偏亮；两幅图像都存在动态范围不足的现象。

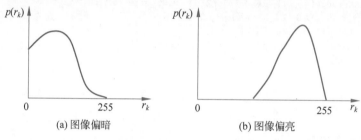

| (a) 图像偏暗 | (b) 图像偏亮 |

图 5-9 灰度动态范围不足的图像灰度直方图

（3）一幅图像唯一对应相应的灰度直方图，而不同的图像可以具有相同的灰度直方图。因灰度直方图只是统计图像中灰度出现的次数，与各个灰度出现的位置无关，因此，不同的图像可能具有相同的灰度直方图。图 5-10(a)为 4 幅大小相同、空间灰度分布不同的二值图像，但具有相同的灰度直方图，如图 5-10(b)所示。

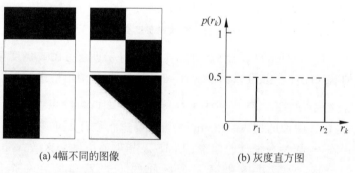

| (a) 4幅不同的图像 | (b) 灰度直方图 |

图 5-10 不同图像具有相同直方图分布特性

5.2.2 直方图均衡化

直方图修正法也是通过构造灰度级变换函数对图像进行变换的，使变换后的图像的直方图达到一定的要求。设变量 r 表示原图像中像素的灰度级，变量 s 表示增强后新图像中的灰度级，均已进行了归一化，即 $0 \leqslant r \leqslant 1$，$0 \leqslant s \leqslant 1$。根据灰度级变换的原理，有

$$s = T(r) \tag{5-8}$$

变换函数 T 需要满足两个条件：

（1）$T(r)$ 在 $0 \leqslant r \leqslant 1$ 区域内单值单调增加，以保证灰度级从黑到白的次序不变。

(2) $T(r)$ 在 $0 \leqslant r \leqslant 1$ 区域内满足 $0 \leqslant s \leqslant 1$,以保证变换后的像素灰度级仍在允许的灰度级范围内。

基于直方图的灰度级变换的核心就是寻找满足这两个条件的变换函数 $T(r)$,不同的变换函数对应不同的方法,直方图均衡化采用灰度级 r 的累积分布函数作为变换函数,即

$$s = T(r) = \int_0^r p_r(\omega) \mathrm{d}\omega \tag{5-9}$$

其中,$p_r(r)$ 表示灰度级 r 的概率密度函数,$T(r)$ 随着 r 增大,单值单调增加,最大为1,满足两个条件。

根据概率论知识,用 $p_r(r)$ 和 $p_s(s)$ 分别表示 r 和 s 的概率密度函数,有

$$p_s(s) = p_r(r) \cdot \frac{\mathrm{d}r}{\mathrm{d}s} = p_r(r) \cdot \frac{1}{p_r(r)} = 1 \tag{5-10}$$

即利用 r 的累积分布函数作为变换函数,产生一幅灰度级分布具有均匀概率密度的图像。

一幅数字图像,共有 L 个灰度等级,总像素个数为 $M \cdot N$,第 j 级灰度 r_j 对应的像素数为 n_j,直方图均衡化的变换函数 $T(r)$ 为

$$s_k = T(r_k) = \sum_{j=0}^k p_r(r_j) = \sum_{j=0}^k \frac{n_j}{M \cdot N} \tag{5-11}$$

对一幅数字图像进行直方图均衡化处理的算法步骤如下。

(1) 统计原始图像直方图,即计算 $p_r(r)$。

(2) 由式(5-11)计算新的灰度级 s_k。

(3) 修正 s_k 为合理的灰度级。数字图像灰度级有限,$0 \sim k$ 的灰度级的概率之和未必是合理的灰度级,所以,需要修正,也就是四舍五入到最近的灰度级。

(4) 计算新的直方图,即计算 $p_s(s)$。

(5) 用处理后的新灰度代替处理前的灰度,生成新图像。

【例 5.5】 假定一幅分辨率为 64×64,灰度级为 8 级的图像,其灰度分布如表 5-3 所示,对其进行直方图均衡化处理。

表 5-3 例 5.5 中图像的灰度级分布

灰度级 r_k	0	1/7	2/7	3/7	4/7	5/7	6/7	1
像素数 n_k	790	1023	850	656	329	245	122	81
$p_r(r_k)$	0.19	0.25	0.21	0.16	0.08	0.06	0.03	0.02

解:由原图的灰度分布统计可看出,图像中绝大部分像素集中在低灰度区,图像整体偏暗。

(1) 计算新的灰度级。

$$s_0 = T(r_0) = \sum_{j=0}^0 P_r(r_j) = P_r(r_0) = 0.19$$

$$s_1 = T(r_1) = \sum_{j=0}^1 P_r(r_j) = P_r(r_0) + P_r(r_1) = 0.19 + 0.25 = 0.44$$

依此类推,可得到

$$s_2 = 0.19 + 0.25 + 0.21 = 0.65 \quad s_3 = 0.19 + 0.25 + 0.21 + 0.16 = 0.81$$

$$s_4 = 0.89 \quad s_5 = 0.95 \quad s_6 = 0.98 \quad s_7 = 1$$

(2) 修正 s_k 为合理的灰度级 s_k'。

$$s_0 = 0.19 \approx \frac{1}{7} \quad s_1 = 0.44 \approx \frac{3}{7} \quad s_2 = 0.65 \approx \frac{5}{7} \quad s_3 = 0.81 \approx \frac{6}{7}$$

$$s_4 = 0.89 \approx \frac{6}{7} \quad s_5 = 0.95 \approx 1 \quad s_6 = 0.98 \approx 1 \quad s_7 = 1$$

则新图像对应只有 5 个不同灰度级别，为 $1/7, 3/7, 5/7, 6/7, 1$。即

$$s'_0 = \frac{1}{7} \quad s'_1 = \frac{3}{7} \quad s'_2 = \frac{5}{7} \quad s'_3 = \frac{6}{7} \quad s'_4 = 1$$

（3）计算新的直方图。

$$p_s(s'_0) = p_r(r_0) = 0.19$$
$$p_s(s'_1) = p_r(r_1) = 0.25$$
$$p_s(s'_2) = p_r(r_2) = 0.21$$
$$p_s(s'_3) = p_r(r_3) + p_r(r_4) = 0.16 + 0.08 = 0.24$$
$$p_s(s'_4) = p_r(r_5) + p_r(r_6) + p_r(r_7) = 0.06 + 0.03 + 0.02 = 0.11$$

（4）生成新图像。

按照表 5-4 中变换前后的灰度对应关系改变像素的灰度，即可生成新的图像。

表 5-4　直方图均衡化变换前后灰度级对应关系

变换前灰度级	0	1/7	2/7	3/7	4/7	5/7	6/7	1
变换后灰度级	1/7	3/7	5/7	6/7	6/7	1	1	1

原始图像的直方图和直方图均衡化处理后的图像直方图显示结果如图 5-11 所示。可看出，图 5-11(b)中对应的变换后的新直方图比图 5-11(a)中的原图像的直方图要平坦很多。理想情况下，经过直方图均衡化处理的图像直方图应是十分均匀平坦的，但实际情况并非如此，和理论分析有差异，这是由于图像在直方图均衡化处理过程中，灰度级作"近似简并"引起的结果。

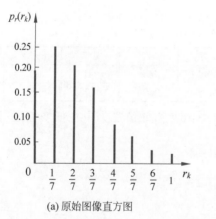
(a) 原始图像直方图

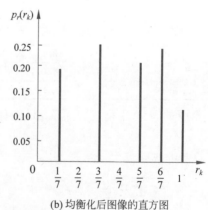
(b) 均衡化后图像的直方图

图 5-11　直方图均衡化处理前后的直方图分布对比

【例 5.6】　编写程序，对图像进行直方图均衡化。

解：按照例 5.5 所示过程实现直方图均衡化，程序如下。

```
import cv2 as cv
import numpy as np
from matplotlib import pyplot as plt
```

```
Image = cv.imread('couple.bmp', cv.IMREAD_GRAYSCALE)
height, width = np.shape(Image)
h_size, h_range = [256], (0, 256)
hist = cv.calcHist([Image], [0], None, h_size, h_range)        #统计原图的直方图
result = np.zeros([height, width])
s = np.zeros([256, 1])                                           #定义 s 数组
s[0, 0] = hist[0, 0]
for i in range(1, 256):
    s[i, 0] = s[i - 1, 0] + hist[i, 0]                          #累加生成新的灰度级
for y in range(height):
    for x in range(width):
        result[y, x] = s[Image[y, x], 0] / (height * width)    #生成新图像
result = (result * 255).astype(np.uint8)
hist_s = cv.calcHist([result], [0], None, h_size, h_range)     #统计新图像的直方图
fig, ax = plt.subplots(2, 2)
ax[0, 0].imshow(Image, plt.cm.gray), ax[0, 0].set_axis_off()   #显示原图
ax[0, 0].set_title('Original image')
ax[1, 0].stem(range(256), hist, linefmt = 'black', markerfmt = '')   #显示原图直方图
ax[1, 0].set_title('Original histogram')
ax[0, 1].imshow(result, plt.cm.gray), ax[0, 1].set_axis_off()  #显示均衡化后的图像
ax[0, 1].set_title('Result image')
ax[1, 1].stem(range(256), hist_s, linefmt = 'black', markerfmt = '')   #显示新图像的直方图
ax[1, 1].set_title('Balanced histogram')
plt.rcParams['font.sans - serif'] = ['Times New Roman']
plt.tight_layout()
plt.show()
```

程序运行结果如图 5-12 所示。图 5-12(a)为原图,图像较暗;图 5-12(b)为均衡化后的图像,整体变亮,图像的视觉效果变好;图 5-12(d)为均衡化后图像的直方图,与原图直方图(图 5-12(c))相比,动态范围扩大,高灰度像素数增加;但和理论分析中的均匀分布有差异。

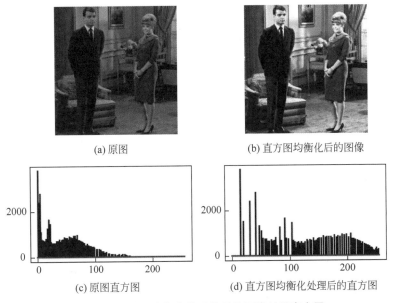

(a) 原图　　　　　　　　　　　　　(b) 直方图均衡化后的图像

(c) 原图直方图　　　　　　　　　(d) 直方图均衡化处理后的直方图

图 5-12　直方图均衡化处理前后的图像以及直方图

OpenCV 中的 equalizeHist 函数可以实现对 8 位灰度图像的直方图均衡化,其调用格式如下:

```
cv.equalizeHist(src[, dst]) -> dst
```

采用 equalizeHist 函数改写例 5.6 程序如下：

```
import cv2 as cv
import numpy as np
Image = cv.imread('couple.bmp', cv.IMREAD_GRAYSCALE)
result = cv.equalizeHist(Image)
cv.imshow("Original image", Image)
cv.imshow("Result image", result)
cv.waitKey()
```

程序运行结果如图 5-12(b)所示。

关于直方图均衡化分析的内容，请扫描二维码，查看讲解。

5.2.3 限制对比度自适应直方图均衡化

全局直方图均衡化方法简单高效，但是，图像中不同区域分布不同，使用同一种变换效果未必理想，而且实际应用中常常需要增强某些局部细节，因此，可以采用自适应直方图均衡化（Adaptive Histogram Equalization，AHE）方法，将图像划分为不重叠的子块，对每块分别进行均衡化。很明显，这样处理后，各子块之间会出现不连续现象，即有明显块效应，可以通过双线性插值方法改善。AHE 方法在相对均匀区域容易过度放大噪声，可以通过限制对比度增强的方法克服，即限制对比度自适应直方图均衡化（Contrast Limited Adaptive Histogram Equalization，CLAHE）方法。CLAHE 方法与全局直方图均衡化相比，主要区别在于限制对比度、局部直方图均衡化和双线性插值三方面，下面分别进行介绍。

第 8 集
微课视频

设子块的分辨率为 $w \cdot w$，统计块内的灰度分布 $p(r)$，在块内进行直方图均衡化的变换函数可以表示为

$$T(r) = \frac{255F(r)}{w \cdot w} \tag{5-12}$$

其中，$F(r)$ 是灰度级的累积分布函数。为防止对比度被过度拉伸，可以限制 $T(r)$ 的斜率。由于

$$\frac{dT(r)}{dr} = \frac{255p(r)}{w \cdot w} \tag{5-13}$$

可知，限制变换函数的斜率可以通过限制直方图的高度实现，即限制 $p(r)$ 的最大值为 p_{max}。设阈值为 T_p，调整直方图为

$$p(r) = \begin{cases} p(r) + p_1, & p(r) < T_p \\ p_{max}, & p(r) \geqslant T_p \end{cases} \tag{5-14}$$

直方图的调整如图 5-13 所示，对直方图进行裁剪使其低于上限 p_{max}，裁剪掉的部分均匀分布在整个灰度区间上，以保证直方图总面积不变。按照调整后的直方图进行均衡化，对比度不会过度增强，可以避免过度放大噪声。

利用插值运算消除块效应如图 5-14 所示。图 5-14(a)所示为图像的分块情况，将图像分为 8×8 个子块，阴影部分是边界像素，即落在图像四角的四个子块中心点围成的四边形之外的像素。左上角 2×2 个子块如图 5-14(b)所示，其中，黑色小方块是子块中心，按照各块的变换函数进行处理：a 点的值由其周围 4 个子块中心变换后的值进行双线性插值计算；b、c 点的值各由相邻两个子块线性插值计算；d 点的值根据所在子块的变换函数计算。

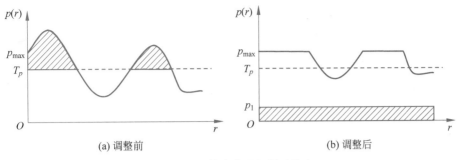

(a) 调整前　　　　　　　　　　　　(b) 调整后

图 5-13　调整直方图限制对比度

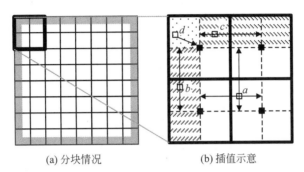

(a) 分块情况　　　　　　　　(b) 插值示意

图 5-14　利用插值运算消除块效应

综上所述,CLAHE 方法的运算过程整理如下。

(1) 将图像分为不重叠的子块。常见是 8×8 个子块,如果图像长宽不是 8 的倍数,可以通过边界填塞补充。

(2) 统计各子块的直方图,设置参数,调整直方图。

(3) 局部直方图均衡化。

(4) 块间双线性插值。

OpenCV 中的 CLAHE 类封装了该方法的相关函数,apply 函数可以对灰度图像实现 CLAHE 增强,getClipLimit、setClipLimit 函数可以分别获取和设置对比度限制阈值,getTilesGridSize、setTilesGridSize 函数可以分别获取和设置行列方向上的子块数目;另外,CLAHE 类通过 createCLAHE 实例化。这些函数的调用格式如下:

```
cv.CLAHE.apply(src[, dst]) -> dst
cv.CLAHE.getClipLimit( ) -> retval
cv.CLAHE.getTilesGridSize() -> retval
cv.CLAHE.setClipLimit(clipLimit) -> None
cv.CLAHE.setTilesGridSize(tileGridSize) -> None
cv.createCLAHE([, clipLimit[, tileGridSize]]) -> retval
```

【例 5.7】　编写程序,对图像进行限制对比度自适应直方图均衡化。

解:程序如下。

```
import cv2 as cv
import numpy as np
from matplotlib import pyplot as plt
Image = cv.imread('tire.tif', cv.IMREAD_GRAYSCALE)
result1 = cv.equalizeHist(Image)                              ♯全局直方图均衡化
clahe = cv.createCLAHE(clipLimit = 4, tileGridSize = (8, 8))  ♯ 创建 CLAHE 实例
result2 = clahe.apply(Image)
clahe = cv.createCLAHE(clipLimit = 40, tileGridSize = (8, 8)) ♯CLAHE 实例 2,不同的限制程度
```

```
result3 = clahe.apply(Image)
fig, ax = plt.subplots(2, 2)
ax[0, 0].imshow(Image, plt.cm.gray), ax[0, 0].set_axis_off()
ax[0, 0].set_title('Original image')
ax[0, 1].imshow(result1, plt.cm.gray), ax[0, 1].set_axis_off()
ax[0, 1].set_title('Result of HE')
ax[1, 0].imshow(result2, plt.cm.gray), ax[1, 0].set_axis_off()
ax[1, 0].set_title('Result of CLAHE, clipLimit = 4')
ax[1, 1].imshow(result3, plt.cm.gray), ax[1, 1].set_axis_off()
ax[1, 1].set_title('Result of CLAHE, clipLimit = 40')
plt.rcParams['font.sans - serif'] = ['Times New Roman']
plt.tight_layout()
plt.show()
```

程序运行结果如图 5-15 所示,图 5-15(a)为原图,图 5-15(b)为直方图均衡化的结果,整幅图像采用同一个变换函数,图像上下两部分细节增强程度不一样;图 5-15(c)和图 5-15(d)是 CLAHE 处理结果,整幅图像均得到增强,而且限制对比度的阈值不一样,处理结果也不一样,阈值越大,对比度增强越大,暗区的噪声也越大。

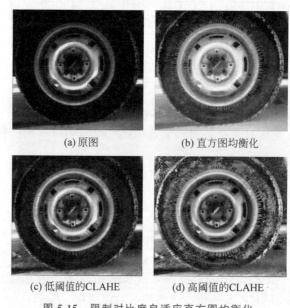

(a) 原图 　　　　　　　　　(b) 直方图均衡化

(c) 低阈值的CLAHE 　　　　　(d) 高阈值的CLAHE

图 5-15　限制对比度自适应直方图均衡化

5.3　空间域平滑滤波

在图像的获取、传输和存储过程中,常常会受到各种噪声的干扰,影响图像质量。抑制或消除图像中存在的噪声称为图像平滑(Image Smoothing),通过在像素邻域内进行模板运算以抑制噪声的方法称为空间域平滑滤波。

5.3.1　图像中的噪声

根据噪声和图像信号的关系,将噪声分为两种形式:加性噪声和乘性噪声。

加性噪声与图像信号不相关,含噪声图像 $g(x,y)$ 可表示为理想无噪声图像 $f(x,y)$ 与噪声 $n(x,y)$ 之和,即

$$g(x,y) = f(x,y) + n(x,y)$$

$$(5-15)$$

乘性噪声与图像信号相关,往往随图像信号的变化而变化,如果噪声和信号成正比,则含噪声图像 $g(x,y)$ 表示为

$$g(x,y)=f(x,y)+f(x,y)\cdot n(x,y) \tag{5-16}$$

为了分析处理方便,在信号变化很小时,往往将乘性噪声近似看作加性噪声,而且总是假定信号和噪声是互相独立的。

一般噪声是随机信号,通常用概率分布函数描述。常见的噪声有高斯噪声、椒盐噪声、泊松噪声等。

高斯噪声分布在每个像素上,幅度值是随机的,分布近似符合高斯正态特性。高斯噪声的概率密度函数为

$$p(x)=\frac{1}{\sqrt{2\pi}\sigma}e^{-(x-\mu)^2/2\sigma^2} \tag{5-17}$$

其中,μ 为随机变量 x 的均值,σ^2 为 x 的方差。描述的噪声值有 95% 落在 $(\mu-2\sigma,\mu+2\sigma)$ 范围内。

椒盐噪声的概率密度函数为

$$p(x)=\begin{cases}P_a, & x=a\\ P_b, & x=b\\ 0, & 其他\end{cases} \tag{5-18}$$

其中,$b>a$。当 $P_a\neq0,P_b\neq0$ 时,尤其是它们近似相等时,描述的噪声值将类似于随机撒在图像上的胡椒和盐粉颗粒,因此称为椒盐噪声,具有幅度值近似相等但出现位置随机分布的特性。

泊松噪声的概率密度函数为

$$p(x=k)=\frac{\lambda^k e^{-\lambda}}{k!}, \quad \lambda>0 \tag{5-19}$$

另外还有服从瑞利分布、均匀分布、指数分布等的噪声,其概率密度函数不再一一介绍。

在图像处理中,常根据数学模型生成噪声,与图像相加生成含噪声图像用于仿真实验。利用 Python 编程,可以采用 Numpy 库 random 模块的随机函数生成随机数矩阵模拟噪声。

【例 5.8】　编写程序,给图像添加高斯噪声和椒盐噪声。

解:程序如下。

```
import cv2 as cv
import numpy as np
Image = cv.imread("lotus.jpg", cv.IMREAD_GRAYSCALE)
height, width = np.shape(Image)
density = 0.05                              ＃设置椒盐噪声密度
num_noise = int(height * width * density)   ＃受椒盐噪声干扰的像素数
noisedI_sp = Image.copy()
for i in range(num_noise):
    x = np.random.randint(1, width)
    y = np.random.randint(1, height)        ＃随机选择受椒盐噪声干扰的点
    if np.random.randint(0,2) == 0:
        noisedI_sp[y, x] = 0                 ＃添加椒噪声
    else:
        noisedI_sp[y, x] = 255               ＃添加盐噪声
gauss = np.random.normal(0, 0.05, (height, width))
        ＃生成服从高斯分布的随机矩阵,均值为 0,标准差为 0.05,矩阵和图像大小相同
noisedI_g = Image / 255 + gauss
```

```
cv.imshow("Original image", Image)
cv.imshow("Noisy image: Salt and pepper noise", noisedI_sp)
cv.imshow("Noisy image: Gaussian noise", noisedI_g)
cv.waitKey()
```

程序运行结果如图 5-16 所示。

(a)原图   (b)椒盐噪声   (c)高斯噪声

图 5-16 给图像添加噪声

5.3.2 均值滤波

均值滤波,又称邻域平均法,是图像空间域平滑滤波中最基本的方法之一,其基本思想是以某一像素为中心,在它的周围选择一个邻域,用邻域内所有像素值的均值代替原来像素值,通过降低噪声点与周围像素的差值抑制噪声。

输入图像 $f(x,y)$,经均值滤波处理后,得到输出图像 $g(x,y)$,即

$$g(x,y) = \frac{1}{M_S N_S} \sum_{(i,j) \in S} f(i,j) \tag{5-20}$$

其中,S 是像素(x,y)周围的邻域,一般选方形区域,M_S 和 N_S 是邻域 S 的宽和高。

均值滤波可以采用模板运算表示。典型的均值模板中所有系数都取相同值,如 3×3 和 5×5 的简单均值模板如式(5-21)所示。

$$\boldsymbol{H}_1 = \frac{1}{3 \times 3} \begin{bmatrix} 1 & 1 & 1 \\ 1 & 1 & 1 \\ 1 & 1 & 1 \end{bmatrix} \quad \boldsymbol{H}_2 = \frac{1}{5 \times 5} \begin{bmatrix} 1 & 1 & 1 & 1 & 1 \\ 1 & 1 & 1 & 1 & 1 \\ 1 & 1 & 1 & 1 & 1 \\ 1 & 1 & 1 & 1 & 1 \\ 1 & 1 & 1 & 1 & 1 \end{bmatrix} \tag{5-21}$$

也称为归一化的盒式滤波器。

若邻域内有噪声存在,经过均值滤波,噪声的幅度会大幅降低,但点与点之间的灰度差值会变小,将导致边缘模糊。邻域越大,模糊越严重。

OpenCV 中 blur 函数可以实现典型的均值滤波,boxFilter 函数可以实现盒式滤波,其调用格式如下:

```
cv.blur(src, ksize[, dst[, anchor[, borderType]]]) -> dst
cv.boxFilter(src, ddepth, ksize[, dst[, anchor[, normalize[, borderType]]]]) -> dst
```

blur 函数参数中的 src 是输入的原图,可以包含多个色彩通道;ksize 指模板宽和高;anchor 指明模板原点,默认值$(-1,-1)$表示模板中心为原点;borderType 指明边界像素的填塞方式。boxFilter 函数参数中的 normalize 指明是否使用邻域内像素数 $M_S N_S$ 归一化,默认为 True;ddepth 指明输出图像深度,设为-1时和原图深度一致。

【例5.9】　编写程序，给图像添加高斯噪声并进行均值滤波。

解：程序如下。

```
import cv2 as cv
import numpy as np
Image = cv.imread("lotus.jpg", cv.IMREAD_GRAYSCALE)
gauss = np.random.normal(0, 0.05, np.shape(Image))
noisedI = Image / 255 + gauss                          #高斯噪声图像
averI1 = cv.blur(noisedI, ksize = (3, 3), borderType = cv.BORDER_REPLICATE)
                                                       #3×3 均值滤波
averI2 = cv.boxFilter(noisedI, ddepth = -1, ksize = (7, 7), normalize = True,
                    borderType = cv.BORDER_REPLICATE)  #7×7 均值滤波
cv.imshow("Original image", Image)
cv.imshow("Noisy image", noisedI)
cv.imshow("Image smoothed by Averaging filter (3, 3)", averI1)
cv.imshow("Image smoothed by Averaging filter (7, 7)", averI2)
cv.waitKey()
```

程序运行结果如图5-17所示。可以看出，均值滤波抑制高斯噪声效果明显，但会使图像变得模糊，均值滤波邻域半径越大，图像的模糊程度越大。

　　(a) 高斯噪声图像　　　　　　　(b) 3×3模板滤波　　　　　　　(c) 7×7模板滤波

图 5-17　均值滤波效果

5.3.3　高斯滤波

在均值滤波中，周围邻域内像素参与运算的程度一致，而在实际中，距离中心像素近的像素相对较远的像素与中心像素的相关性更强，对最终结果的影响应该更大，因此，可以采用加权滤波的方法。高斯滤波是邻域内的点按照高斯函数加权进行滤波，也就是图像与高斯函数的卷积运算。

零均值、标准差为 σ 的二维高斯函数，如式(5-22)所示。

$$h(x,y) = \frac{1}{2\pi\sigma^2}e^{-\frac{x^2+y^2}{2\sigma^2}} \qquad (5-22)$$

零均值、标准差为 1 的二维高斯函数曲线如图 5-18 所示，可以看出，高斯函数曲线为钟形，离中心原点越近，函数值越大；离中心原点越远，函数值越小。这一特性使得高斯函数常被用来进行权值分配。

高斯滤波以某一像素为中心，选择一个局部

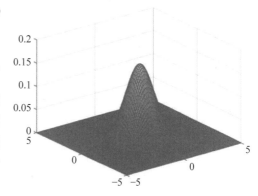

图 5-18　零均值、标准差为 1 的二维高斯函数

邻域,按高斯分布给邻域内像素分配相应的权值系数,再用邻域内所有像素值的加权平均值来代替原来像素值,降低噪声点与周围像素的差值,抑制噪声。

高斯滤波也可以表示为卷积模板运算,按照正态分布的统计,为模板上不同位置赋予不同的加权系数值。标准差 σ 代表数据的离散程度。σ 值越小,分布越集中,生成的高斯模板的中心系数值远远大于周围的系数值,对图像的平滑效果就越不明显;反之,σ 值越大,分布越分散,生成的高斯模板中不同系数值差别不大,类似均值模板,对图像的平滑效果越明显。标准差 σ 为 0.8 及 σ 为 1 时,5×5 的高斯模板如式(5-23)所示,矩阵前面的系数是将模板系数归一化。

$$\boldsymbol{H}_{\sigma=0.8}=\frac{1}{2070}\begin{bmatrix}1 & 10 & 22 & 10 & 1\\ 10 & 108 & 237 & 108 & 10\\ 22 & 237 & 518 & 237 & 22\\ 10 & 108 & 237 & 108 & 10\\ 1 & 10 & 22 & 10 & 1\end{bmatrix} \quad \boldsymbol{H}_{\sigma=1}=\frac{1}{330}\begin{bmatrix}1 & 4 & 7 & 4 & 1\\ 4 & 20 & 33 & 20 & 4\\ 7 & 33 & 54 & 33 & 7\\ 4 & 20 & 33 & 20 & 4\\ 1 & 4 & 7 & 4 & 1\end{bmatrix} \quad (5\text{-}23)$$

OpenCV 中 getGaussianKernel 函数可以生成一维高斯滤波器,GaussianBlur 函数可以实现高斯滤波,调用格式如下:

```
cv.GaussianBlur(src, ksize, sigmaX[, dst[, sigmaY[, borderType[, hint]]]]) -> dst
cv.getGaussianKernel(ksize, sigma[, ktype]) -> retval
```

参数 src 是输入的原图,可以包含多个色彩通道;ksize 为模板尺寸,宽高均为正奇数,如果不设置,根据高斯核在 x 和 y 方向上的标准差 sigmaX 和 sigmaY 计算;如果 sigmaX 或 sigmaY 设为 0,表示二者相同;如果两者都设为 0,各自根据 ksize 的宽和高计算:sigma $=0.3\times[(\text{ksize}-1)\times0.5-1]+0.8$;ktype 指明滤波器系数类型,可以是 CV_32F 或 CV_64F。

【例 5.10】 编写程序,给图像添加高斯噪声并进行高斯滤波。

解:程序如下。

```
import cv2 as cv
import numpy as np
Image = cv.imread("lotus.jpg", cv.IMREAD_GRAYSCALE)
noisedI = Image / 255 + np.random.normal(0, 0.05, np.shape(Image))
H1 = cv.getGaussianKernel(ksize = 7, sigma = 0.5)              #生成一维高斯滤波器
H2 = cv.getGaussianKernel(ksize = 7, sigma = 1)
H3 = cv.getGaussianKernel(ksize = 7, sigma = 5)
np.set_printoptions(precision = 2)
print('一维高斯滤波器\nsigma = 0.5:', H1.T)
print('sigma = 1:', H2.T)
print('sigma = 5:', H3.T)
result1 = cv.GaussianBlur(noisedI, ksize = (7, 7), sigmaX = 0.5, sigmaY = 0,
                          borderType = cv.BORDER_REPLICATE)    #高斯滤波 σ = 0.5
result2 = cv.GaussianBlur(noisedI, ksize = (7, 7), sigmaX = 1, sigmaY = 0,
                          borderType = cv.BORDER_REPLICATE)    #高斯滤波 σ = 1
result3 = cv.GaussianBlur(noisedI, ksize = (7, 7), sigmaX = 5, sigmaY = 0,
                          borderType = cv.BORDER_REPLICATE)    #高斯滤波 σ = 5
cv.imshow("Original image", Image)
cv.imshow("Noisy image", noisedI)
cv.imshow("Image smoothed by Gaussian filter(sigma = 0.5)", result1)
cv.imshow("Image smoothed by Gaussian filter(sigma = 1)", result2)
cv.imshow("Image smoothed by Gaussian filter(sigma = 5)", result3)
cv.waitKey()
```

运行程序,输出 3 个不同 sigma 对应的一维高斯滤波器系数:

```
sigma = 0.5: [[1.20e-08  2.64e-04  1.06e-01  7.87e-01  1.06e-01  2.64e-04  1.20e-08]]
sigma = 1: [[0.    0.05  0.24  0.4  0.24  0.05  0.    ]]
sigma = 5: [[0.13  0.14  0.15  0.15  0.15  0.14  0.13]]
```

σ 值越大,高斯模板中不同系数值差别越小,当 $\sigma=5$ 时已经很接近于均值滤波模板了。采用 3 个高斯滤波的结果如图 5-19 所示,σ 越大,平滑力度越大,模糊程度也越大。

(a) $\sigma = 0.5$　　　　　　(b) $\sigma = 1$　　　　　　(b) $\sigma = 5$

图 5-19　高斯滤波效果

5.3.4　双边滤波

高斯滤波仅考虑了位置对中心像素的影响,会较明显地模糊边缘。为了能够在消除噪声的同时很好地保留边缘信息,可以采用双边滤波方法,在平滑滤波的同时考虑邻域内像素的空间邻近性以及灰度相似性进行局部加权平均。

设输入图像为 $f(x,y)$,滤波输出图像为 $g(x,y)$,双边滤波如式(5-24)所示。

$$g(x,y) = \frac{\sum_{i,j} f(i,j)w(x,y,i,j)}{\sum_{i,j} w(x,y,i,j)} \tag{5-24}$$

其中,(i,j) 是 (x,y) 邻域内的点,$w(x,y,i,j)$ 是综合考虑了相邻两点的距离和像素值差的加权系数,即

$$w(x,y,i,j) = e^{-\left[\frac{(i-x)^2+(j-y)^2}{2\sigma_s^2}\right]} \times e^{-\left[\frac{|f(i,j)-f(x,y)|^2}{2\sigma_r^2}\right]} \tag{5-25}$$

可知,与高斯滤波相比,在边缘附近,距离较远的像素对应的加权系数 w 第一项取值很小,不会太多影响到边缘上的像素值,能够很好地保留边缘信息。

双边滤波中参数 σ_s 和 σ_r 的选择直接影响双边滤波的输出结果。σ_s 控制空间邻近度,当 σ_s 变大时,距离远的像素对中心像素的影响增大,平滑程度增高。σ_r 用来控制灰度邻近度,当 σ_r 变大时,则灰度差值较大的点也能影响中心点的像素值,平滑程度增大,但灰度差值大于 σ_r 的像素几乎不参与运算,使得能够保留图像边缘的灰度信息。而当 σ_s、σ_r 取值都很小时,图像几乎不会产生平滑的效果。

OpenCV 中的 bilateralFilter 函数可以实现双边滤波,调用格式如下:

```
cv.bilateralFilter(src, d, sigmaColor, sigmaSpace[, dst[, borderType]]) -> dst
```

参数 src 是原图像数据,要求是 8 位或浮点数据,可以是 1 个或 3 个通道;d 表示每个像素的邻域直径,如果为非正数,根据参数 sigmaSpace 计算;sigmaSpace 是控制空间邻近度的标准差 σ_s;sigmaColor 是控制灰度邻近度的标准差 σ_r。

【例 5.11】 编写程序,给图像添加高斯噪声并进行双边滤波。

解:程序如下。

```
import cv2 as cv
import numpy as np
Image = cv.imread("girl.bmp", cv.IMREAD_GRAYSCALE)
noisedI = (Image / 255 + np.random.normal(0, 0.05, np.shape(Image)))
                              .astype(np.float32)          #生成高斯噪声图像
result1 = cv.GaussianBlur(noisedI, ksize = (7, 7), sigmaX = 5, sigmaY = 0,
                  borderType = cv.BORDER_REPLICATE)        #高斯滤波 σ = 5
result2 = cv.bilateralFilter(noisedI, d = 7, sigmaColor = 0.1, sigmaSpace = 5,
                  borderType = cv.BORDER_REPLICATE)        #双边滤波 σ_s = 5
result3 = cv.bilateralFilter(noisedI, d = 11, sigmaColor = 0.1, sigmaSpace = 9,
                  borderType = cv.BORDER_REPLICATE)        #双边滤波 σ_s = 9
cv.imshow("Original image", Image)
cv.imshow("Noisy image", noisedI)
cv.imshow("Image smoothed by Gaussian filter(sigma = 5)", result1)
cv.imshow("Image smoothed by bilateral filter(sigma = 5, 0.1)", result2)
cv.imshow("Image smoothed by bilateral filter(sigma = 9, 0.1)", result3)
cv.waitKey()
```

程序运行结果如图 5-20 所示。图 5-20(a)为添加高斯噪声的图像,图 5-20(b)为高斯滤波效果,模糊明显;图 5-20(c)为双边滤波效果,和高斯滤波尺寸、空间标准差均相同,双边滤波在抑制噪声的同时较好地保留了边缘信息;图 5-20(d)是修改滤波尺寸为 11×11、$\sigma_s = 9$ 时的双边滤波效果,窗口增大、空间标准差增大,滤波强度增大。

第 9 集
微课视频

(a) 噪声图像　　　　(b) 高斯滤波　　　　(c) 双边滤波1　　　　(d) 双边滤波2

图 5-20　双边滤波效果

关于双边滤波的实现,请扫描二维码,查看讲解。

5.3.5　中值滤波

中值是指数字序列中取值在中间的值,通过将数字序列从小到大排序,奇数个数的序列取正中间的值,偶数个数的序列取中间两个数的平均值。中值滤波以图像中某一点为中心,选择周围一个邻域,把邻域内所有像素值排序,取中值代替该像素的值。

图像中噪声的出现,使该点像素比周围像素暗(亮)许多,若把其周围像素值排序,噪声点的值必然位于序列的前(后)端,序列的中值一般为未受到噪声污染的像素值,所以可以用中值取代原像素的值来滤除噪声。

【例 5.12】 设原图像为 $f = \begin{bmatrix} 1 & 2 & 1 & 4 & 3 \\ 1 & 2 & 2 & 3 & 4 \\ 5 & 7 & 6 & 8 & 9 \\ 5 & 7 & 6 & 8 & 9 \\ 5 & 6 & 7 & 8 & 9 \end{bmatrix}$,对该图像进行中值滤波。

解：采用像素坐标系，对其进行基于 3×3 邻域的中值滤波处理。

以点 $(1,1)$ 为例，即对图中模板所覆盖像素进行运算：$f = \begin{bmatrix} \begin{array}{|ccc|cc} 1 & 2 & 1 & 4 & 3 \\ 1 & 2 & 2 & 3 & 4 \\ 5 & 7 & 6 & 8 & 9 \\ \end{array} \\ 5 & 7 & 6 & 8 & 9 \\ 5 & 6 & 7 & 8 & 9 \end{bmatrix}$

$g(1,1) = \text{med}\{1,2,1,1,2,2,5,7,6\} = 2$

每个像素进行同样运算后，得最终结果：$g = \begin{bmatrix} 1 & 2 & 1 & 4 & 3 \\ 1 & 2 & 3 & 4 & 4 \\ 5 & 5 & 6 & 6 & 9 \\ 5 & 6 & 7 & 8 & 9 \\ 5 & 6 & 7 & 8 & 9 \end{bmatrix}$

OpenCV 中的 medianBlur 函数可以实现中值滤波，调用格式如下：

```
cv.medianBlur(src, ksize[, dst]) -> dst
```

参数 src 是多通道的图像数据；ksize 是邻域尺寸，是大于 1 的奇数，取 3 或 5 时，图像深度为 CV_8U、CV_16U、CV_32F，取更大的尺寸时，图像深度只能为 CV_8U。

【例 5.13】 编写程序，对椒盐噪声图像和高斯噪声图像进行中值滤波。

解：程序如下。

```
import cv2 as cv
import numpy as np
noisedI_sp = cv.imread("noise_sp.jpg", cv.IMREAD_GRAYSCALE)
noisedI_g = cv.imread("noise_g.jpg", cv.IMREAD_GRAYSCALE)
result1 = cv.medianBlur(noisedI_sp.astype(np.uint8), ksize = 3)   ♯对椒盐噪声图像进行中值滤波
result2 = cv.medianBlur(noisedI_sp.astype(np.uint8), ksize = 5)
result3 = cv.medianBlur(noisedI_g, ksize = 3)                     ♯对高斯噪声图像进行中值滤波
result4 = cv.medianBlur(noisedI_g, ksize = 5)
cv.imshow("Salt and pepper noise", noisedI_sp)
cv.imshow("Gaussian noise", noisedI_g)
cv.imshow("Image smoothed by median filter 3(salt & pepper)", result1)
cv.imshow("Image smoothed by median filter 5(salt & pepper)", result2)
cv.imshow("Image smoothed by median filter 3(gauss)", result3)
cv.imshow("Image smoothed by median filter 5(gauss)", result4)
cv.waitKey()
```

程序运行结果如图 5-21 所示。从图中可以看出，中值滤波对椒盐噪声的抑制效果较好，对高斯噪声的抑制效果较差；随着模板尺寸增大，也有一定的模糊效应，但比均值滤波轻微。

对于椒盐噪声，中值滤波比均值滤波、高斯滤波效果好，模糊轻微，边缘信息保留较好。因为受椒盐噪声污染的图像中还存在干净点，中值滤波是选择适当的值来替代污染点的值。

对于高斯噪声，均值滤波、高斯滤波比中值滤波效果好。因为受高斯噪声污染的图像中每个点都是污染点。若噪声正态分布的均值为 0，则均值滤波、高斯滤波可以消除噪声。

中值滤波不适用于直接处理点线细节多的图像。因为中值滤波在滤除噪声的同时，可能把有用的细节信息滤掉，如图 5-22 所示。

(a) 椒盐噪声　　　　　　(b) 3×3模板抑制椒盐噪声　　　　　(c) 5×5模板抑制椒盐噪声

(d) 高斯噪声　　　　　　(e) 3×3模板抑制高斯噪声　　　　　(f) 5×5模板抑制高斯噪声

图 5-21　中值滤波效果

(a) 原图　　　　　　　　(b) 1×3中值滤波　　　　　　　(c) 3×1中值滤波

(d) 4邻域中值滤波　　　　(e) 8邻域中值滤波　　　　　　(f) 5×5中值滤波

图 5-22　对点线细节多的图像进行中值滤波

5.4　空间域锐化滤波

对人眼视觉系统的研究表明,人类对形状的感知一般通过识别边缘、轮廓、前景和背景而形成。在图像处理中,边缘信息也十分重要。边缘通常定义为图像中亮度突变的位置,通过计算图像局部区域的亮度差异,从而检测出不同目标或场景各部分之间的边缘,是图像锐化、图像分割、区域形状特征提取等技术的重要基础。图像锐化(Image Sharpening)的目的是加强图像中景物的边缘和轮廓,突出图像中的细节或者增强被模糊了的细节。

5.4.1 边缘分析

图像中的边缘主要有以下 3 种类型：突变型边缘、细线型边缘和渐变型边缘，如图 5-23 所示。

③渐变型边缘

①突变型边缘

②细线型边缘

图 5-23 图像中边缘类型示意

把图 5-23 中标注的三种类型边缘放在同一图像中，并绘制灰度变化曲线以及曲线的一阶和二阶微分，如图 5-24 所示。

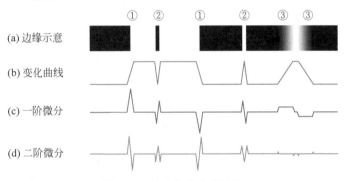

① ② ① ② ③ ③

(a)边缘示意

(b) 变化曲线

(c) 一阶微分

(d) 二阶微分

图 5-24 边缘和微分示意图

突变型边缘位于图像中两个具有不同灰度值的相邻区域之间，灰度曲线有阶跃变化，对应于一阶微分的极值和二阶微分的过零点；细线型边缘灰度变化曲线存在局部极值，对应于一阶微分过零点和二阶微分的极值点；渐变型边缘因灰度变化缓慢，没有明确的边界点。

通过分析边缘变化曲线和其一二阶微分曲线，可知图像中的边缘对应微分的特殊点，因此可以利用求微分去检测图像中的边缘所在。

5.4.2 一阶微分算子

由上节分析可知，一阶微分的极值或过零点与边缘存在对应的关系。本节分析常用的检测边缘的一阶微分算子，包括梯度算子、Roberts 算子、Sobel 算子以及 Prewitt 算子等。

1. 梯度算子

在图像处理中应用微分最常用的方法是计算梯度，梯度是方向导数取最大值的方向的向量。对于图像函数 $f(x,y)$，在 (x,y) 处的梯度为

$$G[f(x,y)] = \begin{bmatrix} \dfrac{\partial f}{\partial x} & \dfrac{\partial f}{\partial y} \end{bmatrix}^{\mathrm{T}} \tag{5-26}$$

其中，G 表示对二维函数 $f(x,y)$ 计算梯度。

用梯度幅度值来代替梯度,得

$$G[f(x,y)] = \left[\left(\frac{\partial f}{\partial x}\right)^2 + \left(\frac{\partial f}{\partial y}\right)^2\right]^{\frac{1}{2}} \quad (5\text{-}27)$$

为计算方便,也常用绝对值运算来代替式(5-27)。

$$G[f(x,y)] = \left|\frac{\partial f}{\partial x}\right| + \left|\frac{\partial f}{\partial y}\right| \quad (5\text{-}28)$$

因为图像为离散的数字矩阵,可用差分来代替微分,得梯度图像 $g(x,y)$:

$$\begin{cases} \dfrac{\partial f}{\partial x} = \dfrac{\Delta f}{\Delta x} = \dfrac{f(x+1,y) - f(x,y)}{x+1-x} = f(x+1,y) - f(x,y) \\[2mm] \dfrac{\partial f}{\partial y} = \dfrac{\Delta f}{\Delta y} = \dfrac{f(x,y+1) - f(x,y)}{y+1-y} = f(x,y+1) - f(x,y) \\[2mm] g(x,y) = |f_x| + |f_y| = |f(x+1,y) - f(x,y)| + |f(x,y+1) - f(x,y)| \end{cases} \quad (5\text{-}29)$$

式中,f_x、f_y 分别表示图像 f 在水平、垂直方向上的差分。

梯度图像表示图像局部的细节,图像锐化实质是原图像和梯度图像相加(或加权求和),增强图中的变化。

边缘检测需要进一步判断梯度图像中的局部极值点,一般通过对梯度图像进行阈值化来实现:设定一个阈值,凡是梯度值大于该阈值的变为1,表示边缘点;小于该阈值的变为0,表示非边缘点。可以看出,检测效果受到阈值的影响:阈值越低,能够检测出的边线越多,结果也就越容易受到图像噪声的影响;相反,阈值越高,检测出的边线越少,有可能会遗失较弱的边线。实际中可以在边缘检测前进行滤波,降低噪声的影响,也可以采用不同的方法选择合适的阈值。

【例 5.14】 设原图像 $f = \begin{bmatrix} 3 & 3 & 3 & 3 & 3 \\ 3 & 7 & 7 & 7 & 3 \\ 3 & 7 & 7 & 7 & 3 \\ 3 & 7 & 7 & 7 & 3 \\ 3 & 3 & 3 & 3 & 3 \end{bmatrix}$,对该图像进行处理,生成梯度图像。

解:按照梯度算子公式,计算图中每一像素和其右邻点、下邻点差值的绝对值和,并赋给该像素,不存在右邻点和下邻点的直接赋背景值0。

$$\begin{aligned} g(0,0) &= |f(1,0) - f(0,0)| + |f(0,1) - f(0,0)| \\ &= |3-3| + |3-3| = 0 \end{aligned}$$

...

$$g(4,0) = 0$$

$$\begin{aligned} g(0,1) &= |f(1,1) - f(0,1)| + |f(0,2) - f(0,1)| \\ &= |7-3| + |3-3| = 4 \end{aligned}$$

...

$$g(4,1) = 0$$

...

$$g(0,4) = g(1,4) = g(2,4) = g(3,4) = g(4,4) = 0$$

得最终结果:

$$\boldsymbol{g} = \begin{bmatrix} 0 & 4 & 4 & 4 & 0 \\ 4 & 0 & 0 & 4 & 0 \\ 4 & 0 & 0 & 4 & 0 \\ 4 & 4 & 4 & 8 & 0 \\ 0 & 0 & 0 & 0 & 0 \end{bmatrix}$$

【例 5.15】 编写程序,实现基于梯度算子的图像处理。

解:程序如下。

```
import cv2 as cv
import numpy as np
Image = cv.imread("lotus.jpg", cv.IMREAD_GRAYSCALE)
Image = Image / 255
height, width = np.shape(Image)
gradI = np.zeros([height, width])
for y in range(height - 1):
    for x in range(width - 1):
        gradI[y, x] = np.abs(Image[y, x + 1] - Image[y, x])
                    + np.abs(Image[y + 1, x] - Image[y, x])    #梯度运算
sharpI = Image + gradI                                         #图像锐化
thresh = np.mean(gradI) + 2 * np.std(gradI)                    #设置阈值
edgeI = np.zeros([height, width])
edgeI[gradI >= thresh] = 1                                     #边缘检测
cv.imshow("Original image", Image)
cv.imshow("Gradient image", gradI)
cv.imshow("Sharp image", sharpI)
cv.imshow("Edge image", edgeI)
cv.waitKey()
```

程序运行效果如图 5-25 所示。

(a) 原图　　　　　　　　　　(b) 梯度图像

(c) 锐化图像　　　　　　　　(d) 边缘检测

图 5-25 梯度算子的处理效果

2. 其他一阶微分算子

如果修改差分运算中的 Δx 和 Δy,综合像素邻域内多个邻点的差分运算结果估计像素的梯度值,可以得到不同的一阶微分算子。

1) Roberts 算子

Roberts 算子是通过交叉求微分检测局部变化,其运算公式为

$$g(x,y) = | f(x,y) - f(x+1,y+1) | + | f(x+1,y) - f(x,y+1) | \quad (5\text{-}30)$$

用模板表示为

$$\boldsymbol{H}_1 = \begin{bmatrix} 1 & 0 \\ 0 & -1 \end{bmatrix} \quad \boldsymbol{H}_2 = \begin{bmatrix} 0 & 1 \\ -1 & 0 \end{bmatrix} \quad (5\text{-}31)$$

【例 5.16】 编写程序,采用模板运算实现 Roberts 滤波。

解:程序如下。

```
import cv2 as cv
import numpy as np
Image = cv.imread("lotus.jpg", cv.IMREAD_GRAYSCALE)
Image = Image / 255
height, width = np.shape(Image)
H1, H2 = np.array([[1, 0], [0, -1]]), np.array([[0, 1], [-1, 0]])    # Roberts 模板
G1 = cv.filter2D(Image, ddepth = -1, kernel = H1)                    # 模板运算
G2 = cv.filter2D(Image, ddepth = -1, kernel = H2)
gradI = np.abs(G1) + np.abs(G2)                                      # Roberts 滤波图像
cv.imshow("Original image", Image)
cv.imshow("Robets gradient image", gradI)
cv.waitKey()
```

程序运行结果如图 5-26 所示。

(a) 原图　　　　　　　(b) Roberts滤波图像

图 5-26　Roberts 滤波效果

2) Sobel 算子

Sobel 算子是一种 3×3 模板下的微分算子,定义为

$$f_y = | f(x-1,y+1) + 2f(x,y+1) + f(x+1,y+1) | -$$
$$| f(x-1,y-1) + 2f(x,y-1) + f(x+1,y-1) |$$
$$f_x = | f(x+1,y-1) + 2f(x+1,y) + f(x+1,y+1) | -$$
$$| f(x-1,y-1) + 2f(x-1,y) + f(x-1,y+1) |$$
$$g = | f_x | + | f_y | \quad (5\text{-}32)$$

用模板表示为

$$\boldsymbol{H}_x = \begin{bmatrix} -1 & 0 & 1 \\ -2 & 0 & 2 \\ -1 & 0 & 1 \end{bmatrix} \quad \boldsymbol{H}_y = \begin{bmatrix} -1 & -2 & -1 \\ 0 & 0 & 0 \\ 1 & 2 & 1 \end{bmatrix} \quad (5\text{-}33)$$

Sobel 算子引入平均因素,对图像中随机噪声有一定的平滑作用;相隔两行或两列求差分,故边缘两侧的元素得到了增强,边缘显得粗而亮。

Scharr 算子是 Sobel 算子的改进,其模板表示为

$$\boldsymbol{H}_x = \begin{bmatrix} -3 & 0 & 3 \\ -10 & 0 & 10 \\ -3 & 0 & 3 \end{bmatrix} \quad \boldsymbol{H}_y = \begin{bmatrix} -3 & -10 & -3 \\ 0 & 0 & 0 \\ 3 & 10 & 3 \end{bmatrix} \tag{5-34}$$

进一步加重了四邻点在差异计算中的权重。

3) Prewitt 算子

Prewitt 算子与 Sobel 算子思路类似,但模板系数不一样,如式(5-35)所示:

$$\boldsymbol{H}_x = \begin{bmatrix} -1 & 0 & 1 \\ -1 & 0 & 1 \\ -1 & 0 & 1 \end{bmatrix} \quad \boldsymbol{H}_y = \begin{bmatrix} -1 & -1 & -1 \\ 0 & 0 & 0 \\ 1 & 1 & 1 \end{bmatrix} \tag{5-35}$$

4) 其他微分算子

以上 3 种微分算子都是在 3×3 邻域内定义的,微分算子也可以扩展到更大的邻域,如 4×4 邻域,模板为

$$\boldsymbol{H}_x = \begin{bmatrix} -3 & -1 & 1 & 3 \\ -3 & -1 & 1 & 3 \\ -3 & -1 & 1 & 3 \\ -3 & -1 & 1 & 3 \end{bmatrix} \quad \boldsymbol{H}_y = \begin{bmatrix} -3 & -3 & -3 & -3 \\ -1 & -1 & -1 & -1 \\ 1 & 1 & 1 & 1 \\ 3 & 3 & 3 & 3 \end{bmatrix} \tag{5-36}$$

如 5×5 邻域,模板为

$$\boldsymbol{H}_x = \begin{bmatrix} -2 & -1 & 0 & 1 & 2 \\ -2 & -1 & 0 & 1 & 2 \\ -2 & -1 & 0 & 1 & 2 \\ -2 & -1 & 0 & 1 & 2 \\ -2 & -1 & 0 & 1 & 2 \end{bmatrix} \quad \boldsymbol{H}_y = \begin{bmatrix} -2 & -2 & -2 & -2 & -2 \\ -1 & -1 & -1 & -1 & -1 \\ 0 & 0 & 0 & 0 & 0 \\ 1 & 1 & 1 & 1 & 1 \\ 2 & 2 & 2 & 2 & 2 \end{bmatrix} \tag{5-37}$$

以上微分算子均可以表示为模板,可以采用模板运算获取对应的梯度图像。

3. 边缘方向

边缘除了具有强度特征,还有方向特征。梯度方向是函数最大增长的方向,例如从黑到白,一般取为 $(-180°, 180°]$。边缘方向与梯度方向垂直,可以按式(5-38)计算。

$$\theta(x, y) = \arctan(f_x / f_y) \tag{5-38}$$

由于微分算子可以用模板表示,通过旋转将模板扩展为 8 个或者更多模板,如 Sobel 算子扩展为 8 个模板:

$$\boldsymbol{H}_1 = \begin{bmatrix} -1 & -2 & -1 \\ 0 & 0 & 0 \\ 1 & 2 & 1 \end{bmatrix} \quad \boldsymbol{H}_2 = \begin{bmatrix} 0 & -1 & -2 \\ 1 & 0 & -1 \\ 2 & 1 & 0 \end{bmatrix} \quad \boldsymbol{H}_3 = \begin{bmatrix} 1 & 0 & -1 \\ 2 & 0 & -2 \\ 1 & 0 & -1 \end{bmatrix} \quad \boldsymbol{H}_4 = \begin{bmatrix} 2 & 1 & 0 \\ 1 & 0 & -1 \\ 0 & -1 & -2 \end{bmatrix}$$

$$\boldsymbol{H}_5 = \begin{bmatrix} 1 & 2 & 1 \\ 0 & 0 & 0 \\ -1 & -2 & -1 \end{bmatrix} \quad \boldsymbol{H}_6 = \begin{bmatrix} 0 & 1 & 2 \\ -1 & 0 & 1 \\ -2 & -1 & 0 \end{bmatrix} \quad \boldsymbol{H}_7 = \begin{bmatrix} -1 & 0 & 1 \\ -2 & 0 & 2 \\ -1 & 0 & 1 \end{bmatrix} \quad \boldsymbol{H}_8 = \begin{bmatrix} -2 & -1 & 0 \\ -1 & 0 & 1 \\ 0 & 1 & 2 \end{bmatrix}$$

每个模板作用在图像上,取最大响应作为梯度幅度

$$g = \max_i (\boldsymbol{H}_i \otimes f) \tag{5-39}$$

梯度的方向为对应模板确定的方向,进而确定边缘方向。

Prewitt 算子模板也可以通过旋转扩展到 8 个,同 Sobel 算子一样,这里不再赘述。

4. 仿真实现

在 OpenCV 中，Sobel 函数可以实现 Sobel 滤波，Scharr 函数可以实现 Scharr 滤波，spatialGradient 函数可以利用 Sobel 算子计算水平、垂直差分图像，getDerivKernels 函数可以获取滤波器系数，调用格式如下：

```
cv.Sobel(src, ddepth, dx, dy[, dst[, ksize[, scale[, delta[, borderType]]]]]) -> dst
cv.Scharr(src, ddepth, dx, dy[, dst[, scale[, delta[, borderType]]]]) -> dst
cv.spatialGradient(src[, dx[, dy[, ksize[, borderType]]]]) -> dx, dy
cv.getDerivKernels(dx, dy, ksize[, kx[, ky[, normalize[, ktype]]]]) -> kx, ky
```

Sobel 函数的参数 src 是原图像，可以是灰度或彩色图像数据；dx、dy 分别是 x 和 y 方向的导数阶数；ksize 指定 Sobel 滤波器的尺寸，可选 FILTER_SCHARR、1、3、5、7；scale 是差分值的比例因子，默认为 1；delta 是叠加在计算结果上的偏移值。

spatialGradient 函数的参数 dx 和 dy 分别是水平和垂直差分图像，ksize 取值为 3。

getDerivKernels 函数的参数 normalize 指定是否对滤波器系数进行归一化，ktype 是滤波器系数类型，可以是 CV_32f 或 CV_64F，kx 和 ky 是滤波器行、列系数。

【例 5.17】 编写程序，实现 Sobel 滤波并统计边缘方向。

解：程序如下。

```
import cv2 as cv
import numpy as np
Image = cv.imread("circuit.tif", cv.IMREAD_GRAYSCALE)
Image = Image / 255
grad_h = cv.Sobel(Image, -1, 1, 0)                        #水平差分
grad_v = cv.Sobel(Image, -1, 0, 1)                        #垂直差分
gradI = np.abs(grad_h) + np.abs(grad_v)                   #差分绝对值和
thresh = np.mean(gradI) + 2 * np.std(gradI)
dirI = np.zeros(np.shape(Image))                          #计算梯度值较大处的边缘方向
dirI[gradI > thresh] = np.arctan(grad_h[gradI > thresh] /
                       (grad_v[gradI > thresh] + 0.001)) / np.pi + 0.5
kx, ky = cv.getDerivKernels(dx = 0, dy = 1, ksize = cv.FILTER_SCHARR, normalize = False)
print('行系数:', kx.T)
print('列系数:\n', ky)
cv.imshow("Original image", Image)
cv.imshow("Sobel gradient image fx", grad_h)
cv.imshow("Sobel gradient image fy", grad_v)
cv.imshow("Sobel gradient image", gradI)
cv.imshow("Edge direction image", dirI)
cv.waitKey()
```

运行程序，输出 Scharr 垂直差分滤波器的行和列系数：

```
行系数 kx: [[ 3. 10. 3.]]
列系数 ky:
    [[ -1.]
     [ 0.]
     [ 1.]]
```

Scharr 垂直差分滤波器等于 ky×kx。滤波结果如图 5-27 所示。

OpenCV 中 ximgproc 模块的 EdgeDrawing 类可用于边缘检测，梯度算子变量 GradientOperator 可取 Prewitt、Sobel、Scharr 和 LSD（直线段检测），默认情况下为 Prewitt 算子，detectEdges 函数可用于灰度图像的边缘检测，getEdgeImage 函数可以用于获取检测的边缘图像，getGradientImage 函数可以用于获取梯度图像，createEdgeDrawing 函数可以用于创建类实例对象，各函数调用格式如下：

  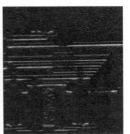

(a) 原图 　　　　　(b) 水平差分图像 　　　　　(c) 垂直差分图像

(d) 水平、垂直差分绝对值和图像 　　　(e) 边缘方向图像

图 5-27　Sobel 滤波效果

```
cv.ximgproc.EdgeDrawing.detectEdges(src) -> None
cv.ximgproc.EdgeDrawing.getEdgeImage([, dst]) -> dst
cv.ximgproc.EdgeDrawing.getGradientImage([, dst]) -> dst
cv.ximgproc.createEdgeDrawing() -> retval
```

【例 5.18】　编写程序，实现基于 Prewitt 算子的滤波与边缘检测。

解：程序如下。

```
import cv2 as cv
import numpy as np
Image = cv.imread("lotus.jpg", cv.IMREAD_GRAYSCALE)
edge = cv.ximgproc.createEdgeDrawing()
edge.detectEdges(Image)
edgeI = edge.getEdgeImage()                          # 获取边缘图像
gradI = edge.getGradientImage().astype(np.uint8)     # 获取梯度图像
cv.imshow("Original image", Image)
cv.imshow("Prewitt gradient image", gradI)
cv.imshow("Prewitt edge image", edgeI)
cv.waitKey()
```

程序运行结果如图 5-28 所示。

(a) 原图 　　　　　(b) Prewitt梯度图像 　　　　　(c) Prewitt边缘图像

图 5-28　Prewitt 算子的滤波及边缘检测效果

在微分运算中,模板大时,边缘两侧的像素得到增强,边缘较粗,定位不精确但方向比较精确;模板小时,边缘较细,定位精确但方向精确度低。

启发:

较大模板和较小模板在检测边缘时各有优势,同理,"人不同能,而任之以一事,不可责遍成",认识自己,发挥个人的优势和特长,正确看待不足,切勿求全责备。

5.4.3 二阶微分算子

拉普拉斯算子是二阶微分算子,定义如下:

$$\nabla^2 f = \frac{\partial^2 f}{\partial x^2} + \frac{\partial^2 f}{\partial y^2} \tag{5-40}$$

用差分代替

$$\frac{\partial^2 f}{\partial x^2} = \Delta_x f(x+1,y) - \Delta_x f(x,y) = [f(x+1,y) - f(x,y)] - [f(x,y) - f(x-1,y)]$$

$$= f(x+1,y) + f(x-1,y) - 2f(x,y)$$

$$\frac{\partial^2 f}{\partial y^2} = \Delta_y f(x,y+1) - \Delta_y f(x,y) = [f(x,y+1) - f(x,y)] - \{f(x,y) - f(x,y-1)]$$

$$= f(x,y+1) + f(x,y-1) - 2f(x,y)$$

所以

$$\nabla^2 f = f(x+1,y) + f(x-1,y) + f(x,y+1) + f(x,y-1) - 4f(x,y) \tag{5-41}$$

用模板表示为

$$\boldsymbol{H}_1 = \begin{bmatrix} 0 & 1 & 0 \\ 1 & -4 & 1 \\ 0 & 1 & 0 \end{bmatrix} \quad \text{或} \quad \boldsymbol{H}_1 = \begin{bmatrix} 0 & -1 & 0 \\ -1 & 4 & -1 \\ 0 & -1 & 0 \end{bmatrix} \tag{5-42}$$

可以扩展为

$$\boldsymbol{H}_1 = \begin{bmatrix} 1 & 1 & 1 \\ 1 & -8 & 1 \\ 1 & 1 & 1 \end{bmatrix} \quad \text{或} \quad \boldsymbol{H}_1 = \begin{bmatrix} -1 & -1 & -1 \\ -1 & 8 & -1 \\ -1 & -1 & -1 \end{bmatrix} \tag{5-43}$$

拉普拉斯锐化模板表示为

$$\boldsymbol{H} = \begin{bmatrix} 0 & -1 & 0 \\ -1 & 5 & -1 \\ 0 & -1 & 0 \end{bmatrix} \quad \text{或} \quad \boldsymbol{H} = \begin{bmatrix} -1 & -1 & -1 \\ -1 & 9 & -1 \\ -1 & -1 & -1 \end{bmatrix} \tag{5-44}$$

【例 5.19】 利用式(5-41)对例 5.14 中的图像 f 进行运算。

解: 按照拉普拉斯算子公式,对图中每个像素进行计算,模板罩不住的像素直接赋背景值0。

以$(1,1)$点为例,即对图中模板所覆盖的像素进行运算:

$$\nabla^2 f = f(2,1) + f(0,1) + f(1,2) + f(1,0) - 4f(1,1) = -8$$

每个点进行同样运算后,得最终结果:

$$\begin{bmatrix} 3 & 3 & 3 & 3 & 3 \\ 3 & 7 & 7 & 7 & 3 \\ 3 & 7 & 7 & 7 & 3 \\ 3 & 7 & 7 & 7 & 3 \\ 3 & 3 & 3 & 3 & 3 \end{bmatrix}$$

$$\boldsymbol{g} = \begin{bmatrix} 0 & 0 & 0 & 0 & 0 \\ 0 & -8 & -4 & -8 & 0 \\ 0 & -4 & 0 & -4 & 0 \\ 0 & -8 & -4 & -8 & 0 \\ 0 & 0 & 0 & 0 & 0 \end{bmatrix}$$

如果显示结果,图像像素值不能为负,可以采用如下两种处理方法将像素值负值转换为正值:

(1) 取绝对值,得到类似于梯度图像的效果;

(2) 整体加一个正整数(图中最小值的绝对值),得到类似浮雕的效果。

【例 5.20】 编写程序,实现基于拉普拉斯算子的处理。

解:程序如下。

```
import cv2 as cv
import numpy as np
Image = cv.imread("lotus.jpg", cv.IMREAD_GRAYSCALE)
Image = Image / 255
H = np.array([[0, 1, 0], [1, -4, 1], [0, 1, 0]])
G = cv.filter2D(Image, ddepth = -1, kernel = H)      ♯拉普拉斯滤波
result1 = np.abs(G)                                   ♯取绝对值
result2 = G - G.min() if G.min() < 0 else G.copy()    ♯整体加正整数
result3 = Image + result1                             ♯锐化图像
cv.imshow("Original image", Image)
cv.imshow("Absolute value of Laplacian", result1)
cv.imshow("Adding an integer", result2)
cv.imshow("Sharp image", result3)
cv.waitKey()
```

第 10 集
微课视频

程序运行结果如图 5-29 所示。

(a) 滤波图像　　　　　　　　(b) 浮雕效果　　　　　　　　(c) 锐化图像

图 5-29　拉普拉斯算子的处理效果

OpenCV 中 Laplacian 函数可以实现拉普拉斯滤波,其调用格式如下:

cv.Laplacian(src, ddepth[, dst[, ksize[, scale[, delta[, borderType]]]]]) -> dst

当参数 ksize 为 1 时,滤波模板如式(5-42)所示;参数 src 可以是灰度或彩色图像数据。

采用 Laplacian 函数改写例 5.20,只需要将程序中加粗的两行代码修改为

G = cv.Laplacian(Image, -1)

关于二阶微分过零点检测,请扫描二维码,查看讲解。

5.4.4 高斯滤波与微分运算

1. 高斯函数

二维高斯函数如式(5-22)所示,其一阶导数为

$$\nabla h(x,y) = \frac{\partial h}{\partial x} + \frac{\partial h}{\partial y} = \left(-\frac{x+y}{2\pi\sigma^4}\right) e^{\left(-\frac{x^2+y^2}{2\sigma^2}\right)} \tag{5-45}$$

二维高斯函数的二阶导数为

$$\nabla^2 h(x,y) = \frac{\partial^2 h}{\partial x^2} + \frac{\partial^2 h}{\partial y^2} = \frac{1}{2\pi\sigma^2}\left(\frac{x^2+y^2-2\sigma^2}{\sigma^4}\right) e^{\left(-\frac{x^2+y^2}{2\sigma^2}\right)} \tag{5-46}$$

高斯函数及其一阶、二阶导数在滤波运算中非常重要,图 5-30 所示为均值为 0、标准差为 2 的一维高斯函数及其一阶和二阶导数图形。

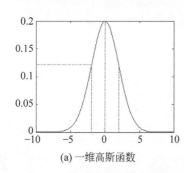 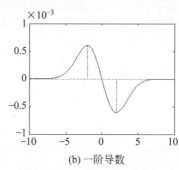 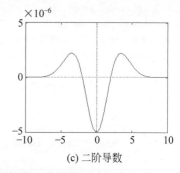

(a) 一维高斯函数　　　　　(b) 一阶导数　　　　　(c) 二阶导数

图 5-30　均值为 0 标准差为 2 的一维高斯函数及其一阶、二阶导数图形

对一维高斯函数及其一阶、二阶导数进行分析,得到高斯函数的相关特性如下。

(1)随着远离原点,权值逐渐减小到零,离中心较近的图像值比远处的图像值更重要;标准差 σ 决定邻域范围,总权值的 95% 包含在 2σ 的中间范围内。这个特性使得高斯函数常被用来作为权值,高斯滤波就是利用了这个特性。

(2)一维高斯函数的二阶导数具有光滑的中间突出部分,该部分函数值为负,还有两个光滑的侧边突出部分,该部分值为正。零交叉位于 $-\sigma$ 和 $+\sigma$ 处,与 $h(x)$ 的拐点和 $h'(x)$ 的极值点对应。

(3)一维高斯函数绕垂直轴旋转可得到各向同性的二维高斯函数形式(在任意过原点的切面上具有相同的一维高斯截面),其二阶导数形式好像一个宽边帽或称为墨西哥草帽。

从数学推导上看,帽子的空腔口沿 $z=h(x,y)$ 轴向上,但在显示和滤波应用中空腔口一般朝下,即中间突起的部分为正,帽边为负。

2. LoG 算子

图像常常受到随机噪声干扰,进行边缘检测时常把噪声当作边缘点而检测出来。针对这个问题,Marr 和 Hildreth 提出了一种解决思路:首先对原始图像作最佳平滑处理,再求边缘。这样就需要解决以下两个问题。

(1)选择什么样的滤波作平滑处理;

(2)选择什么算子来检测边缘。

Marr 用高斯函数先对图像作平滑处理,即将高斯函数 $h(x,y)$ 与图像函数 $f(x,y)$ 作卷积,得到一个平滑的图像函数,再对该函数做拉普拉斯运算,提取边缘。

可以证明$\nabla^2[f(x,y)*h(x,y)]=f(x,y)*\nabla^2 h(x,y)$，即卷积运算和求二阶导数的顺序可以交换，$\nabla^2 h(x,y)$如式(5-46)所示。

$\nabla^2 h(x,y)$称为 LoG 滤波器(Laplacian of Gaussian Algorithm)，也称为 Marr-Hildrech 算子。σ 称为尺度因子，大的值可用来检测模糊的边缘，小的值可用来检测聚焦良好的图像细节。当图像边缘模糊或噪声较大时，检测过零点能提供较可靠的边缘位置。LoG 滤波器的形状如图 5-31 所示。

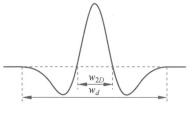

图 5-31　$\nabla^2 h$ 的横截面

LoG 滤波器的大小由 σ 的数值或等价地由 w_{2D} 的数值来确定。为了不使函数被过分地截短，应在足够大的窗口内作计算，窗口宽度通常取 $w_d \geqslant 3.6 w_{2D}$，而 $w_{2D}=2\sigma$。

LoG 滤波器可以采用模板形式，设定标准差 σ 和模板尺寸，根据式(5-46)计算模板中各点的值。关于 LoG 滤波器模板生成，请扫描二维码，查看讲解。

对图像进行 LoG 滤波后，再采用过零点检测，则实现边缘检测。

SciPy 库 ndimage 模块的 gaussian_laplace 函数可以实现 LoG 滤波，其调用格式如下：

scipy.ndimage.gaussian_laplace(input, sigma, output = None, mode = 'reflect', cval = 0.0, ∗∗ kwargs)

参数 input 可以是灰度或彩色图像数据；mode 指明边界像素的填塞方法，可取 'reflect'、'constant'、'nearest'、'mirror'、'wrap'等值，cval 是当边界填塞方法为'constant'时要填充的值。

LoG 滤波也可以通过先进行高斯滤波再进行拉普拉斯滤波实现。

第 11 集
微课视频

【例 5.21】　编程实现 LoG 滤波。

解：程序如下。

```
import cv2 as cv
import numpy as np
from scipy.ndimage import gaussian_laplace
Image = cv.imread("lotus.jpg", cv.IMREAD_GRAYSCALE)
Image = Image / 255
height, width = np.shape(Image)
LG = gaussian_laplace(Image, 1)                                          # 进行 LoG 滤波
result1 = LG − LG.min() if LG.min() < 0 else LG                          # 整体加正整数,方便观察
temp1 = cv.GaussianBlur(Image, ksize = (7, 7), sigmaX = 1, sigmaY = 0)   # 先进行高斯滤波
temp2 = cv.Laplacian(temp1, − 1)                                         # 再进行拉普拉斯滤波
result2 = temp2 − temp2.min() if temp2.min() < 0 else temp2
cv.imshow("Original image", Image)
cv.imshow("LoG", result1)
cv.imshow("G − L", result2)
cv.waitKey()
```

程序运行结果如图 5-32 所示。图 5-32(b)和图 5-32(c)分别是 LoG 滤波和先进行高斯滤波再进行拉普拉斯滤波的结果，两者一致(在计算误差范围内)。

3. DoG 算子

二维高斯函数对 σ 求偏导，得

$$\frac{\partial h}{\partial \sigma} = \frac{1}{2\pi\sigma^3}\left(\frac{x^2+y^2}{\sigma^2}-2\right)e^{\left(-\frac{x^2+y^2}{2\sigma^2}\right)} \tag{5-47}$$

由式(5-46)可知

(a) 原图 　　　　　　　　(b) LoG滤波 　　　　(c) 先进行高斯滤波再进行拉普拉斯滤波

图 5-32 　LoG 算子处理效果

$$\frac{\partial h}{\partial \sigma} = \sigma \nabla^2 h \tag{5-48}$$

根据导数定义,可得

$$\nabla^2 h \approx \frac{h(k\sigma) - h(\sigma)}{\sigma(k\sigma - \sigma)} = \frac{h(k\sigma) - h(\sigma)}{\sigma^2(k-1)} \tag{5-49}$$

用高斯差分(Difference of Gaussians,DoG)

$$h(k\sigma) - h(\sigma) = \sigma^2(k-1)\nabla^2 h \tag{5-50}$$

代替 LoG。其中,$k > 1$ 是尺度参数。

　　因此,DoG 算子是用两个不同标准差的高斯函数平滑图像,将结果相减,实现滤波,再利用过零点检测等方式处理滤波图像,实现边缘检测。如果在图像处理中已经建立了高斯差分金字塔,采用 DoG 算子更节省计算资源。

4. Canny 算子

　　Canny 边缘检测算法是 Canny 于 1986 年提出的一个多级边缘检测算法,被很多人认为是边缘检测的最优算法。

　　最优边缘检测的三个主要评价标准如下。

　　(1) 低错误率。标识出尽可能多的实际边缘,同时尽可能地减少噪声产生的误报。

　　(2) 对边缘的定位准确。标识出的边缘要与图像中的实际边缘尽可能接近。

　　(3) 最小响应。图像中的边缘最好只标识一次,并且可能存在的图像噪声部分不应标识为边缘。

　　Canny 算子结合了这三个准则,采用高斯滤波器对图像做平滑处理,在平滑处理后计算图像的每个像素的梯度幅值和方向;利用梯度方向,采用非极大抑制(Nonmaximum Suppression)方法细化边缘;用双阈值算法检测和连接边缘,最终得到细化的边缘图像。

　　利用 Canny 算子进行边缘检测的主要步骤如下。

　　(1) 使用高斯平滑滤波器卷积降噪。

　　(2) 计算平滑后图像的梯度幅值和方向,可以采用不同的梯度算子。

　　(3) 对梯度幅值应用非极大抑制,其过程是找出图像梯度中的局部极大值点,把其他非局部极大值点置零。

　　(4) 使用双阈值算法检测和连接边缘。

　　高阈值 T_{high} 被用来找到每一条线段:如果某像素位置的梯度幅值超过 T_{high},表明找到了一条线段的起始。

　　低阈值 T_{low} 被用来确定线段上的点:以上一步找到的线段起始出发,在其邻域内搜寻梯

度幅值大于 T_{low} 的像素,保留为边缘点;梯度幅值小于 T_{low} 的像素被置为背景。

OpenCV 中的 Canny 函数可以实现基于 Canny 算子的边缘检测,调用格式如下:

```
cv.Canny(image, threshold1, threshold2[, edges[, apertureSize[, L2gradient]]]) - > edges
cv.Canny(dx, dy, threshold1, threshold2[, edges[, L2gradient]]) - > edges
```

参数 image 是 8 位的灰度或彩色图像,threshold1 和 threshold2 是双阈值,先后顺序无关,自动检测两者中较小的值作为低阈值;dx 和 dy 是 16 位的水平和垂直方向上的差分图像。L2gradient 是计算梯度幅值的方法,设为 True 时选择 L_2 范数(式(5-27)),设为 False 时选择 L_1 范数(式(5-28))。

【例 5.22】　编写程序,实现基于 Canny 算子的边缘检测。

解：程序如下。

```
import cv2 as cv
import numpy as np
from scipy.ndimage import gaussian_laplace
Image = cv.imread("lotus.jpg", cv.IMREAD_GRAYSCALE)
low_T, high_T = 10, 30                              # 设置高低阈值
result1 = cv.Canny(Image, low_T, high_T)           # Canny 边缘检测
result2 = cv.Canny(Image, high_T * 4, low_T * 4)   # 提高阈值进行边缘检测
cv.imshow("Original image", Image)
cv.imshow("Canny edge image(low threshold)", result1)
cv.imshow("Canny edge image(high threshold)", result2)
cv.waitKey()
```

Canny 边缘检测效果如图 5-33 所示。当阈值较小时,检测到更多的边缘。

(a) 原图　　　　　　　　　(b) 阈值小　　　　　　　　　(c) 阈值大

图 5-33　Canny 算子边缘检测

关于 Canny 算子分析与实现,请扫描二维码,查看讲解。

5.5　频域滤波

图像信号在频域表示,变换系数反映了某些图像特征,可以在频域进行滤波,达到图像增强的目的。频域滤波可以表示为

$$G(u,v) = H(u,v)F(u,v) \tag{5-51}$$

其中,$F(u,v)$ 为图像 $f(x,y)$ 的正交变换,$H(u,v)$ 为频域滤波器传递函数。频域滤波就是选择合适的 $H(u,v)$ 对 $F(u,v)$ 进行调整,经逆变换得到滤波输出图像 $g(x,y)$。

5.5.1　低通滤波

由于噪声表现为高频成分,因此可以通过构造一个频域低通滤波器,滤除噪声。

1. 理想低通滤波

理想低通滤波器的传递函数为

$$H(u,v) = \begin{cases} 1, & D(u,v) \leqslant D_0 \\ 0, & D(u,v) > D_0 \end{cases} \tag{5-52}$$

其中，$D_0 > 0$ 为理想低通滤波器的截止频率，$D(u,v) = \sqrt{u^2 + v^2}$ 为点 (u,v) 到频域原点的距离。理想低通滤波器传递函数及其剖面图如图 5-34 所示。

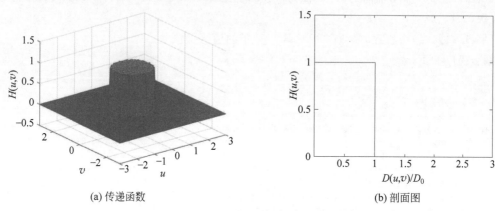

(a) 传递函数   (b) 剖面图

图 5-34 理想低通滤波器

经过理想低通滤波，小于 D_0 的频率被无损保留，大于 D_0 的频率被滤除掉。但由于滤除的高频分量中含有大量的边缘信息，因此在抑制噪声的同时会出现图像边缘模糊的现象。

【例 5.23】 设计截断频率不同的理想低通滤波器，对图像进行低通滤波。

解：程序如下。

```python
import cv2 as cv
import numpy as np
Image = (cv.imread("noise_sp.jpg", cv.IMREAD_GRAYSCALE)).astype(np.float32)
cv.imshow("Original image", Image / 255)                    #打开一幅高斯噪声图像
height, width = np.shape(Image)
DFT = np.fft.fftshift(cv.dft(Image, flags = cv.DFT_COMPLEX_OUTPUT))    #DFT
H = np.zeros([height, width])
diag = np.sqrt(height ** 2 + width ** 2)
D0 = [0.05 * diag, 0.1 * diag]                              #设置截止频率
X, y = np.linspace(0, width, width), np.linspace(0, height, height)
xv, yv = np.meshgrid(x, y)
centerx, centery = width // 2, height // 2
d = np.sqrt((xv - centerx) ** 2 + (yv - centery) ** 2)      #各点对应的频率
for i in range(2):
    H = H * 0
    H[d <= D0[i]] = 1                                       #设置低通滤波器
    G0, G1 = H * DFT[:, :, 0], H * DFT[:, :, 1]             #低通滤波，DFT 为复数矩阵
    G = np.stack((G0, G1), 2)
    g = cv.idft(np.fft.ifftshift(G), flags = cv.DFT_REAL_OUTPUT + cv.DFT_SCALE)
    cv.imshow("D0 = %.2f" % D0[i], g / 255)
cv.waitKey()
```

程序运行结果如图 5-35 所示。可以看出，在截止频率较小时，噪声滤除较好，但有较严重的模糊现象；随着截止频率增大，保留的信息越来越多，滤波后的图像也越来越清晰。

(a) 噪声图像　　　　　　(b) D_0 为最大频率的0.05　　　　　(c) D_0 为最大频率的0.1

图 5-35　理想低通滤波的效果

2. 巴特沃斯低通滤波

一个截止频率为 D_0 的 n 阶巴特沃斯低通滤波器的传递函数为

$$H(u,v)=\frac{1}{1+[D(u,v)/D_0]^{2n}} \quad \text{或} \quad H(u,v)=\frac{1}{1+(\sqrt{2}-1)[D(u,v)/D_0]^{2n}}$$

$$(5\text{-}53)$$

其中，n 为阶数，取正整数，用来控制曲线的衰减速度。

在 $D_0=10$、$n=3$ 时，巴特沃斯低通滤波器传递函数如图 5-36(a)所示，系统函数过渡平滑：通频带内的频率响应曲线最大限度平坦，没有起伏，阻频带内的频率响应曲线则逐渐下降为零，因此采用该滤波器在抑制噪声的同时，图像边缘的模糊程度大大减小且振铃效应减弱。图 5-36(b)为 $n=1,3,16,64$ 时变换函数径向剖面图，n 改变滤波器的形状：n 越大，滤波器越接近于理想滤波器。

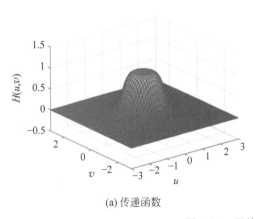 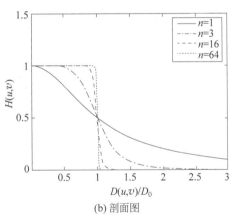

(a) 传递函数　　　　　　　　　　　　　(b) 剖面图

图 5-36　巴特沃斯低通滤波器

【例 5.24】　设计截断频率不同的巴特沃斯低通滤波器，对图像进行低通滤波。

解：修改例 5.23 中设置低通滤波器的语句(加粗的代码)为

```
n = 3
H = 1 / (1 + (d / D0[i]) ** (2 * n))
```

即可实现巴特沃斯低通滤波。

程序运行结果如图 5-37 所示。和图 5-35 对比，同样的截止频率，巴特沃斯低通滤波相对理想低通滤波效果清晰。

3. 指数低通滤波

一个截止频率为 D_0 的 n 阶指数低通滤波器的传递函数 $H(u,v)$ 定义为

(a) 噪声图像　　　　　　(b) D_0为最大频率的0.05　　　　(c) D_0为最大频率的0.1

图 5-37　巴特沃斯低通滤波的效果

$$H(u,v) = e^{-\left[\frac{D(u,v)}{D_0}\right]^n} \tag{5-54}$$

在 $D_0=10$、$n=3$ 时，指数低通滤波器传递函数如图 5-38(a)所示，系统函数过渡平滑。图 5-38(b)为 $n=1,3,16,64$ 时传递函数径向剖面图，n 改变滤波器的形状：n 越大，滤波器越接近于理想滤波器。

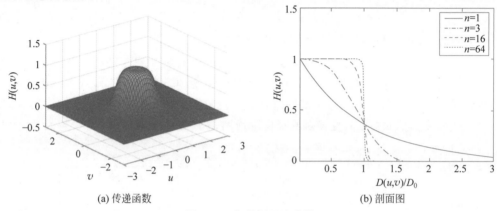

(a) 传递函数　　　　　　　　　　　　(b) 剖面图

图 5-38　指数低通滤波器

4. 梯形低通滤波

梯形低通滤波器的传递函数介于理想低通滤波器和具有平滑过渡带的低通滤波器之间，为

$$H(u,v) = \begin{cases} 1, & D(u,v) \leqslant D_0 \\ \dfrac{D(u,v)-D_1}{D_0-D_1}, & D_0 < D(u,v) \leqslant D_1 \\ 0, & D(u,v) > D_1 \end{cases} \tag{5-55}$$

其中，D_0 为截止频率，D_0、D_1 需满足 $D_0 < D_1$。图 5-39 所示为梯形低通滤波器的传递函数及径向剖面图。

5.5.2　高通滤波

图像中的边缘对应于高频分量，所以图像锐化增强可以采用高通滤波器实现。

1. 理想高通滤波器

理想高通滤波器的传递函数为

$$H(u,v) = \begin{cases} 0, & D(u,v) \leqslant D_0 \\ 1, & D(u,v) > D_0 \end{cases} \tag{5-56}$$

其中，$D_0 > 0$ 为截止频率。

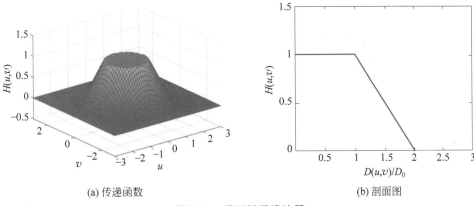

(a) 传递函数　　　　　　(b) 剖面图

图 5-39　梯形低通滤波器

　　理想高通滤波器传递函数及其剖面图如图 5-40 所示,与理想低通滤波器正好相反。通过高通滤波器把以 D_0 为半径的圆内频率成分衰减掉,圆外的频率成分则无损通过。

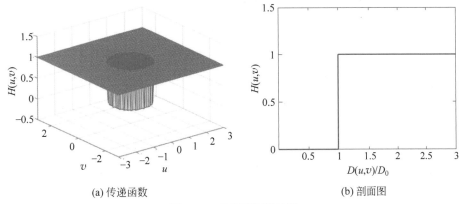

(a) 传递函数　　　　　　(b) 剖面图

图 5-40　理想高通滤波器

2. 巴特沃斯高通滤波器

一个截止频率为 D_0 的 n 阶巴特沃斯高通滤波器的传递函数为

$$H(u,v) = \frac{1}{1 + [D_0/D(u,v)]^{2n}} \tag{5-57}$$

其中,D_0、$D(u,v)$ 的含义与理想高通滤波器中的含义相同。

在 $n=3$ 时,巴特沃斯高通滤波器传递函数及其径向剖面图如图 5-41 所示。

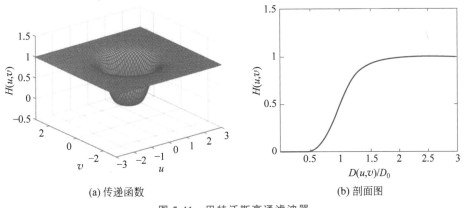

(a) 传递函数　　　　　　(b) 剖面图

图 5-41　巴特沃斯高通滤波器

3. 指数高通滤波器

指数高通滤波器的传递函数为

$$H(u,v) = \exp\left\{-\left[\frac{D_0}{D(u,v)}\right]^n\right\} \tag{5-58}$$

其中,D_0、$D(u,v)$ 的含义与理想高通滤波器中的含义相同。

在 $n=3$ 时,指数高通滤波器传递函数及其径向剖面图如图 5-42 所示。

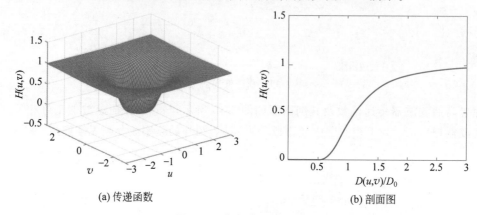

(a) 传递函数   (b) 剖面图

图 5-42　指数高通滤波器

4. 梯形高通滤波器

梯形高通滤波器的传递函数为

$$H(u,v) = \begin{cases} 0, & D(u,v) < D_0 \\ \dfrac{1}{D_1-D_0}[D(u,v)-D_0], & D_0 \leqslant D(u,v) \leqslant D_1 \\ 1, & D(u,v) > D_1 \end{cases} \tag{5-59}$$

其中,$D(u,v)$ 的含义与理想高通滤波器中的含义相同,D_1、D_0 为上下限截止频率。

梯形高通滤波器传递函数及其径向剖面图如图 5-43 所示。

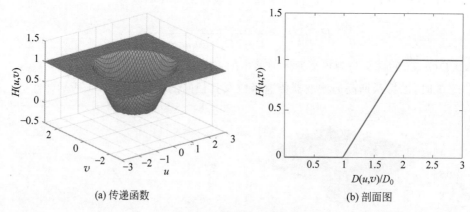

(a) 传递函数   (b) 剖面图

图 5-43　梯形高通滤波器

5.5.3　同态滤波

一般情况下,自然景物图像 $f(x,y)$ 可以表示为光源照度场(照明函数)$i(x,y)$ 和场景中物体反射光的反射场(反射函数)$r(x,y)$ 的乘积,称为图像的照度-反射模型,如式(5-60)所示。

$$f(x,y) = i(x,y) \cdot r(x,y) \tag{5-60}$$

其中，$0 < i(x,y) < \infty, 0 < r(x,y) < 1$。

近似认为，照明函数 $i(x,y)$ 描述景物的照明，其性质取决于照射源，与景物无关。反射函数 $r(x,y)$ 描述景物内容，其性质取决于成像物体的特性，而与照明无关。照明亮度一般是缓慢变化的，所以认为照明函数的频谱集中在低频段。反射函数随图像细节不同在空间快速变化，所以认为反射函数的频谱集中在高频段。这样，就可以根据式(5-60)将图像理解为高频分量与低频分量的乘积的结果。

同态滤波的基本原理是根据图像的照度-反射模型，对原始图像 $f(x,y)$ 中的反射分量 $r(x,y)$ 进行扩展，照明分量 $i(x,y)$ 进行压缩，以获得所要求的增强图像。照明函数以低频为主，反射函数以高频为主，因此，可在高通滤波函数的基础上设计同态滤波函数，即

$$H(u,v) = (\gamma_H - \gamma_L)\mathrm{High}(u,v) + \gamma_L \tag{5-61}$$

其中，γ_H 和 γ_L 分别表示高频分量频率场和低频分量频率场滤波特性，且当 $\gamma_H > 1, 0 < \gamma_L < 1$ 时，照明分量受到抑制，反射分量得到增强，从而突出图像的轮廓细节。同态滤波函数特性曲线如图 5-44 所示。

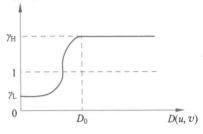

图 5-44　同态滤波函数特性曲线

同态滤波的具体算法步骤如下。

（1）对图像函数 $f(x,y)$ 进行对数变换

$$\begin{aligned}z(x,y) &= \ln[f(x,y)] = \ln[i(x,y) \cdot r(x,y)] \\ &= \ln[i(x,y)] + \ln[r(x,y)]\end{aligned} \tag{5-62}$$

（2）进行傅里叶变换

$$\begin{aligned}Z(u,v) &= \mathscr{F}\{z(x,y)\} = \mathscr{F}\{\ln i(x,y)\} + \mathscr{F}\{\ln r(x,y)\} \\ &= I(u,v) + R(u,v)\end{aligned} \tag{5-63}$$

（3）进行同态滤波

$$\begin{aligned}S(u,v) &= H(u,v)Z(u,v) \\ &= H(u,v)I(u,v) + H(u,v)R(u,v)\end{aligned} \tag{5-64}$$

（4）进行傅里叶逆变换

$$\begin{aligned}s(x,y) &= \mathscr{F}^{-1}\{S(u,v)\} \\ &= \mathscr{F}^{-1}\{H(u,v)I(u,v)\} + \mathscr{F}^{-1}\{H(u,v)R(u,v)\} \\ &= i'(x,y) + r'(x,y)\end{aligned} \tag{5-65}$$

（5）进行指数变换，得到经同态滤波处理的图像

$$\begin{aligned}g(x,y) &= \exp\{s(x,y)\} = \exp(i'(x,y) + r'(x,y)) \\ &= i_0(x,y) \cdot r_0(x,y)\end{aligned} \tag{5-66}$$

其中，$i_0(x,y)$ 是处理后的照明分量，$r_0(x,y)$ 是处理后的反射分量。

【例 5.25】　编写程序，对图像进行同态滤波增强。

解：程序如下。

```
import cv2 as cv
import numpy as np
Image = (cv.imread("scene.jpg", cv.IMREAD_GRAYSCALE)).astype(np.float32)
cv.imshow("Original image", Image / 255)
height, width = np.shape(Image)
```

```
logI = np.log(Image + 1)                                          # 取对数
DFT = np.fft.fftshift(cv.dft(logI, flags = cv.DFT_COMPLEX_OUTPUT)) # DFT
gammaH, gammaL = 2.0, 0.5
diag = np.sqrt(height ** 2 + width ** 2)
D0 = 0.6 * diag
x, y = np.linspace(0, width, width), np.linspace(0, height, height)
xv, yv = np.meshgrid(x, y)
centerx, centery = width // 2, height // 2
d = np.sqrt((xv - centerx) ** 2 + (yv - centery) ** 2)
n = 3
High = np.exp( - np.power(D0 / d, n))                              # 设计高通滤波器
H = (gammaH - gammaL) * High + gammaL                             # 设计同态滤波器
G0, G1 = H * DFT[:, :, 0], H * DFT[:, :, 1]
G = np.stack((G0, G1), 2)
g = cv.idft(np.fft.ifftshift(G), flags = cv.DFT_REAL_OUTPUT + cv.DFT_SCALE)
g = np.exp(g)
g = (g / np.max(g) * 255).astype(np.uint8)
cv.imshow("Homomorphic filtering", g)
cv.waitKey()
```

程序运行结果如图 5-45 所示。可以看出,原始的光照不均匀图像经过同态滤波增强处理后,暗区得到增强。

(a) 原图   (b) 同态滤波

图 5-45　同态滤波效果

5.6　综合实例

【例 5.26】　编写程序,实现灰度图像背景虚化效果。

解:设计思路如下。

(1) 对原灰度图像进行高强度高斯滤波,实现图像虚化,用做背景。

(2) 对原灰度图像进行锐化滤波,实现图像增强,用做前景。

(3) 采用交互式方法,在图像上选定前景区域,生成模板。

(4) 将模板进行均值滤波,将边缘部分羽化,实现前景向背景的渐变过渡。

(5) 将模板和前景相乘,反色模板和背景相乘,两者相加,实现背景虚化、前景锐化增强的效果。

程序如下。

```
import cv2 as cv
import numpy as np
Image = cv.imread("flower.jpg", cv.IMREAD_GRAYSCALE)
height, width = np.shape(Image)
back = cv.GaussianBlur(Image, ksize = (21, 21), sigmaX = 3, sigmaY = 0) # 背景虚化
```

```
H = np.array([[0, -1, 0], [-1, 5, -1], [0, -1, 0]])
fore = cv.filter2D(Image, ddepth = -1, kernel = H)          # 前景锐化
cv.imshow("Original image", Image)
rect = cv.selectROI("Original image", Image, showCrosshair = False)   # 选择一个矩形区域
a, b = rect[2] // 2, rect[3] // 2                           # 椭圆长轴和短轴的一半长度
centerx, centery = rect[0] + a, rect[1] + b                 # 椭圆中心
mask = np.zeros_like(Image, dtype = np.float32)
for y in range(height):
    for x in range(width):
        if ((x - centerx) ** 2 / (a ** 2) + (y - centery) ** 2 / (b ** 2)) < 1:
            mask[y, x] = 1                                  # 如果点在椭圆内,模板中为白色
cv.imshow("Original mask", mask)
mask = cv.blur(mask, (25, 25))                              # 模板中椭圆区域边界羽化
cv.imshow("Mask with soft edges", mask)
result = (mask * fore + (1 - mask) * back).astype(np.uint8)  # 前景、背景融合
cv.imshow("Result image", result)
cv.waitKey()
```

程序运行结果如图 5-46 所示。

(a) 选择矩形区域　　　　(b) 生成模板　　　　(c) 模板滤波　　　　(d) 处理结果

图 5-46　背景虚化

习题

5.1　在对图像进行直方图均衡化时,为什么会产生简并现象?

5.2　一幅图像的直方图如图 5-47 所示,试分析图像的视觉效果,采用什么处理比较合适?

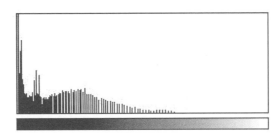

图 5-47　某图的直方图

5.3　一幅大小为 64×64 图像,8 个灰度级对应像素个数及概率 $p_r(r)$ 如表 5-5 所示,试对其进行直方图均衡化。

表 5-5　图像各灰度级对应的像素个数及概率

灰度级 r_k	0	1/7	2/7	3/7	4/7	5/7	6/7	1
像素数 n_k	560	920	1046	705	356	267	170	72
概率 $p_r(r)$	0.14	0.22	0.26	0.17	0.09	0.06	0.04	0.02

5.4 图像平滑的主要用途是什么？该操作对图像质量会带来什么负面影响？为什么？

5.5 双边滤波为什么能够在平滑图像的同时保留边缘信息？

5.6 请简述如何检测图像中的边缘。

5.7 已知一幅图像经过均值滤波之后变得模糊了,用锐化算法是否可以将其变得清晰一些？请说明观点,并编程验证。

5.8 编写程序,用 autoscaling、convertScaleAbs 函数对灰度图像进行处理。

5.9 编写程序实现习题5.2中设计的处理方法。

5.10 编写程序,采用模板运算实现图像的高斯滤波。

5.11 编写程序,采用 Prewitt 算子生成边缘方向图像。

5.12 编写程序,对灰度图像进行指数高通滤波。

第6章

CHAPTER 6

图 像 复 原

本章思维导图

图像复原

几何失真校正

原理：通过几何变换恢复复原来像素空间关系

实现：先根据特殊点建立关系，再进行几何变换

图像退化模型

连续退化模型

离散化退化模型

退化函数的估计

基于模型的估计法：根据退化原理推导出退化模型

基于图像本身特性的方法

复原的代数方法

无约束最小二乘法复原

约束复原

盲去卷积复原

基于最大似然估计的盲图图像复原算法

原理：根据先验知识建立似然函数，求最大值重建图像和PSF

实现：优化求解仿真函数

典型图像复原方法

逆滤波复原

维纳滤波复原

原理：使原图和复原图之间均方误差最小

实现

约束最小二乘方滤波

原理：最小化原图二阶微分

实现

等功率谱滤波

原理：使原图和复原图像功率谱相等

实现

几何均值滤波

RL算法

原理：假设图像服从泊松分布，采用最大似然法得到估计原始图像信息

实现

在图像生成、记录、传输的过程中，由成像系统、设备或外在的干扰导致的图像质量下降被称为图像退化，如大气扰动效应、光学系统的像差、物体运动造成的模糊、几何失真等。对退化图像进行处理并使之恢复原貌的技术被称为图像复原(Image Restoration)。

图像复原的关键在于确定退化的相关知识，将退化过程模型化，采用相反的过程尽可能恢复原图，或使复原后的图像尽可能接近原图。

本章在分析图像退化模型的基础上，介绍图像退化函数的估计、图像复原的代数方法及典型的图像复原方法。

6.1 图像退化模型

设原图像为 $f(x,y)$，由于各种退化因素影响，图像退化为 $g(x,y)$，退化过程可以抽象为一个退化系统 H 以及加性噪声 $n(x,y)$ 的影响，如图 6-1 所示。

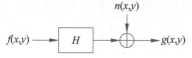

图 6-1 图像退化系统模型

原图像和退化图像之间的关系可以用式(6-1)来描述：

$$g(x,y) = H[f(x,y)] + n(x,y) \tag{6-1}$$

在具体分析中，为简化问题，做下列假设：

(1) 设噪声 $n(x,y)=0$，即暂不考虑噪声的影响；

(2) 设退化系统 H 是线性的，即满足

$$H[\alpha_1 f_1(x,y) + \alpha_2 f_2(x,y)] = \alpha_1 H[f_1(x,y)] + \alpha_2 H[f_2(x,y)]$$
$$= \alpha_1 g_1(x,y) + \alpha_2 g_2(x,y) \tag{6-2}$$

(3) 设退化系统 H 具有空间不变性：

$$H[f(x-\alpha, y-\beta)] = g(x-\alpha, y-\beta) \tag{6-3}$$

其中，α 和 β 分别是空间位置的位移量。这个性质说明图像上任一点通过系统的响应只取决于该点的输入值，与该点的位置无关。

由以上假设可知，满足上述要求的系统 H 是用线性、空间不变系统模型来模拟实际中的非线性和空间变化模型。因此，可以直接利用线性系统中的许多理论和方法来解决问题。

6.1.1 连续退化模型

引入二维单位冲激信号 $\delta(x,y)$，满足

$$\begin{cases} \displaystyle\iint_{-\infty}^{\infty} \delta(x,y)\mathrm{d}x\mathrm{d}y = 1 \\ \delta(x,y) = 0, x \neq 0, y \neq 0 \end{cases} \tag{6-4}$$

$\delta(x,y)$ 具有取样特性，任意二维信号 $f(x,y)$ 与 $\delta(x,y)$ 的卷积是该信号本身：

$$f(x,y) = f(x,y) * \delta(x,y) = \int_{-\infty}^{\infty}\int_{-\infty}^{\infty} f(\alpha,\beta)\delta(x-\alpha, y-\beta)\mathrm{d}\alpha\mathrm{d}\beta \tag{6-5}$$

因假设退化模型中的 H 是线性空间不变系统，因此，系统 H 的性能可以由其单位冲激响应 $h(x,y)$ 来表示，即

$$h(x,y) = H[\delta(x,y)] \tag{6-6}$$

线性空间不变系统 H 对输入信号 $f(x,y)$ 的响应可表示为

$$H[f(x,y)] = f(x,y) * h(x,y) = \int_{-\infty}^{\infty}\int_{-\infty}^{\infty} f(\alpha,\beta)h(x-\alpha,y-\beta)\mathrm{d}\alpha\,\mathrm{d}\beta \qquad (6\text{-}7)$$

若考虑加性噪声,则退化模型可表示为

$$g(x,y) = f(x,y) * h(x,y) + n(x,y) \qquad (6\text{-}8)$$

在空间域,$h(x,y)$ 称为点扩散函数(Point Spread Function,PSF),其傅里叶变换 $H(u,v)$ 有时称为光学传递函数(Optical Transfer Function,OTF)。

6.1.2 离散退化模型

把式(6-7)中的 $f(\alpha,\beta)$ 和 $h(x-\alpha,y-\beta)$ 进行均匀采样则得到离散退化模型。首先讨论一维的情况。

对两个函数 $f(x)$ 和 $h(x)$ 进行均匀采样,将形成两个离散变量,$f(x),x=0,1,2,\cdots,$ $A-1$ 和 $h(x),x=0,1,2,\cdots,B-1$,可以利用离散卷积来计算 $g(x)$。为避免折叠现象,将 $f(x)$ 和 $h(x)$ 进行延拓,变为周期为 $M(M \geqslant A+B-1)$ 的周期函数:

$$\begin{cases} f_e(x) = \begin{cases} f(x), & 0 \leqslant x \leqslant A-1 \\ 0, & A \leqslant x \leqslant M-1 \end{cases} \\ h_e(x) = \begin{cases} h(x), & 0 \leqslant x \leqslant B-1 \\ 0, & B \leqslant x \leqslant M-1 \end{cases} \end{cases} \qquad (6\text{-}9)$$

则得到一个离散卷积退化模型:

$$g_e(x) = \sum_{m=0}^{M-1} f_e(m)h_e(x-m) \qquad (6\text{-}10)$$

其中,$x=0,1,2,\cdots,M-1$。

引入矩阵表示法,式(6-10)可表示为

$$\boldsymbol{g} = \boldsymbol{H}\boldsymbol{f} \qquad (6\text{-}11)$$

其中,$\boldsymbol{g} = \begin{bmatrix} g_e(0) \\ g_e(1) \\ \vdots \\ g_e(M-1) \end{bmatrix}, \boldsymbol{f} = \begin{bmatrix} f_e(0) \\ f_e(1) \\ \vdots \\ f_e(M-1) \end{bmatrix}, \boldsymbol{H} = \begin{bmatrix} h_e(0) & h_e(-1) & \cdots & h_e(-M+1) \\ h_e(1) & h_e(0) & \cdots & h_e(-M+2) \\ \vdots & \vdots & & \vdots \\ h_e(M-1) & h_e(M-2) & \cdots & h_e(0) \end{bmatrix}$。

由于周期性,$h_e(x) = h_e(x+M)$,$\boldsymbol{H}$ 可以表示为

$$\boldsymbol{H} = \begin{bmatrix} h_e(0) & h_e(M-1) & \cdots & h_e(1) \\ h_e(1) & h_e(0) & \cdots & h_e(2) \\ \vdots & \vdots & & \vdots \\ h_e(M-1) & h_e(M-2) & \cdots & h_e(0) \end{bmatrix} \qquad (6\text{-}12)$$

从式(6-12)可以看出,$\boldsymbol{H}$ 是个循环矩阵,即矩阵的每一行都是前一行循环右移一位的结果。

下面将结果推广到二维的情况。

$f(x,y)$、$h(x,y)$ 可延拓为

$$\begin{cases} f_e(x,y) = \begin{cases} f(x,y), & 0 \leqslant x \leqslant A-1, 0 \leqslant y \leqslant B-1 \\ 0, & A \leqslant x \leqslant M-1, B \leqslant y \leqslant N-1 \end{cases} \\ h_e(x,y) = \begin{cases} h(x,y), & 0 \leqslant x \leqslant C-1, 0 \leqslant y \leqslant D-1 \\ 0, & C \leqslant x \leqslant M-1, D \leqslant y \leqslant N-1 \end{cases} \end{cases} \qquad (6\text{-}13)$$

二维离散卷积退化模型为

$$g_e(x,y) = \sum_{m=0}^{M-1}\sum_{n=0}^{N-1} f_e(m,n)h_e(x-m,y-n) \tag{6-14}$$

其中,$x=0,1,2,\cdots,M-1$;$y=0,1,2,\cdots,N-1$。

考虑噪声,并引入矩阵表示,得

$$\boldsymbol{g} = \boldsymbol{H}\boldsymbol{f} + \boldsymbol{n} = \begin{bmatrix} \boldsymbol{H}_0 & \boldsymbol{H}_{M-1} & \cdots & \boldsymbol{H}_1 \\ \boldsymbol{H}_1 & \boldsymbol{H}_0 & \cdots & \boldsymbol{H}_2 \\ \vdots & \vdots & & \vdots \\ \boldsymbol{H}_{M-1} & \boldsymbol{H}_{M-2} & \cdots & \boldsymbol{H}_0 \end{bmatrix} \begin{bmatrix} f_e(0) \\ f_e(1) \\ \vdots \\ f_e(MN-1) \end{bmatrix} + \begin{bmatrix} n_e(0) \\ n_e(1) \\ \vdots \\ n_e(MN-1) \end{bmatrix} \tag{6-15}$$

其中,$\boldsymbol{H}$ 的每个部分 $\boldsymbol{H}_j$ 都是一个循环阵,由延拓函数 $h_e(x,y)$ 的第 j 列构成,$\boldsymbol{H}_j$ 如下:

$$\boldsymbol{H}_j = \begin{bmatrix} h_e(j,0) & h_e(j,N-1) & \cdots & h_e(j,1) \\ h_e(j,1) & h_e(j,0) & \cdots & h_e(j,2) \\ \vdots & \vdots & & \vdots \\ h_e(j,N-1) & h_e(j,N-2) & \cdots & h_e(j,0) \end{bmatrix}$$

6.1.3　图像复原

综上所述,图像复原是指在给定退化图像 $g(x,y)$,了解退化的点扩散函数 $h(x,y)$ 和噪声项 $n(x,y)$ 的情况下,估计出原始图像 $f(x,y)$。

图像复原一般按以下步骤进行。

(1) 确定图像的退化函数。在实际图像复原中,退化函数一般是不知道的,因此,图像复原需要先估计退化函数。

(2) 采用合适的图像复原方法复原图像。图像复原是采用与退化相反的过程,使复原后的图像尽可能接近原图,一般要确定一个合适的准则函数,准则函数的最优情况对应最好的复原图。这一步的关键技术在于确定准则函数和求最优。

图像复原也可以采用盲复原方法。在实际应用中,由于导致图像退化的因素复杂,点扩散函数难以解析表示或测量困难,可以直接从退化图像估计原图像,这类方法称为盲图像复原(或盲去卷积复原)。

6.2　图像退化函数的估计

如 6.1 节所述,图像复原需要先估计退化函数,本节将学习相关的估计方法,包括基于模型的估计法以及基于退化图像本身特性的估计法。

6.2.1　基于模型的估计法

若已知引起退化的原因,根据基本原理推导出其退化模型,称为基于模型的估计法。下面将根据运动模糊产生的原理推导出运动模糊退化函数,以此了解基于模型的退化函数估计。

在获取图像时,由于景物和摄像机之间的相对运动,往往会造成图像的模糊,称为运动模糊。对于运动产生的模糊,可以通过分析其产生原理,估计其降质函数,对其进行逆滤波从而复原图像。

运动模糊是由景物在不同时刻的多个影像叠加而导致的,设 $x_0(t)$、$y_0(t)$ 分别为 x 和 y 方向上的运动分量,T 为曝光时间,则采集到的模糊图像为

$$g(x,y) = \int_0^T f[x - x_0(t), y - y_0(t)] dt \tag{6-16}$$

1. 运动模糊的传递函数

对模糊图像进行傅里叶变换:

$$
\begin{aligned}
G(u,v) &= \int_{-\infty}^{\infty} \int_{-\infty}^{\infty} g(x,y) e^{-j2\pi(ux+vy)} dx dy \\
&= \int_{-\infty}^{\infty} \int_{-\infty}^{\infty} \left[\int_0^T f[x - x_0(t), y - y_0(t)] dt \right] e^{-j2\pi(ux+vy)} dx dy \\
&= \int_0^T \left[\int_{-\infty}^{\infty} \int_{-\infty}^{\infty} f[x - x_0(t), y - y_0(t)] e^{-j2\pi(ux+vy)} dx dy \right] dt
\end{aligned}
\tag{6-17}
$$

由于傅里叶变换的平移特性,式(6-17)可表示为

$$G(u,v) = \int_0^T F(u,v) e^{-j2\pi[ux_0(t)+vy_0(t)]} dt = F(u,v) \int_0^T e^{-j2\pi[ux_0(t)+vy_0(t)]} dt \tag{6-18}$$

不考虑噪声,因为 $G(u,v) = F(u,v) H(u,v)$,所以可得到退化函数:

$$H(u,v) = \int_0^T e^{-j2\pi[ux_0(t)+vy_0(t)]} dt \tag{6-19}$$

设景物和摄像机之间进行的是匀速直线运动(变速、非直线运动在某些条件下可看作匀速直线运动的合成结果),在 T 时间内,x、y 方向上运动距离为 a 和 b,即

$$
\begin{cases}
x_0(t) = at/T \\
y_0(t) = bt/T
\end{cases}
\tag{6-20}
$$

那么

$$
\begin{aligned}
H(u,v) &= \int_0^T e^{-j2\pi[uat/T+vbt/T]} dt \\
&= \frac{T}{\pi(ua+vb)} \sin[\pi(ua+vb)] e^{-j\pi(ua+vb)}
\end{aligned}
\tag{6-21}
$$

2. 运动模糊的点扩散函数

结合式(6-16)和式(6-20),只考虑景物在 x 方向上的匀速直线运动,模糊后的图像可表示为

$$g(x,y) = \int_0^T f\left[x - \frac{at}{T}, y\right] dt \tag{6-22}$$

对于离散图像,可表示为

$$g(x,y) = \sum_{i=0}^{L-1} f\left[x - \frac{at}{T}, y\right] \Delta t \tag{6-23}$$

式中,L 为照片上景物在曝光时间 T 内移动的像素个数的整数近似值,Δt 是每个像素对模糊产生影响的时间因子。

由于很难弄清楚拍摄模糊图像的摄像机的曝光时间和景物运动速度,所以将运动模糊图像看作同一景物图像经过一系列的距离延迟后叠加而成,改写式(6-23)为

$$g(x,y) = \frac{1}{L} \sum_{i=0}^{L-1} f[x-i, y] \tag{6-24}$$

若景物在 x-y 平面沿 θ 方向做匀速直线运动(θ 是运动方向和 x 轴的夹角),移动 L 像素,

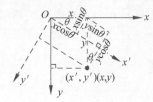

进行坐标变换,将运动方向变为水平方向,模糊图像可以表示为

$$g(x,y) = \frac{1}{L}\sum_{i=0}^{L-1} f[x'-i,y'] \qquad (6\text{-}25)$$

式中,$x' = x\cos\theta + y\sin\theta$,$y' = y\cos\theta - x\sin\theta$,如图 6-2 所示。

因此,可得任意方向匀速直线运动模糊图像的点扩散函数

图 6-2 坐标变换示意图　　$h(x,y)$ 为

$$h(x,y) = \begin{cases} 1/L, & y = x\tan\theta, 0 \leqslant x \leqslant L\cos\theta \\ 0, & y \neq x\tan\theta, -\infty < x < \infty \end{cases} \qquad (6\text{-}26)$$

【例 6.1】　编写程序,设定运动方向和运动距离,对图像进行模糊处理。

解:根据式(6-26)设计运动模糊模板,并和原图像卷积,实现运动模糊效果。所设计模板中心对称,因此,先设计半个模板,然后通过镜像和拼接构成完整模板。程序如下。

```python
import cv2 as cv
import numpy as np
from math import cos, sin
Image = cv.imread('car.jpg', cv.IMREAD_GRAYSCALE)
Image = Image / 255
cv.imshow("Original image", Image)
L, theta = 20, 30                                    # 运动模糊参数,30°方向上移动 20 像素
halfL = (L - 1) / 2                                  # 运动长度的一半,半个模板的对角长度
phi = np.mod(theta, 180) / 180 * np.pi               # 角度转弧度
cosphi, sinphi, xsign = cos(phi), sin(phi), np.sign(cosphi)
linewdt = 1                                           # 运动方向上像素在线宽为 1 的范围内
halfhw = int(halfL * cosphi + linewdt * xsign)       # 半个模板宽
halfhh = int(halfL * sinphi + linewdt)               # 半个模板高
y, x = np.mgrid[0:halfhh + 1, 0:halfhw + 1:xsign]    # 半个模板中 x、y 坐标变化范围
dist2line = y * cosphi - x * sinphi                  # 计算 y',或称为点到运动方向的距离
rad = np.sqrt(x ** 2 + y ** 2)                       # 半个模板的对角长度
lastpix = (rad >= halfL) & (np.abs(dist2line) <= linewdt)   # 线宽范围内超出运动长度的点
x2lastpix = halfL - np.abs((x[lastpix] + dist2line[lastpix] * sinphi) / cosphi)
dist2line[lastpix] = np.sqrt(dist2line[lastpix] ** 2 + x2lastpix ** 2)
                                                     # 超范围点到运动方向前端点的距离
dist2line = linewdt - np.abs(dist2line)              # 各点在模板中的权值,距离运动方向近的权值大
dist2line[dist2line < 0] = 0                         # 在距离运动方向线宽内的点保留,其余置零
hh, hw = 2 * halfhh + 1, 2 * halfhw + 1              # 完整模板尺寸
h = np.zeros([hh, hw])
h[0:halfhh + 1, 0:halfhw + 1] = np.flip(dist2line, [0, 1])   # 模板对角镜像
h[halfhh:hh + 1, halfhw:hw + 1] = dist2line          # 将模板补充完整
h = h / np.sum(h)                                    # 运动方向上 h(x,y) = 1/L
if cosphi > 0:
    h = np.flipud(h)
MotionBlurredI = cv.filter2D(Image, -1, h)           # 卷积运算
cv.imshow("Motion blur image", MotionBlurredI)
cv.waitKey()
```

程序运行效果如图 6-3 所示。

3. 运动模糊点扩散函数的参数估计

运动模糊点扩散函数的参数 L 和 θ 是未知的,需要进行估计,可以在时域或频域进行,本节简要介绍基于频域特征的参数估计。

首先对不同方向的运动模糊图像分析其频谱变化。将图像分别向 0°、30°、60° 和 90° 方向运动 20 像素,以及在 90° 方向上运动 5、10、20、40 像素,产生的模糊图像及其频谱图如图 6-4 所示。

(a) 原图　　　　　　　　　　(b) 运动模糊图像

图 6-3　运动模糊效果

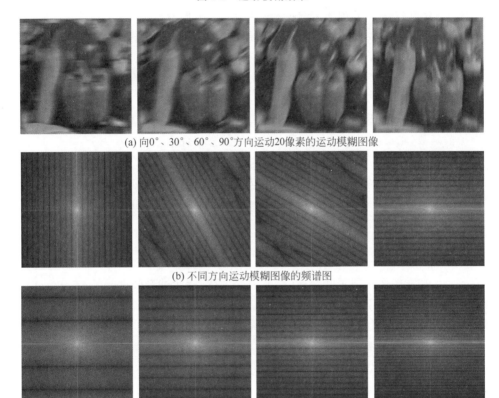

(a) 向0°、30°、60°、90°方向运动20像素的运动模糊图像

(b) 不同方向运动模糊图像的频谱图

(c) 90°方向上运动5、10、20、40像素的模糊图像频谱图

图 6-4　运动模糊图像与频谱图

从图 6-4 中可以看出,运动模糊图像的频谱图有黑色的平行条纹,随着运动方向的变化,条纹也随之变化,条纹的方向总是与运动方向垂直。因此,可以通过判定模糊图像频谱条纹的方向确定实际的运动模糊方向。随着运动模糊长度的变化,条纹的数量也随之产生变化,图像频谱图条纹的个数即为图像实际运动模糊的长度。因此,可以通过计算模糊图像频谱条纹的数量确定实际的运动模糊长度。

以上从分析图示的角度解释了运动模糊方向、长度和频谱图的关系,若对匀速运动模糊图像点扩散函数进行推导,可以得出模糊图像频谱条纹间距和模糊长度的数学关系式。这里不做具体的分析,可参看相关资料。

4. 其他退化函数模型

1）散焦模糊退化函数

根据几何光学原理,可推导出光学系统散焦造成的图像退化点扩散函数如下:

$$h(x,y) = \begin{cases} 1/\pi R^2, & x^2 + y^2 \leqslant R^2 \\ 0, & \text{其他} \end{cases} \tag{6-27}$$

式中,R 为散焦半径。

2) 高斯退化函数

在许多成像系统中,多种因素综合作用,其点扩散函数趋于高斯型,可近似描述为

$$h(x,y) = \begin{cases} K \exp[-\alpha(x^2 + y^2)], & (x,y) \in S \\ 0, & \text{其他} \end{cases} \tag{6-28}$$

式中,K 为归一化常数,α 为正常数,S 为点扩散函数的圆形域。

这些模型中都涉及参数的确定问题,在实际问题中,需要通过图像自身或成像系统的先验信息估计出模型中的参数。

6.2.2 基于退化图像本身特性的估计法

如果对引起退化的物理性质不了解,或者引起退化的过程过分复杂,导致无法用分析的方法确定点扩散函数,则可以采用退化图像本身的特性来估计。

1. 原景物中含有点源

如果确定原景物中存在一个点源,若忽略噪声干扰,则该点源的影像便是点扩散函数。利用相同的系统设置,成像一个脉冲(一个亮点),由于脉冲的傅里叶变换是一个常数,那么系统的退化函数为

$$H(u,v) = \frac{G(u,v)}{K} \tag{6-29}$$

式中,$G(u,v)$ 是观察图像的傅里叶变换,K 是一个常数,表示冲激强度。

2. 原景物中含有直线源

同含有点源类似,可以根据原景物中含有直线源的影像来估计点扩散函数。给定方向上线源的模糊影像等于点扩散函数在该线源方向上的积分。若点扩散函数为圆对称函数,则由线源的影像确定点扩散函数时与线源取向无关。

3. 原景物中含有边界线

若原景物中不含有明显的点或线,却含有明显的边界线(亮度突变的阶跃),则称它的影像或成像系统对它的响应为界线扩散函数,可以根据界线扩散函数估计系统的点扩散函数。界线影像的导数,等于平行于该界线的线源的影像(证明略)。因此,可以根据界线影像的导数确定线源的影像,从而求出退化系统的点扩散函数。

6.3 图像复原的代数方法

所谓图像复原的代数方法,即是根据式(6-15)所示的退化模型,假设具备关于 $\boldsymbol{g}$、$\boldsymbol{H}$、$\boldsymbol{n}$ 的某些先验知识,确定某种最佳准则,寻找原图 $\boldsymbol{f}$ 的最优估计 $\hat{\boldsymbol{f}}$。

6.3.1 无约束最小二乘方复原

由退化模型可知,其噪声项可表示为

$$\boldsymbol{n} = \boldsymbol{g} - \boldsymbol{Hf} \tag{6-30}$$

希望找到一个 $\hat{f}$，使得 $H\hat{f}$ 在最小二乘方意义上近似于 g，即式(6-31)取最小：

$$\| n \|^2 = \| g - H\hat{f} \|^2 \tag{6-31}$$

定义最佳准则 $J(\hat{f})$：

$$J(\hat{f}) = \| g - H\hat{f} \|^2 = (g - H\hat{f})^{\mathrm{T}}(g - H\hat{f}) \tag{6-32}$$

$J(\hat{f})$ 的最小值对应为最优。选择 $\hat{f}$ 不受其他条件约束，因此称为无约束复原。

对 $J(\hat{f})$ 求微分以求极小值：

$$\frac{\partial J(\hat{f})}{\partial \hat{f}} = -2H^{\mathrm{T}}(g - H\hat{f}) = 0 \tag{6-33}$$

$$H^{\mathrm{T}}H\hat{f} = H^{\mathrm{T}}g$$

$$\hat{f} = (H^{\mathrm{T}}H)^{-1}H^{\mathrm{T}}g \tag{6-34}$$

当 $M = N$ 时，H 为一方阵，假设 H^{-1} 存在，则可求得 $\hat{f}$。

$$\hat{f} = H^{-1}(H^{\mathrm{T}})^{-1}H^{\mathrm{T}}g = H^{-1}g \tag{6-35}$$

正如前文所述，当已知退化过程 H，即可由退化图像 g 求出原图 f 的估计 $\hat{f}$。

6.3.2　约束复原

在最小二乘方复原处理中，往往附加某种约束条件，这种情况下的复原称为约束复原。有附加条件的极值问题可用拉格朗日乘数法来求解。

设对原图像进行某一线性运算 Q，求在约束条件 $\| n \|^2 = \| g - H\hat{f} \|^2$ 下，使 $\| Q\hat{f} \|^2$ 为最小的原图 f 的最佳估计 $\hat{f}$。

构造拉格朗日函数：

$$J(\hat{f}) = \| Q\hat{f} \|^2 + \lambda(\| g - H\hat{f} \|^2 - \| n \|^2) \tag{6-36}$$

式中，λ 为拉格朗日系数。

将式(6-36)求微分以求极小值：

$$\frac{\partial J(\hat{f})}{\partial \hat{f}} = 2Q^{\mathrm{T}}Q\hat{f} - 2\lambda H^{\mathrm{T}}(g - H\hat{f}) = 0 \tag{6-37}$$

求解

$$Q^{\mathrm{T}}Q\hat{f} + \lambda H^{\mathrm{T}}H\hat{f} - \lambda H^{\mathrm{T}}g = 0$$

$$\hat{f} = \left(H^{\mathrm{T}}H + \frac{1}{\lambda}Q^{\mathrm{T}}Q\right)^{-1}H^{\mathrm{T}}g \tag{6-38}$$

式(6-35)、式(6-38)是图像复原代数方法的基础。

6.4　典型图像复原方法

本节讲解经典图像复原方法：逆滤波复原、维纳滤波复原、等功率谱滤波、几何均值滤波、约束最小二乘方滤波及 Richardson-Lucy 算法。

6.4.1 逆滤波复原

由退化模型 $g(x,y)=f(x,y)*h(x,y)+n(x,y)$ 可知,若不考虑噪声,这是一个卷积的过程。利用傅里叶变换的卷积定理,退化模型可表示为

$$G(u,v)=F(u,v)H(u,v)+N(u,v) \tag{6-39}$$

式中,$G(u,v)$、$F(u,v)$、$H(u,v)$、$N(u,v)$ 分别为退化图像 $g(x,y)$、原图 $f(x,y)$、点扩散函数 $h(x,y)$ 及噪声 $n(x,y)$ 的傅里叶变换。

式(6-39)可变换为

$$\hat{F}(u,v)=\frac{G(u,v)}{H(u,v)}-\frac{N(u,v)}{H(u,v)} \tag{6-40}$$

再对式(6-40)进行傅里叶逆变换,可求得原图像 $f(x,y)$ 的估计 $\hat{f}(x,y)$:

$$\hat{f}(x,y)=\mathscr{F}^{-1}[\hat{F}(u,v)]=\mathscr{F}^{-1}\left[\frac{G(u,v)}{H(u,v)}-\frac{N(u,v)}{H(u,v)}\right] \tag{6-41}$$

式中,$\dfrac{G(u,v)}{H(u,v)}$ 起到了反向滤波的作用,因此,这种复原方法被称为逆滤波复原。逆滤波复原其实是无约束复原的频域表示方法。

若在某些频域点处 $H(u,v)=0$,则逆滤波无法进行;且当 $H(u,v)=0$ 或取值很小时,若噪声项 $N(u,v)\neq0$,则噪声项可能会很大,导致无法正确恢复原图。因此,逆滤波复原通常人为设置 $H(u,v)$ 零点处的取值,使用 $M(u,v)$ 取代 $H^{-1}(u,v)$:

$$M(u,v)=\begin{cases} H^{-1}(u,v), & H(u,v)>d \\ k, & H(u,v)\leqslant d \end{cases} \tag{6-42}$$

式中,k、d 是小于 1 的常数,其含义是在零点及其附近设置 $H(u,v)=k<1$;在非零点处,保持 $H^{-1}(u,v)$ 逆滤波。逆滤波式可表示为

$$\hat{f}(x,y)=\mathscr{F}^{-1}[\hat{F}(u,v)]=\mathscr{F}^{-1}[G(u,v)M(u,v)-N(u,v)M(u,v)] \tag{6-43}$$

考虑到 $H(u,v)$ 的带宽比噪声带宽窄得多的特性,其频率响应应具有低通特性,也可以按式(6-44)修改逆滤波的传递函数:

$$M(u,v)=\begin{cases} H^{-1}(u,v), & u^2+v^2\leqslant D_0 \\ 0, & u^2+v^2>D_0 \end{cases} \tag{6-44}$$

式中,D_0 为逆滤波器的空间截止频率,选择 D_0 应排除 $H(u,v)$ 的零点。

【例 6.2】 编写程序,对图像进行均值模糊,并进行逆滤波复原。

解:程序如下。

```python
import cv2 as cv
import numpy as np
from scipy.signal import convolve2d
from numpy.fft import fft2, ifft2, fftshift, ifftshift
from skimage.util import random_noise
Image = cv.imread('flower.jpg', cv.IMREAD_GRAYSCALE)
cv.imshow("Original image", Image)
Image = Image / 255
height, width = np.shape(Image)
win = 15                                              #模糊模板尺寸
height, width = height + win - 1, width + win - 1     #延拓后尺寸
```

```
h = np.ones([win, win]) / (win * win)                          # 点扩散函数
BlurI = convolve2d(Image, h, mode = 'full')                    # 模糊操作
cv.imshow("Blurred image", BlurI)
BlurNoisyI = random_noise(BlurI, 's&p', amount = 0.001)        # 给模糊图像添加椒盐噪声
cv.imshow("Blur and noisy image", BlurNoisyI)
h1 = np.zeros([height, width])                                 # 模板延拓
h1[0:win, 0:win] = h                                           # 频域退化函数
H = fftshift(fft2(h1))                                         # 去除 H(u,v) 零点
H[np.absolute(H) < 0.0001] = 0.01                              # 修正逆滤波传递函数
M = H ** (-1)                                                  # 频域原点
r1, r2 = width // 2, height // 2                               # 截止频率
d0 = np.sqrt(height ** 2 + width ** 2) / 20
for u in range(width):
    for v in range(height):
        d = np.sqrt((u - r1) ** 2 + (v - r2) ** 2)
        if d > d0:
            M[v, u] = 0                                        # 逆滤波传递函数引入低通性
G1 = fftshift(fft2(BlurI))                                     # 模糊图像 DFT 变换
G2 = fftshift(fft2(BlurNoisyI))                                # 模糊加噪声图像 DFT 变换
f1 = np.absolute(ifft2(ifftshift(G1 / H)))                    # 模糊图像逆滤波
f2 = np.absolute(ifft2(ifftshift(G2 / H)))                    # 模糊加噪声图像逆滤波
f3 = np.absolute(ifft2(ifftshift(G2 * M)))                    # 模糊加噪声图像低通逆滤波
result1 = f1[0:height - win + 1, 0:width - win + 1]
result2 = f2[0:height - win + 1, 0:width - win + 1]
result3 = f3[0:height - win + 1, 0:width - win + 1]            # 逆滤波结果去掉延拓部分
result1 = (result1 - result1.min()) / (result1.max() - result1.min())
result2 = (result2 - result2.min()) / (result2.max() - result2.min())
result3 = (result3 - result3.min()) / (result3.max() - result3.min())    # 归一化
cv.imshow("Inverse filtering of blurred I", result1)
cv.imshow("Inverse filtering of blurred and noisy I", result2)
cv.imshow("Inverse filtering of blurred and noisy I(Low - pass)", result3)
cv.waitKey()
```

程序运行效果如图 6-5 所示。

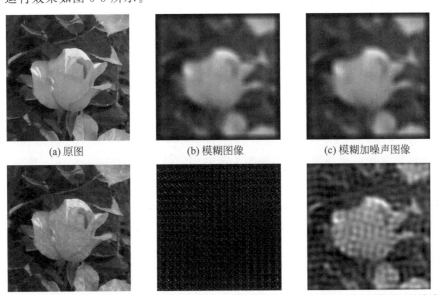

(a) 原图　　　　　　　　(b) 模糊图像　　　　　　　(c) 模糊加噪声图像

(d) 对模糊图像逆滤波　(e) 对模糊加噪声图像逆滤波　(f) 对模糊加噪声图像低通逆滤波

图 6-5　逆滤波效果示意图

在图 6-5 中,图 6-5(b)是采用 15×15 的均值滤波模板对图像进行模糊滤波。图 6-5(c)是在模糊的基础上叠加了椒盐噪声。直接采用 $H(u,v)$ 对图 6-5(b)的模糊图像进行逆滤波的效果如图 6-5(d)所示。可以看出,能够很好地去除模糊效果。而叠加噪声的模糊图像,在逆滤波时,$H(u,v)$ 的幅度随着离 u、v 平面原点的距离增加而迅速下降,但噪声幅度变化平缓,在远离 u、v 平面原点时,$N(u,v)/H(u,v)$ 的值变得很大,而 $F(u,v)$ 却很小,因此,无法恢复出原始图像,如图 6-5(e)所示。采用式(6-44)所示的 $M(u,v)$ 进行逆滤波,加入低通特性,在一定程度上恢复了原图,如图 6-5(f)所示。

6.4.2　维纳滤波复原

从图 6-5 可知,在图像中存在噪声的情况下,简单的逆滤波方法不能很好地处理噪声,需要采用约束复原的方法,维纳滤波复原是一种有代表性的约束复原方法,是使原始图像 $f(x,y)$ 和复原图像 $\hat{f}(x,y)$ 之间均方误差最小的复原方法。

均方误差表达式为

$$e^2 = E\big[(f-\hat{f})^2\big] \tag{6-45}$$

其中,$E[\cdot]$ 为数学期望算子,维纳滤波又称为最小均方误差滤波。

假设噪声 $n(x,y)$ 和图像 $f(x,y)$ 不相关,且 $f(x,y)$ 或 $n(x,y)$ 有零均值,估计的灰度级 $\hat{f}(x,y)$ 是退化图像灰度级 $g(x,y)$ 的线性函数。在满足这些条件下,均方误差取最小值时有下列表达式:

$$\begin{aligned}
\hat{F}(u,v) &= \left[\frac{H^*(u,v)S_f(u,v)}{S_f(u,v)\,|\,H(u,v)\,|^2 + S_n(u,v)}\right]G(u,v) \\
&= \left[\frac{H^*(u,v)}{|\,H(u,v)\,|^2 + S_n(u,v)/S_f(u,v)}\right]G(u,v) \\
&= \left[\frac{1}{H(u,v)} \cdot \frac{|\,H(u,v)\,|^2}{|\,H(u,v)\,|^2 + S_n(u,v)/S_f(u,v)}\right]G(u,v)
\end{aligned} \tag{6-46}$$

式中,$H^*(u,v)$ 是退化函数 $H(u,v)$ 的复共轭;$S_n(u,v) = |N(u,v)|^2$ 是噪声的功率谱;$S_f(u,v) = |F(u,v)|^2$ 是原图的功率谱。

由式(6-46)可以看出,维纳滤波器的传递函数为

$$H_w(u,v) = \frac{1}{H(u,v)} \cdot \frac{|\,H(u,v)\,|^2}{|\,H(u,v)\,|^2 + S_n(u,v)/S_f(u,v)} \tag{6-47}$$

可以看出,维纳滤波没有逆滤波中传递函数为零的问题,除非对于相同的 u、v 值,$H(u,v)$ 和 $S_n(u,v)$ 同时为零。因此,维纳滤波能够自动抑制噪声。

当噪声为零时,噪声功率谱小,维纳滤波就变成了逆滤波,因此,逆滤波是维纳滤波的特例。当 $S_n(u,v)$ 远大于 $S_f(u,v)$ 时,则 $H_w(u,v) \to 0$,维纳滤波避免了逆滤波过于放大噪声的问题。

采用维纳滤波复原图像时,需要知道原始图像和噪声的功率谱 $S_f(u,v)$ 和 $S_n(u,v)$。而实际上,这些值都是未知的,通常采用一个常数 K 来代替 $S_n(u,v)/S_f(u,v)$,即用下式近似表达:

$$\hat{F}(u,v) = \left[\frac{1}{H(u,v)} \cdot \frac{|\,H(u,v)\,|^2}{|\,H(u,v)\,|^2 + K}\right]G(u,v) \tag{6-48}$$

【例 6.3】 编写程序,对均值模糊加噪声图像进行维纳滤波。

解：程序如下。

```
import cv2 as cv
import numpy as np
from scipy.signal import convolve2d
from numpy.fft import fft2, ifft2, fftshift, ifftshift
from skimage.util import random_noise
Image = cv.imread('flower.jpg', cv.IMREAD_GRAYSCALE)
Image = Image / 255
height, width = np.shape(Image)
win = 15
height, width = height + win − 1, width + win − 1
h = np.ones([win, win]) / (win * win)
BlurI = convolve2d(Image, h, mode = 'full')
n_mean, n_var = 0, 0.0001                                    ♯高斯噪声参数
BlurNoisyI = random_noise(BlurI, 'gaussian', mean = n_mean, var = n_var)   ♯添加高斯噪声
cv.imshow("Blur and Noisy image", BlurNoisyI)
h1 = np.zeros([height, width])
h1[0:win, 0:win] = h
H = fftshift(fft2(h1))
H[np.absolute(H) < 0.0001] = 0.01
H2 = np.absolute(H) ** 2                                     ♯计算|H(u,v)|²
G = fftshift(fft2(BlurNoisyI))
K1, K2 = 0, n_var / np.var(Image)                           ♯设置噪声和图像的功率谱比值
Hw1 = 1 / H * H2 / (H2 + K1)
Hw2 = 1 / H * H2 / (H2 + K2)                                 ♯两种情况下的维纳滤波器
f1 = np.absolute(ifft2(ifftshift(G * Hw1)))                 ♯滤波并逆变换
f2 = np.absolute(ifft2(ifftshift(G * Hw2)))
result1 = f1[0:height − win + 1, 0:width − win + 1]
result2 = f2[0:height − win + 1, 0:width − win + 1]
result1 = (result1 − result1.min()) / (result1.max() − result1.min())
result2 = (result2 − result2.min()) / (result2.max() − result2.min())
cv.imshow("Wiener IF(NSR = 0)", result1)
cv.imshow("Wiener IF(NSR estimated)", result2)
cv.waitKey()
```

　　程序运行效果如图 6-6 所示。在 NSR＝0 时,维纳滤波实际上是逆滤波方法,从图 6-6(c)可以看出,未能复原图像;在程序中,噪声信号是人为叠加的,估计 NSR 的值较准确,复原效果较好,如图 6-6(d)所示;实际问题中,对于噪声不够了解,需要根据经验或别的方法来确定 NSR 的取值。

   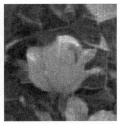

(a) 原图　　　　　(b) 均值模糊加高斯噪声　　　(c) NSR=0复原　　　(d) 估计NSR复原

图 6-6　维纳滤波

6.4.3 等功率谱滤波

等功率谱滤波是使原始图像 $f(x,y)$ 和复原图像 $\hat{f}(x,y)$ 的功率谱相等的复原方法。此方法假设图像和噪声均属于均匀随机场,噪声均值为零,且与图像不相关。

由退化模型及功率谱的定义,可知:

$$S_g(u,v)=|H(u,v)|^2 S_f(u,v)+S_n(u,v) \tag{6-49}$$

设复原滤波器的传递函数为 $M(u,v)$,则

$$S_{\hat{f}}(u,v)=S_g(u,v)|M(u,v)|^2 \tag{6-50}$$

根据等功率谱的概念,$S_{\hat{f}}(u,v)=S_f(u,v)$,可得

$$M(u,v)=\left[\frac{1}{|H(u,v)|^2+S_n(u,v)/S_f(u,v)}\right]^{1/2} \tag{6-51}$$

则等功率谱滤波如式(6-52)所示:

$$\hat{F}(u,v)=\left[\frac{1}{|H(u,v)|^2+S_n(u,v)/S_f(u,v)}\right]^{1/2}G(u,v) \tag{6-52}$$

在没有噪声的情况下,$S_n(u,v)=0$,等功率谱滤波转变为逆滤波。类似于维纳滤波,等功率谱滤波复原图像时,可采用一个常数 K 来代替 $S_n(u,v)/S_f(u,v)$。

6.4.4 几何均值滤波

将前述几种滤波器一般化,可得几何均值滤波器:

$$M(u,v)=\left[\frac{H^*(u,v)}{|H(u,v)|^2}\right]^{\alpha}\left[\frac{H^*(u,v)}{|H(u,v)|^2+\gamma S_n(u,v)/S_f(u,v)}\right]^{1-\alpha} \tag{6-53}$$

式中,α、γ 为正的实常数。

可以看出,当 $\alpha=1$ 时,几何均值滤波器即逆滤波器;当 $\alpha=0$ 时,则是参数化的维纳滤波器;当 $\alpha=1/2$ 且 $\gamma=1$ 时,则是等功率谱滤波器;当 $\alpha=1/2$ 时,则是普通逆滤波器和维纳滤波器的几何平均,即几何均值滤波器;当 $\gamma=1$ 时,若 $\alpha<1/2$,则滤波器越来越接近维纳滤波器;若 $\alpha>1/2$,则滤波器越来越接近逆滤波器。因此,可以通过灵活选择 α 和 γ 的值来获得良好的平滑效果。

6.4.5 约束最小二乘方滤波

维纳滤波复原能比逆滤波复原获得更好的效果,但是,如前所述,维纳滤波需要知道原始图像和噪声的功率谱,而实际上,这些值是未知的,功率谱比的常数估计一般也没有很合适的解。若仅知道噪声方差的情况,可以考虑约束最小二乘方滤波。

1. 约束最小二乘方滤波原理

由 6.3.2 节分析可知,约束复原是求在约束条件 $\|n\|^2=\|g-H\hat{f}\|^2$ 下,使 $\|Q\hat{f}\|^2$ 为最小的原图 f 的最佳估计 $\hat{f}$,在此,采用最小化原图二阶微分的方法。

图像 $f(x,y)$ 在 (x,y) 处的二阶微分可表示为

$$\nabla^2 f=\frac{\partial^2 f}{\partial x^2}+\frac{\partial^2 f}{\partial y^2}=f(x+1,y)+f(x-1,y)+f(x,y+1)+f(x,y-1)-4f(x,y) \tag{6-54}$$

二阶微分实际上是原图 $f(x,y)$ 与离散的拉普拉斯算子 $l(x,y)$ 的卷积,$l(x,y)$ 如式(6-55)

所示：

$$l(x,y) = \begin{bmatrix} 0 & 1 & 0 \\ 1 & -4 & 1 \\ 0 & 1 & 0 \end{bmatrix} \qquad (6\text{-}55)$$

采用的最优化准则为

$$\min(f(x,y) * l(x,y)) \qquad (6\text{-}56)$$

拉普拉斯算子尺寸为 3×3，设原图像大小为 $A \times B$，系统函数 H 大小为 $C \times D$。为避免折叠现象，将各函数延拓到 $M \times N$，$M \geqslant A + C - 1$ 且 $M \geqslant A + 3 - 1$，$N \geqslant B + D - 1$ 且 $N \geqslant B + 3 - 1$，即

$$\begin{aligned}
f_e(x,y) &= \begin{cases} f(x,y), & 0 \leqslant x \leqslant A-1, 0 \leqslant y \leqslant B-1 \\ 0, & A \leqslant x \leqslant M-1, B \leqslant y \leqslant N-1 \end{cases} \\
h_e(x,y) &= \begin{cases} h(x,y), & 0 \leqslant x \leqslant C-1, 0 \leqslant y \leqslant D-1 \\ 0, & C \leqslant x \leqslant M-1, D \leqslant y \leqslant N-1 \end{cases} \\
l_e(x,y) &= \begin{cases} l(x,y), & 0 \leqslant x \leqslant 2, 0 \leqslant y \leqslant 2 \\ 0, & 3 \leqslant x \leqslant M-1, 3 \leqslant y \leqslant N-1 \end{cases} \\
g_e(x,y) &= \begin{cases} g(x,y), & 0 \leqslant x \leqslant A+C-2, 0 \leqslant y \leqslant B+D-2 \\ 0, & A+C-1 \leqslant x \leqslant M-1, B+D-1 \leqslant y \leqslant N-1 \end{cases}
\end{aligned} \qquad (6\text{-}57)$$

按约束复原结论(式(6-38))，约束最小二乘方滤波中，线性运算 Q 即为拉普拉斯算子 L，因此，复原图像可以按式(6-58)计算：

$$\hat{f} = \left(H^{\mathrm{T}} H + \frac{1}{\lambda} L^{\mathrm{T}} L \right)^{-1} H^{\mathrm{T}} g \qquad (6\text{-}58)$$

直接求解式(6-58)比较困难，可以用傅里叶变换的方法在变换域中计算，表示为

$$\begin{aligned}
\hat{F}(u,v) &= \left[\frac{H_e^*(u,v)}{|H_e(u,v)|^2 + \frac{1}{\lambda}|L_e(u,v)|^2} \right] G_e(u,v) \\
&= \left[\frac{H_e^*(u,v)}{|H_e(u,v)|^2 + \gamma|L_e(u,v)|^2} \right] G_e(u,v) \qquad (6\text{-}59)
\end{aligned}$$

其中，$L_e(u,v)$、$H_e(u,v)$、$G_e(u,v)$ 是式(6-57)中所示 $l_e(x,y)$、$h_e(x,y)$、$g_e(x,y)$ 的二维 DFT。

2. 约束最小二乘方滤波的实现

对于式(6-59)所示的求解公式，可以通过调整参数 γ 以达到良好的复原结果。从最优角度出发，需满足约束 $\|n\|^2 = \|g - H\hat{f}\|^2$，因此，定义残差向量 e：

$$e = g - H\hat{f} \qquad (6\text{-}60)$$

由式(6-59)可知，$\hat{F}(u,v)$ 是 γ 的函数，所以残差向量 e 也是 γ 的函数。定义

$$\varphi(\gamma) = e^{\mathrm{T}} e = \|e\|^2 \qquad (6\text{-}61)$$

$\varphi(\gamma)$ 是 γ 的单调递增函数。调整 γ，使得

$$\|e\|^2 = \|n\|^2 \pm \alpha \qquad (6\text{-}62)$$

其中，α 是一个准确度系数。若 $\alpha = 0$，则严格满足约束要求 $\|n\|^2 = \|g - H\hat{f}\|^2$。

可以通过下列方法确定满足要求的 γ 值：

（1）指定初始 γ 值。

（2）计算 $\hat{f}$ 和 $\|e\|^2$。

（3）若满足式(6-62)，则算法停止；否则，若 $\|e\|^2 < \|n\|^2 - \alpha$，则增加 γ，若 $\|e\|^2 > \|n\|^2 + \alpha$，则减小 γ，并返回上一步继续。

在上述算法过程中，需要计算 $\|e\|^2$ 和 $\|n\|^2$ 的值。

$\|e\|^2$ 的计算过程如下。

对式(6-60)进行傅里叶变换：

$$E(u,v) = G(u,v) - H(u,v)\hat{F}(u,v) \tag{6-63}$$

对 $E(u,v)$ 进行傅里叶逆变换得 $e(x,y)$，然后按下式计算 $\|e\|^2$：

$$\|e\|^2 = \sum_{x=0}^{M-1}\sum_{y=0}^{N-1} e^2(x,y) \tag{6-64}$$

$\|n\|^2$ 的计算过程如下。

估计整幅图像上的噪声方差：

$$\sigma_n^2 = \frac{1}{MN}\sum_{x=0}^{M-1}\sum_{y=0}^{N-1}[n(x,y) - \mu_n]^2 \tag{6-65}$$

式中，μ_n 是样本的均值，如式(6-66)所示：

$$\mu_n = \frac{1}{MN}\sum_{x=0}^{M-1}\sum_{y=0}^{N-1} n(x,y) \tag{6-66}$$

参考式(6-64)，得

$$\|n\|^2 = \sum_{x=0}^{M-1}\sum_{y=0}^{N-1} n^2(x,y) = MN[\sigma_n^2 + \mu_n^2] \tag{6-67}$$

因此，可以得到结论：可以只用噪声的均值和方差的相关知识，不需要知道原始图像和噪声的功率谱，就可以执行最优复原算法。

【例6.4】 基于上述算法编写程序，对模糊的图像进行约束最小二乘方滤波。

解：程序如下。

```python
import cv2 as cv
import numpy as np
from scipy.signal import convolve2d
from numpy.fft import fft2, ifft2, fftshift, ifftshift
from skimage.util import random_noise
Image = cv.imread('flower.jpg', cv.IMREAD_GRAYSCALE)
Image = Image / 255
height, width = np.shape(Image)
win = 15
height, width = height + win - 1, width + win - 1
h = np.ones([win, win]) / (win * win)
BlurI = convolve2d(Image, h, mode = 'full')
n_mean, n_var = 0, 0.001
BlurNoisyI = random_noise(BlurI, 'gaussian', mean = n_mean, var = n_var)
nn = height * width * (n_var + n_mean ** 2)
cv.imshow("Blur and Noisy image", BlurNoisyI)
h1 = np.zeros([height, width])
h1[0:win, 0:win] = h
H = fftshift(fft2(h1))
lap = np.array([[0, 1, 0], [1, -4, 1], [0, 1, 0]])          #二阶微分模板
```

```
L = np.zeros([height, width])
L[0:3, 0:3] = lap                                            #微分模板延拓
L = fftshift(fft2(L))                                        #频域微分模板
G = fftshift(fft2(BlurNoisyI))                               #退化图像 DFT
gama, step, alpha = 0.3, 0.01, nn * 0.001                    #初始 γ 值、γ 修正步长、准确度系数
while 1:            #估计复原函数,复原图像并计算残差,判断并修正 γ 值
    MH = np.conj(H) / (np.absolute(H) ** 2 + gama * (np.absolute(L) ** 2))
    F = G * MH
    E = np.absolute(ifft2(ifftshift(G - H * F)))
    ee = np.sum(E ** 2)
    if ee < nn - alpha:
        gama += step
    elif ee > nn + alpha:
        gama -= step
    else:
        break
f1 = np.real(ifft2(ifftshift(G * MH)))                       #根据最终复原函数复原图像
result1 = f1[0:height - win + 1, 0:width - win + 1]
cv.imshow("Constrained LS Filter", result1)
cv.waitKey()
```

程序运行效果如图 6-7 所示。

 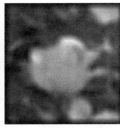 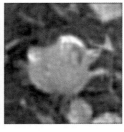

(a)原图   (b)均值模糊加高斯噪声   (c)复原图像

图 6-7 约束最小二乘方滤波

Scikit-image 库中 restoration 模块的 wiener 函数可以实现约束最小二乘方滤波,其调用格式如下:

skimage.restoration.wiener(image, psf, balance, reg = None, is_real = True, clip = True)

参数 psf 是点扩散函数,balance 是平衡因子,即式(6-59)中的 γ,reg 指定约束算子,默认为拉普拉斯算子。

在例 6.4 的程序模糊图像的基础上,可以直接调用 wiener 函数,代码如下:

```
from skimage.restoration import wiener
f2 = wiener(BlurNoisyI, h, 0.39)
result2 = f2[win//2:height - win//2 + 1, win//2:width - win//2 + 1]
cv.imshow("Constrained LS Filter2", result2)
cv.waitKey()
```

6.4.6 Richardson-Lucy 算法

Richardson-Lucy 算法简称 RL 算法,是图像复原的经典算法之一,因 William Richardson 和 Leon Lucy 各自独立提出而得名。算法假设图像服从泊松分布,采用最大似然法得到估计原始图像信息的迭代表达式:

$$\hat{f}_{k+1}(x,y) = \hat{f}_k(x,y)\left[h(-x,-y) * \frac{g(x,y)}{h(x,y)*\hat{f}_k(x,y)}\right] \qquad (6\text{-}68)$$

式中,$\hat{f}_k(x,y)$是 k 次迭代后复原图像。

Scikit-image 库中 restoration 模块的 richardson_lucy 函数可以实现 RL 算法,其调用格式如下:

```
skimage.restoration.richardson_lucy(image,psf,num_iter=50,clip=True,filter_epsilon=None)
```

参数 num_iter 设定迭代次数;filter_epsilon 设定一个阈值,小于该值的中间结果变为 0,避免被很小的数除。

【例 6.5】 编写程序,采用 richardson_lucy 函数对模糊图像进行复原。

解:在例 6.4 生成模糊图像的基础上,可直接调用 richardson_lucy 函数,程序如下。

```python
from skimage.restoration import richardson_lucy
f1 = richardson_lucy(BlurNoisyI, h, 10)
f2 = richardson_lucy(BlurNoisyI, h, 50)
f3 = richardson_lucy(BlurNoisyI, h, 100)
result1 = f1[win//2:height-win//2+1, win//2:width-win//2+1]
result2 = f2[win//2:height-win//2+1, win//2:width-win//2+1]
result3 = f3[win//2:height-win//2+1, win//2:width-win//2+1]
cv.imshow("RL deconv(10)", result1)
cv.imshow("RL deconv(50)", result2)
cv.imshow("RL deconv(100)", result3)
cv.waitKey()
```

程序运行结果如图 6-8 所示。

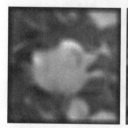 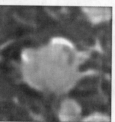 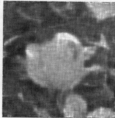 

(a) 均值模糊加高斯噪声　　(b) 10次迭代去模糊　　(c) 50次迭代去模糊　　(d) 100次迭代去模糊

图 6-8　RL 滤波复原

6.5　盲去卷积复原

从前面所介绍的方法可以看出,这些复原技术都是以图像退化的某种先验知识为基础,即假定退化系统的冲激响应已知。但在许多情况下难以确定退化的点扩散函数,不以点扩散函数(Point Spread Function,PSF)知识为基础的图像复原方法统称为盲去卷积复原。

现有的盲去卷积复原算法有多种,如以最大似然估计为基础的复原方法、迭代方法、总变分正则化方法等,根据优化标准和先验知识的不同可分为多种类型。本节简要介绍基于最大似然估计的盲图像复原算法。

基于最大似然估计的盲图像复原算法,是在 PSF 未知的情况下,根据退化图像、原始图像及 PSF 的一些先验知识,采用概率理论建立似然函数,再对似然函数求最大值,实现原始图像和 PSF 的估计重建。

设退化图像 $g(x,y)$ 的概率为 $P(g)$，原始图像 $f(x,y)$ 的概率为 $P(f)$，由 $f(x,y) * h(x,y)$ 估计 $g(x,y)$ 的概率为 $P(g \mid h * f)$，由 $g(x,y)$ 估计 $f(x,y) * h(x,y)$ 的概率为 $P(h * f \mid g)$，则由贝叶斯定理可知：

$$P(h * f \mid g) = \frac{P(g \mid h * f) P(f) P(h)}{P(g)} \tag{6-69}$$

式中，$P(g)$ 由成像系统确定，与最大化无关；当 $P(h * f \mid g)$ 取最大值时，认为原始图像 $f(x,y)$ 和 $h(x,y)$ 最大概率逼近真实结果，即最大程度实现了原始图像和 PSF 的估计重建。

对式(6-69)取负对数，得代价函数 J：

$$J(h,f) = -\ln[P(h * f \mid g)] = -\ln[P(g \mid h * f)] - \ln[P(f)] - \ln[P(h)] \tag{6-70}$$

式中三项均取最小值时，即代价函数取最小值，求解可以采用共轭梯度法进行。最大似然方法将原始图像和 PSF 的先验知识作为约束条件，适用性好，但运算量较大。

6.6　几何失真校正

在图像生成和显示的过程中，由于成像系统本身具有的非线性，或者拍摄时成像系统光轴和景物之间存在一定倾斜角度，往往会造成图像的几何失真（几何畸变），这也是一种图像退化。几何失真校正是通过几何变换来校正失真图像中像素的位置，以便恢复原来像素空间关系的复原技术。

假设一幅图像为 $f(x,y)$，由于几何失真变为 $g(x',y')$，失真前后像素的坐标满足下列关系：

$$\begin{cases} x' = h_1(x,y) \\ y' = h_2(x,y) \end{cases} \tag{6-71}$$

如果能够获取 $h_1(x,y)$、$h_2(x,y)$ 的解析表达式，可以进行逆变换，对于失真图像中的点 (x',y') 找到其在原图像中的对应位置 (x,y)，从而实现几何失真校正。

设几何失真是线性的变换，即

$$\begin{cases} x' = ax + by + c \\ y' = dx + ey + f \end{cases} \tag{6-72}$$

若能够计算出 6 个系数，则能够确定变换前后点的空间关系。

设原图中三个像素为 (x_1,y_1)、(x_2,y_2) 和 (x_3,y_3)，在畸变图像中的坐标为 (x_1',y_1')、(x_2',y_2') 和 (x_3',y_3')，构建方程组，求解系数：

$$\begin{cases} x_1' = ax_1 + by_1 + c, \quad y_1' = dx_1 + ey_1 + f \\ x_2' = ax_2 + by_2 + c, \quad y_2' = dx_2 + ey_2 + f \\ x_3' = ax_3 + by_3 + c, \quad y_3' = dx_3 + ey_3 + f \end{cases} \tag{6-73}$$

若图像中各处的畸变规律相同，可直接把 6 个系数应用于其他点。确定对应关系后，进行几何变换修改失真图像，实现几何失真校正。

OpenCV 中 getAffineTransform 函数可以根据 3 对像素计算从原图像到目标图像的 2×3 的仿射变换矩阵，其调用格式如下：

```
cv.getAffineTransform(src, dst) -> retval
```

【例 6.6】　编写程序，产生几何失真图像，在两幅图像中交互式选择对应点，计算仿射变换矩阵,对失真图像进行校正。

解:程序如下。

```
import cv2 as cv
import numpy as np
Image1 = cv.imread("lotus.jpg", cv.IMREAD_GRAYSCALE)
h, w = np.shape(Image1)
cv.imshow("Original image", Image1)
p1 = []
for i in range(3)                    ♯在原图中选择3个矩形区域,计算其中心作为对应点
    rect = cv.selectROI("Original image", Image1, showCrosshair = False)
    a, b = rect[2] // 2, rect[3] // 2
    p1.append((rect[0] + a, rect[1] + b))
transT = np.array([[1.0, 0.5, 0], [0.5, 1, 0]])         ♯设定变换矩阵,生成几何失真图像
Image2 = cv.warpAffine(Image1, transT, dsize = (w, h), flags = cv.INTER_LINEAR)
cv.imshow("Transformed image", Image2)
p2 = []
for i in range(3):                   ♯在几何失真图中选择3个矩形区域,计算其中心作为对应点
    rect = cv.selectROI("Transformed image", Image2, showCrosshair = False)
    a, b = rect[2] // 2, rect[3] // 2
    p2.append((rect[0] + a, rect[1] + b))
estimatedT = cv.getAffineTransform(np.float32(p2), np.float32(p1))
                            ♯计算失真图像向原图变换的变换矩阵
result = cv.warpAffine(Image2, estimatedT, dsize = (w, h))  ♯对失真图像进行几何校正
np.set_printoptions(precision = 2)
print('失真变换矩阵:\n', transT)
print('校正变换矩阵:\n', estimatedT)
cv.imshow('Geometric correction', result)
cv.waitKey()
```

程序运行结果如图6-9所示,并在输出窗口输出如下变换矩阵。

```
失真变换矩阵:
[[1. 0.5 0. ]
 [0.5 1. 0. ]]
校正变换矩阵:
[[ 1.24 - 0.59 2.17]
 [ - 0.64 1.32 - 2.86]]
```

 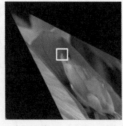 

(a) 在原图选点   (b) 在失真图选点   (c) 校正结果

图 6-9 几何失真校正

例程中的几何失真图像是通过几何变换生成的,有原始图像和失真图像对比选择校正控制点;实际问题中没有这个便利,可以通过检测图像中的特征点,通过对特征点进行匹配实现变换函数的确定。

习题

6.1　简述图像退化的基本模型,并写出离散退化模型。

6.2　简述什么是约束复原,什么是无约束复原。

6.3　简述逆滤波复原的基本原理及存在的问题。

6.4　简述维纳滤波的原理。

6.5　一幅退化图像,不知道原图像的功率谱,仅知道噪声的方差,请问采用何种方法复原图像较好? 为什么?

6.6　编写程序,对一幅灰度图像进行运动模糊,估计运动方向。

6.7　编写程序,对一幅灰度图像进行高斯模糊并叠加高斯噪声,设计逆滤波器、维纳滤波器和约束最小二乘方滤波器对其进行复原,并比较复原效果。

6.8　编写程序,对一幅灰度图像进行运动模糊并叠加噪声,设计几何均值滤波器并改变参数,观察复原效果。

6.9　编写程序,打开一幅灰度图像,进行组合几何变换,并对其进行几何校正。

6.10　查找资料,了解图像复原技术的扩展应用及其核心技术。

第 7 章

图像的数学形态学处理

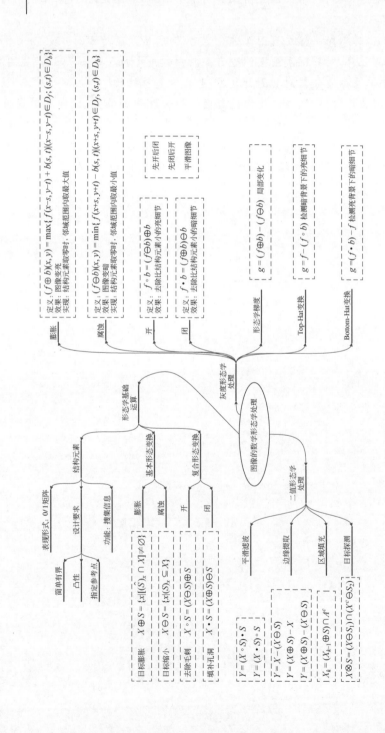

本章思维导图

数学形态学(Mathematical Morphology)是数字图像处理的重要工具之一,应用于图像增强、分割、恢复、纹理分析、颗粒分析、骨架提取、形状分析、细化等。本章在介绍数学形态学基本概念的基础上,讲解针对二值图像、灰度图像的数学形态学处理。

7.1　数学形态学的基本概念

数学形态学用集合来描述目标图像或者感兴趣区域,涉及一些集合上的概念,如元素、子集、并集、交集、补集、差集、映射、位移、集合与集合之间的关系(包含、相交、相离)等,图像的数学形态学处理实际是集合运算。

在采用数学形态学方法分析目标图像时,需要创建一种几何形态滤波模板,用来收集图像信息,称为结构元素(Structuring Element),也用集合来描述。数学形态学运算就是用结构元素对图像集合进行操作,观察图像中各部分关系,从而提取有用特征进行分析和描述。

结构元素的不同对处理结果有很大的影响,选取适当的结构元素需要遵循以下原则。

(1) 结构元素必须在几何上比原图像简单且有界。一般情况下,结构元素尺寸要明显小于目标图像尺寸。当选取性质相同或相似结构元素时,以选取图像某些特征的极限情况为宜。

(2) 结构元素的形状最好具有某种凸性,如十字形、方形、线形、菱形、圆形。

(3) 对于每个结构元素,为了使其方便地参与数学形态学处理运算,还需要指定一个参考点。参考点可以包含在结构元素中,也可以不包含在结构元素中,但运算结果会有所不同。

可以直接定义矩阵表示结构元素。在 OpenCV 中,getStructuringElement 函数用于生成结构元素,其调用格式如下:

```
cv.getStructuringElement(shape, ksize[, anchor]) -> retval
```

参数及含义如表 7-1 所示。生成的结构元素以矩阵形式表示,取值 1 表示该点在结构元素集合内。

表 7-1　getStructuringElement 函数参数表

参数	取值	描述
shape	cv. MORPH_RECT	方形结构元素,所有元素取值为 1
	cv. MORPH_CROSS	十字形结构元素,坐标轴上元素取值为 1,其余为 0
	cv. MORPH_ELLIPSE	椭圆形结构元素,椭圆外接矩形长和宽由参数 ksize 指定
ksize	(width, height)	结构元素的宽和高(列和行)
anchor	—	结构元素的参考点坐标,默认值为(−1,−1),表明参考点为几何中心

【例 7.1】　编写程序,创建结构元素并查看邻域矩阵。

解: 程序如下。

```
import cv2 as cv
se_rect1 = cv.getStructuringElement(cv.MORPH_RECT, (5, 3))
                                 #定义 5 列 3 行的方形结构元素,参考点为几何中心
se_rect2 = cv.getStructuringElement(cv.MORPH_RECT, (5, 3), (0, 0))
                                 #定义 5 列 3 行的方形结构元素,参考点为左上角
se_cross1 = cv.getStructuringElement(cv.MORPH_CROSS, (5, 3))
                                 #十字形结构元素,参考点为几何中心
se_cross2 = cv.getStructuringElement(cv.MORPH_CROSS, (5, 3), (0, 0))
                                 #十字形结构元素,参考点为左上角
se_ellipse1 = cv.getStructuringElement(cv.MORPH_ELLIPSE, (9, 5))   #椭圆形结构元素
se_ellipse2 = cv.getStructuringElement(cv.MORPH_ELLIPSE, (9, 5), (0, 0))
```

```
print("Rectangle structuring element1\n", se_rect1)
print("Rectangle structuring element2\n", se_rect2)
print("Cross structuring element1\n", se_cross1)
print("Cross structuring element2\n", se_cross2)
print("Ellipse structuring element1\n", se_ellipse1)
print("Ellipse structuring element2\n", se_ellipse2)
```

运行程序,参考点不同的方形结构元素均如图 7-1(a)所示,参考点不同的两个椭圆形结构元素都如图 7-1(b)所示,参考点不同,结构元素取值并无不同,但会影响后续运算结果。而十字形结构元素不一样,参考点不同,形状也不同,参考点在几何中心的十字形结构元素如图 7-1(c)所示,参考点在左上角的十字形结构元素如图 7-1(d)所示。

(a) 方形结构元素　　　(b) 椭圆形结构元素　　　(c) 参考点在几何中心的　(d) 参考点在左上角的
　　　　　　　　　　　　　　　　　　　　　　　　十字形结构元素　　　十字形结构元素

图 7-1　结构元素的邻域矩阵

另外,SciPy 库的 ndimage 模块封装了生成二值结构元素的函数 generate_binary_structure 用于二值图像形态学处理,其调用格式为

```
scipy.ndimage.generate_binary_structure(rank,connectivity)
```

参数 rank 指生成的结构元素数组维数,connectivity 指明输出矩阵中属于结构元素的点到中心点的平方距离上限,用于确定矩阵中哪些元素属于结构元素,输出为布尔型矩阵。

例如:scipy.ndimage.generate_binary_structure(2,1) 和 scipy.ndimage.generate_binary_structure(2,2),分别对应 $\begin{bmatrix} \text{False} & \text{True} & \text{False} \\ \text{True} & \text{True} & \text{True} \\ \text{False} & \text{True} & \text{False} \end{bmatrix}$ 和 $\begin{bmatrix} \text{True} & \text{True} & \text{True} \\ \text{True} & \text{True} & \text{True} \\ \text{True} & \text{True} & \text{True} \end{bmatrix}$,可自行写代码验证。

7.2　二值图像数学形态学处理

设 X 为二值图像目标集合,S 为二值结构元素集合,二值图像数学形态学运算就是 S 和 X 的集合运算。

7.2.1　基本形态变换

图像数学形态学处理有两种基本形态变换:膨胀和腐蚀。

1. 膨胀运算

集合 X 用结构元素 S 来膨胀记为 $X \oplus S$,定义为

$$X \oplus S = \{x \mid [(\hat{S})_x \cap X] \neq \varnothing\} \tag{7-1}$$

其含义是:对结构元素 S 作关于参考点的映射,所得的映射平移 x,形成新的集合 $(\hat{S})_x$,与集合 X 相交不为空集时结构元素 S 的参考点的集合即为 X 被 S 膨胀所得到的集合。

图 7-2(a)所示为一幅二值图像,浅灰色"1"部分为目标集合 X;图 7-2(b)中标"1"部分为

结构元素 S（阴影点为结构元素的参考点）。要求 $X \oplus S$，首先将 S 做关于原点的映射，映射得到 $\hat{S}$ 如图 7-2(c)所示；将 $\hat{S}$ 在 X 上移动，当二者交集不为空时记录 $\hat{S}$ 参考点的位置，如图 7-2(d)所示；最终膨胀结果如图 7-2(e)所示，其中，浅灰色"1"部分表示集合 X，深灰色"1"部分表示膨胀部分，整个阴影部分为集合 $X \oplus S$。可以看出，膨胀运算后，目标尺寸变大了。

图 7-2(f)所示为改变了参考点位置的结构元素 S_1，映射得到 $\hat{S}_1$ 如 7-2(g)所示，处理结果如图 7-2(h)所示，和原膨胀结果相比，形状没变，位置发生了改变。

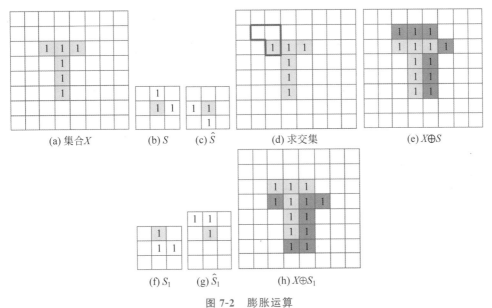

图 7-2　膨胀运算

可以用邻域运算的概念理解膨胀运算。

矩阵表示的结构元素 S 可看作一个邻域运算的模板，映射指的是关于参考点对模板进行左右、上下翻转（一般情况下，参考点取几何中心），将翻转后的模板 $\hat{S}$ 覆盖到图像上，参考点对应图像中待处理的点，$\hat{S}$ 中取值为 1 的点对应待处理点的邻点；如果邻点中有前景点，即交集不空，则待处理点输出为 1（前景点），否则输出为 0（背景点）。

二值图像中前景点用 1 表示，背景点用 0 表示，因此，判断邻点中是否有前景点，可以直接表示为找最大值并输出：最大值为 1，即有前景点，输出为 1；最大值为 0，即没有前景点，输出为 0。因此，膨胀运算也可以表示为

$$g(x,y) = \max_{(s,t):S(s,t)\neq 0} f(x-s,y-t) \tag{7-2}$$

其中，$f(x,y)$ 是二值图像，$S(s,t)$ 是矩阵形式的结构元素，$(s,t):S(s,t)\neq 0$ 指的矩阵形式的结构元素中取值为 1 的点的坐标，$(x-s,y-t)$ 指待处理点 (x,y) 关于翻转后的模板 $\hat{S}$ 的邻点。

2. 腐蚀运算

集合 X 被结构元素 S 腐蚀记为 $X \ominus S$，定义为

$$X \ominus S = \{x \mid (S)_x \subseteq X\} \tag{7-3}$$

其含义为：若结构元素 S 平移 x 后完全包含在集合 X 中，记录 S 的参考点位置，所得集合为 S 腐蚀 X 的结果。

图 7-3(a)中浅灰色"1"部分为集合 X；图 7-3(b)中标"1"部分为结构元素 S(阴影点为结构元素的参考点)。要求 $X \ominus S$，将 S 在 X 上移动，判断移动后的 $(S)_x$ 是否包含于 X，如图 7-3(c)所示；最终腐蚀结果如图 7-3(d)所示，腐蚀后只剩下一个像素，即集合 $X \ominus S$。可以看出，目标集合 X 中比结构元素小的成分被腐蚀消失了，比结构元素大的成分面积缩小了。

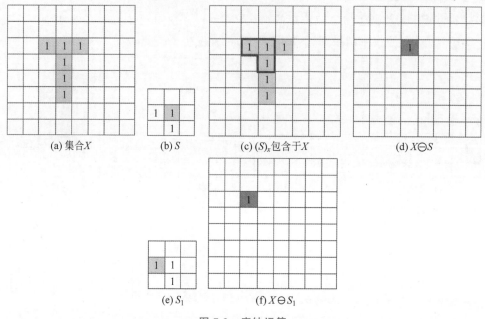

(a) 集合 X (b) S (c) $(S)_x$ 包含于 X (d) $X \ominus S$

(e) S_1 (f) $X \ominus S_1$

图 7-3　腐蚀运算

图 7-3(e)所示为改变了参考点位置的结构元素 S_1，处理结果如图 7-3(f)所示，和原腐蚀结果相比，形状没变，位置发生了改变。

同样可以用邻域运算的概念理解腐蚀运算。

矩阵表示的结构元素 S 可以看作一个邻域运算的模板，模板 S 覆盖到图像上，参考点对应图像中待处理的点，S 中取值为 1 的点对应待处理点的邻点；如果邻点中有背景点，即目标集合没有完全包含结构元素，则待处理点输出为 0，即待处理点为背景点，否则输出为 1。

判断邻点中是否有背景点，可以直接表示为找最小值并输出：最小值为 1，即没有背景点，完全包含，输出为 1；最小值为 0，即有背景点，没有完全包含，输出为 0。因此，腐蚀运算也可以表示为

$$g(x,y) = \min_{(s,t):S(s,t) \neq 0} f(x+s, y+t) \tag{7-4}$$

其中，$(x+s, y+t)$ 指待处理点 (x,y) 关于模板 S 的邻点。

3. 仿真实现

【例 7.2】　编写程序，对二值图像进行膨胀运算和腐蚀运算。

解：程序如下。

```python
import numpy as np
import cv2 as cv
Image = cv.imread("Sunny.png", cv.IMREAD_GRAYSCALE)
Image[Image > 128] = 255
Image[Image <= 128] = 0              #转变图像为二值图像
height, width = np.shape(Image)
radius = 3                           #设置方形结构元素的半径,即在 7×7 的范围内进行计算
result_d, result_e = np.array(Image), np.array(Image)
```

```
for y in range(radius, height - radius):
    for x in range(radius, width - radius):
        current = Image[y - radius:y + radius + 1, x - radius:x + radius + 1]
        #结构元素覆盖范围内的子图像,选择中心点作为参考点
        result_d[y, x] = 255 if np.any(current) else 0
        #子图像有任意像素为前景像素,即交集不空,参考点位置记为255,否则为0,膨胀运算
        result_e[y, x] = 255 if np.all(current) else 0
        #子图像所有像素都为前景像素,即包含结构元素,参考点位置记为255,否则为0,腐蚀运算
cv.imshow("Original image", Image)
cv.imshow("Dilation", result_d)
cv.imshow("Erosion", result_e)
cv.waitKey()
```

程序运行结果如图 7-4 所示。

(a) 原图　　　　　　　　　　(b) 膨胀运算　　　　　　　　　　(c) 腐蚀运算

图 7-4　二值图像基本形态变换效果

OpenCV 中的 dilate 和 erode 函数分别可以实现膨胀运算和腐蚀运算,其运算公式如式(7-2)和式(7-4)所示,调用格式为

```
cv.dilate(src, kernel[, dst[, anchor[, iterations[, borderType[, borderValue]]]]]) -> dst
cv.erode(src, kernel[, dst[, anchor[, iterations[, borderType[, borderValue]]]]]) -> dst
```

参数 src 可以是二值图像、灰度图像、彩色图像数据;kernel 是结构元素;anchor 是结构元素参考点位置;iterations 是运算重复次数,默认为 1。

利用 OpenCV 函数修改例 7.2,程序如下:

```
import numpy as np
import cv2 as cv
Image = cv.imread("Sunny.png", cv.IMREAD_GRAYSCALE)
Image[Image > 128] = 255
Image[Image <= 128] = 0
se_rect = cv.getStructuringElement(cv.MORPH_RECT, (7, 7))
result_d = cv.dilate(Image, se_rect)
result_e = cv.erode(Image, se_rect)
cv.imshow("Original image", Image)
cv.imshow("Dilation", result_d)
cv.imshow("Erosion", result_e)
cv.waitKey()
```

程序运行结果如图 7-4 所示。

另外,SciPy 库中的 ndimage 模块封装的二值膨胀运算和腐蚀运算的函数 binary_dilation 和 binary_erosion,调用格式如下:

```
binary_dilation(input, structure = None, iterations = 1, mask = None, output = None, border_value = 0,
origin = 0, brute_force = False)
binary_erosion(input, structure = None, iterations = 1, mask = None, output = None, border_value = 0,
origin = 0, brute_force = False)
```

参数 input 是二值图像;structure 是结构元素;iterations 是重复运算次数;mask 用于选择哪些像素进行运算;output 是和 input 同等大小的输出矩阵;border_value 设定外围像素

输出；origin 是结构元素参考点位置，以(行，列)形式表达，取 0 表示几何中心。

4. 膨胀运算和腐蚀运算的性质

性质 1 膨胀运算和腐蚀运算是关于集合补和映射的对偶关系：

$$(X \ominus S)^c = X^c \oplus \hat{S} \quad (X \oplus S)^c = X^c \ominus \hat{S} \tag{7-5}$$

膨胀运算和腐蚀运算不是互逆运算。

性质 2 膨胀运算具有交换性：

$$X \oplus S = S \oplus X \tag{7-6}$$

X 被 S 膨胀和 S 被 X 膨胀一样。而腐蚀运算则不具有交换性。

性质 3 膨胀运算具有结合性：

$$X \oplus (S_1 \oplus S_2) = (X \oplus S_1) \oplus S_2 \tag{7-7}$$

性质 4 膨胀运算和腐蚀运算具有增长性(或称为包含性的)：

$$X \subseteq Y \Rightarrow (X \oplus S) \subseteq (Y \oplus S) \quad X \subseteq Y \Rightarrow (X \ominus S) \subseteq (Y \ominus S) \tag{7-8}$$

7.2.2 复合形态变换

由膨胀运算和腐蚀运算的性质 1 可知，两者不是互为逆运算的，而是关于集合补和映射的对偶关系。那么先腐蚀再膨胀或者先膨胀再腐蚀，通常不能恢复成原来图像(目标)，而产生两种新的形态变换：开运算和闭运算，称为复合形态变换。

1. 开运算

开运算是先对图像进行腐蚀运算，再进行膨胀运算。定义为

$$X \circ S = (X \ominus S) \oplus S \tag{7-9}$$

开运算示意图如图 7-5 所示。图 7-5(a)为集合 X，采用圆形结构元素 S，圆心为参考点，如图 7-5(b)所示。图 7-5(c)为 $X \ominus S$，是对 X 中能够填入 S 的位置做标记。图 7-5(d)所示为腐蚀后再膨胀，由于结构元素 S 为对称结构，映射后 $\hat{S}$ 和映射前 S 一样，膨胀是对 $\hat{S}$ 和 X 交集不为空的位置作标记，开运算的结果如图 7-5(e)所示。

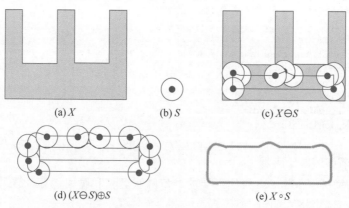

(a) X (b) S (c) $X \ominus S$

(d) $(X \ominus S) \oplus S$ (e) $X \circ S$

图 7-5　开运算示意图

从图 7-5 可以看出，开运算没有恢复原图，而是实现了平滑图像轮廓的效果，是由于细长的突起、边缘、毛刺和孤点不能包含结构元素，在腐蚀运算中，这些噪声被滤掉，实现了平滑。

2. 闭运算

闭运算是先对图像进行膨胀运算，再进行腐蚀运算。定义为

$$X \cdot S = (X \oplus S) \ominus S \tag{7-10}$$

闭运算示意图如图 7-6 所示,先膨胀再腐蚀,结果和原图不一样,和开运算结果也不一样。

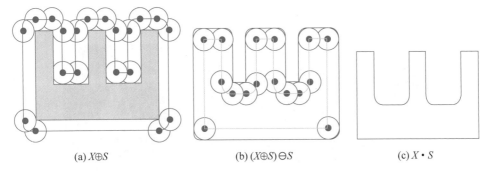

(a) $X \oplus S$　　　　　(b) $(X \oplus S) \ominus S$　　　　　(c) $X \cdot S$

图 7-6　闭运算示意图

闭运算通过融合窄的缺口和细长的弯口,填补图像的裂缝及破洞,实现图像平滑。

闭运算的功能示意图如图 7-7 所示,由于集合 X 内部的洞尺寸小于结构元素,在第一步膨胀运算时,即使结构元素放置于洞的位置,$\hat{S}$ 和 X 的交集依然不为空,这些位置都被包含于膨胀的结果中,即洞被填补了,如图 7-7(c)所示;再经过之后的腐蚀运算,正方形尺寸还原,但洞不会再出现,如图 7-7(e)所示。

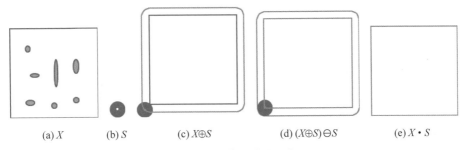

(a) X　　　　(b) S　　　　(c) $X \oplus S$　　　　(d) $(X \oplus S) \ominus S$　　　　(e) $X \cdot S$

图 7-7　闭运算的功能示意图

3. 仿真实现

可以根据定义,先后进行膨胀和腐蚀来实现开运算和闭运算,也可以采用 OpenCV 中的数学形态学处理函数 morphologyEx,其调用格式如下:

cv.morphologyEx(src, op, kernel[, dst[, anchor[, iterations[, borderType[, borderValue]]]]]) -> dst

参数 op 取 cv.MORPH_OPEN 和 cv.MORPH_CLOSE 时进行开运算和闭运算,其余参数同 dilate 函数。

【例 7.3】　编写程序对二值图像进行开运算和闭运算。

解:程序如下。

```
import numpy as np
import cv2 as cv
Image = cv.imread("A.bmp", cv.IMREAD_GRAYSCALE)
Image[Image > 128] = 255
Image[Image <= 128] = 0
se_rect = cv.getStructuringElement(cv.MORPH_RECT, (3, 3))
result_open = cv.morphologyEx(Image, cv.MORPH_OPEN, se_rect)      ♯开运算
result_close = cv.morphologyEx(Image, cv.MORPH_CLOSE, se_rect)    ♯闭运算
cv.imshow("Original image", Image)
cv.imshow("Opening", result_open)
```

```
cv.imshow("Closing", result_close)
cv.waitKey()
```

程序运行结果如图 7-8 所示。开运算后，图像中的毛刺、较小的孤点被滤掉了，较大的孤点变小了；闭运算后，图中的洞被补上了。程序运行结果和前面示意分析相吻合。

(a) 原图   (b) 开运算   (c) 闭运算

图 7-8 二值图像开运算和闭运算效果

另外，SciPy 库中 ndimage 模块封装的二值开运算和闭运算的函数：binary_opening 和 binary_closing，参数同 binary_dilation 和 binary_erosion 函数一致。

4. 开运算和闭运算的性质

性质 1 开运算和闭运算都具有增长性，即对于两个图像集合 X、Y，当 $X \subseteq Y$ 时，有

$$X \circ S \subseteq Y \circ S \quad X \cdot S \subseteq Y \cdot S \tag{7-11}$$

性质 2 开运算是非外延的，而闭运算是外延的：

$$X \circ S \subseteq X \quad X \subseteq X \cdot S \tag{7-12}$$

性质 3 开运算和闭运算都具有同前性：

$$(X \circ S) \circ S = X \circ S \quad (X \cdot S)S = X \cdot S \tag{7-13}$$

此性质说明，对某个集合进行 N 次连续开运算或连续闭运算和仅执行一次开运算或闭运算，效果一样。

性质 4 开运算和闭运算是关于集合补和映射的对偶：

$$(X \circ S)^c = X^c \cdot \hat{S} \quad (X \cdot S)^c = X^c \circ \hat{S} \tag{7-14}$$

7.2.3 图像平滑

由于开运算和闭运算不是互逆运算，且开运算和闭运算均具有平滑图像的功能，因此，可通过先开后闭或先闭后开进行平滑处理，滤除图像的可加性噪声。

对图像进行平滑处理的数学形态学变换为

$$Y = (X \circ S) \cdot S \quad Y = (X \cdot S) \circ S \tag{7-15}$$

【例 7.4】 编写程序，对二值图像进行数学形态学平滑处理。

解：程序如下。

```
import numpy as np
import cv2 as cv
Image = cv.imread("A.bmp", cv.IMREAD_GRAYSCALE)
Image[Image > 128] = 255
Image[Image <= 128] = 0
se_rect = cv.getStructuringElement(cv.MORPH_RECT, (3, 3))          # 方形结构元素
opened = cv.morphologyEx(Image, cv.MORPH_OPEN, se_rect)            # 开运算
result1 = cv.morphologyEx(opened, cv.MORPH_CLOSE, se_rect)         # 先开后闭
closed = cv.morphologyEx(Image, cv.MORPH_CLOSE, se_rect)           # 闭运算
```

```
result2 = cv.morphologyEx(closed, cv.MORPH_OPEN, se_rect)        ＃先闭后开
cv.imshow("Original image", Image)
cv.imshow("Opening and closing", result1)
cv.imshow("Closing and opening", result2)
cv.waitKey()
```

程序运行结果如图 7-9 所示。通过形态学滤波去除了图像中的孤点、毛刺、洞和缺口等噪声，但开运算和闭运算的先后顺序不一样，处理的结果也略有不同。

(a) 原图　　　　　　(b) 先开后闭　　　　　　(c) 先闭后开

图 7-9　形态学平滑滤波

7.2.4　边缘提取

基于数学形态学提取边缘主要利用膨胀运算和腐蚀运算的特性：膨胀运算扩大目标，腐蚀运算缩小目标，原图像与扩大图像或缩小图像的差即为边界，边界的宽度由结构元素的大小决定。

因此，提取物体的轮廓边缘的数学形态学变换有以下三种定义。

内边界：

$$Y = X - (X \ominus S) \qquad\qquad (7\text{-}16)$$

外边界：

$$Y = (X \oplus S) - X \qquad\qquad (7\text{-}17)$$

形态学梯度：

$$Y = (X \oplus S) - (X \ominus S) \qquad\qquad (7\text{-}18)$$

【例 7.5】　编写程序，对二值图像实现数学形态学边缘提取。

解：程序如下。

```
import numpy as np
import cv2 as cv
Image = cv.imread("sunny.png", cv.IMREAD_GRAYSCALE)
Image[Image > 128] = 255
Image[Image <= 128] = 0
se_rect = cv.getStructuringElement(cv.MORPH_RECT, (3, 3))        ＃定义结构元素
dilation, erosion = cv.dilate(Image, se_rect), cv.erode(Image, se_rect)
result1 = Image - erosion                                       ＃内边界
result2 = dilation - Image                                      ＃外边界
result3 = dilation - erosion                                    ＃形态学梯度
cv.imshow("Original image", Image)
cv.imshow("Inner boundary", result1)
cv.imshow("Outer boundary", result2)
cv.imshow("Morphological Gradient", result3)
cv.waitKey()
```

程序运行结果如图 7-10 所示。程序中的结构元素为边长为 3 的方形结构元素，检测的内

外边界宽为 1 像素。

(a) 原图　　　　　　　　　　　　　　　(b) 内边界

(c) 外边界　　　　　　　　　　　　　　(d) 形态梯度

图 7-10　数学形态学边缘提取

7.2.5　区域填充

区域是图像边界线所包围的部分,在图像分割中有重要意义。区域填充的形态学变换为

$$X_k = (X_{k-1} \oplus S) \bigcap A^c \tag{7-19}$$

其中,A 表示区域边界点集合,k 为迭代次数。取边界内某一点 $p(p=X_0)$ 为起点,利用上面的公式作迭代运算。当 $X_k = X_{k-1}$ 时停止迭代,这时 X_k 即为图像边界线所包围的填充区域。

图 7-11(a)所示为原二值图像,阴影点为前景点,表示边界,"+"是填充的起点;设计十字形结构元素,如图 7-11(b)所示,阴影为参考点;对填充起点进行膨胀,结果如图 7-11(c)所示;和 A^c 求交集如图 7-11(d)所示;膨胀和求交集重复进行,将实现区域填充。

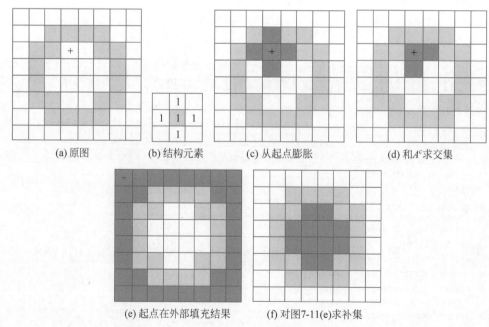

(a) 原图　　　　(b) 结构元素　　　(c) 从起点膨胀　　　　(d) 和A^c求交集

(e) 起点在外部填充结果　　　　(f) 对图7-11(e)求补集

图 7-11　区域填充示意图

如果处理的目的是实现孔洞填充，由以上分析可知，起点应该选择在孔洞内部。但一般情况下并不清楚图像中哪些点在孔洞内部，因此，起点可以选在边界外，如左上角位置（一般不会在孔洞内），按式(7-18)将实现外部填充，如图 7-11(e)所示，再将填充的结果求补集，实现孔洞填充，如图 7-11(f)所示。所以，孔洞填充的最终结果是式(7-18)迭代运算结果的补集。

SciPy 库中 ndimage 模块的 binary_fill_holes 函数可以实现孔洞填充，其调用格式如下：

scipy.ndimage.binary_fill_holes(input, structure = None, output = None, origin = 0)

4 个参数依次是输入图像、结构元素、输出以及结构元素参考点；大尺寸的结构元素填充速度快，但有可能漏填小的孔洞；输出为布尔型矩阵，显示各像素是否填充。

【例 7.6】 编写程序，对二值图像实现孔洞填充。

解：程序如下。

```
import numpy as np
import cv2 as cv
from scipy.ndimage import binary_fill_holes
Image = cv.imread("letters.png", cv.IMREAD_GRAYSCALE)
Image[Image > 128] = 255
Image[Image <= 128] = 0
result1 = (np.where(binary_fill_holes(Image, structure = np.ones([3, 3])),
           255, 0)).astype(np.uint8)
♯使用 3×3 结构元素填充，并将输出的布尔型矩阵转换为取值为 255 和 0 的无符号 8 位矩阵，方便显示
result2 = (np.where(binary_fill_holes(Image, structure = np.ones([5, 5])),
           255, 0)).astype(np.uint8)        ♯使用 5×5 结构元素
result3 = (np.where(binary_fill_holes(Image, structure = np.ones([7, 7])),
           255, 0)).astype(np.uint8)        ♯使用 7×7 结构元素
cv.imshow("Original image", Image)
cv.imshow("Filling holes(3,3)", result1)
cv.imshow("Filling holes(5,5)", result2)
cv.imshow("Filling holes(7,7)", result3)
cv.waitKey()
```

程序运行结果如图 7-12 所示。当使用较小的 3×3 的结构元素时，图像中 7 个孔洞全部填充，如图 7-12(b)所示；而随着结构元素尺寸越大，填充的孔数越少，如图 7-12(c)和图 7-12(d)所示。

(a) 原图　　　　(b) 使用3×3结构元素　　(c) 使用5×5结构元素　　(d) 使用7×7结构元素

图 7-12　孔洞填充效果

另外，OpenCV 中的 floodFill 函数也可以实现区域填充，是基于种子点的递归比较填充方法。

7.2.6　击中击不中变换

击中击不中变换一般用于在感兴趣区域中探测目标，其基本原理是基于腐蚀运算的一个特性——腐蚀的过程相当于对可以填入结构元素的位置作标记的过程。因此，可以利用腐蚀运算来确定目标的位置。

目标检测，既要探测到目标的内部，也要检测到目标的外部，即在一次运算中要同时捕获内外标记，因此，需要采用两个结构基元构成结构元素，一个探测目标内部，一个探测目标外部。

设 X 是被研究的图像集合，S 是结构元素，且 $S=(S_1,S_2)$，其中，S_1 是与目标内部相关的 S 元素的集合，S_2 是与背景(目标外部)相关的 S 元素的集合，且 $S_1\cap S_2=\varnothing$。图像集合 X 用结构元素 S 进行击中击不中变换，记为 $X\otimes S$，定义为

$$X\otimes S=(X\ominus S_1)\cap(X^c\ominus S_2) \tag{7-20}$$

其含义是，当且仅当结构元素 S_1 平移到某一点可填入集合 X 的内部，结构元素 S_2 平移到该点可填入集合 X 的外部时，该点才在击中击不中变换的输出中。

图 7-13 所示为击中击不中变换的原理。图 7-13(a)为图像 X；图 7-13(b)为结构元素对 $S=(S_1,S_2)$；图 7-13(c)为 $X\ominus S_1$，只有几个阴影点；图 7-13(e)为 $X^c\ominus S_2$；图 7-13(f)为击中击不中变换的输出，即原图中十字所在位置。

0	0	0	0	0	0	0	0
0	0	1	0	0	1	0	0
0	1	1	1	1	1	1	0
0	0	1	0	1	1	1	0
0	0	1	0	0	1	0	0
0	1	1	1	0	0	0	0
0	0	1	0	0	0	0	0
0	0	0	0	0	0	0	0

(a) 图像X

0	1	0
1	1	1
0	1	0

1	0	1
0	0	0
1	0	1

(b) 结构元素$S=(S_1, S_2)$

0	0	0	0	0	0	0	0
0	0	0	0	0	0	0	0
0	0	1	0	0	1	0	0
0	0	0	0	0	1	0	0
0	0	0	0	0	0	0	0
0	0	1	0	0	0	0	0
0	0	0	0	0	0	0	0
0	0	0	0	0	0	0	0

(c) $X\ominus S_1$

1	1	1	1	1	1	1	1
1	1	0	1	1	0	1	1
1	0	0	0	0	0	0	1
1	1	0	1	0	0	0	1
1	1	0	1	1	0	1	1
1	0	0	0	1	1	1	1
1	1	0	1	1	1	1	1
1	1	1	1	1	1	1	1

(d) X^c

0	0	0	0	0	0	0	0
0	0	0	0	0	0	0	0
0	0	1	0	0	0	0	0
0	0	0	0	0	0	0	0
0	0	0	0	0	0	0	0
0	0	1	0	0	0	0	0
0	0	0	0	0	0	0	0
0	0	0	0	0	0	0	0

(e) $X^c\ominus S_2$

0	0	0	0	0	0	0	0
0	0	0	0	0	0	0	0
0	0	1	0	0	0	0	0
0	0	0	0	0	0	0	0
0	0	0	0	0	0	0	0
0	0	1	0	0	0	0	0
0	0	0	0	0	0	0	0
0	0	0	0	0	0	0	0

(f) $X\otimes S$

图 7-13 击中击不中变换示例

当 OpenCV 中的 morphologyEx 函数的参数 op 取 cv. MORPH_HITMISS 时，该函数对二值图像进行击中击不中变换。

【例 7.7】 编写程序，检测图 7-14(a)中的直角。

解：程序如下。

```
import numpy as np
import cv2 as cv
Image = cv.imread("test.bmp", cv.IMREAD_GRAYSCALE)
Image[Image > 128] = 255
Image[Image <= 128] = 0
se1 = np.array([[-1, -1, -1, -1, -1], [-1, -1, -1, -1, -1],
                [-1, -1, 1, 1, 1], [-1, -1, 1, 1, 1], [-1, -1, 1, 1, 1]])
hm = cv.morphologyEx(Image, cv.MORPH_HITMISS, se1)          # 检测左上直角
hm1 = cv.dilate(hm, np.ones([3, 3]))                        # 对检测结果膨胀便于观察
se2 = np.fliplr(se1)                                        # 左右翻转获取第二个结构元素
hm = cv.morphologyEx(Image, cv.MORPH_HITMISS, se2)          # 检测右上直角
```

```
hm2 = cv.dilate(hm, np.ones([3, 3]))
se3 = np.flipud(se1)                                          ♯上下翻转获取第三个结构元素
hm = cv.morphologyEx(Image, cv.MORPH_HITMISS, se3)           ♯检测左下直角
hm3 = cv.dilate(hm, np.ones([3, 3]))
se4 = np.fliplr(se3)                                          ♯上下左右翻转获取第四个结构元素
hm = cv.morphologyEx(Image, cv.MORPH_HITMISS, se4)           ♯检测右下直角
hm4 = cv.dilate(hm, np.ones([3, 3]))
hit_miss = hm1 + hm2 + hm3 + hm4                              ♯所有检测到的直角绘于同一幅图像
cv.imshow("Original image", Image)
cv.imshow("Right angle detection", hit_miss)
cv.waitKey()
```

程序运行结果如图 7-14 所示。程序中设计了如图 7-14(g)所示的结构元素,1 对应前景,
−1 对应背景,用于检测左上直角,通过翻转获得其他三个结构元素,检测其他几种直角。

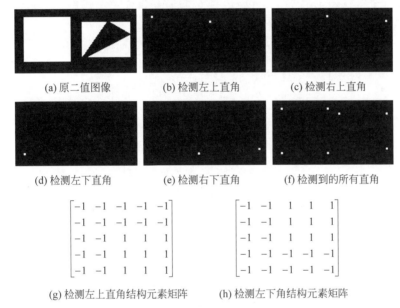

(a) 原二值图像　　　　　(b) 检测左上直角　　　　　(c) 检测右上直角

(d) 检测左下直角　　　　　(e) 检测右下直角　　　　　(f) 检测到的所有直角

$$\begin{bmatrix} -1 & -1 & -1 & -1 & -1 \\ -1 & -1 & -1 & -1 & -1 \\ -1 & -1 & 1 & 1 & 1 \\ -1 & -1 & 1 & 1 & 1 \\ -1 & -1 & 1 & 1 & 1 \end{bmatrix} \qquad \begin{bmatrix} -1 & -1 & 1 & 1 & 1 \\ -1 & -1 & 1 & 1 & 1 \\ -1 & -1 & 1 & 1 & 1 \\ -1 & -1 & -1 & -1 & -1 \\ -1 & -1 & -1 & -1 & -1 \end{bmatrix}$$

(g) 检测左上直角结构元素矩阵　　　　(h) 检测左下角结构元素矩阵

图 7-14　击中击不中变换效果

SciPy 库中 ndimage 模块的 binary_hit_or_miss 函数可以实现击中击不中变换,其调用格
式如下:

```
scipy.ndimage.binary_hit_or_miss(input, structure1 = None, structure2 = None, output = None,
origin1 = 0, origin2 = None)
```

7.3　灰度图像数学形态学处理

灰度图像数学形态学处理的目标是图像函数,输入图像表示为 $f(x,y)$,结构元素表示为
$b(s,t)$,一般认为结构元素是一幅子图像。

7.3.1　灰度图像的膨胀运算和腐蚀运算

1. 膨胀运算

输入图像 $f(x,y)$ 被结构元素 $b(s,t)$ 膨胀的定义为

$$(f \oplus b)(x,y) = \max\{f(x-s,y-t)+b(s,t) \mid (x-s,y-t) \in D_f; (s,t) \in D_b\}$$

$$(7\text{-}21)$$

其中,D_f、D_b 分别为输入图像 $f(x,y)$ 和结构元素 $b(s,t)$ 的定义域。

灰度图像膨胀运算的含义是:把图像 $f(x,y)$ 的每点反向平移 (s,t),在图像上平移后与 $b(s,t)$ 相加,在 (s,t) 可取的所有值的结果中求最大值。相当于首先对结构元素做关于自己参考点的映射,把映射后的结构元素 $\hat{b}$ 作为模板在图像上移动,在模板覆盖区域内,像素值与 $\hat{b}$ 值对应相加,求最大值。

与二维卷积运算非常类似,这里只是用"相加"代替相乘,用"求最大值"代替求和运算。因为进行数值相加并求最大值,膨胀后的灰度图像值应比膨胀前大,即图像变亮。

灰度图像的膨胀运算如图 7-15 所示。图 7-15(a)为图像 $f(x,y)$,图 7-15(b)为结构元素 $b(s,t)$(〈 〉表示该点为参考点),图 7-15(c)为结构元素做关于参考点的映射,图 7-15(d)为映射后结构元素 $\hat{b}$ 平移到图像上某一个位置,将 $\hat{b}$ 的值和覆盖范围内的值对应相加求最大值,重复这一操作,所得结果如图 7-15(e)所示。

$$\begin{bmatrix} 1 & 2 & 2 & 1 & 1 \\ 1 & 3 & 5 & 4 & 2 \\ 2 & 4 & 3 & 3 & 3 \\ 1 & 2 & 5 & 2 & 1 \\ 3 & 1 & 2 & 1 & 3 \end{bmatrix} \quad \begin{bmatrix} 1 & 1 & 0 \\ 0 & \langle 1 \rangle & 1 \\ 0 & 1 & 0 \end{bmatrix} \quad \begin{bmatrix} 0 & 1 & 0 \\ 1 & \langle 1 \rangle & 0 \\ 0 & 1 & 1 \end{bmatrix} \quad \begin{bmatrix} 1 & 2 & 2 & 1 & 1 \\ 1 & 3 & 5 & 4 & 2 \\ 2 & 4 & 3 & 3 & 3 \\ 1 & 2 & 5 & 2 & 1 \\ 3 & 1 & 2 & 1 & 3 \end{bmatrix}$$

(a) 原图　　　　(b) b　　　(c) $\hat{b}$　　　(d) 移动

$$\begin{bmatrix} 1 & 2 & 2 & 1 & 1 \\ 1 & 5 & 6 & 6 & 2 \\ 2 & 6 & 6 & 5 & 3 \\ 1 & 5 & 6 & 6 & 1 \\ 3 & 1 & 2 & 1 & 3 \end{bmatrix} \quad \begin{bmatrix} 1 & 2 & 2 & 1 & 1 \\ 1 & 0 & 1 & 0 & 2 \\ 2 & 0 & 2 & 1 & 3 \\ 1 & 0 & 1 & 0 & 1 \\ 3 & 1 & 2 & 1 & 3 \end{bmatrix}$$

(e) 膨胀结果　　　　(f) 腐蚀结果

图 7-15　灰度图像的膨胀运算和腐蚀运算示例

如果结构元素 $b(s,t)$ 取值全为 0,则式(7-21)与式(7-2)所示的二值图像膨胀运算是一样的,即在每个像素的由结构元素确定的邻域范围内求最大值。

2. 腐蚀运算

输入图像 $f(x,y)$ 被结构元素 $b(s,t)$ 腐蚀的定义为

$$(f \ominus b)(x,y) = \min\{f(x+s,y+t) - b(s,t) \mid (x+s,y+t) \in D_f, (s,t) \in D_b\}$$

$$(7\text{-}22)$$

灰度图像腐蚀的含义是:把 $f(x,y)$ 的每一点平移 (s,t),平移后与 $b(s,t)$ 相减,在 (s,t) 可取的所有值的结果中求最小值。相当于把结构元素 b 作为模板在图像上移动,在模板覆盖区域内,像素值与 b 的值对应相减,求最小值。

同样与二维卷积运算非常类似,这里只是用"相减"代替相乘,用"求最小值"代替求和运算。由于进行了数值相减并求最小值,腐蚀后的图像会比输入图像暗。图 7-15(f)是用图 7-15(b)所示的结构元素对图 7-15(a)所示的图像进行腐蚀运算的结果。

如果结构元素 $b(s,t)$ 取值全为 0,则式(7-22)与式(7-4)所示的二值图像腐蚀运算是一样的,即在每个像素的由结构元素确定的邻域范围内求最小值。

3. 仿真实现

【例 7.8】 编写程序,对灰度图像进行膨胀运算和腐蚀运算。

解:程序如下。

```
import numpy as np
import cv2 as cv
Image = cv.imread("coins.png", cv.IMREAD_GRAYSCALE)
height, width = np.shape(Image)
result_d, result_e = np.array(Image), np.array(Image)
for y in range(1, height - 1):
    for x in range(1, width - 1):
        current = Image[y - 1: y + 2, x - 1:x + 2]    ♯3×3范围,即选择了方形结构元素
        result_d[y, x] = np.max(current)
        result_e[y, x] = np.min(current)
cv.imshow("Original image", Image)
cv.imshow("Dilation", result_d)
cv.imshow("Erosion", result_e)
cv.waitKey()
```

程序运行结果如图 7-16 所示。图 7-16(a)为原图,图 7-16(b)为膨胀后的图像,目标物变亮,由于相邻像素值很接近,存在方块效应,图像有些模糊;图 7-16(c)为腐蚀后的图像,目标物变暗,相邻像素值差距减小,图像也有些模糊。

(a) 原始图像　　　　　　(b) 膨胀后的图像　　　　　　(c) 腐蚀后的图像

图 7-16　灰度图像的膨胀与腐蚀

使用 OpenCV 中 dilate 和 erode 函数分别可以实现灰度图像的膨胀和腐蚀运算,修改例 7.8 的代码为如下。

```
import numpy as np
import cv2 as cv
Image = cv.imread("coins.png", cv.IMREAD_GRAYSCALE)
se_rect = cv.getStructuringElement(cv.MORPH_RECT, (3, 3))    ♯定义 3×3 方形结构元素
result_d = cv.dilate(Image, se_rect)                         ♯膨胀运算
result_e = cv.erode(Image, se_rect)                          ♯腐蚀运算
cv.imshow("Original image", Image)
cv.imshow("Dilation", result_d)
cv.imshow("Erosion", result_e)
cv.waitKey()
```

程序运算结果如图 7-16 所示。

另外,SciPy 库中 ndimage 模块封装的灰度图像的膨胀和腐蚀运算的函数: grey_dilation 和 grey_erosion,调用格式如下:

```
scipy.ndimage.grey_dilation(input, size = None, footprint = None, structure = None, output = None,
mode = 'reflect', cval = 0.0, origin = 0)
scipy.ndimage.grey_erosion(input, size = None, footprint = None, structure = None, output = None,
mode = 'reflect', cval = 0.0, origin = 0)
```

参数 size 指明结构元素所在方形范围;footprint 指明哪些元素属于结构元素;而 structure 给出结构元素的取值;mode 指明边缘像素填塞方法,取 'constant' 时,值由 cval 指定。

7.3.2 灰度图像的开运算和闭运算

灰度图像的开运算和闭运算与二值图像的开运算和闭运算一致,分别记为 $f \circ b$ 和 $f \cdot b$,定义为

$$f \circ b = (f \ominus b) \oplus b \quad f \cdot b = (f \oplus b) \ominus b \tag{7-23}$$

开运算在进行腐蚀运算时,在每个位置用子图像和结构元素值相减,并求最小值,去除比结构元素小的亮细节以及降低图像的亮度,在进行膨胀运算时可以增加图像整体亮度。因此,开运算能够去除比结构元素小的亮细节,闭运算正好相反,去除比结构元素小的暗细节。

如图 7-17 所示,结构元素选择了 3×3 的方形结构元素(〈 〉表示该点为参考点),原图 A 中"7"是一个亮点,尺寸小于结构元素,腐蚀运算后去掉了该亮点,再膨胀时亮点也不会再出现。而原图 B 中有一个亮区,尺寸和结构元素相等,腐蚀运算后该亮区缩小为一个亮点,再膨胀时原亮区恢复,开运算没能去掉该亮区。原图 C 中"3"是一个暗点,尺寸小于结构元素,膨胀运算后去掉了该暗点,再腐蚀时暗点也不会再出现。而原图 D 中有一个暗区,尺寸和结构元素相等,膨胀运算后该暗区缩小为一个暗点,再腐蚀时原暗区恢复,闭运算没能去掉该暗区。

(a) 结构元素　　(b) 原图A　　(c) 对图A进行腐蚀运算　(d) 对图A进行开运算

(e) 原图B　　(f) 对图B进行腐蚀运算　(g) 对图B进行开运算

(h) 原图C　　(i) 对图C进行膨胀运算　(j) 对图C进行闭运算

(k) 原图D　　(l) 对图D进行膨胀运算　(m) 对图D进行闭运算

图 7-17　开、闭运算示例

因此,开闭运算能够实现对图像的滤波,但关键在于结构元素的尺寸要大于噪声的尺寸,否则,不能去除。

若先开后闭或先闭后开,去掉或减弱图像中小亮斑和小暗斑,可以对图像进行平滑处理,但是由于细节的丢失,经灰度图像数学形态学平滑滤波后的图像会变得模糊。

【例7.9】　编写程序，对灰度图像进行开、闭和平滑运算。

解：程序如下。

```
import numpy as np
import cv2 as cv
Image = cv.imread("noisecoins.jpg", cv.IMREAD_GRAYSCALE)    # 读取含椒盐噪声的图像
se = cv.getStructuringElement(cv.MORPH_CROSS, (3, 3))        # 十字形结构元素
opened = cv.morphologyEx(Image, cv.MORPH_OPEN, se)           # 开运算
closed = cv.morphologyEx(Image, cv.MORPH_CLOSE, se)          # 闭运算
result_oc = cv.morphologyEx(opened, cv.MORPH_CLOSE, se)      # 先开后闭
result_co = cv.morphologyEx(closed, cv.MORPH_OPEN, se)       # 先闭后开
cv.imshow("Original image", Image)
cv.imshow("Opening", opened)
cv.imshow("Closing", closed)
cv.imshow("Smoothing 1", result_oc)
cv.imshow("Smoothing 2", result_co)
cv.waitKey()
```

程序运行结果如图7-18所示。原图像经过开运算去掉了盐噪声；经过闭运算去掉了椒噪声；先开后闭和先闭后开去除了噪声，但图像变得模糊。

(a) 原椒盐噪声图像

(b) 开运算

(c) 闭运算

(d) 先开后闭

(e) 先闭后开

图7-18　灰度图像的开、闭和平滑运算效果

另外，SciPy库中ndimage模块的灰度图像的开运算和闭运算函数grey_opening和grey_closing的函数参数和grey_dilation函数一样。

7.3.3　形态学梯度

和二值图像一样，灰度图像也可以计算形态学梯度，如式(7-24)所示。

$$g = (f \oplus b) - (f \ominus b) \tag{7-24}$$

其中，g表示形态学梯度。

OpenCV中的函数morphologyEx的参数op取cv.MORPH_GRADIENT时计算形态学梯度图像。

【例7.10】　编写程序，获取灰度图像的形态学梯度。

解：程序如下。

```
import numpy as np
import cv2 as cv
Image = cv.imread("coins.png", cv.IMREAD_GRAYSCALE)
se = cv.getStructuringElement(cv.MORPH_RECT, (3, 3))
grad = cv.morphologyEx(Image, cv.MORPH_GRADIENT, se)
cv.imshow("Original image", Image)
cv.imshow("Opening", grad)
cv.waitKey()
```

程序运行结果如图 7-19 所示。

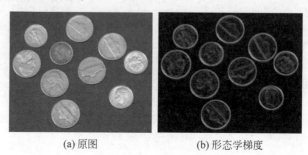

(a) 原图 　　　　　　　　　(b) 形态学梯度

图 7-19　灰度图像的形态学梯度

SciPy 库中 ndimage 模块的 morphological_gradient 函数可以计算灰度图像的形态学梯度,其函数参数和 grey_dilation 函数一样。

7.3.4　Top-hat 和 Bottom-hat 变换

Top-hat 变换为原图像与开运算后的图像的差图像,定义为

$$g = f - (f \circ b) \tag{7-25}$$

Bottom-hat 变换为闭运算后的图像与原图像的差图像,定义为

$$g = (f \cdot b) - f \tag{7-26}$$

这两个变换都可以检测到图像中变化较大的地方。开运算的结果是去除亮细节,Top-hat 变换从原图中减去无亮细节的图像,实现在较暗的背景中检测亮的像素聚集体(颗粒)。闭运算的结果是去除暗细节,Bottom-hat 变换从无暗细节的图像中减去原图,实现在较亮的背景中检测暗的像素聚集体(颗粒),如图 7-20 所示。需要注意,尺寸小于结构元素的细节才能够被检测到。

$$
\begin{bmatrix} 0 & 0 & 0 \\ 0 & \langle 0 \rangle & 0 \\ 0 & 0 & 0 \end{bmatrix}
\qquad
\begin{bmatrix} 3 & 3 & 3 & 3 & 3 \\ 3 & 3 & 3 & 3 & 3 \\ 3 & 3 & 7 & 3 & 3 \\ 3 & 3 & 3 & 3 & 3 \\ 3 & 3 & 3 & 3 & 3 \end{bmatrix}
\qquad
\begin{bmatrix} 3 & 3 & 3 & 3 & 3 \\ 3 & 3 & 3 & 3 & 3 \\ 3 & 3 & 3 & 3 & 3 \\ 3 & 3 & 3 & 3 & 3 \\ 3 & 3 & 3 & 3 & 3 \end{bmatrix}
\qquad
\begin{bmatrix} 0 & 0 & 0 & 0 & 0 \\ 0 & 0 & 0 & 0 & 0 \\ 0 & 0 & 4 & 0 & 0 \\ 0 & 0 & 0 & 0 & 0 \\ 0 & 0 & 0 & 0 & 0 \end{bmatrix}
$$

(a) 结构元素　　　　(b) 原图A　　　　(c) 对图A进行开运算　　(d) 对图A进行Top-hat变换

$$
\begin{bmatrix} 7 & 7 & 7 & 7 & 7 \\ 7 & 7 & 7 & 7 & 7 \\ 7 & 7 & 3 & 7 & 7 \\ 7 & 7 & 7 & 7 & 7 \\ 7 & 7 & 7 & 7 & 7 \end{bmatrix}
\qquad
\begin{bmatrix} 7 & 7 & 7 & 7 & 7 \\ 7 & 7 & 7 & 7 & 7 \\ 7 & 7 & 7 & 7 & 7 \\ 7 & 7 & 7 & 7 & 7 \\ 7 & 7 & 7 & 7 & 7 \end{bmatrix}
\qquad
\begin{bmatrix} 0 & 0 & 0 & 0 & 0 \\ 0 & 0 & 0 & 0 & 0 \\ 0 & 0 & 4 & 0 & 0 \\ 0 & 0 & 0 & 0 & 0 \\ 0 & 0 & 0 & 0 & 0 \end{bmatrix}
$$

(e) 原图B　　　　(f) 对图B进行闭运算　　(g) 对图B进行Bottom-hat变换

图 7-20　Top-hat 和 Bottom-hat 变换示意图

OpenCV 中的函数 morphologyEx 的参数 op 取 cv. MORPH_TOPHAT 和 cv. MORPH_
BLACKHAT 时分别可以进行 Top-hat 和 Bottom-hat 变换。

另外,SciPy 库中 ndimage 模块的 white_tophat 和 black_tophat 函数也可以实现 Top-hat
和 Bottom-hat 变换,函数参数和 grey_dilation 函数一样。

【例 7.11】 编写程序,对灰度图像进行 Top-hat 变换和 Bottom-hat 变换。

解:程序如下。

```
import numpy as np
import cv2 as cv
Image = cv.imread("vein.jpg", cv.IMREAD_GRAYSCALE)
se = cv.getStructuringElement(cv.MORPH_RECT, (3, 3))
top_hat = cv.morphologyEx(Image, cv.MORPH_TOPHAT, se)        # Top - hat 变换
show1 = cv.hconcat((Image, top_hat))
se = cv.getStructuringElement(cv.MORPH_RECT, (7, 7))
Image = cv.imread("clock.jpg", cv.IMREAD_GRAYSCALE)
bottom_hat = cv.morphologyEx(Image, cv.MORPH_BLACKHAT, se)   # Bottom - hat 变换
show2 = cv.hconcat((Image, bottom_hat))
cv.imshow("Image and top_hat", show1)
cv.imshow("Image and bottom_hat", show2)
cv.waitKey()
```

程序运行结果如图 7-21 所示。Top-hat 变换检测到叶子脉络,但中间比较粗亮的叶脉反
而没有检测到;Bottom-hat 变换检测到钟表图像的暗细节,但时针没有检测到,原因在于这些
细节尺寸大于所采用的结构元素。

(a) 暗背景亮细节图   (b) Top-hat变换   (c) 亮背景暗细节图   (d) Bottom-hat变换

图 7-21 Top-hat 变换和 Bottom-hat 变换效果

7.4 综合实例

【例 7.12】 基于数学形态学方法检测图 7-22(a)中的圆形积木。

解:

1. 分析

原图中积木块颜色鲜艳,与背景对比明显,因此,将饱和度图像作为处理对象。目标为圆
形,轮廓与其他目标截然不同,可以通过检测圆形轮廓是否存在实现目的。由于并不清楚圆形
积木的尺寸,可以在一定范围内设计各种大小的圆环形结构元素,逐一进行击中击不中变换实
现检测。为避免处理中的偏差,目标轮廓要有一定的宽度,确保击中击不中变换效果。

2. 检测方案

根据以上分析,设计检测方案,步骤如下。

(1) 读取图像,将其转换到 HSV 空间,获取饱和度图像。

（2）对饱和度图像提取形态学梯度，并进行二值化、区域填充。

（3）对填充后的二值图像进行膨胀、腐蚀，相减获取宽边界图像。图像经过填充后再获取的边界，相较图像进行形态学梯度直接二值化要平滑得多，便于击中击不中变换进行。

（4）设计圆环形结构元素，进行击中击不中变换。

（5）判断是否击中，如果击中，在原图上绘制圆形标记；否则，更改结构元素直径，并返回第（4）步，直到超出结构元素尺寸范围。

3. 程序设计

```python
import numpy as np
import cv2 as cv
from scipy.ndimage import binary_fill_holes
Image = cv.imread("shape.png")
cv.imshow("Original image", Image)
h, s, v = cv.split(cv.cvtColor(Image, cv.COLOR_BGR2HSV))          #转换到 HSV 空间
height, width = np.shape(s)
se_ellipse = cv.getStructuringElement(cv.MORPH_ELLIPSE, (5, 5))   #创建圆形结构元素
grad = cv.morphologyEx(s, cv.MORPH_GRADIENT, se_ellipse)          #计算形态学梯度
bw = np.where(grad > 50, True, False)                            #梯度图像二值化
filled = (np.where(binary_fill_holes(bw), 255, 0)).astype(np.uint8)  #填充孔洞
edge = cv.dilate(filled, se_ellipse) - cv.erode(filled, se_ellipse)
#获取加宽的区域边界
show = cv.hconcat((s, filled, edge))
cv.imshow("Saturation, gradient, filled and edge image", show)
for d in range(width // 3, width // 6, -1):                       #设计不同尺寸结构元素，逐一检测
    se_big = cv.getStructuringElement(cv.MORPH_ELLIPSE, (d, d))
    se_small = cv.getStructuringElement(cv.MORPH_ELLIPSE, (d - 2, d - 2))
    se_small = cv.copyMakeBorder(se_small, 1, 1, 1, 1, cv.BORDER_CONSTANT, 0)
    se = se_big - se_small                                        #创建圆环形结构元素
    hit = cv.morphologyEx(edge, cv.MORPH_HITMISS, se)
                                                                 #在二值边界图像中进行击中击不中变换，检测圆环
                                                                 #如果检测到圆环，在原图中绘制
    if np.any(hit):
        center = np.where(hit == 255)
        for i in range(len(center[0])):
            x, y = center[1][i], center[0][i]
            cv.circle(Image, (x, y), d // 2, (0, 0, 255), 2)
        break
cv.imshow("Detection result", Image)
cv.waitKey()
```

程序运行结果如图 7-22 所示。

4. 效果分析

检测结果依赖于目标的边界是否完整。由于目标与背景饱和度区别明显，饱和度图像的形态学梯度取值较大，有助于获取完整边界，但要受二值化阈值的影响；填充后再获取宽边界图像，能够在一定程度上降低阈值的影响。

由于边界图像宽度大于 1，同一个位置实际可以检测到 3 个圆形边界，圆心为相邻的点，其实可以进一步合并为一个。

图像的数学形态学处理方法依赖于结构元素的选择，但在对图像没有先验知识的情况下，结构元素的形状和尺寸选择有很大的随意性。例如，在获取宽边界图像时，采用的是直径为 5 的圆形结构元素，如果直径为 3，将会检测失败。此外，程序中根据图像中目标的数目确定了击中击不中变换结构元素的范围，在实际应用中同样根据具体情况确定。

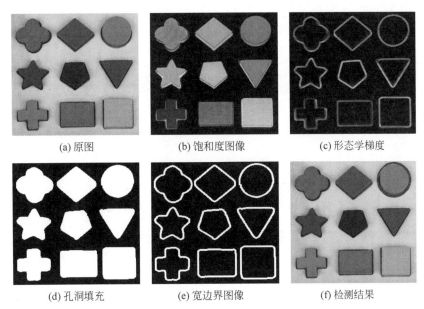

(a) 原图   (b) 饱和度图像   (c) 形态学梯度

(d) 孔洞填充   (e) 宽边界图像   (f) 检测结果

图 7-22 数学形态学方法检测圆形目标

习题

7.1 一幅图像为 $X = \begin{bmatrix} 0 & 0 & 1 & 1 & 1 \\ 0 & 1 & 1 & 1 & 0 \\ 1 & 1 & 1 & 1 & 0 \\ 0 & 1 & 1 & 0 & 0 \end{bmatrix}$，设结构元素 $S = \begin{bmatrix} 0 & 1 \\ 1 & \langle 1 \rangle \end{bmatrix}$，加〈 〉的元素为结构元素参考点，试用 S 对 X 进行膨胀和腐蚀运算处理。

7.2 将图 7-9(a) 反色，运行例 7.4 的程序，查看其结果是否与例 7.4 相同，并对结果进行分析。

7.3 简述如何对灰度图像进行膨胀和腐蚀。

7.4 分析开运算和闭运算能够去除灰度图像中噪声的原因。

7.5 编写程序，利用数学形态学方法提取图 7-23 中的小方块和斜线。

7.6 编写程序，打开一幅灰度图像，添加噪声，利用数学形态学方法对其进行去噪并提取边缘。

7.7 编写程序，打开一幅灰度图像，利用数学形态学方法对其实现对比度增强。

图 7-23 习题 7.5 图

第 8 章

彩色图像处理

本章思维导图

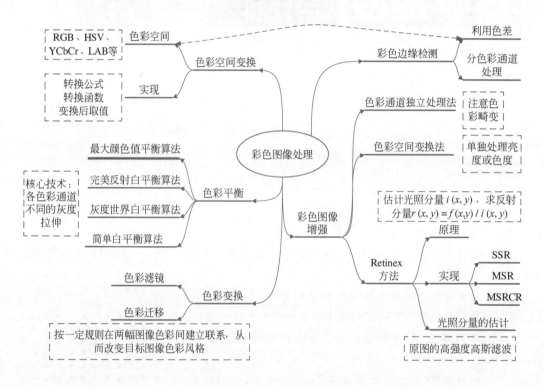

在前几章学习的算法主要针对灰度图像进行处理,而实际中获取的图像多是彩色图像,彩色图像的表示方法、数据结构与灰度图像不同,在处理要求和处理方法上也有所区别。因此,本章学习彩色图像的处理方法,包括色彩空间变换、彩色图像增强、彩色边缘检测、色彩平衡和色彩变换。

8.1 色彩空间变换

在图像处理中,常常需要将图像变换到其他色彩空间,改变图像的色彩表现形式,便于处理。例如,将 RGB 图像变换到 LAB 空间,便于计算色差;将 RGB 图像变换到 HSV 空间,便于单独处理色彩或者亮度;将 RGB 图像变换到 YUV、YIQ 等空间,便于进行压缩编码。换言之,色彩空间变换需要根据处理要求以及色彩空间的特点进行确定。

在 2.2.6 节学习过 RGB 模型和其他模型之间的转换方法,可以根据转换公式实现图像的色彩空间变换。在 OpenCV 中,cvtColor 函数可以通过设置参数将图像在不同色彩空间之间进行转换,其调用格式如下:

```
cv.cvtColor(src, code[, dst[, dstCn]]) -> dst
```

参数 code 指定转换方式,如 cv. COLOR_BGR2YCrCb、cv. COLOR_YCrCb2BGR、cv.COLOR_BGR2HSV、cv. COLOR_HSV2BGR、cv. COLOR_BGR2Lab、cv. COLOR_Lab2BGR、cv.COLOR_BGR2YUV 和 cv. COLOR_YUV2BGR 等,实现对应色彩空间的转换。

【例 8.1】 编写程序,将图像转换到 YCbCr 空间,修改数据,再转换回 RGB 空间,查看效果。

解:程序如下。

```
import cv2 as cv
import numpy as np
BGR = cv.imread('flower.jpg')
YCrCb = cv.cvtColor(BGR, cv.COLOR_BGR2YCrCb)               # 色彩空间变换
Y, Cr, Cb = cv.split(YCrCb)
Y1, Cr1, Cb1 = Y * 1.5, Cr * 1.5, Cb * 1.5                 # Y、Cr、Cb 线性变换
Y1[Y1 > 255], Cr1[Cr1 > 240], Cb1[Cb1 > 240] = 255, 240, 240   # 限幅
YCrCb1 = cv.merge([Y1.astype(np.uint8), Cr, Cb])          # 修改 Y 分量
En_Y = cv.cvtColor(YCrCb1, cv.COLOR_YCrCb2BGR)            # 逆变换
YCrCb2 = cv.merge([Y, Cr1.astype(np.uint8), Cb])          # 修改 Cr 分量
En_Cr = cv.cvtColor(YCrCb2, cv.COLOR_YCrCb2BGR)
YCrCb3 = cv.merge([Y, Cr, Cb1.astype(np.uint8)])          # 修改 Cb 分量
En_Cb = cv.cvtColor(YCrCb3, cv.COLOR_YCrCb2BGR)
cv.imshow("Original image", BGR)
cv.imshow("Enhancing Y", En_Y)
cv.imshow("Enhancing Cr", En_Cr)
cv.imshow("Enhancing Cb", En_Cb)
cv.waitKey()
```

程序运行效果如图 8-1 所示。

(a) 原图　　　　　　　　　　　(b) 修改Y分量

(c) 修改Cr分量　　　　　　　　　(d) 修改Cb分量

图 8-1　RGB 空间和 YCbCr 空间的相互转换

8.2　彩色图像增强

8.2.1　色彩通道独立处理法

彩色图像一般用 3 个二维矩阵表示图像的三个色彩通道,可以把各个色彩通道看作单独的灰度图像,分别做相应的增强处理,然后再合成一幅彩色图像,前面所介绍的多个灰度级变换函数、图像平滑滤波函数可以直接处理彩色图像,采用的就是这类方法。

采用这类处理方法特别需要注意的是:由于三个色彩通道各自独立处理,改变力度不一样时会带来色彩畸变。

对于线性灰度级变换 $g(x,y)=\alpha f(x,y)+\beta$,各色彩通道进行同样的线性拉伸,不会发生色彩畸变,如果各色彩通道采用不同的变换参数 α 和 β,则会带来色彩的畸变。对于对数变换和幂变换,如果各色彩通道变换函数一致,由于变换函数单值单调增加,各色彩通道变换后的灰度级次序与变换前相同,变换后的色彩不会发生较大的畸变。例如,一种颜色为 (200　20　40),经过 $46\ln(f+1)$ 的对数变换后为(244　138　170),亮度得到较大提升,色彩有微小变化。但是在进行直方图均衡化时,各色彩通道的变换函数不一样,会发生明显的色彩畸变。

【例 8.2】　编写程序,通过对三个色彩通道分别处理,实现彩色图像的幂变换和直方图均衡化。

解:程序如下。

```
import cv2 as cv
import numpy as np
Image = cv.imread('montreal.jpg')
result1 = Image.copy()
cv.intensity_transform.gammaCorrection(Image, result1, 0.3)    ♯对彩色图像进行幂变换
b, g, r = cv.split(Image)                                      ♯分割三个色彩通道
B, G, R = cv.equalizeHist(b), cv.equalizeHist(g), cv.equalizeHist(r)
result2 = cv.merge((B, G, R))              ♯对各色彩通道分别进行直方图均衡化后合成彩色图像
cv.imshow("Original image", Image)
cv.imshow("Gamma correction", result1)
```

```
cv.imshow("Balanced image", result2)
cv.waitKey()
```

程序运行结果如图 8-2 所示。各色彩通道采用相同的幂变换,新图像没有明显的色彩畸变,但直方图均衡化后色彩畸变明显。

(a) 原图   (b) 幂变换   (c) 直方图均衡化

图 8-2　彩色图像灰度级变换

8.2.2　彩色空间变换法

如果仅仅需要增强彩色图像的亮度,或者改变色彩,可以将图像变换到 HSV 这类亮度和色彩分开的彩色空间,单独增强亮度而不影响色彩,或者改变色彩而不影响亮度。对彩色图像进行直方图均衡化可以采用这种方法。

【例 8.3】　编写程序,在保持色彩的前提下,实现彩色图像的直方图均衡化。

解:程序如下。

```
import cv2 as cv
import numpy as np
Image = cv.imread("montreal.jpg")
HSV = cv.cvtColor(Image, cv.COLOR_BGR2HSV)
h, s, v = cv.split(HSV)
v_new = cv.equalizeHist(v)                      ＃对亮度通道进行直方图均衡化
s_new = s // 2                                  ＃饱和度缩小为原来的1/2
HSV_new1 = cv.merge((h, s, v_new))              ＃合并通道原色调、饱和度和新亮度
result1 = cv.cvtColor(HSV_new1, cv.COLOR_HSV2BGR)   ＃变换回原 RGB 空间
HSV_new2 = cv.merge((h, s_new, v_new))          ＃合并通道原色调、新饱和度和亮度
result2 = cv.cvtColor(HSV_new2, cv.COLOR_HSV2BGR)
cv.imshow("Original image", Image)
cv.imshow("Balanced image", result1)
cv.imshow("Changing color", result2)
cv.waitKey()
```

程序运行结果如图 8-3 所示。

(a) 原图   (b) 亮度直方图均衡化   (c) 增强亮度、降低饱和度

图 8-3　变换色彩空间增强彩色图像

8.2.3 Retinex 方法

"Retinex"源于 Retina(视网膜)和 Cortex(大脑皮层)合成词的缩写,故 Retinex 理论又被称为"视网膜大脑皮层理论"。Retinex 理论的基本原理模型是以人类视觉系统为出发点发展而来的一种基于颜色恒常性的色彩理论,该理论认为:①人眼对物体颜色的感知与物体表面的反射性质有着密切关系,即由物体对红、绿、蓝三色光线的反射能力来决定,反射率低的物体看上去较暗,反射率高的物体看上去较亮;②人眼对物体色彩的感知具有一致性,不受光照变化的影响。

Retinex 方法是根据图像的照度-反射模型,通过从原始图像中估计光照分量,设法去除(或降低)光照分量,获得物体的反射性质,从而获得物体的本来面貌。

根据采用的不同的估计光照分量的方法,产生了各种 Retinex 方法。这里主要介绍中心环绕方法。在中心环绕 Retinex 方法中,估计光照分量的计算如式(8-1)所示,即通过计算被处理像素与其周围区域加权平均值的比值来消除照度变化的影响。

$$i'_c(x,y) = f_c(x,y) * h(x,y) \tag{8-1}$$

其中,$f_c(x,y)$ 是图像 $f(x,y)$ 的第 c 色彩通道,$c=1,2,3$。$i'_c(x,y)$ 是第 c 色彩通道的光照分量估计值。$h(x,y)$ 是中心环绕函数,一般采用高斯函数。

中心环绕 Retinex 方法主要分为单尺度 Retinex(Single-Scale Retinex,SSR)方法、多尺度 Retinex(Multi-Scale Retinex,MSR)方法和带色彩恢复的多尺度 Retinex(Multi-Scale Retinex with Color Restoration,MSRCR)方法。

1. 单尺度 Retinex 方法

单尺度 Retinex 方法是指三个色彩通道均采用同一尺度的中心环绕函数估计光照分量,算法步骤如下。

(1) 根据式(8-1)计算第 c 色彩通道的光照分量估计值 $i'_c(x,y)$。

(2) 对 $f_c(x,y)$ 进行对数变换处理,有

$$\log[f_c(x,y)] = \log[i_c(x,y)] + \log[r_c(x,y)] \tag{8-2}$$

(3) 将光照分量的估计值代入式(8-2),计算反射分量,有

$$R_c(x,y) = \log[r'_c(x,y)] = \log[f_c(x,y)] - \log[i'_c(x,y)] \tag{8-3}$$

$R_c(x,y)$ 是第 c 色彩通道的单尺度 Retinex 方法输出图像。

(4) 将三个色彩通道合成一幅彩色图像输出。

【例 8.4】 编写程序,实现 SSR 方法的彩色图像增强。

解:程序如下。

```
import cv2 as cv
import numpy as np
Image = cv.imread("scene.jpg")
height, width, color = np.shape(Image)
sigma = 100
w = width if width % 2 == 1 else width - 1              #设置高斯模板宽,为奇数
h = height if height % 2 == 1 else height - 1           #设置高斯模板高,为奇数
illumination = np.zeros([height, width, color])
reflection = np.zeros([height, width, color])
for c in range(color):                                  #分色彩通道依次处理
    In = Image[:, :, c]
    i_temp = cv.GaussianBlur(In, ksize = [w, h], sigmaX = sigma, sigmaY = 0,
```

```
                                    borderType = cv.BORDER_REPLICATE)      #高强度高斯滤波
        r_temp = np.log(In / i_temp + 1)                                   #计算反射分量
        illumination[:, :, c] = (i_temp - i_temp.min()) / (i_temp.max() - i_temp.min())
        reflection[:, :, c] = (r_temp - r_temp.min()) / (r_temp.max() - r_temp.min())
cv.imshow("Original image", Image)
cv.imshow("Illumination", illumination)
cv.imshow("Reflection", reflection)
cv.waitKey()
```

　　程序运行结果如图 8-4 所示。变量 σ 取值为 100 的光照分量如图 8-4(b)所示,增强图像如图 8-4(c)所示;修改 σ 取值为 20,光照分量和增强图像如图 8-4(d)和图 8-4(e)所示。增强效果明显不一样,由此可见,要保证增强效果,需要设置合理的 σ 参数。

(a) 原图　　　　　　　　　(b) 光照分量（σ=100）　　　　　　　(c) 增强图像（σ=100）

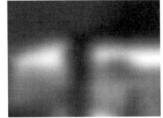

(d) 光照分量（σ=20）　　　　　　(e) 增强图像（σ=20）

图 8-4　单尺度 Retinex 方法效果

2. 多尺度 Retinex 方法

　　在 SSR 方法中,高斯环绕函数 $h(x,y)$ 采用了单一的尺度 σ,σ 取值小,能够较好地完成动态范围压缩,但全局照度损失;σ 取值大,能够较好地保证图像的色感一致性,但局部细节模糊,强边缘处有明显"光晕",如例 8.4 所示。为避免尺度 σ 选择不合适,可以将多个不同的 SSR 方法处理结果进行加权平均,产生了 MSR 方法。具体算法步骤为如下。

　　(1) 设置不同尺度 σ_k,$k=1,2,\cdots,K$。其中,K 为设置的不同尺度个数。

　　(2) 计算不同尺度的中心环绕函数 $h_k(x,y)$。

　　(3) 求图像不同通道、不同尺度的 Retinex 输出 $R_{ck}(x,y)$。

$$R_{ck}(x,y) = \ln[f_c(x,y)] - \ln[h_k(x,y) * f_c(x,y)] \tag{8-4}$$

　　(4) 对多个不同尺度的 Retinex 输出结果进行加权平均。

$$R_c(x,y) = \sum_{k=1}^{K} w_k R_{ck}(x,y) \tag{8-5}$$

其中,w_k 是不同尺度对应的权重因子,$\sum w_k = 1$。

　　(5) 将三个色彩通道合成一幅彩色图像输出。

【例 8.5】 编写程序,实现 MSR 方法的彩色图像增强。

解:程序如下。

```
import cv2 as cv
import numpy as np
Image = cv.imread("platform.jpg")
height, width, color = np.shape(Image)
sigma = [20, 100, 220]                                    #设置多个尺度值
w = 1 / len(sigma)                                        #设置权系数
w_win = width if width % 2 == 1 else width - 1
h_win = height if height % 2 == 1 else height - 1
illumination = np.zeros([height, width, color])
reflection = np.zeros([height, width, color])
for c in range(color):
    r_temp = np.zeros([height, width])
    In = Image[:, :, c]
    for k in range(len(sigma)):
        i_temp = cv.GaussianBlur(In, ksize = [w_win, h_win], sigmaX = sigma[k], sigmaY = 0,
                           borderType = cv.BORDER_REPLICATE)
        r_temp = r_temp + w * np.log(In / i_temp + 1)     #反射分量加权求和
    illumination[:, :, c] = (i_temp - i_temp.min()) / (i_temp.max() - i_temp.min())
    reflection[:, :, c] = (r_temp - r_temp.min()) / (r_temp.max() - r_temp.min())
cv.imshow("Original image", Image)
cv.imshow("Illumination", illumination)
cv.imshow("Reflection", reflection)
cv.waitKey()
```

程序运行结果如图 8-5 所示。

(a) 原图   (b) 光照分量   (c) 增强图像

图 8-5   多尺度 Retinex 方法效果

3. 带色彩恢复的多尺度 Retinex 方法

SSR 方法和 MSR 方法对三个彩色通道分别处理,有可能会产生色彩失真,MSRCR 方法在 MSR 方法的基础上,加入了色彩恢复因子,补偿由于图像局部区域对比度增强而导致颜色失真的缺陷。

设 $\gamma_c(x,y)$ 是第 c 色彩通道的色彩恢复系数,其定义为

$$\gamma_c(x,y) = \beta \ln \left[\alpha \frac{f_c(x,y)}{\sum_c f_c(x,y)} \right] \tag{8-6}$$

其中,β 为增益常数,α 为非线性强度的控制因子。

MSRCR 方法的输出 $R'_c(x,y)$ 为 MSR 方法的输出 $R_c(x,y)$ 与 $\gamma_c(x,y)$ 的乘积,即

$$R'_c(x,y) = R_c(x,y)\gamma_c(x,y) \tag{8-7}$$

MSRCR 方法的实现程序留给读者自行练习。

8.3 彩色边缘检测

第5章所介绍的边缘检测方法都针对灰度图像进行的仿真,边缘被认为是图像中亮度发生突变的位置,但在彩色图像中,边缘也可能出现在不同颜色之间。如果两个区域颜色不同、亮度相同,视觉上也存在明显的边界,但基于灰度的边缘检测算子检测不到此边界。因此,有必要讨论一下彩色边缘检测方法。

将灰度边缘检测方法扩展,可以得到比较简单的彩色边缘检测方法,在色彩空间的各个色彩通道分别进行处理,再将结果联合。例如,将 RGB 色彩通道分别进行微分运算,将各色彩通道输出相加,但如果微分运算的结果有正有负,有可能相互抵消,无法检测到边缘。也可以对各色彩通道独立进行边缘检测,将边缘检测结果联合,有可能导致边缘加粗或者出现双倍的边缘。

【例 8.6】 编写程序,实现彩色边缘检测。

解:程序如下。

```python
import cv2 as cv
import numpy as np
Image = cv.imread("coloredge.png")
height, width, color = np.shape(Image)
gray = np.mean(Image, 2).astype(np.uint8)
result1 = cv.Canny(gray, 10, 30)                        ♯对亮度图像进行边缘检测
result2 = np.zeros([height, width])
result3 = np.zeros([height, width])
for i in range(color):
    result2 = result2 + cv.Laplacian(Image[:, :, i].astype(np.float32), -1)
                                                ♯各色彩通道的拉普拉斯滤波结果相加
    result3 = result3 + cv.Canny(Image[:, :, i], 10, 30)  ♯各色彩通道的边缘检测结果相加
cv.imshow("Edge detection in gray image", result1)
cv.imshow("Laplacian of 3 channels", result2)
cv.imshow("Edge detection in 3 channels", result3)
cv.waitKey()
```

程序运行结果如图 8-6 所示。原图中左侧为纯蓝色,右侧为纯红色,采用 $I=(R+G+B)/3$ 计算亮度,两区域亮度一致,利用 Canny 算子检测不到边缘,如图 8-6(b)所示。利用拉普拉斯算子分别对 RGB 通道进行滤波,滤波结果相加,正负二阶差分值抵消,也没能检测到边缘,如图 8-6(c)所示。对各通道进行 Canny 边缘检测,结果叠加如图 8-6(d)所示。

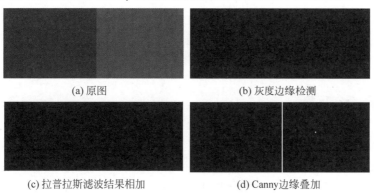

(a) 原图   (b) 灰度边缘检测

(c) 拉普拉斯滤波结果相加   (d) Canny边缘叠加

图 8-6 彩色边缘检测结果

也可以考虑将图像变换到其他色彩空间,再进行相应处理。比如将图像变换到 HSV 空间,三个通道分别进行差分运算,将结果相加,同时考虑了亮度和色彩上的边缘。再比如将图像变换到 LAB 空间,计算像素间的色差,其实是三维梯度,依然是像素间的差分运算,当色差大到一定程度,则认为是边缘。

【例 8.7】 编写程序,通过检测色差实现彩色图像边缘检测。

解:程序如下。

```python
import cv2 as cv
import numpy as np
Image = cv.imread('flower.jpg')
height, width, color = np.shape(Image)
LAB = cv.cvtColor(Image, cv.COLOR_BGR2LAB)
L, A, B = cv.split(LAB.astype(np.float32))
diff = np.zeros_like(L)
edge = np.zeros_like(L, dtype = np.uint8)
for y in range(height - 1):
    for x in range(width - 1):
        fy = np.sqrt((L[y + 1, x] - L[y, x]) ** 2 + (A[y + 1, x] - A[y, x]) ** 2
                + (B[y + 1, x] - B[y, x]) ** 2)     #垂直方向上相邻像素色差
        fx = np.sqrt((L[y, x + 1] - L[y, x]) ** 2 + (A[y, x + 1] - A[y, x]) ** 2
                + (B[y, x + 1] - B[y, x]) ** 2)     #水平方向上相邻像素色差
        diff[y, x] = fy + fx
thresh = np.mean(diff) + np.std(diff)               #设置色差阈值
edge[diff > thresh] = 255                           #色差大于阈值为边缘点
diff = diff / np.max(diff)
cv.imshow("Original image", Image)
cv.imshow("Difference", diff)
cv.imshow("Edge", edge)
cv.waitKey()
```

程序运行结果如图 8-7 所示。

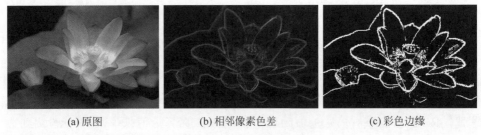

　　(a) 原图　　　　　　　　　　(b) 相邻像素色差　　　　　　　　(c) 彩色边缘

图 8-7　根据色差进行边缘检测

还有很多方法可以用来检测彩色图像的边缘,比如统计像素周围区域的局部颜色统计信息,利用 3D 颜色直方图等方法进行检测;利用纹理特征、边缘特征进行检测等。在学习的时候,读者应注意基本方法的掌握和灵活应用。

8.4　色彩平衡

不同的光源条件导致同一个物体反射的光线会有所差别,成像为不同的颜色。为了解决这一问题,现代相机引入了白平衡(White Balance)调整的功能,设置某个色温对应白色,自动对颜色进行校正后成像。如果色温设置和外界白光不一致,成像会存在色偏。校正色偏现象,称为色彩平衡。本节学习常用的色彩平衡算法。

8.4.1　简单白平衡算法

如图 8-8 所示,一种简单的白平衡算法是将 RGB 三个色彩通道各自线性拉伸到 $[g_1,g_2]$ 范围内,即

$$g_c = \frac{f_c - f_{c1}}{f_{c2} - f_{c1}} \times (g_2 - g_1) + g_1 \qquad (8\text{-}8)$$

其中,$c=1,2,3$,对应图像的三个色彩通道,通过去除图像各色彩通道中取值最小和最大的 $p\%$ 的像素确定 f_{c1} 和 f_{c2},$L-1$ 是图像中的最高灰度级。

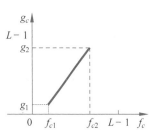

图 8-8　简单白平衡变换函数

如果一幅图像存在色偏现象,即存在某个颜色信息比较强的色彩通道,经过式(8-8)的变换,三个色彩通道的灰度值大约在同一个范围内,抑制了强色彩通道,增强了较弱色彩通道,达到色彩平衡的目的。

【例 8.8】　编写程序,实现简单白平衡处理。

解：程序如下。

```
import cv2 as cv
import numpy as np
Image = cv.imread("morning.jpg")
height, width, color = np.shape(Image)
result = np.zeros(np.shape(Image))
p, g_max, g_min = 2, 255, 0                              # 设置参数 p、g1 和 g2
ignored = p * height * width / 100                       # 去除的最高和最低值的像素数
for i in range(color):
    chan = Image[:, :, i]
    f_max, f_min = int(chan.max()), int(chan.min())      # 通道的最大值和最小值
    h_size, h_range = [f_max - f_min + 1], (f_min, f_max + 1)
    hist = cv.calcHist([chan], [0], None, h_size, h_range)  # 统计各灰度出现的次数
    high_num, low_num, pos1, pos2 = 0, 0, 0, f_max - f_min
    while (low_num + hist[pos1]) < ignored:              # 从低灰度根据参数 p 计算 f1
        low_num += hist[pos1]
        pos1, f_min = pos1 + 1, f_min + 1
    while (high_num + hist[pos2]) < ignored:             # 从高灰度根据参数 p 计算 f2
        high_num += hist[pos2]
        pos2, f_max = pos2 - 1, f_max - 1
    temp = (chan.astype(np.float32) - f_min) / (f_max - f_min)
    result[:, :, i] = (g_max - g_min) * temp + g_min     # 灰度拉伸
cv.imshow("Original image", Image)
cv.imshow("Simple white balance", result / 255)
cv.waitKey()
```

程序运行结果如图 8-9 所示。

(a) 原图　　　　　　　　　　　　　(b) 处理后图像

图 8-9　简单白平衡效果

OpenCV 中 xphoto 模块的 SimpleWB 类可以实现简单白平衡算法,使用 createSimpleWB 函数创建类实例,使用 setP、setOutputMin、setOutputMax 函数设置参数 p、g_1 和 g_2,使用继承于 WhiteBalancer 基类的 balanceWhite 函数实现白平衡算法。

采用库函数及其默认参数修改例 8.8 的程序如下。

```
import cv2 as cv
import numpy as np
Image = cv.imread("morning.jpg")
s_wb = cv.xphoto.createSimpleWB()
result = s_wb.balanceWhite(Image)
cv.imshow("Original image", Image)
cv.imshow("Simple white balance", result)
cv.waitKey()
```

程序运行结果如图 8-9 所示。

8.4.2 灰度世界白平衡算法

灰度世界白平衡算法(Gray-world White Balance Algorithm)基于这样一种假设:一幅有大量色彩变化的图像,RGB 三个色彩通道的平均值趋于同一个灰度值 $\overline{Y}$,即物体对光线的反射的平均值近似于灰色,通过确定 $\overline{Y}$,计算各通道平均值和 $\overline{Y}$ 的偏离比值,对三个色彩通道进行灰度级变换生成校正后的彩色图像。

算法步骤描述如下。

(1) 将图像转换为亮度分量 Y,计算图像的平均亮度 $\overline{Y}$。

(2) 计算图像三个色彩通道的平均值 $\overline{R}$、$\overline{G}$、$\overline{B}$。

(3) 计算色彩平衡调整参数 k_R、k_G、k_B

$$k_R = \frac{\overline{Y}}{\overline{R}}, \quad k_G = \frac{\overline{Y}}{\overline{G}}, \quad k_B = \frac{\overline{Y}}{\overline{B}} \tag{8-9}$$

(4) 对图像三个色彩通道 R、G、B 进行线性变换。

$$R' = k_R R, \quad G' = k_G G, \quad B' = k_B B \tag{8-10}$$

算法在具体实施时有细节上的不同,比如,亮度分量 Y 的计算,可以采用不同的方法;计算三个色彩通道的平均值时,可以采用所有的像素,也可以采用满足一定条件的像素。例如,考虑到环境光照的适应性,采用图像中所有亮度小于或等于 αY_{max} 的像素($0 < \alpha < 1$,Y_{max} 是图像中的最大亮度);考虑到灰度世界的假设,采用饱和度小于一定阈值的像素等,实现效果有细微差别。

【例 8.9】 编写程序,利用灰度世界白平衡算法对图像进行白平衡处理。

解:程序如下。

```
import cv2 as cv
import numpy as np
Image = cv.imread("morning.jpg")
Image = Image / 255
B, G, R = cv.split(Image)
S, T = (np.max(Image, 2) - np.min(Image, 2)) / np.max(Image, 2), 0.6
                              #生成饱和度图像,并设置阈值 T
averB, averG, averR = np.mean(B[S <= T]), np.mean(G[S <= T]), np.mean(R[S <= T])
                              #利用饱和度较低的像素计算各色彩通道平均值
averY = np.mean(np.mean(Image, 2))    #计算平均亮度,亮度图像由三个色彩通道求平均获取
kb, kg, kr = averY / averB, averY / averG, averY / averR    #计算线性变换参数
```

```
b, g, r = kb * B, kg * G, kr * R          ♯三个色彩通道数据变换
result = cv.merge((b, g, r))              ♯三个色彩通道数据合成彩色图像
cv.imshow("Original image", Image)
cv.imshow("Gray－world white balance", result)
cv.waitKey()
```

原图如图 8-10(a)所示,存在色偏现象,程序运行结果如图 8-10(b)所示。

(a) 原图　　　　　　　(b) 白平衡后图像　　　　　(c) OpenCV函数处理结果

图 8-10　白平衡效果

OpenCV 中 xphoto 模块的 GrayworldWB 类可以实现灰度世界白平衡算法,使用
createGrayworldWB 函数创建类实例,使用 setSaturationThreshold 函数设置饱和度阈值,使
用继承于 WhiteBalancer 基类的 balanceWhite 函数实现白平衡算法,调用格式如下:

```
cv.xphoto.createGrayworldWB( ) -> retval
cv.xphoto.GrayworldWB.setSaturationThreshold(val) -> None
cv.xphoto.WhiteBalancer.balanceWhite(src[, dst]) -> dst
```

参数 val 是饱和度阈值,是 0、1 之间的浮点数; src 要求是 8 位或 16 位无符号三个色彩通
道数据。

采用库函数修改例 8.9 的程序如下。

```
import cv2 as cv
import numpy as np
Image = cv.imread("morning.jpg")
gw_wb = cv.xphoto.createGrayworldWB()
gw_wb.setSaturationThreshold(0.6)
result = gw_wb.balanceWhite(Image)
cv.imshow("Original image", Image)
cv.imshow("Gray－world white balance", result)
cv.waitKey()
```

程序运行结果如图 8-10(c)所示,比图 8-10(b)略暗。

灰度世界白平衡算法简单快速,但是由于算法的前提假设,当图像中没有足够丰富的色彩
来近似理想情况时,白平衡效果不够理想。

8.4.3　完美反射白平衡算法

物体的颜色是由它吸收、反射、折射的光决定的,一般情况下白色的物体或区域反射了所
有光线,称为完美反射(Perfect Reflector)或镜面反射。如果图像中存在一个"镜面"的话,在
特定光源下,可以将所获得的"镜面"的色彩信息认为是当前光源的信息,在这个假设下,图像
中就一定存在纯白色的像素或者最亮的点,以该点作为参考对三个色彩通道的数值进行调整
达到白平衡的效果。

完美反射白平衡算法步骤整理如下。

(1) 找出图像中 RGB 三个色彩通道的最大值 Y。

(2) 将图像 RGB 三个色彩通道求和,根据和值、设定的比例确定最亮区间的阈值 T。

(3) 计算 $R+G+B>T$ 的像素集合的三个色彩通道的均值 $\overline{R}$、$\overline{G}$、$\overline{B}$。

(4) 计算各通道的变换比例

$$k_R = \frac{Y}{\overline{R}}, \quad k_G = \frac{Y}{\overline{G}}, \quad k_B = \frac{Y}{\overline{B}} \tag{8-11}$$

(5) 按式(8-10)对图像三个色彩通道进行线性变换。

由于 Y 大于均值 $\overline{R}$、$\overline{G}$、$\overline{B}$,三个色彩通道的变换比例都大于 1,处理后图像会比较亮。这种方法实际是将色彩通道的灰度范围拉伸到和最大值所在色彩通道的灰度范围一致,从而实现色彩平衡。

【例 8.10】 编写程序,利用完美反射白平衡算法对图像进行白平衡处理。

解:程序如下。

```python
import cv2 as cv
import numpy as np
Image = cv.imread("morning.jpg")
height, width, color = np.shape(Image)
B, G, R = cv.split(Image)
sumI, p = np.sum(Image, 2), 2                    # RGB 三个色彩通道求和,设定最亮像素的占比
maxVal, brightest = np.max(Image), p * height * width / 100
                                                 # 找图像中的最大值 Y 和最亮像素数
hist = np.histogram(sumI, bins = sumI.max() + 1, density = False)
                                                 # 统计和图像中各数值出现数目
white_num, T = 0, sumI.max()
while (white_num + hist[0][T]) < brightest:     # 根据最亮像素数确定阈值 T
    white_num += hist[0][T]
    T -= 1
averB, averG, averR = np.mean(B[sumI > T]), np.mean(G[sumI > T]),
                np.mean(R[sumI > T])            # 根据最亮的像素求三个色彩通道的均值
b, g, r = B / averB * maxVal, G / averG * maxVal, R / averR * maxVal
result = cv.merge((b, g, r))                     # 生成新图像
cv.imshow("Original image", Image)
cv.imshow("Perfect reflection white balance", result / 255)
cv.waitKey()
```

程序运行结果如图 8-11 所示。

(a) 原图   (b) 处理后图像

图 8-11 完美反射白平衡效果

8.4.4 最大颜色值平衡算法

最大颜色值平衡算法量化色彩通道的颜色信息强度,据此计算各色彩通道的调整参数,并生成色彩平衡图像。具体算法步骤整理如下。

(1) 寻找各色彩通道的最大强度值 R_{max}、G_{max}、B_{max},以及 $C_{max} = \min\{R_{max}, G_{max}, B_{max}\}$。

(2) 统计各色彩通道强度值不低于 C_{max} 的像素个数 N_R、N_G、N_B,以及 $N_{max} = \max\{N_R, N_G, N_B\}$,$N_{max}$ 对应的即颜色信息最强的色彩通道。

(3) 将各色彩通道像素值从大到小排序,寻找每个色彩通道中第 N_{max} 个最大的强度 R_t、G_t、B_t。

(4) 计算各色彩通道变换比例 k_R、k_G、k_B,即

$$k_R = \frac{C_{max}}{R_t}, \quad k_G = \frac{C_{max}}{G_t}, \quad k_B = \frac{C_{max}}{B_t} \tag{8-12}$$

(5) 按式(8-10)对图像三个色彩通道进行线性变换。颜色信息强度大的色彩通道对应的变换比例要小一些,而强度弱的色彩通道对应的变换比例要大一些,抑制较强色彩通道,增强较弱色彩通道,达到色彩平衡的目的。

【例 8.11】 编写程序,利用最大颜色值平衡算法对图像进行白平衡处理。

解:程序如下。

```
import cv2 as cv
import numpy as np
Image = cv.imread("morning.jpg")
height, width, color = np.shape(Image)
B, G, R = cv.split(Image)
Bmax, Gmax, Rmax = B.max(), G.max(), R.max()
Cmax = np.min((Bmax, Gmax, Rmax))
numB, numG, numR = np.sum(B >= Cmax), np.sum(G >= Cmax), np.sum(R >= Cmax)
Nmax = np.max((numB, numG, numR))
sortedB, sortedG, sortedR = (np.sort(B, axis = None), np.sort(G, axis = None),
                             np.sort(R, axis = None))          #升序排列
Bt, Gt, Rt = sortedB[-Nmax], sortedG[-Nmax], sortedR[-Nmax]    #倒数第 Nmax 个强度值
b, g, r = Cmax / Bt * B, Cmax / Gt * G, Cmax / Rt * R
result = cv.merge((b, g, r))
cv.imshow("Original image", Image)
cv.imshow("Max value color balance", result / 255)
cv.waitKey()
```

程序运行结果如图 8-12 所示。

(a) 原图   (b) 处理后图像

图 8-12 最大颜色值平衡效果

8.5 色彩变换

色彩变换是指采用合适的方法改变图像的像素值,使图像呈现出不一样的色彩,达到改变视觉效果或突出某种氛围的目的。在色彩变换时,可以仅利用变换函数改变图像像素值,也可以将一幅图像的色彩信息传递到另一幅图像中,使两幅图像具有类似的色彩特征,后者也称为色彩迁移。本节介绍几种常见的色彩变换方法。

8.5.1 色彩滤镜

滤镜是很多图像处理软件常用的功能,此处的色彩滤镜指的是通过对图像进行色彩变换改变图像的色彩风格。这类方法的关键在于变换函数的设计,可以对 RGB 直接进行变换,也可以改变色彩、亮度和饱和度,同时,根据变换效果给滤镜起个贴切的、动听的名字,营造一种特定的氛围。

1. 怀旧风格

怀旧风格旨在营造一种老照片的感觉,暖调,呈现古棕色,式(8-13)是一种常用的变换方法。

$$\begin{bmatrix} R' \\ G' \\ B' \end{bmatrix} = \begin{bmatrix} 0.393 & 0.769 & 0.189 \\ 0.349 & 0.686 & 0.168 \\ 0.272 & 0.534 & 0.131 \end{bmatrix} \begin{bmatrix} R \\ G \\ B \end{bmatrix} \tag{8-13}$$

【例 8.12】 编写程序,变换图像为怀旧风格。

解:程序如下。

```python
import cv2 as cv
import numpy as np
Image = cv.imread("lotus.jpg")
Image = Image / 255
b, g, r = cv.split(Image)
newr = 0.189 * b + 0.769 * g + 0.393 * r        #色彩变换
newg = 0.168 * b + 0.686 * g + 0.349 * r
newb = 0.131 * b + 0.534 * g + 0.272 * r
result = cv.merge((newb, newg, newr))
cv.imshow("Original image", Image)
cv.imshow("Retro style", result)
cv.waitKey()
```

程序运行效果如图 8-13(b)所示。

(a) 原图　　　　　　　　(b) 怀旧风格　　　　　　　　(c) 清新风格

图 8-13　色彩滤镜

2. 清新风格

"清新"这个词,如果用色彩展示,像描绘春天的色彩,充满生机勃发的气息,色彩鲜活、明亮,给人一种蓬勃感。需要的技术也比较明确,低饱和度、低对比度、高亮度。

【例 8.13】 编写程序,变换图像为清新风格。

解:程序如下。

```
import cv2 as cv
import numpy as np
Image = cv.imread("lotus.jpg")
h, s, v = cv.split(cv.cvtColor(Image, cv.COLOR_BGR2HSV))
news = (s * 0.7).astype(np.uint8)                          # 降低饱和度
bottom, top = 0.2, 0.8
newv = (v - np.min(v))/(np.max(v) - np.min(v)) * top + bottom    # 降低对比度
newv = newv * 1.2 * 255                                    # 增高亮度
newv[newv > 255] = 255
hsv = cv.merge((h, news, newv.astype(np.uint8)))
fresh = cv.cvtColor(hsv, cv.COLOR_HSV2BGR)
cv.imshow("Original image", Image)
cv.imshow("Fresh style", fresh)
cv.waitKey()
```

程序运行效果如图 8-13(c)所示。

类似的变换还有很多,比如流年,要营造一种岁月的流逝感,照片发黄褪色感,弱化蓝色可以实现,读者也可以根据自己的理解创设不同的变换。

8.5.2 色彩迁移

色彩迁移要将一幅图像的色彩风格传递给另一幅图像中,关键在于色彩传递的方法,可以借助于色彩空间进行。

Smith 等基于人体视网膜锥状细胞对光的波长相当敏感这一现象提出了 LMS 色彩空间,其中 L、M、S 三个通道分别表示长、中、短激发光谱。由于 LMS 三个通道间有较大的相关性,给图像处理过程带来一定的困难。针对这种情况,Ruderman 等在 LMS 色彩空间基础上提出了一种不相关的、近似正交的均匀色彩空间——$l\alpha\beta$ 色彩空间,其中,l 表示非彩色的亮度通道,α 表示彩色的黄-蓝相关通道,β 表示彩色的红-绿相关通道,$0 \leqslant l \leqslant 100$,$-128 \leqslant \alpha$,$\beta \leqslant 127$,为图像色彩迁移的发展奠定了基础。

Reinhard 等提出了基于 $l\alpha\beta$ 的色彩迁移算法,通过对目标图像和原图像的 $l\alpha\beta$ 色彩特征信息的统计分析,进行变换,使得目标图像和原图像最终具有相近的均值和标准差,从而将原图像的色彩特征传递给目标图像。

1. $l\alpha\beta$ 与 RGB 相互转换

由 RGB 色彩空间先转换到 LMS 色彩空间,再转换到 $l\alpha\beta$ 色彩空间,有

$$\begin{bmatrix} L \\ M \\ S \end{bmatrix} = \begin{bmatrix} 0.3811 & 0.5783 & 0.0402 \\ 0.1967 & 0.7244 & 0.0782 \\ 0.0241 & 0.1288 & 0.8444 \end{bmatrix} \begin{bmatrix} R \\ G \\ B \end{bmatrix} \tag{8-14}$$

$$\begin{bmatrix} l \\ \alpha \\ \beta \end{bmatrix} = \begin{bmatrix} \dfrac{1}{\sqrt{3}} & 0 & 0 \\ 0 & \dfrac{1}{\sqrt{6}} & 0 \\ 0 & 0 & \dfrac{1}{\sqrt{2}} \end{bmatrix} \begin{bmatrix} 1 & 1 & 1 \\ 1 & 1 & -2 \\ 1 & -1 & 0 \end{bmatrix} \begin{bmatrix} \log L \\ \log M \\ \log S \end{bmatrix} \tag{8-15}$$

由 $l\alpha\beta$ 色彩空间先转换到 LMS 色彩空间，再转换到 RGB 色彩空间，有

$$
\begin{bmatrix} L \\ M \\ S \end{bmatrix} = \begin{bmatrix} 1 & 1 & 1 \\ 1 & 1 & -1 \\ 1 & -2 & 0 \end{bmatrix} \begin{bmatrix} \dfrac{1}{\sqrt{3}} & 0 & 0 \\ 0 & \dfrac{1}{\sqrt{6}} & 0 \\ 0 & 0 & \dfrac{1}{\sqrt{2}} \end{bmatrix} \begin{bmatrix} l \\ \alpha \\ \beta \end{bmatrix}
\tag{8-16}
$$

$$
\begin{bmatrix} R \\ G \\ B \end{bmatrix} = \begin{bmatrix} 4.4679 & -3.5873 & 0.1193 \\ -1.2186 & 2.3809 & -0.1624 \\ 0.0497 & -0.2439 & 1.2045 \end{bmatrix} \begin{bmatrix} 10^L \\ 10^M \\ 10^S \end{bmatrix}
\tag{8-17}
$$

2. Reinhard 色彩迁移

Reinhard 色彩迁移算法的具体步骤如下。

（1）将原图像和目标图像变换到 $l\alpha\beta$ 色彩空间，并分别计算 l、α、β 三个分量的均值和方差。

（2）将 l、α、β 三个分量分别利用式（8-18）匹配色彩统计量，使其从原图像传递到目标图像。

$$
f' = (f_t - \mu_t^f) \times \frac{\sigma_s^f}{\sigma_t^f} + \mu_s^f
\tag{8-18}
$$

其中，f' 为色彩迁移结果图像分量；f_t 为目标图像的分量值；μ_s^f、σ_s^f 分别为原图像的分量的均值和标准差；μ_t^f、σ_t^f 分别为目标图像的分量的均值和标准差。

（3）将调整后的目标图像分量由 $l\alpha\beta$ 色彩空间变换到 RGB 色彩空间，完成目标图像的色彩处理。

【例 8.14】 编写程序，对彩色图像进行色彩迁移。

解：程序如下。

```
import cv2 as cv
import numpy as np
ImageS, ImageT = cv.imread("morning.jpg"), cv.imread("lotus.jpg")
h, w, color = np.shape(ImageT)
cv.imshow("Source image", ImageS)
cv.imshow("Target image", ImageT)
sB, sG, sR = cv.split(ImageS)
tB, tG, tR = cv.split(ImageT)
Trans1 = np.array([[0.3811, 0.5783, 0.0402],
                   [0.1967, 0.7244, 0.0782],
                   [0.0241, 0.1288, 0.8444]])
Trans2 = np.array([[1, 1, 1], [1, 1, -2], [1, -1, 0]])
Trans3 = np.array([[1/np.sqrt(3), 0, 0],
                   [0, 1/np.sqrt(6), 0],
                   [0, 0, 1/np.sqrt(2)]])
sB = np.reshape(sB, (1, -1))
sG = np.reshape(sG, (1, -1))
sR = np.reshape(sR, (1, -1))
sLMS = Trans1 @ np.concatenate((sR, sG, sB), axis=0)      # 原图像变换到 LMS 色彩空间
slab = Trans3 @ Trans2 @ np.log10(sLMS)                   # 变换到 lαβ 色彩空间
s_mu, s_sigma = np.mean(slab, axis=1), np.std(slab, axis=1)   # 求均值和标准差
tB = np.reshape(tB, (1, -1))
```

```
tG = np.reshape(tG, (1, -1))
tR = np.reshape(tR, (1, -1))
tLMS = Trans1 @ np.concatenate((tR, tG, tB), axis = 0)          #目标图像变换到 LMS 色彩空间
tlab = Trans3 @ Trans2 @ np.log10(tLMS)                         #变换到 lαβ 色彩空间
t_mu, t_sigma = np.mean(tlab, axis = 1), np.std(tlab, axis = 1)  #求均值和标准差
for i in range(color):                                         #色彩传递
    tlab[i, :] = (tlab[i, :] - t_mu[i]) * s_sigma[i] / t_sigma[i] + s_mu[i]
tLMS = np.linalg.inv(Trans3 @ Trans2) @ tlab
tRGB = np.linalg.inv(Trans1) @ (pow(10, tLMS))                 #目标图像变换回 RGB 色彩空间
tRGB[tRGB > 255] = 255
tRGB[tRGB < 0] = 0
R = np.reshape(tRGB[0, :], (h, w))
G = np.reshape(tRGB[1, :], (h, w))
B = np.reshape(tRGB[2, :], (h, w))
result = cv.merge((B, G, R)).astype(np.uint8)
cv.imshow("Result images", result)
cv.waitKey()
```

程序运行效果如图 8-14 所示。

(a) 原图像　　　　　　　　(b) 目标图像　　　　　　　　(c) 变换结果

图 8-14　色彩迁移

第 13 集
微课视频

色彩迁移不仅可以在两幅彩色图像之间进行,也可以在彩色图像和灰度图像之间进行,灰度图像色彩迁移主要是利用原参考图像的彩色信息,对灰度图像进行自动彩色化,灰度图像色彩迁移算法的设计实现,请扫描二维码,查看讲解。

8.6　综合实例

【例 8.15】　设计程序,将图 8-15(a)中的粉色荷花换一种颜色,但保持背景不变。

1. 分析

实现设计要求的关键有两点:如何确定图中的粉色像素以及如何给粉色像素设置新颜色。一种很直观的方法:设定粉色的颜色取值范围,给颜色在该范围内的像素指定一种颜色。由于 RGB 值同时包含了颜色和亮度信息,在 RGB 空间设定范围,范围内的颜色更改为同种颜色,变换后的荷花没有色彩浓淡、亮度变化,将产生明显失真。因此,将图像变换到色彩和亮度分开的色彩空间,单独处理色彩,保持亮度,以避免色彩失真问题。

2. 方案设计

(1) 将 RGB 图像转换到 HSV 空间。

(2) 在 HSV 空间设定粉色范围: $H < 1/6 - \varepsilon$ 且 $H > 5/6 + \varepsilon$。粉色色调处于红色色调($H = 0$)附近,黄色对应的色调在 1/6 处,紫色对应的色调在 5/6 处,适当增加一点容差余量 ε,在其中确定粉色色调范围。

(3) 遍历图像,判断每个像素是否满足颜色要求,若满足则更改其色调。

（4）将 HSV 图像逆变换回原 RGB 空间，显示查看效果。

3. 程序设计

```
import cv2 as cv
import numpy as np
Image = cv.imread('lotus.jpg')
HSV = cv.cvtColor(Image, cv.COLOR_BGR2HSV)          # 色彩空间变换
h, s, v = cv.split(HSV)
tolerance = 5                                       # 容差余量
h[h > 150 + tolerance] = 120      # h值在[0, 179]，设定粉色值范围为(150,179)和[0, 30)
h[h < 30 - tolerance] = 120
HSV[:, :, 0] = h                                    # 修改色调值
result = cv.cvtColor(HSV, cv.COLOR_HSV2BGR)
cv.imshow("Original image", Image)
cv.imshow("Result image", result)
cv.waitKey()
```

程序运行结果如图 8-15 所示。

(a) 原图   (b) 处理后的图像

图 8-15   更改目标颜色

从运行结果可以看出，变换后的荷花依然保持了色彩浓淡变换，比较自然，且背景没有变换，符合要求。

习题

8.1   利用 cvtColor 函数将一幅彩色图像从 RGB 色彩空间变换到不同的色彩空间，查看变换后变量的值范围，了解和理论推导结果的区别。

8.2   编写程序，给彩色图像添加椒盐噪声，并进行平滑滤波。

8.3   编写程序，实现 MSRCR 方法。

8.4   编写程序，将一幅彩色图像变换到 LAB 色彩空间，并利用不同的微分算子生成色差图像。

8.5   编写程序，采用不同的方法实现彩色图像的边缘检测。

8.6   编写程序，对一幅夜晚彩色图像进行处理，平衡光照，增强亮度。

8.7   编写程序，保留图 8-15(a)中荷花的颜色，背景灰度化。

第 9 章

图 像 分 割

本章思维导图

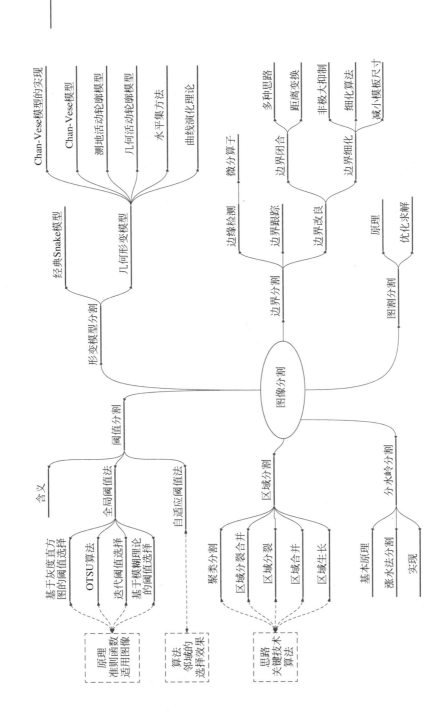

在对图像的研究和应用中,人们往往仅对图像中的某些目标感兴趣,这些目标通常对应图像中具有特定性质的区域。图像分割(Image Segmentation)是指把一幅图像分成不同的具有特定性质区域的图像处理技术,将这些区域分离提取出来以便进一步提取特征,是由图像处理到图像分析的关键步骤。由于重要性,图像分割一直是图像处理领域的研究重点。

图像分割后的区域应具有以下特点:

(1) 分割出来的区域在某些特征方面(如灰度、颜色、纹理等)具有一致性;

(2) 区域内部单一,没有过多小孔;

(3) 相邻区域对分割所依据的特征有明显的差别;

(4) 分割边界明确。

同时满足所有这些要求是有困难的,如严格一致的区域中会有很多孔,边界也不光滑;人类视觉感觉均匀的区域,在分割所获得的低层特征上未必均匀;许多分割任务要求分割出的区域是具体的目标,如交通图像中分割出车辆,而这些目标在低层特征上往往也是多变的。图像千差万别,还没有一种通用的方法能够兼顾这些要求,因此,实际的图像分割系统往往是针对具体应用的。

目前已有形形色色的分割算法。本章讲解常用的图像分割技术,包括阈值分割、边界分割、区域分割、分水岭分割、形变模型分割、图割分割等。

9.1　阈值分割

阈值分割是根据像素特征值的分布特性确定某个阈值来进行图像分割的一类方法,下面以最常见的基于灰度的阈值分割为例进行学习,基于其他特征值进行分割的思路类似。

设原灰度图像为 $f(x,y)$,通过某种准则选择灰度值 T 作为阈值,比较各像素值与 T 的大小关系:像素值大于或等于 T 的像素为一类,变更其像素值为1;像素值小于 T 的像素为另一类,变更其像素值为0。从而把灰度图像变成一幅二值图像 $g(x,y)$,也称为图像的二值化或阈值化,如式(9-1)所示。

$$g(x,y)=\begin{cases}1, & f(x,y)\geqslant T \\ 0, & f(x,y)<T\end{cases} \tag{9-1}$$

对图像的阈值化,除了式(9-1)以外还有不同的方式,在 OpenCV 的枚举 ThresholdTypes 中给出了多种阈值化方式,如表 9-1 所示。

表 9-1　ThresholdTypes 取值及含义

参　　数	含　　义
cv. THRESH_BINARY	大于阈值的像素值设为一个固定值 maxval,其他为 0
cv. THRESH_BINARY_INV	大于阈值的像素值设为 0,其他为 maxval
cv. THRESH_TRUNC	大于阈值的像素值设为阈值,其他不变
cv. THRESH_TOZERO	大于阈值的像素值不变,其他设为 0
cv. THRESH_TOZERO_INV	大于阈值的像素值设为 0,其他不变
cv. THRESH_MASK	由模板决定前景像素
cv. THRESH_OTSU	使用 OTSU 算法选择最佳阈值
cv. THRESH_TRIANGLE	使用三角算法选择最佳阈值

实现图像的阈值化,可以根据式(9-1)或者表 9-1 所示的方法,通过比较图像中的像素值与阈值的大小关系进行,也可以直接采用 OpenCV 中的 inRange 和 compare 函数,调用格式如下:

```
cv.compare(src1, src2, cmpop[, dst]) -> dst
cv.inRange(src, lowerb, upperb[, dst]) -> dst
```

compare 函数根据 cmpop 设定的方法比较 src1 和 src2,满足条件的像素设为 255。src1 和 src2 可以是单通道图像或常数。cmpop 可以取 cv.CMP_EQ、cv.CMP_GT、cv.CMP_GE、cv.CMP_LT、cv.CMP_LE、cv.CMP_NE,分别表示等于、大于、大于或等于、小于、小于或等于和不等于的比较关系。

inRange 函数将像素值在区间[lowerb,upperb]的像素变更为 255,其余像素为 0。lowerb 和 upperb 可以是数组,用于多通道图像。

【例 9.1】 采用不同的方式,根据式(9-1)实现灰度图像的阈值化。

解:程序如下。

```
import cv2 as cv
import numpy as np
Image = cv.imread('lotus.jpg', cv.IMREAD_GRAYSCALE)
BW1 = cv.compare(Image, 60, cv.CMP_GT)          # 灰度值大于 60 的像素值设为 255
BW2 = cv.inRange(Image, 140, 255)               # 灰度值大于或等于 140 的像素值设为 255
BW3 = np.where(Image >= 180, 255, 0).astype(np.uint8)   # 灰度值大于或等于 180 的像素值设
为 255
cv.imshow("Original image", Image)
cv.imshow("Thresholding(T = 60)", BW1)
cv.imshow("Thresholding(T = 140)", BW2)
cv.imshow("Thresholding(T = 180)", BW3)
cv.waitKey()
```

程序运行结果如图 9-1 所示。阈值不同,分割效果也不一样。

(a) 原图   (b) T=60

(c) T=140   (d) T=180

图 9-1 阈值分割

由以上描述可知,阈值 T 的选取直接决定了分割效果的好坏,所以阈值分割方法的重点在于阈值的选择。

9.1.1 全局阈值法

全局阈值法是指根据整幅图像确定阈值 T,所有的像素都使用相同的 T 进行阈值化。阈值的确定有多种思路和方法,下面讲解常用的方法。

1. 基于灰度直方图的阈值选择

若图像的灰度直方图为双峰分布,如图 9-2(a)所示,表明图像的内容大致为两部分,其灰度分别为灰度分布的两个山峰附近对应的值。选择阈值为两峰间的谷底点对应的灰度值,把图像分割成两部分。这种方法可以保证错分概率最小。

同理,若直方图呈现多峰分布,可以选择多个阈值,把图像分成不同的区域。如图 9-2(b)所示,选择两个波谷对应灰度作为阈值 T_1、T_2,可以把原图分成 3 个区域或两个区域,灰度值介于小阈值和大阈值之间的像素作为一类,其余的作为另外一类。

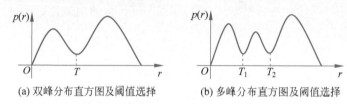

(a) 双峰分布直方图及阈值选择　　　　(b) 多峰分布直方图及阈值选择

图 9-2　基于灰度直方图的阈值选择

【例 9.2】　编程实现基于双峰分布的直方图选择阈值,分割图像。

解:基于双峰分布的直方图方法分割图像,重点在于找到直方图的波峰和波谷,但直方图通常是不平滑的。因此,首先要平滑直方图,再去搜索峰和谷。本例程序设计中,将直方图中相邻 3 个灰度的频数相加求平均作为中间灰度对应的频数,不断平滑直方图,直至成为双峰分布。这种方法有可能对阈值的选择造成影响,也可以采用其他方法确定峰谷。

程序如下。

```python
import cv2 as cv
import numpy as np
from matplotlib import pyplot as plt

def Bimodal(hist):
    peak = np.zeros([2, 1], np.uint8)
    count = 0
    for i in range(1, 255):
        if ((hist[i - 1] < hist[i]) & (hist[i + 1] < hist[i])):
            count += 1
            if count > 2:
                return 0, None
            peak[count - 1] = i
    if count == 2:
        return 1, peak
    else:
        return 0, None

Image = cv.imread('lotus.jpg', cv.IMREAD_GRAYSCALE)
plt.subplot(221)
plt.imshow(Image, cmap = "gray")
plt.title('Original image')
plt.axis('off')
h_size, h_range = [256], (0, 256)
hist = cv.calcHist([Image], [0], None, h_size, h_range)       #统计直方图
```

```
hist = hist / hist.max()                                              ♯直方图归一化
plt.rcParams['font.sans - serif'] = ['Times New Roman']
plt.subplot(222)
plt.stem(range(256), hist, linefmt = 'black', markerfmt = '')          ♯绘制原始直方图
plt.title('Original histogram')
flag, peak = Bimodal(hist)
while not flag:
    hist = cv.blur(hist, ksize = (1, 3), borderType = cv.BORDER_REPLICATE)   ♯平滑直方图
    flag, peak = Bimodal(hist)                                 ♯判断是否为双峰分布直方图,是则找到峰
thresh = int(np.argmin(hist[peak[0, 0]:peak[1, 0]]) + peak[0, 0])
BW = cv.inRange(Image, thresh, 255)            ♯双峰间的波谷对应的灰度作为阈值,实现图像二值化
plt.subplot(224)
plt.stem(range(256), hist, linefmt = 'black', markerfmt = '')            ♯绘制平滑后直方图
plt.stem(thresh, hist[thresh, 0], linefmt = 'red', markerfmt = '+')     ♯标识阈值所在位置
plt.title('Smooth histogram')
plt.subplot(223)
plt.imshow(BW, cmap = 'gray')
plt.axis('off')
plt.title('Binary image')
plt.show()
```

程序运行结果如图 9-3 所示,图 9-3(a)为原图,其灰度直方图如图 9-3(b)所示,呈现双峰分布;平滑直方图如图 9-3(d)所示,取双峰间波谷对应灰度 116 作为阈值,分割结果如图 9-3(c)所示。

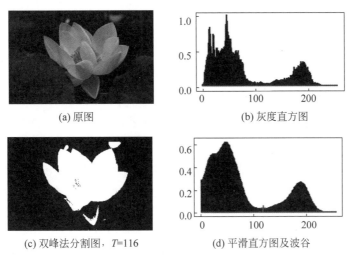

(a) 原图　　　　　　　　　　(b) 灰度直方图

(c) 双峰法分割图,*T*=116　　　(d) 平滑直方图及波谷

图 9-3　基于灰度直方图选择阈值分割

这种方法比较适用于图像中前景物体与背景灰度差别明显且各占一定比例的情形,是一种特殊的方法。若整幅图像的整体直方图不具有双峰或多峰特性,可以考虑在局部范围内应用。

2. 基于模式分类思路的阈值选择

这类方法采用模式分类的思路,认为像素值(通常是灰度,也可以是计算出来的像素梯度、纹理等特征值)为待分类的数据,寻找合适的阈值,把数据分为不同类别,从而实现图像分割。

模式分类的一般要求为:类内数据尽量密集,类间尽量分离。按照这个思路,把所有的像素分为两组(类),属于"同一类别"的对象具有较大的一致性,"不同类别"的对象具有较大的差异性。方法的关键在于如何衡量同类的一致性和类间的差异性,采用不同的衡量方法对应不同的算法,例如可采用类内和类间方差衡量,使类内方差最小或使类间方差最大的值为最佳阈

值。经典分割算法——OTSU 方法即是最大类间方差法。

设图像分辨率为 $M \times N$，图像中各级灰度出现的概率为

$$p_i = \frac{n_i}{M \times N}, \quad i = 0, 1, 2, \cdots, L-1 \tag{9-2}$$

式中，L 为图像中的灰度总级数，n_i 为各级灰度出现的次数。

按照某一个阈值 T 把所有的像素分为两类，设低灰度为目标区域，高灰度为背景区域，两类的像素在图像中的分布概率为

$$p_O = \sum_{i=0}^{T} p_i, \quad p_B = \sum_{i=T+1}^{L-1} p_i \tag{9-3}$$

两类像素值均值为

$$\mu_O = \frac{1}{p_O} \sum_{i=0}^{T} i \times p_i, \quad \mu_B = \frac{1}{p_B} \sum_{i=T+1}^{L-1} i \times p_i \tag{9-4}$$

总体灰度均值为

$$\mu = p_O \times \mu_O + p_B \times \mu_B \tag{9-5}$$

两类方差为

$$\sigma_O^2 = \frac{1}{p_O} \sum_{i=0}^{T} p_i (i - \mu_O)^2, \quad \sigma_B^2 = \frac{1}{p_B} \sum_{i=T+1}^{L-1} p_i (i - \mu_B)^2 \tag{9-6}$$

总类内方差为

$$\sigma_{in}^2 = p_O \cdot \sigma_O^2 + p_B \cdot \sigma_B^2 \tag{9-7}$$

两类类间方差为

$$\sigma_b^2 = p_O \times (\mu_O - \mu)^2 + p_B \times (\mu_B - \mu)^2 \tag{9-8}$$

使得类内方差最小或类间方差最大或者类内与类间方差比值最小的阈值 T 为最佳阈值。

OpenCV 中的 threshold 函数可以实现对灰度图像的阈值化，其调用格式如下：

```
cv.threshold(src, thresh, maxval, type[, dst]) -> retval, dst
```

参数 src 是输入图像数据矩阵，可以是多通道，8 位无符号数据或 32 位浮点型数据；dst 是和原图同等大小、类型和通道数的输出图像矩阵；thresh 是阈值；type 指定阈值化方式，如表 9-1 所示，设为 cv.THRESH_OTSU 和 cv.THRESH_TRIANGLE 时，选择最佳阈值代替 thresh，且只用于 8 位单通道图像；maxval 是当 type 取 THRESH_BINARY 和 THRESH_BINARY_INV 时的最大值。

【例 9.3】 编写程序，使用 OTSU 方法分割图像。

解：程序如下。

```
import cv2 as cv
import numpy as np
Image = cv.imread('lotus.jpg', cv.IMREAD_GRAYSCALE)
thresh, BW = cv.threshold(Image, 0, 255, cv.THRESH_BINARY + cv.THRESH_OTSU)
cv.imshow("Original image", Image)
cv.imshow("Thresholding using OTSU", BW)
cv.waitKey()
```

程序运行效果如图 9-4 所示。

除了 OTSU 方法，还可以采用其他分类思路，如最大熵法和最小误差法实现阈值分割。最大熵法用熵作为分类的标准：当两类的平均熵之和为最大时，可以从图像中获得最大信息

(a) 原图   (b) OTSU方法二值化图像

图 9-4 最大类间方差法阈值分割

量,此时分类采用的阈值是最佳阈值。最小误差法通过计算分类的错误率实现阈值分割,错误率最小时对应的阈值为最佳阈值。关于基于其他分类思路的阈值分割方法,请扫描二维码,查看讲解。

3. 基于迭代运算的阈值选择

基于迭代运算的阈值选择的基本思想是先选择一个阈值作为初始值,然后进行迭代运算,按照某种策略不断改进阈值,直到满足给定的准则为止。这种分割方法的关键在于阈值改进策略的选择——应能使算法快速收敛且每次迭代产生的新阈值优于上一次的阈值。

一种常用的基于迭代运算的阈值分割算法如下。

(1) 求出图像中的最小和最大灰度值 r_1 和 r_2,令阈值初值为

$$T^0 = \frac{r_1 + r_2}{2} \tag{9-9}$$

(2) 根据阈值 T^k 将图像分割成背景和目标两部分,求出两部分的平均灰度值 r_B 和 r_O,有

$$r_O = \frac{\sum\limits_{f(x,y)<T^k} f(x,y)}{N_O}, \quad r_B = \frac{\sum\limits_{f(x,y)\geqslant T^k} f(x,y)}{N_B} \tag{9-10}$$

第 14 集
微课视频

(3) 求出新的阈值:

$$T^{k+1} = \frac{r_B + r_O}{2} \tag{9-11}$$

(4) 如果 $T^k = T^{k+1}$,则结束,否则 k 增加 1,转入第(2)步。

【例 9.4】 编写程序,实现上述的基于迭代运算的阈值分割算法。

解: 程序如下。

```
import cv2 as cv
import numpy as np
Image = cv.imread('lotus.jpg', cv.IMREAD_GRAYSCALE)
T, equal = (np.max(Image) + np.min(Image)) // 2, 0   ♯设置初始阈值和循环控制变量
while not equal:
    rb, ro = Image >= T, Image < T                    ♯当前阈值下,背景像素和前景像素位置
    T_new = (np.mean(Image[rb]) + np.mean(Image[ro])) // 2    ♯新的阈值
    equal, T = np.abs(T_new - T) < 1, T_new           ♯判断新旧阈值是否一致,更新阈值
BW = cv.inRange(Image, T, 255)
cv.imshow("Original image", Image)
cv.imshow("Thresholding", BW)
cv.waitKey()
```

程序运行效果如图 9-5 所示。

(a) 原图   (b) 迭代法二值化图像

图 9-5   基于迭代运算的阈值分割

4. 基于模糊理论的阈值选择

将图像 $f(x,y)$ 映射到一个 $[0,1]$ 区间的模糊集 $f(x,y)=\{f_{xy},\mu_f(f_{xy})\}$。$\mu_f(f_{xy})\in[0,1]$ 表示点 (x,y) 具有某种模糊属性的隶属度,当隶属度为 0 或 1 时,是最清晰的状态;而取 0.5 时,则是最模糊的状态。

将图像分割为目标和背景两个区域,图中的每一点对于两个区域均有一定的隶属程度。因此,定义点 (x,y) 的隶属度函数为

$$\mu_f(f_{xy})=\begin{cases}\dfrac{1}{1+\mid f_{xy}-\mu_O\mid/C}, & f_{xy}\leqslant T\\[2mm]\dfrac{1}{1+\mid f_{xy}-\mu_B\mid/C}, & f_{xy}>T\end{cases} \tag{9-12}$$

式中,C 是一个常数,保证 $\mu_f(f_{xy})\in[0.5,1]$,可取图像的最大灰度值减去最小灰度值。

利用模糊理论确定阈值,基本思想也是确定一个目标函数,当目标函数取最优时对应的阈值为最佳阈值。模糊度用来表示一个模糊集的模糊程度,模糊熵是一种度量模糊度的数量指标,可用模糊熵作为目标函数。

针对图像 $f(x,y)$,定义模糊熵为

$$H(f)=\frac{1}{MN\ln2}\sum_{x=0}^{M-1}\sum_{y=0}^{N-1}S(\mu_f(f_{xy})) \tag{9-13}$$

其中,$S(\cdot)$ 为 Shannon 函数,即

$$S(k)=\begin{cases}-k\ln k-(1-k)\ln(1-k), & k\in(0,1)\\0, & k=0,1\end{cases} \tag{9-14}$$

分析式(9-14)可知,当隶属度为 0 或 1 时,模糊度最小,Shannon 函数取值为 0;当隶属度为 0.5 时,模糊度最大,Shannon 函数取最大值 $\ln2$;因此,模糊熵取最小值时对应的阈值为最佳阈值。

9.1.2   自适应阈值法

由于照明、设备或其他因素的影响,图像中可能存在物体和背景的灰度变化,使用变化的阈值进行分割,可能会产生较好的分割效果,这类方法称为自适应阈值法(Adaptive Thresholding),对应的局部阈值与位置相关,由局部特征确定。

为获取自适应阈值,可以将图像划分为子图像,采用全局阈值法在每个子图像中独立地确定一个阈值,如果某些子图像不能确定阈值,可以根据其相邻子图像插值得到。每个子图像依据局部阈值进行分割。也可以采用特定的方法对每个位置计算阈值。

下面介绍一种典型的自适应阈值确定方法。

（1）确定参数,含像素周围邻域大小 n、百分比 $t\%$。较大的 t 将更多的像素置为前景。

（2）扫描图像,计算像素周围 $n\times n$ 邻域内的均值(也可以用中值或者加权均值等代替)。

（3）比较像素值和其邻域均值。如果像素值小于或等于均值的 $(100-t)\%$,则将其设置为黑色,否则将其设置为白色。

所有像素处理完,实现图像的阈值分割。

【例 9.5】 编写程序,实现自适应阈值分割。

解：程序如下。

```
import cv2 as cv
import numpy as np
Image = cv.imread("lotus.jpg", cv.IMREAD_GRAYSCALE)
h, w = np.shape(Image)
blockSize, t = 2 * max(h, w) // 3 + 1, 0          # 设置参数
T = cv.blur(Image, (blockSize, blockSize)) * (1 - t)   # 计算邻域均值生成阈值图像
BW = cv.compare(Image, T.astype(np.uint8), cv.CMP_GT)  # 阈值化
cv.imshow("Original image", Image)
cv.imshow("Threshold image", T.astype(np.uint8))
cv.imshow("AdaptiveThresholding", BW)
cv.waitKey()
```

程序运行效果如图 9-6 所示。

(a) 原图　　　　　　　　(b) 阈值图像　　　　　　　　(c) 阈值化

图 9-6 自适应阈值分割

OpenCV 中的 adaptiveThreshold 函数可以实现上述自适应阈值分割,调用格式如下：

cv.adaptiveThreshold(src, maxValue, adaptiveMethod, thresholdType, blockSize, C[, dst]) -> dst

参数 src 是 8 位单通道图像数据；dst 是与 src 同尺寸同类型的输出图像矩阵；adaptiveMethod 可以取 cv.ADAPTIVE_THRESH_MEAN_C 或 cv.ADAPTIVE_THRESH_GAUSSIAN_C,分别表示均值减去 C 或按高斯函数加权的均值减去 C 作为阈值,C 对应算法中的参数 t；thresholdType 可取 cv.THRESH_BINARY 或 cv.THRESH_BINARY_INV；blockSize 取奇数,指定邻域大小。

可以用下列一行代码取代例 9.5 中计算阈值图像和二值化的两行代码(加粗的两行代码)：

```
BW = cv.adaptiveThreshold(Image, 255, cv.ADAPTIVE_THRESH_MEAN_C,
                          cv.THRESH_BINARY, blockSize, 0)
```

9.2 边界分割

边界分割是一种通过检测区域的边界轮廓实现图像分割的方法,一般来说,有 3 个步骤：边界检测、边界改良及边界跟踪。

边界检测即是通过各种边缘检测算子从图像中抽取边缘线段。边界改良是指对检测出的线段进行诸如边界闭合、边界细化等各种改良边界的处理,以方便形成完整边界。边界跟踪是从图像中的一个边界点出发,依据判别准则搜索下一个边界点,依次跟踪出目标的边界,形成边界曲线。

在这3个步骤中,边界检测所需的各种边缘检测算子见第5章。本节主要介绍边界改良及边界跟踪的相关算法。

9.2.1　边界改良

由于光照、目标本身特性、目标和背景的状况、边缘检测方法等因素的影响,利用边缘检测算子检测出的边界并不是理想的目标轮廓,常见的问题是边界在某些地方消失,而在其他地方变厚,如图 9-7(c)所示,需要进行边界改良。

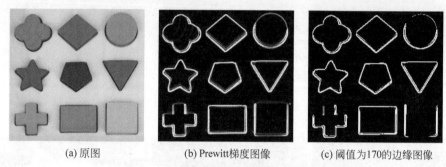

(a) 原图　　　　　　　　(b) Prewitt梯度图像　　　　(c) 阈值为170的边缘图像

图 9-7　边缘检测中边界存在的问题

1. 边界细化

边界细化是指将边缘调整到单位厚度,同时要保持连通性。边界细化的方法有很多,下面简要介绍几种思路。

对梯度图像进行非极大抑制。在梯度方向上一定邻域内寻找局部极值点,将非极值点置零,细化边界,Canny 算子就采用了这种方法。

减小边缘检测模板尺寸。微分运算中,模板大,边缘两侧的像素得到增强,边缘较粗;模板小,边缘较细;可以采用合适的小尺寸边缘检测器,减少边缘厚度。

细化后处理。对二值边缘图像采用细化算法,如数学形态学方法等,将边缘转换为单位厚度。

2. 边界闭合

目标的部分边界与相邻部分背景相近或相同时,提取出的目标区域边界线会出现断点、不连续或分段连续等情况;有噪声干扰时,也会使轮廓线断开。要提取目标区域时,应使不连续边界闭合。下面分析一些常用的方法。

对于边界线上小的缺口,可以采用闭运算融合。但是,如果不清楚缺口大小,结构元素的尺寸很难确定,小的结构元素无法融合缺口,大的结构元素有可能导致其他边界线的黏连。

可以将边界线沿着现有的方向延伸,直到和另一条边界线连接。但是延伸时只有 8 个可能的方向,不一定符合实际的延长线路。

可以将相邻的线末端连接。如果像素 (x_1, y_1) 和 (x_2, y_2) 是两个边界线条的端点,在一定邻域内互为邻点,而且它们的梯度幅度和梯度方向差在一定范围内,则将这两点连接起来。但是,这种方法也有可能导致各种问题,例如,真实边界线和阴影产生的边界线相连。

如果目标边界符合特殊的模型,比如直线、圆、椭圆等具有明确解析表达式的边界线,可以采用 Hough 变换的方法检测理想的边缘。

可以反复增强原始图像,使得边界更明显,标记出更多的边界点,间接实现边界连接。

可以采用滞后阈值方法。确定双阈值,高阈值确定明确的边界像素,而其他梯度仅大于低阈值的像素,如果和明确的边界像素相邻,也标记为边界点。Canny 算子中采用了这种方法。

采用二阶微分算子和过零点检测方法,理论上能够得到闭合的边缘。但是,也存在噪声边缘同样闭合,低对比度的边缘可能缺乏实际意义等问题。

以上列出了 7 种边界闭合的思路,各有特点和不足,在实际问题中,根据具体情况选择或改进相应的方法。

3. 距离变换

距离变换(Distance Transform,DT)是图像的一种表示方法,通过计算每个像素与某个特征的距离,将其作为像素值生成图像。多数情况下,该特征是一个边缘,从像素到边缘的距离定义为该像素到最近边缘点的距离。距离变换有多种方法可以实现,图 9-8 所示为基于迭代的方法。

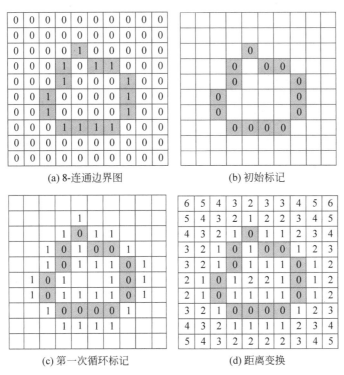

(a) 8-连通边界图　　　　　　　　(b) 初始标记

(c) 第一次循环标记　　　　　　　(d) 距离变换

图 9-8　距离变换示意

图 9-8(a)中阴影部分是目标边界,边界是 8 连通的,即边界上相邻点互为 8 邻点;首先将边界上的点初始化标记为 0,如图 9-8(b)所示;然后循环扫描每个像素(x,y),查看其 4 邻域 η,如果有邻点已被标记,则标记该像素为 $\min_{(s,t)\in\eta} DT(s,t)+1$,即最小标记加 1,如图 9-8(c)所示。反复扫描图像,直到所有点都被标记,得到距离变换的结果,如图 9-8(d)所示,其中每个点的值是该像素到最近边界的距离,这里用的是城市距离,即两点之间的距离为横纵坐标差的绝对值和。

OpenCV 中的 distanceTransform 函数可以计算各像素到最近零值像素的距离,其调用格式如下：

```
cv.distanceTransform(src, distanceType, maskSize[, dst[, dstType]]) -> dst
```

参数 src 是 8 位二值图像；distanceType 设定距离类型，其中，cv. DIST_L1 表示城市距离（横纵坐标差的绝对值和），cv. DIST_L2 表示欧氏距离，cv. DIST_C 表示切比雪夫距离（坐标分量差的绝对值求最大）；maskSize 设定距离计算范围，cv. DIST_L1 和 cv. DIST_C 对应的 maskSize 为 3；dstType 指定输出图像数据类型。

【例 9.6】 编写程序，实现距离变换。

解： 程序如下。

```
import cv2 as cv
import numpy as np
Image = cv.imread("triangle.bmp", cv.IMREAD_GRAYSCALE)
edge = 255 - cv.Canny(Image, 150, 220)              #将边界表示为0
cv.imshow("Original image", Image)
cv.imshow("Edge image", edge)
result = cv.distanceTransform(edge, cv.DIST_L1, 3)     #距离变换
result = np.array(result / np.max(result) * 255, dtype = np.uint8)
cv.imshow("Distance transform", result)
cv.waitKey()
```

程序运行结果如图 9-9 所示。

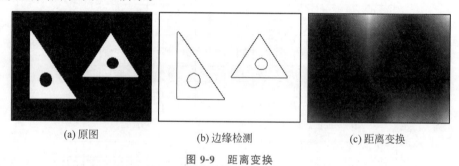

(a) 原图　　　　　　　　(b) 边缘检测　　　　　　　　(c) 距离变换

图 9-9　距离变换

可以采用距离变换实现边界闭合，通过例 9.7 说明闭合的过程。

【例 9.7】 在图 9-10(a)中，边界有断裂现象，利用距离变换实现边界闭合。

解：（1）计算边界图像的距离变换，如图 9-10(b)所示。

（2）DT 膨胀。设定阈值 T 为 1，对 $DT \leqslant T$ 的 DT 值进行标记，如图 9-10(c)中阴影所示，获取一个宽边界。

（3）对背景区域进行连通成分标记，如图 9-10(d)所示。

（4）DT 腐蚀。对膨胀的边界点进行 DT 腐蚀，如果某边界点的邻点具有区域标记，则将其标记为多数邻点的区域标记；这个过程从 $DT = T$ 开始直到 $DT = 0$。

对 $DT = 1$ 的点进行标记如图 9-10(e)所示，对 $DT = 0$ 的点进行标记如图 9-10(f)所示。

（5）找到区域的外边界如图 9-10(g)所示，新边界取代原边界，实现边界闭合。

9.2.2　边界跟踪

边界跟踪是指根据某些严格的"探测准则"找出目标物体轮廓上的像素，即确定边界的起始搜索点。再根据一定的"跟踪准则"找出目标物体上的其他像素，直到符合跟踪终止条件。

(a) 断裂的边界图

0	0	0	0	0	0	0	0	0	0
0	0	0	0	0	0	0	0	0	0
0	0	0	0	1	0	0	0	0	0
0	0	0	1	0	1	0	0	0	0
0	0	0	0	0	0	0	1	0	0
0	0	1	0	0	0	0	1	0	0
0	0	1	0	0	0	0	0	0	0
0	0	0	1	0	1	1	0	0	0
0	0	0	0	0	0	0	0	0	0
0	0	0	0	0	0	0	0	0	0

(b) 距离变换

6	5	4	3	2	3	4	4	5	6
5	4	3	2	1	2	3	3	4	5
4	3	2	1	0	1	2	2	3	4
3	2	1	0	1	0	0	1	2	3
3	2	1	1	2	1	1	0	1	2
2	1	0	1	2	2	1	0	1	2
2	1	0	1	2	1	1	1	2	3
3	2	1	0	1	0	0	1	2	3
4	3	2	1	2	1	1	2	3	4
5	4	3	2	3	2	2	3	4	5

(c) DT膨胀

6	5	4	3	2	3	4	4	5	6
5	4	3	2	1	2	3	3	4	5
4	3	2	1	0	1	2	2	3	4
3	2	1	0	1	0	1	1	2	3
3	2	1	1	2	1	1	0	1	2
2	1	0	1	2	2	1	0	1	2
2	1	0	1	2	1	1	1	2	3
3	2	1	0	1	0	0	1	2	3
4	3	2	1	2	1	1	2	3	4
5	4	3	2	3	2	2	3	4	5

(d) 背景区域连通

b	b	b	b	b	b	b	b	b	b
b	b	b	b	1	b	b	b	b	b
b	b	b	1	0	1	b	b	b	b
b	b	1	0	1	0	1	1	b	b
b	b	1	1	a	1	1	0	1	b
b	1	0	1	a	a	1	0	1	b
b	1	0	1	a	1	1	1	b	b
b	b	1	0	1	0	0	1	b	b
b	b	b	1	b	1	1	b	b	b
b	b	b	b	b	b	b	b	b	b

(e) 对DT=1的点标记

b	b	b	b	b	b	b	b	b	b
b	b	b	b	b	b	b	b	b	b
b	b	b	b	0	b	b	b	b	b
b	b	b	0	a	0	b	b	b	b
b	b	b	a	a	a	a	0	b	b
b	b	0	a	a	a	a	0	b	b
b	b	0	a	a	a	a	b	b	b
b	b	b	0	b	0	0	b	b	b
b	b	b	b	b	b	b	b	b	b
b	b	b	b	b	b	b	b	b	b

(f) 对DT=0的点标记

b	b	b	b	b	b	b	b	b	b
b	b	b	b	b	b	b	b	b	b
b	b	b	b	b	b	b	b	b	b
b	b	b	b	a	a	b	b	b	b
b	b	b	a	a	a	a	b	b	b
b	b	b	a	a	a	a	b	b	b
b	b	b	a	a	a	a	b	b	b
b	b	b	b	b	b	b	b	b	b
b	b	b	b	b	b	b	b	b	b
b	b	b	b	b	b	b	b	b	b

(g) 找到区域的外边界

b	b	b	b	b	b	b	b	b	b
b	b	b	b	b	b	b	b	b	b
b	b	b	b	0	0	b	b	b	b
b	b	b	0	a	a	0	b	b	b
b	b	0	a	a	a	a	0	b	b
b	b	0	a	a	a	a	0	b	b
b	b	0	a	a	a	a	0	b	b
b	b	b	0	0	0	0	b	b	b
b	b	b	b	b	b	b	b	b	b
b	b	b	b	b	b	b	b	b	b

图 9-10　利用距离变换闭合边界

(a) 4-邻接 (b) 8-邻接

图 9-11 跟踪方向

在跟踪过程中,可以采用 4-邻接或者 8-邻接跟踪,如图 9-11 所示,图中数字是跟踪方向编号。

对于已经标注边界的图像,即二值边缘图像,边界跟踪可以采用如下过程。

(1) 从左上方开始,从左到右,从上到下搜索图像,直到找到一个前景像素 P_0,作为这个区域的跟踪起点。设置跟踪方向变量 dir,选择 4-邻接跟踪,dir=3,选择 8-邻接跟踪,dir=7。

(2) 按逆时针方向搜索当前像素的 3×3 邻域,开始搜索的方向:4-邻接跟踪为 $(dir+3) \bmod 4$;当 dir 是偶数时,8-邻接跟踪为 $(dir+7) \bmod 8$;当 dir 是奇数时,8-邻接跟踪为 $(dir+6) \bmod 8$。找到的第一个与当前像素值相同的像素是这个区域新的边界像素 P_n。

(3) 根据边界像素 P_{n-1} 和 P_n 的位置关系,如图 9-11 所示,更新变量 dir。

(4) 如果当前的边界像素 P_n 等于 P_1,而且前一个边界像素 P_{n-1} 等于 P_0,则说明已经回到出发点,跟踪结束,像素 $P_0, P_1, \cdots, P_{n-2}$ 构成边界序列;否则,返回第(2)步。

这个跟踪过程能找到区域的边界,但不能找到区域内孔的边界。可以在区域边界跟踪结束后,查找没有分配到特定边界的边缘像素,确认孔边界的位置。

【例 9.8】 读取一幅灰度图像,对其进行边缘检测,并进行轮廓跟踪。

解:程序如下。

```python
import cv2 as cv
import numpy as np
Image = cv.imread("triangle.bmp", cv.IMREAD_GRAYSCALE)
cv.imshow("Original image", Image)
edge = cv.Canny(Image, 100, 220)                    # 获取边缘图像
mark = np.zeros(np.shape(edge), dtype = np.uint8)   # 用于标记点是否已在轮廓上
neighbor = np.array([[0, 1], [-1, 1], [-1, 0], [-1, -1],
                    [0, -1], [1, -1], [1, 0], [1, 1]])   # 邻点相对中心点的坐标
contours = []
while np.any(edge):                                 # 还有目标点时继续轮廓跟踪
    start = np.unravel_index(np.argmax(edge), edge.shape)  # 确定跟踪起点
    outline, dir = [(start[0], start[1])], 7        # 轮廓、方向初始化
    flag = np.sum(edge[start[0] - 1:start[0] + 2, start[1] - 1:start[1] + 2]) > 255
    if not flag:
        edge[outline[-1][0], outline[-1][1]] = 0    # 去除孤立点
    while flag:
        dir = np.mod((dir + 6), 8) if np.mod(dir, 2) else np.mod((dir + 7), 8)
        for i in range(8):                          # 在当前轮廓点3×3邻域寻找
            y = outline[-1][0] + neighbor[dir][0]
            x = outline[-1][1] + neighbor[dir][1]
            if edge[y, x]:                          # 邻点为前景点,标记并加入轮廓列表
                mark[y, x] = 255
                outline.append((y, x))
                break
            else:
                dir = np.mod(dir + 1, 8)            # 邻点非前景点,修改方向
        if len(outline) >= 3:
            if (outline[-1] == outline[1]) & (outline[-2] == outline[0]):
                outline.pop()                       # 找到闭合轮廓,去除最后两个重复的点
                outline.pop()
                edge[edge == mark] = 0              # 去除已经标记的点
                if len(outline) > 10:              # 轮廓长度大于10时记录
                    contours.append(outline)
                break
```

```
for i, outline in enumerate(contours):          # 将轮廓列表中的轮廓绘制到图像上用于显示
    pos = np.array(outline)
    edge[pos[:, 0], pos[:, 1]] = (i + 1) / len(contours) * 255
cv.imshow("Contours", edge)
cv.waitKey()
```

程序运行结果如图 9-12 所示,共跟踪出 4 条轮廓,分别以 63、127、191、255 的灰度显示。

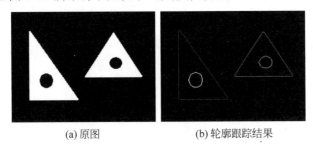

(a) 原图   (b) 轮廓跟踪结果

图 9-12 轮廓跟踪

OpenCV 中的 findContours 函数用于获取二值图像中目标轮廓,其调用格式如下:

cv.findContours(image, mode, method[, contours[, hierarchy[, offset]]]) -> contours, hierarchy

参数 image 是 8 位单通道图像,将零和非零像素值看作 0 和 1;mode 指定轮廓获取方式,可取 cv. RETR_EXTERNAL、cv. RETR_LIST、cv. RETR_CCOMP、cv. RETR_TREE、cv. RETR_FLOODFILL 等;method 指定轮廓表示方式,可取 cv. CHAIN_APPROX_NONE、cv. CHAIN_APPROX_SIMPLE 等;返回的 contours 是元组,每个元素为一个区域边界点坐标;hierarchy 存储图像的拓扑信息。

drawContours 函数用来绘制轮廓边线或填充轮廓线区域内部,调用格式如下:

cv. drawContours (image, contours, contourIdx, color [, thickness [, lineType [, hierarchy [, maxLevel[, offset]]]]]) -> image

当参数 thickness≥0 时绘制边线,反之填充区域,生成新图像 image。

9.3 区域分割

一般认为,同一个区域内的像素具有某种相似性,如灰度、颜色、纹理等。区域分割就是根据特定区域与其他背景区域特性上的不同来进行图像分割的技术。代表性的思路有区域生长、区域合并、区域分裂等。

9.3.1 区域生长

区域生长是指从图像某个位置开始,使每块区域变大,直到被比较的像素与区域像素具有显著差异为止。具体实现时,在每个要分割的区域内确定一个种子点,判断种子像素周围邻域是否有与种子像素相似的像素,若有,则将新的像素包含在区域内,并作为新的种子继续生长,直到没有满足条件的像素时才停止生长。

区域生长实现分割有下列三个关键技术,不同算法的主要区别就在于这三点的不同。

(1)种子点的选取。

通常选择待提取区域的具有代表性的点,可以是单像素,也可以是包括若干像素的子区域。根据具体问题,可以利用先验知识来选择。

（2）生长准则的确定（相似性准则）。

一般根据图像的特点，采用与种子点的距离度量（彩色、灰度、梯度等量之间的距离）。

（3）区域停止生长的条件。

可以采用区域大小、迭代次数或区域饱和等条件。

【例 9.9】 设一幅图像 $f = \begin{bmatrix} 1 & 0 & 4 & 6 & 5 & 1 \\ 1 & 0 & 4 & 6 & 6 & 2 \\ 0 & 1 & 5 & 5 & 5 & 1 \\ 0 & 0 & 5 & 6 & 5 & 0 \\ 0 & 0 & 1 & 6 & 0 & 1 \\ 1 & 0 & 1 & 2 & 1 & 1 \end{bmatrix}$，试通过区域生长将图像分割成两部分。

解：（1）选择种子点。采用像素坐标系，选择(2,3)作为种子点，如图 9-13(a)所示。

（2）确定相似性准则。4 邻域内，相邻像素灰度差小于 2。

（3）停止生长条件。区域饱和，即没有新的像素再被包含进来。

生长结果如图 9-13(b)所示，把不同区域内的像素值用区域编号表示，实现图像的二值化，如图 9-13(c)所示。

$$\begin{bmatrix} 1 & 0 & 4 & 6 & 5 & 1 \\ 1 & 0 & 4 & 6 & 6 & 2 \\ 0 & 1 & 5 & 5 & 5 & 1 \\ 0 & 0 & 5 & 6 & 5 & 0 \\ 0 & 0 & 1 & 6 & 0 & 1 \\ 1 & 0 & 1 & 2 & 1 & 1 \end{bmatrix} \quad \begin{bmatrix} 1 & 0 & \underline{4} & 6 & 5 & 1 \\ 1 & 0 & \underline{4} & 6 & 6 & 2 \\ 0 & 1 & \underline{5} & 5 & 5 & 1 \\ 0 & 0 & \underline{5} & 6 & 5 & 0 \\ 0 & 0 & 1 & \underline{6} & 0 & 1 \\ 1 & 0 & 1 & 2 & 1 & 1 \end{bmatrix} \quad \begin{bmatrix} 1 & 1 & 2 & 2 & 2 & 1 \\ 1 & 1 & 2 & 2 & 2 & 1 \\ 1 & 1 & 2 & 2 & 2 & 1 \\ 1 & 1 & 2 & 2 & 2 & 1 \\ 1 & 1 & 1 & 2 & 1 & 1 \\ 1 & 1 & 1 & 1 & 1 & 1 \end{bmatrix}$$

(a) 种子点选取   (b) 生长结果   (c) 把像素值表示为其区域编号

图 9-13 区域生长示例

在图像处理的过程中，常常需要找到图像中的所有连通成分，并对同一连通成分中的所有点分配同一标记（常用正整数），称为连通成分标记。寻找连通成分的过程其实也就是区域生长的过程，只是生长准则为连通性的判断，比如，在二值图像中的判断准则为待判断点与种子点同为前景点。

可以对分割出的区域进行连通成分标记，便于后续特征计算。

OpenCV 中的 connectedComponents 函数可以对二值图像进行连通成分标记，其调用格式如下：

```
cv.connectedComponents(image[, labels[, connectivity[, ltype]]]) -> retval, labels
```

该函数返回区域数目（含背景区域）和标记图像。

【例 9.10】 编写程序，利用 connectedComponents 函数实现连通成分标记。

解：程序如下。

```
import cv2 as cv
import numpy as np
Image = cv.imread("blocks.jpg", cv.IMREAD_GRAYSCALE)
thresh, BW = cv.threshold(Image, 0, 255, cv.THRESH_BINARY_INV + cv.THRESH_OTSU)
num, label = cv.connectedComponents(BW)
print("共标记了 %d 个区域" % num)
label = label / np.max(label)
cv.imshow("Original image", Image)
cv.imshow("Label image", label)
cv.waitKey()
```

运行程序,标记图像如图 9-14(b)所示,并在输出窗口输出:

共标记了 6 个区域

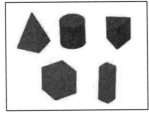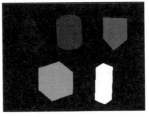

(a) 原图   (b) 标记图像

图 9-14 连通成分标记

9.3.2 区域合并

区域合并方法针对图像已经被分为若干小区域的情况,合并具有相似性的相邻区域。区域合并算法的步骤如下。

(1) 图像的初始区域分割。

可以采用前面所学的方法对图像进行初始分割,极端情况下,也可以认为每个像素均为一个小区域。

(2) 确定相似性准则。

相邻区域的相似性可以基于相邻区域的灰度、颜色、纹理等参量来比较。若相邻区域内灰度分布均匀,可以比较区域间的灰度均值。若灰度均值差小于一定的阈值,则认为两个区域相似,进行合并。相似性准则一般要根据图像的具体情况、分割的依据来确定。

(3) 判断图像中的相邻区域是否满足相似性准则,相似则合并,不断重复这一步骤,直到没有区域可以合并为止。

区域合并是一种自下而上的方法,某些区域一旦合并,即使与后来的区域相似性不好,也无法去除。

9.3.3 区域分裂

区域分裂方法检验一个区域是否具有一致性。若不具有,分裂为几个小区域;然后再检测小区域的一致性,不具有时进一步分裂;重复这个过程直到每个区域都具有一致性。区域分裂方法一般从图像中的最大区域开始,甚至是整幅图像,自上而下,不同的区域可以采用不同的一致性衡量准则。

区域分裂实现分割有下列两个关键技术。

(1) 一致性准则。

同 9.3.2 节所述的相似性准则一样,一致性的衡量一般要根据图像的具体情况、分割的依据来确定。如某区域内灰度分布比较均匀,可以采用区域内灰度的方差来衡量。

(2) 分裂的方法。

分裂方法即如何分裂区域为小区域,应尽可能使分裂后的子区域都具有一致性,但不易实现。一般采用把区域分割成固定数量、小区域大小相等的方法,如一分为四,其分裂的过程可以采用四叉树(Quadtree)表示。

【例 9.11】 一幅图像 $f = \begin{bmatrix} 1 & 1 & 0 & 1 & 1 & 0 & 0 & 1 \\ 0 & 1 & 2 & 0 & 1 & 1 & 1 & 0 \\ 0 & 0 & 6 & 7 & 1 & 0 & 0 & 1 \\ 1 & 6 & 7 & 5 & 6 & 7 & 1 & 1 \\ 0 & 7 & 6 & 6 & 6 & 0 & 1 & 1 \\ 0 & 7 & 6 & 5 & 7 & 1 & 0 & 0 \\ 1 & 1 & 0 & 1 & 1 & 1 & 1 & 0 \\ 0 & 1 & 1 & 1 & 1 & 1 & 0 & 1 \end{bmatrix}$,采用区域内最大灰度值与最小灰

度值之差小于或等于 2 的一致性衡量方法,通过区域分裂实现图像分割。

解:首先确定初始化及准则、方法。

(1) 确定图像初始区域分割。这里认为整幅图像为一个区域。

(2) 确定一致性准则。已给出,要求同一区域内最大灰度值与最小灰度值之差小于或等于 2。

(3) 分裂方法采用一分为四的方法。

然后进行分裂。

(1) 区域参数计算:$\max=7$,$\min=0$。

判断是否分裂:$\max-\min=7>2$,分裂本区域为相等的 4 个小区域。第一步分裂结果如图 9-15(a)所示。

(2) 对分裂出的 4 个小区域分别计算最大与最小灰度差,并与阈值 2 比较。

$\max_1-\min_1=7>2$,分裂;$\max_2-\min_2=7>2$,分裂;

$\max_3-\min_3=7>2$,分裂;$\max_4-\min_4=7>2$,分裂。

第二步分裂结果如图 9-15(b)所示。

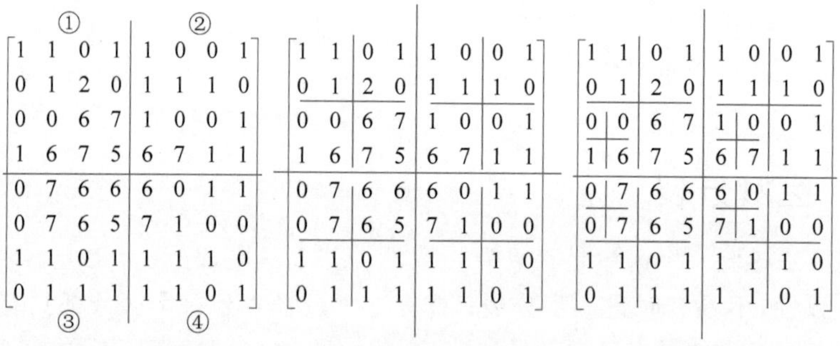

(a) 第一步分裂   (b) 第二步分裂   (c) 第三步分裂

图 9-15 区域分裂示例

(3) 进一步对分裂出的小区域计算最大与最小灰度差,并与阈值 2 比较,判断是否分裂。

第三步分裂结果如图 9-15(c)所示。至此,所有区域都不能再分裂,分割结束,整幅图像被分成了 28 个区域。

9.3.4 区域分裂合并

从例 9.11 可以看出,分裂过程也是单向进行的。一个区域一旦分裂,即使其中的部分小区域具有相似性,也只能被分割在不同的区域。由于分裂、合并两种算法各有不足,所以考虑把两种方法结合在一起,即区域分裂合并算法。

算法的核心思想是将原图分成若干子块,检测子块是否具有一致性,不具有则分裂该子块;如果某些子块具有相似性,则合并这些子块。

区域分裂合并算法的步骤如下。

(1) 将原图分为 4 个相等的子块,计算子块区域是否具有一致性。

(2) 判断是否需要分裂:如果子块不具有一致性,则分裂该块。

(3) 判断是否需要合并:对不需要分裂的子块进行比较,具有相似性的子块合并。

(4) 重复上述过程,直到不再需要分裂或合并。

上述为分裂合并同时进行,也可以采用先分裂后合并的方法。

【例 9.12】 对例 9.11 中所示的图像,试用区域分裂合并方法将图像分割成两部分。

解:采用先分裂后合并的方法,分裂准则同例 9.11;合并时相似性准则采用"相邻区域灰度均值差小于 2"的准则。直接对例 9.11 的分裂结果进行合并操作,结果如图 9-16 所示。

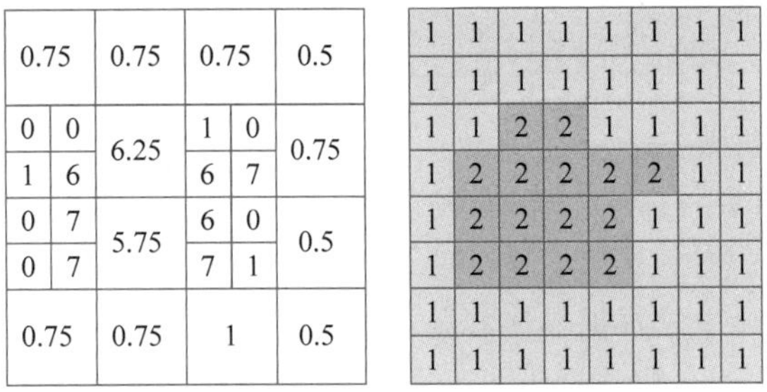

图 9-16 区域分裂合并示例

(a) 28个小区域的均值

0.75	0.75	0.75	0.5
0 0 / 1 6	6.25	1 0 / 6 7	0.75
0 7 / 0 7	5.75	6 0 / 7 1	0.5
0.75	0.75	1	0.5

(b) 区域合并结果

1	1	1	1	1	1	1	1
1	1	1	1	1	1	1	1
1	1	2	2	1	1	1	1
1	2	2	2	2	2	1	1
1	2	2	2	2	1	1	1
1	2	2	2	2	1	1	1
1	1	1	1	1	1	1	1
1	1	1	1	1	1	1	1

9.3.5 聚类分割

聚类是模式识别中对特征空间中数据进行分类的方法,取"物以类聚"的思想,把某些向量聚集为一组,每组具有相似的值。聚类分割是把图像分割看作对像素进行分类的问题,把像素表示成特征空间的点,采用聚类算法把这些点划分为不同类别,对应原图则是实现对像素的分组,分组后利用"连通成分标记"找到连通区域。但有时也会产生在图像空间不连通的分割区域,主要是由于在分割的过程中没有利用像素在图像中的空间分布信息。

1. 聚类分割的关键技术

聚类分割有两个需要关注的问题。

(1) 如何把像素表示成特征空间中的点。

通常情况下,用向量来代表一些像素或像素周围邻域,向量的元素可以包括灰度值、RGB值及由此推出的颜色特征、计算得到的特征、纹理度量值等与像素相关的特征。同样根据图像的具体情况,判断待分割区域的共性来设计。因此,聚类分割其实也是基于区域的分割方法,不同之处在于分割过程不一样。

(2) 聚类方法。

聚类的方法有很多,经典的聚类方法有 K 均值聚类、ISODATA (Iterative Self-Organizing Data Analysis Techniques Algorithm,迭代自组织数据分析技术)聚类、模糊 K 均值聚类等。前面所讲的区域分裂、合并也可以看作层次聚类方法,本节主要介绍基于 K 均值聚类的分割。

2. K 均值聚类

K 均值聚类通过迭代把特征空间分成 K 个聚集区域。设像素特征为 $x=(x_1,x_2,\cdots,$

$x_n)^{\mathrm{T}}$, μ_i 为 ω_i($i=1,\cdots,K$)类的均值,那么 K 个类别的误差平方和如式(9-15)所示。

$$J = \sum_{i=1}^{K} \sum_{x \in \omega_i} \| x - \mu_i \|^2 \tag{9-15}$$

当 J 为最小时,认为分类合理。

K 均值聚类首先确定 K 个初始聚类中心,然后根据各类样本到聚类中心的距离平方和最小的准则,不断调整聚类中心,直到聚类合理,步骤如下:

(1) 令迭代次数为 1,任选 K 个初始聚类中心 $\mu_1(1),\mu_2(1),\cdots,\mu_K(1)$。

(2) 逐个将每一特征点 x 按最小距离原则分配给 K 个聚类中心,即

若 $\| x-\mu_j(m) \| < \| x-\mu_i(m) \|$, $i=1,2,\cdots,K$, $i \neq j$,则 $x \in \omega_j(m)$

$\omega_j(m)$ 为第 m 次迭代时,聚类中心为 $\mu_j(m)$ 的聚类域。

(3) 计算新的聚类中心:

$$\mu_i(m+1) = \frac{1}{N_i} \sum_{x \in \omega_i(m)} x, \quad i=1,2,\cdots,K \tag{9-16}$$

(4) 判断算法是否收敛:

若 $\mu_i(m+1) = \mu_i(m)$, $i=1,2,\cdots,K$,则算法收敛;否则,转到第(2)步,进行下一次迭代。

关于 K 的确定,实际中常根据具体情况或采用试探法来确定。

SciPy 库中的 cluster.vq 模块提供了 kmeans、kmeans2 函数用于实现 K 均值聚类,其中 kmeans2 函数返回各样本聚类簇标签,其调用格式如下:

第 15 集
微课视频

```
kmeans2(data, k, iter = 10, thresh = 1e - 05, minit = 'random', missing = 'warn', check_finite = True, *, seed = None) -> centroid, label
```

参数 minit 指定初始聚类中心的选择方法,返回 centroid 是聚类中心,label 是各聚类簇标签。

【例 9.13】 编写程序,实现基于 K 均值聚类的图像分割。

解:程序如下。

```
import cv2 as cv
import numpy as np
from scipy.cluster.vq import kmeans2
Image = cv.imread("fruit.jpg")
height, width = Image.shape[:2]
hsv = cv.cvtColor(Image, cv.COLOR_BGR2HSV)
h, s, v = cv.split(hsv)
h = h / 179                          ＃根据打开图像的特点,使用色调值作为训练数据
training = h.reshape(height * width, 1)      ＃样本转换成矩阵形式
centroid, label = kmeans2(training, 2, minit = 'points')
                                     ＃随机选择 2 个样本点作为初始聚类中心,进行 K 均值聚类
out = (label.reshape(height, width) * 255).astype(np.uint8)    ＃将聚类结果表示为图像
cv.imshow("Original image", Image)
cv.imshow("Clustering result", out)
cv.waitKey()
```

程序运行效果如图 9-17 所示。

本节所介绍的是传统的区域分割思路,但即使是新的分割算法,甚至是其他领域中,生长、分裂、合并、聚类等方法也经常被用到。下面介绍一种可以作为图像分割预处理的超像素分割,是基本方法的综合应用,请扫描二维码,查看讲解。

(a) 原图   (b) 聚类结果图

图 9-17 K 均值聚类分割

9.4 分水岭分割

分水岭分割是基于地形学概念的分割方法,其实现可采用数学形态学的方法,应用较为广泛。

1. 基本原理

1) 流域及分水岭

假设图像中有多个物体,计算其梯度图像。梯度图像中,物体边界部分对应高梯度值,为亮白线;区域内部对应低梯度值,为暗区域;即梯度图像是由包含了暗区域的白环组成,如图 9-18(b)所示。将其想象成三维的地形图,定义其中具有均匀低灰度的区域为极小区域。极小区域往往是区域内部。

 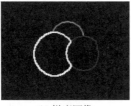 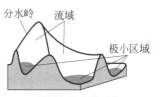

(a) 原图   (b) 梯度图像   (c) 流域与分水岭示意

图 9-18 图像与分水岭

相对于极小区域,梯度图像中的像素有 3 种不同情形:①属于极小区域的点(谷底);②将一个水珠放在该点,它必定流入某个极小区域的点(山坡);③水珠在该点流入某个极小区域的可能性相同的点(山岭)。对于一个极小区域,水珠汇流入该区域的所有点构成的集合,称为该极小区域的流域。流入一个以上极小区域的可能性均等的点构成的集合,则称为分水岭(分水线、水线)。把梯度图像绘制成二维曲面形式,示意图如图 9-18(c)所示。梯度图像中各区域内部对应极小区域,区域边界对应高灰度,即分水岭。

2) 分水岭与图像分割

以涨水法来分析:设水从谷底上涌,水位逐渐升高。若水位高过山岭,不同流域的水将会汇合。在不同流域中的水面将要汇合到一起时,在中间筑起一道堤坝,阻止水汇合,堤坝高度随着水面上升而增高。当所有山峰都被淹没时,露出水面的只剩下堤坝,且将整个平面分成了若干区域,即实现了分割。堤坝对应着流域的分水岭,如果能够确定分水岭的位置,即确定了区域的边界曲线,分水岭分割实际上就是通过确定分水岭的位置而进行图像分割的方法。

2. 分水岭分割

设原图像为 $f(x,y)$,其梯度图像为 $g(x,y)$。令 $M_1,M_2,\cdots,M_r$ 表示 $g(x,y)$ 中的极小

区域，$C(M_i)$ 表示与极小区域 M_i 对应的流域，用 min 和 max 表示梯度的极小值和极大值。采用涨水法进行分割，涨水是从 min(谷底)开始，以单灰值增加，则第 n 步时的水深为 n(即灰度值增加了 n)，用 $T(n)$ 表示满足 $g(x,y) < n$ 的所有点(x,y)的集合，即

$$T(n) = \{(x,y) \mid g(x,y) < n\} \tag{9-17}$$

用 $C_n(M_i)$ 表示水深为 n 时，在 M_i 对应的流域 $C(M_i)$ 形成的水平面区域，满足

$$C_n(M_i) = C(M_i) \bigcap T(n) \tag{9-18}$$

令 $C(n)$ 表示在第 n 步流域溢流部分的并，则 $C(\text{max}+1)$ 为所有流域的并。

初始情况下，取 $C(\text{min}+1) = T(\text{min}+1)$，算法迭代进行。$C(n-1)$ 是 $C(n)$ 的子集，$C(n)$ 又是 $T(n)$ 的子集，因此，$C(n-1)$ 是 $T(n)$ 的子集，$C(n-1)$ 中的每一个连通成分都包含于 $T(n)$ 的一个连通成分。设 D 为 $T(n)$ 的一个连通成分，那么存在 3 种可能：

(1) $D \bigcap C(n-1)$ 为空；

(2) $D \bigcap C(n-1)$ 含有 $C(n-1)$ 的一个连通成分；

(3) $D \bigcap C(n-1)$ 含有 $C(n-1)$ 的一个以上连通成分。

利用 $C(n-1)$ 建立 $C(n)$ 取决于上述哪一种条件成立。

三种情况如图 9-19 所示：图 9-19(a)中的 D_1 为第一种情况，是增长遇到一个新的极小区域，$C(n)$ 可由连通成分 D 加到 $C(n-1)$ 中得到；图 9-19(a)中的 D_2 为第二种情况，其和 $C(n-1)$ 同属于一个极小区域，同样，$C(n)$ 可由连通成分 D 加到 $C(n-1)$ 中得到；图 9-19(b)所示为第三种情况，是不同区域即将连通时的表现，必须在 D 中建立堤坝。

第 16 集
微课视频

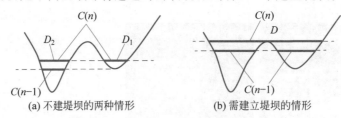

(a) 不建堤坝的两种情形　　　　(b) 需建立堤坝的情形

图 9-19　利用 $C(n-1)$ 建立 $C(n)$ 的不同情况

综上所述，总结分水岭分割算法的过程如下。

(1) 计算梯度图像及梯度图像取值的最小值 min 和最大值 max。

(2) 初始化 $n = \text{min}+1$，即 $C(\text{min}+1) = T(\text{min}+1)$：$\{g(x,y) < \text{min}+1\}$，并标识出目前的极小区域。

(3) $n = n+1$，确定 $T(n)$ 中的连通成分 D_i，$i = 1,2,\cdots$；求 $D_i \bigcap C(n-1)$，并判断属于上述三种情况中哪一种，确定 $C(n)$；如属于第三种情况，则加筑堤坝。

(4) 重复第(3)步，直到得到 $C(\text{max}+1)$。

以图 9-18 为例，阐述分水岭分割的过程，请扫描二维码，查看讲解。

【例 9.14】　一幅图像 $f = \begin{bmatrix} 3 & 3 & 3 & 1 & 1 & 1 \\ 3 & 1 & 3 & 1 & 1 & 1 \\ 3 & 3 & 3 & 1 & 1 & 1 \\ 1 & 1 & 1 & 3 & 3 & 3 \\ 1 & 1 & 1 & 3 & 1 & 3 \\ 1 & 1 & 1 & 3 & 3 & 3 \end{bmatrix}$，试用分水岭算法实现图像分割。

解：按上述算法步骤进行计算。

（1）采用 Prewitt 梯度算子计算梯度图像，计算中，把上下最外围一行像素、左右最外围一

列像素各复制一次以补充外围像素邻域，所计算的梯度图像为 $\boldsymbol{g}=\begin{bmatrix} 4 & 2 & 6 & 6 & 0 & 0 \\ 2 & 0 & 4 & 6 & 0 & 0 \\ 6 & 4 & 0 & 4 & 6 & 6 \\ 6 & 6 & 4 & 0 & 4 & 6 \\ 0 & 0 & 6 & 4 & 0 & 2 \\ 0 & 0 & 6 & 6 & 2 & 4 \end{bmatrix}$；梯

度图像中最小值和最大值为 $\min=0,\max=6$；涨水过程中 $n=1\sim7$。

（2）$n=1,T(1)=\{(x,y)\,|\,g(x,y)<1\}$，取 $C(1)=T(1)$，如图 9-20(a)所示。其中 $C(1)$ 中有 3 个极小区域，按图中标记背景色由浅入深依次为 M_1、M_2、M_3，均为 8 连通区域。

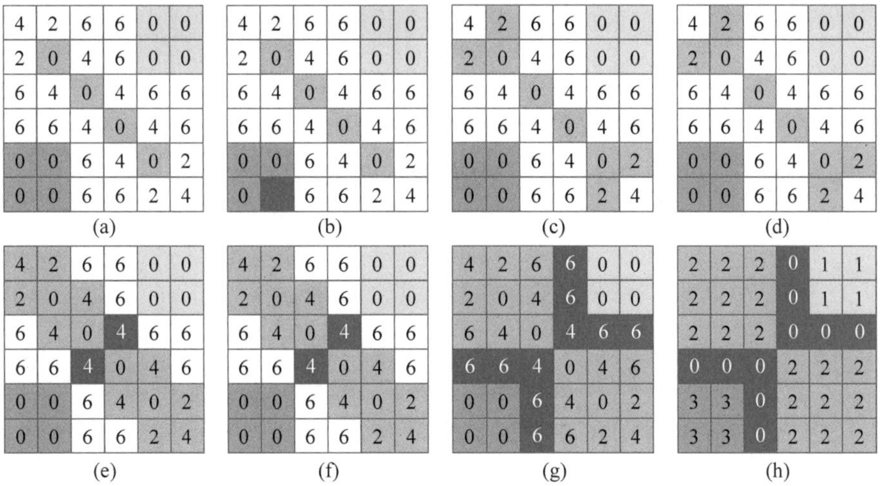

图 9-20 分水岭分割图像的过程

（3）$n=2,T(2)=\{(x,y)\,|\,g(x,y)<2\}$，包括 3 个连通成分 D_i，$i=1,2,3$，分别与 $C(1)$ 求交集，得 $D_1\bigcap C(1)=C_1(M_1),D_2\bigcap C(1)=C_1(M_2),D_3\bigcap C(1)=C_1(M_3)$，均属于第二种情况，则 $C(2)=C(1)+D_{i=1,2,3}=C(1)$，如图 9-20(b)所示。

（4）$n=3,T(3)=\{(x,y)\,|\,g(x,y)<3\}$，包括 3 个连通成分 D_i，$i=1,2,3$，分别与 $C(2)$ 求交集，得 $D_1\bigcap C(2)=C_2(M_1),D_2\bigcap C(2)=C_2(M_2),D_3\bigcap C(2)=C_2(M_3)$，均属于第二种情况，则 $C(3)=C(2)+D_{i=1,2,3}$，如图 9-20(c)所示。

（5）$n=4,T(4)=\{(x,y)\,|\,g(x,y)<4\}$，包括 3 个连通成分 D_i，$i=1,2,3$，分别与 $C(3)$ 求交集，得 $D_1\bigcap C(3)=C_3(M_1),D_2\bigcap C(3)=C_3(M_2),D_3\bigcap C(3)=C_3(M_3)$，均属于第二种情况，则 $C(4)=C(3)+D_{i=1,2,3}$，如图 9-20(d)所示。

（6）$n=5,T(5)=\{(x,y)\,|\,g(x,y)<5\}$，仅有 1 个连通成分 D（所有阴影点 8 连通），D 与 $C(4)$ 求交集，得 $D\bigcap C(4)=C_4(M_1)\bigcup C_4(M_2)\bigcup C_4(M_3)$，属于第三种情况，三个极小区域即将连通，需在 D 中筑堤坝，堤坝点用蓝色底纹表示，剩余的阴影部分为 $C(5)$，如图 9-20(e) 所示。

（7）$n=6,T(6)=\{(x,y)\,|\,g(x,y)<6\}$，同上一步，其中仅有 1 个连通成分 D，与 $C(5)$ 求交集，得 $D\bigcap C(5)=C_5(M_1)\bigcup C_5(M_2)\bigcup C_5(M_3)$，属于第三种情况，三个极小区域即将连通，需在 D 中筑堤坝，堤坝点已标记，且 $C(6)=C(5)$，如图 9-20(f)所示。

（8）$n=7$，$T(7)=\{(x,y)\,|\,g(x,y)<7\}$，整个梯度图像为一个连通成分 D，与 $C(6)$ 求交集，得 $D\bigcap C(6)=C_6(M_1)\bigcup C_6(M_2)\bigcup C_6(M_3)$，属于第三种情况，三个极小区域即将连通，在 D 中筑堤坝，$C(7)$ 是所有流域的并，如图 9-20（g）所示。

至此，所有流域均被淹没，只剩下分水岭露于水面上，分割完成，把最后分割出来的区域依次用编号 1、2、3 表示，分水岭用 0 表示，则分割结果如图 9-20（h）所示。

根据上述内容可知，分水岭分割后区域数目由一开始的极小区域数目决定，由于梯度噪声、量化误差及目标内部细密纹理的影响，在平坦区域内可能存在许多局部的"谷底"和"山峰"，会导致图像分割得过细，反而找不到正确的区域轮廓。

针对这种情况有不同的处理思路。可以分别在分割前、后加入预处理和后处理步骤，如采用滤波器，以减弱噪声干扰，滤除小目标即目标中的细节，增强图像中的轮廓，合并一些较小的区域等，减少过分割现象。可以把分水岭分割的结果作为初分割，再用其他方法进行处理。可以通过其他方法确定区域内部的标记点，再进行分水岭分割。

OpenCV 中的 watershed 函数可以实现分水岭分割，调用格式如下：

```
cv.watershed(image, markers) -> markers
```

参数 image 是 8 位 3 通道图像；markers 是区域标记图像，每个区域的标记为正整数，0 表示未标记。分水岭分割后结果返回 markers 中，−1 表示各分水岭，正整数表示各区域标记。

【例 9.15】 编写程序，应用分水岭分割算法实现图像分割。

解：设计思路如下。

将原图像二值化后进行腐蚀运算，获取各个区域的部分像素作为区域标记，再利用 watershed 函数实现分水岭分割。

程序如下。

```python
import cv2 as cv
import numpy as np
Image = cv.imread("blocks.jpg")
cv.imshow("Original image", Image)
gray = cv.cvtColor(Image, cv.COLOR_BGR2GRAY)                #彩色图像灰度化
thresh, BW = cv.threshold(gray, 0, 255, cv.THRESH_BINARY_INV + cv.THRESH_OTSU)
se = cv.getStructuringElement(cv.MORPH_ELLIPSE, (7, 11))    #创建椭圆形结构元素
BW = cv.erode(BW, se, iterations = 5)                       #多次腐蚀运算
contours, hier = cv.findContours(BW, cv.RETR_LIST, cv.CHAIN_APPROX_NONE)
                                                           #获取各种子所在范围轮廓
marker = np.zeros(gray.shape, dtype = np.int32)
for i in range(len(contours)):                             #对各种子所在小区域进行标记
    cv.drawContours(marker, contours, i, (i + 1, i + 1, i + 1), cv.FILLED, cv.LINE_4)
marker[1, 1] = np.max(marker) + 1                          #背景也作为一个区域,进行标记
cv.imshow('Seeds image', marker / np.max(marker))          #显示初始标记图像
cv.watershed(Image, marker)                                #进行分水岭分割
marker = marker / np.max(marker)
cv.imshow("Segmentation", marker)
cv.waitKey()
```

程序运行结果如图 9-21 所示。

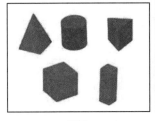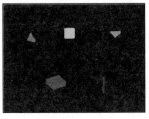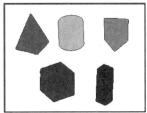

| (a) 原图 | (b) 区域标记图像 | (c) 分割结果 |

图 9-21 分水岭分割

9.5 形变模型分割

形变模型有两类：参数模型(Parametric Models)和几何形变模型(Geometric Deformable Models)。Kass、Witkin 和 Terzopoulos 于 1988 年提出的活动轮廓模型(Active Contour Models)，也称为 Snake 模型，提供了一种可以应用于图像分析和计算机视觉中多种问题的解决方法：定义能量函数，能量函数最小化时达到目标，属于参数模型。Snake 模型用于图像分割时，在期望的轮廓附近指定 Snake 的估计形状和开始位置，向合适解的位置移动，即通过迭代寻找能量函数最小值，确定轮廓，实现分割。几何形变模型由 Caselles 和 Malladi 分别独立提出，曲线用高维函数的水平集表示，通过曲线演化，最终生成分割结果。本节简要介绍形变模型中的经典算法。

9.5.1 经典 Snake 模型

在经典 Snake 模型中，Snake 被描述为在目标边界附近的一条闭合参数曲线 $\boldsymbol{v}(s) = [x(s), y(s)]$，其中 $x(s), y(s)$ 是轮廓点的 x 和 y 坐标值，$s \in [0,1]$，是归一化的弧长参数，能量函数定义为

$$E_{\text{snake}} = \int_0^1 E_{\text{snake}}[\boldsymbol{v}(s)]\,\mathrm{d}s = \int_0^1 \{E_{\text{int}}[\boldsymbol{v}(s)] + E_{\text{image}}[\boldsymbol{v}(s)] + E_{\text{con}}[\boldsymbol{v}(s)]\}\,\mathrm{d}s \tag{9-19}$$

式中，E_{int} 表示曲线因弯曲产生的内部能量，E_{image} 表示从图像中得到的能量，E_{con} 表示来自外部的约束能量。

曲线内部能量 E_{int} 可以表示为

$$E_{\text{int}} = \alpha(s)\left|\frac{\mathrm{d}\boldsymbol{v}}{\mathrm{d}s}\right|^2 + \beta(s)\left|\frac{\mathrm{d}^2\boldsymbol{v}}{\mathrm{d}s^2}\right|^2 \tag{9-20}$$

第一项为弹性势能，当外力使曲线伸展时，产生弹性势能使其收缩；$\alpha(s)$ 是弹力系数，控制曲线的弹性。第二项是弯曲势能；$\beta(s)$ 是强度系数，控制曲线的刚性。

来自图像数据的能量 E_{image} 一般通过计算图像的灰度、边缘等特征获得，用来吸引曲线到目标的边缘轮廓等，定义为

$$E_{\text{image}} = w_{\text{line}}E_{\text{line}} + w_{\text{edge}}E_{\text{edge}} + w_{\text{term}}E_{\text{term}} \tag{9-21}$$

决定了 Snake 被吸引到轮廓线、边缘还是端点。基于轮廓线的函数项 E_{line} 可以定义为

$$E_{\text{line}} = f(x, y) \tag{9-22}$$

$f(x, y)$ 是像素 (x, y) 的灰度，w_{line} 的符号指定了 Snake 偏向亮线或暗线。基于边缘的函数

项 E_{edge} 可以定义为

$$E_{\text{edge}} = -\left|\nabla f(x,y)\right|^2 \tag{9-23}$$

或

$$E_{\text{edge}} = -\left|\nabla\left[h_\sigma(x,y) * f(x,y)\right]\right|^2 \tag{9-24}$$

将 Snake 吸引到图像中具有较大梯度值的边缘处。∇ 表示梯度算子，h_σ 是标准差为 σ 的二维高斯滤波器。E_{term} 反映轮廓线端点和角点对 Snake 活动的可能影响，定义为平滑后图像的轮廓曲率。

$$E_{\text{term}} = \partial\theta/\partial\boldsymbol{n} \tag{9-25}$$

$\theta(x,y)$ 是平滑图像中沿曲线的梯度方向，$\boldsymbol{n}$ 是垂直于梯度方向 $\theta(x,y)$ 的单位向量。在实践中，大多数模型只采用边缘项 E_{edge}。

来自外部的约束能量 E_{con} 由用户指定或来自其他更高层处理，可以让 Snake 朝着或背离某些指定的特征，比如，Snake 到达局部能量极小值，但高层处理判断为错误，在该处产生一个能量峰值区域，迫使 Snake 离开去找另一个局部极小值。

轮廓定义为 Snake 达到局部能量极小的位置，即最小化 E_{snake}。使用变分法，根据欧拉-拉格朗日条件，E_{snake} 最小时，曲线 $\boldsymbol{v}(s)$ 满足

$$\frac{\mathrm{d}}{\mathrm{d}s}E_{v_s} - E_v = 0 \tag{9-26}$$

E_{v_s} 是 E 关于 $\mathrm{d}\boldsymbol{v}/\mathrm{d}s$ 的偏导数，E_v 是 E 关于 $\boldsymbol{v}$ 的偏导数。令 $E_{\text{ext}} = E_{\text{image}} + E_{\text{con}}$，得

$$\frac{\mathrm{d}}{\mathrm{d}s}\left[\alpha(s)\frac{\mathrm{d}\boldsymbol{v}}{\mathrm{d}s}\right] - \frac{\mathrm{d}^2}{\mathrm{d}s^2}\left[\beta(s)\frac{\mathrm{d}^2\boldsymbol{v}}{\mathrm{d}s^2}\right] - \nabla E_{\text{ext}}\left[\boldsymbol{v}(s)\right] = 0 \tag{9-27}$$

引入一个虚拟的时间参数 t，把曲线 $\boldsymbol{v}(s)$ 看成一个动态函数 $\boldsymbol{v}(s,t)$，得

$$\frac{\partial\boldsymbol{v}}{\partial t} = \frac{\partial}{\partial s}\left[\alpha(s)\frac{\partial\boldsymbol{v}}{\partial s}\right] - \frac{\partial^2}{\partial s^2}\left[\beta(s)\frac{\partial^2\boldsymbol{v}}{\partial s^2}\right] - \nabla E_{\text{ext}}\left[\boldsymbol{v}(s,t)\right] \tag{9-28}$$

给定初始值，通过数值方法迭代求解，当 $\partial\boldsymbol{v}/\partial t = 0$ 时得到解。数值实现方法有有限差分法、动态规划法、有限元法、贪婪算法等，这里不再详细讨论。

Scikit-image 库中 segmentation 模块的 active_contour 函数可以实现活动轮廓模型分割，其调用格式如下：

```
active_contour(image, snake, alpha = 0.01, beta = 0.1, w_line = 0, w_edge = 1, gamma = 0.01, max_px_
move = 1.0, max_num_iter = 2500, convergence = 0.1, *, boundary_condition = 'periodic')
```

参数 image 是二维或三维图像数据矩阵；snake 是初始 Snake 的坐标点矩阵；alpha、beta、w_line、w_edge 分别对应能量函数中的参数；gamma 是时间参数；返回优化后的 Snake。

【例 9.16】 编写程序，利用活动轮廓模型实现图像分割。

解：程序如下。

```
import numpy as np
import cv2 as cv
import matplotlib.pyplot as plt
from skimage.segmentation import active_contour
Image = cv.imread("shape.png")
cv.imshow("Original image", Image)
rect = cv.selectROI("Original image", Image, showCrosshair = False)    # 选择一个矩形区域
s = np.linspace(0, 2 * np.pi, 400)
```

```
r = rect[1] + rect[3]/2 + rect[3]/2 * np.sin(s)
c = rect[0] + rect[2]/2 + rect[2]/2 * np.cos(s)
init = np.array([r, c]).T                                    #根据矩形计算椭圆上的点,作为初始 Snake
snake = active_contour(Image, init, alpha = 0.155, beta = 65, gamma = 0.001)   #分割
result = cv.cvtColor(Image, cv.COLOR_BGR2RGB)    #将 BGR 转换为 RGB 顺序,适应显示图像函数要求
plt.imshow(result)
plt.plot(init[:, 1], init[:, 0], '-- r', lw = 3)    #绘制初始 Snake
plt.plot(snake[:, 1], snake[:, 0], '- b', lw = 3)   #绘制优化后 Snake
plt.axis('off')
plt.show()
```

运行程序,在显示图像的中心目标周围绘制了一个矩形区域,如图 9-22(a)所示;根据矩形计算椭圆作为初始 Snake,利用 active_contour 函数进行优化,并在图像上绘出初始(虚线)和最终(实线)的 Snake 曲线,如图 9-22(b)所示。随着初始位置不同,最终计算出的曲线形状并不一致。

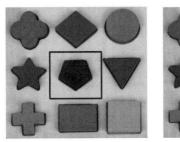 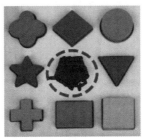

(a) 原图   (b) 分割结果

图 9-22 活动轮廓模型分割

Snake 模型是一类新形式的图像分割算法,但是最小化能量依然存在一系列问题:有大量参数,如权重、迭代次数等需要设定;对初始位置敏感,需要依赖其他机制将 Snake 放在感兴趣的图像特征附近;搜索凹形边界时,无法步入凹形区;欧拉-拉格朗日公式的解数值不稳定;变形过程中无法自由改变曲线的拓扑结构等。为解决这些问题,人们提出了多种方法,如 B-Snake、梯度向量流 Snake、联合 Snake 等,可以参看相关文献深入学习。

9.5.2　几何形变模型

经典 Snake 模型属于参数模型,边界由参数提供。几何形变模型中,曲线用几何公式表达,过程隐式,能够自动处理轮廓线拓扑变换,同时分割多个目标,该模型被广泛应用。

1. 曲线演化理论

设闭合的动态曲线为 $v(s,t) = [x(s,t), y(s,t)]$,其中,$t$ 为时间,s 为曲线参数。曲线沿其向内单元法向量 n 运动的方程可以表示为

$$\frac{\partial v}{\partial t} = V(v)n \tag{9-29}$$

其中,$V(v)$ 是曲线演化的速度函数,决定了曲线上每点的运动快慢。若 $V(v)$ 为常数 V_0,称为常数演化,运动均匀,容易产生尖角,如图 9-23(b)所示;若 $V(v)$ 为曲率 k 的函数 αk,称为曲率演化,曲线渐渐平滑,去除尖角,并最终收缩为一点,如图 9-23(c)所示。

几何形变模型从曲线初始状态开始,逐渐演化,当 $t \to \infty$ 时在物体边界处停止演化,实现分割。

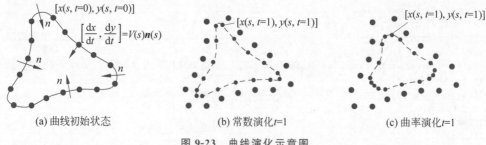

(a) 曲线初始状态　　　　　(b) 常数演化$t=1$　　　　　(c) 曲率演化$t=1$

图 9-23　曲线演化示意图

2. 水平集方法

如何有效求解曲线演化是一个重要问题。1988 年，OSher 和 Sethian 提出水平集方法，将曲线$\boldsymbol{v}(s,t)$嵌入更高维的函数$\phi(x,y,t)$中，函数ϕ称为水平集函数（Level Set Funcition）。曲线$\boldsymbol{v}(s,t)$表示为ϕ的零水平集，即$\boldsymbol{v}(s,t)=\{(x,y)\,|\,\phi(x,y,t)=0\}$。曲线的演化转换为在确定的时间点列上更新水平集函数ϕ，t 时刻的曲线是t 时刻水平集为 0 的图上点的集合，最终的结果为$\phi(x,y,t\rightarrow\infty)=0$的点集。

给定一个水平集函数ϕ，零水平集表示演化曲线$\boldsymbol{v}(s,t)$，即

$$\phi(\boldsymbol{v}(s,t),t)=0 \tag{9-30}$$

对t 求导，有

$$\frac{\partial\phi}{\partial t}+\nabla\phi\,\frac{\partial\boldsymbol{v}}{\partial t}=0 \tag{9-31}$$

设ϕ 在零水平集的内部为负，外部为正，水平集曲线的向内单元法向量为

$$\boldsymbol{n}=-\frac{\nabla\phi}{|\nabla\phi|} \tag{9-32}$$

联立式(9-29)、式(9-31)和式(9-32)，得

$$\frac{\partial\phi}{\partial t}-\nabla\phi\,\frac{V(\boldsymbol{v})\,\nabla\phi}{|\nabla\phi|}=0 \tag{9-33}$$

即

$$\frac{\partial\phi}{\partial t}=V(\boldsymbol{v})\,|\nabla\phi| \tag{9-34}$$

即是用水平集方法解曲线演化式(9-29)。

为实现曲线演化，需要定义初始水平集函数，常常采用各点到曲线$\boldsymbol{v}(s,t)$的有向距离函数

$$\phi(x,y,0)=\begin{cases}-d(x,y), & (x,y)\in\Omega_1 \\ 0, & (x,y)\in\boldsymbol{v} \\ d(x,y), & (x,y)\in\Omega_2\end{cases} \tag{9-35}$$

式中，Ω_1是曲线$\boldsymbol{v}(s,t)$包围的内部区域，Ω_2是曲线$\boldsymbol{v}$ 以外的区域，$d(x,y)$表示点(x,y)到曲线$\boldsymbol{v}(s,t)$的距离。

3. 几何活动轮廓模型

首个水平集活动轮廓模型中采用的方程为

$$\frac{\partial\phi}{\partial t}=g(V_0+k)\,|\nabla\phi| \tag{9-36}$$

是最基础的曲率和常数演化。其中，

$$g = \frac{1}{1 + |\nabla(h_\sigma * f)|} \tag{9-37}$$

高斯平滑后图像的梯度 $\nabla(h_\sigma * f)$ 很大时，$g \to 0$，停止演化。这种模型称为几何活动轮廓模型。显然，边界非常明显时，才能停止曲线演化。

4. 测地活动轮廓模型

另一种经典的水平集活动轮廓模型是测地活动轮廓模型，采用与原始 Snake 模型相似的设计模式：首先设计一个关于轮廓线的能量函数，通过极小化能量获取轮廓线的运动方程。测地活动轮廓模型关于演化曲线 $\boldsymbol{v}(s,t)$ 的能量函数定义为

$$E(\boldsymbol{v}) = \int_0^1 g \left| \frac{\partial \boldsymbol{v}}{\partial s} \right| ds \tag{9-38}$$

其中，g 如式(9-37)所示，$s \in [0,1]$ 为曲线参数。根据微分几何知识，$|\partial \boldsymbol{v}/\partial s| ds$ 表示弧长元素，能量函数 $E(\boldsymbol{v})$ 是曲线 $\boldsymbol{v}(s,t)$ 的加权弧长。当曲线位于目标边界时，$g \to 0$；当曲线远离目标边界时，$g \to 1$；所以，当模型的轮廓线与目标边界重合时，能量函数 $E(\boldsymbol{v})$ 达到最小值。

运用变分法计算 $E(\boldsymbol{v})$ 的一阶变分，得

$$\frac{\partial E(\boldsymbol{v})}{\partial t} = -\int_0^{L(t)} \left\langle \frac{\partial \boldsymbol{v}}{\partial t}, (gk - \nabla g \boldsymbol{n}) \boldsymbol{n} \right\rangle ds \tag{9-39}$$

式中，$\langle \cdot \rangle$ 表示内积，$\boldsymbol{n}$ 为曲线的向内单元法向量，k 表示曲线的曲率，$L(t)$ 表示曲线在 t 时刻的欧几里得长度。进一步的曲线演化方程为

$$\frac{\partial \boldsymbol{v}}{\partial t} = (gk - \nabla g \boldsymbol{n}) \boldsymbol{n} \tag{9-40}$$

联立式(9-31)、式(9-32)和式(9-40)，得水平集方程

$$\frac{\partial \phi}{\partial t} = g |\nabla \phi| \, \text{div} \left(\frac{\nabla \phi}{|\nabla \phi|} \right) + \nabla g \nabla \phi \tag{9-41}$$

曲率近似为 $\text{div}(\nabla \phi / |\nabla \phi|)$。实际应用中，常常增加一个常值速度 V_0，即

$$\frac{\partial \phi}{\partial t} = g |\nabla \phi| \left[V_0 + \text{div} \left(\frac{\nabla \phi}{|\nabla \phi|} \right) \right] + \nabla g \nabla \phi \tag{9-42}$$

这就是测地活动轮廓模型的水平集方程。

5. Chan-Vese 模型

几何活动轮廓模型和测地活动轮廓模型利用梯度信息停止演化，属于基于边界的水平集活动轮廓模型，容易受到噪声、梯度边缘准则的影响。2001 年，Chan 和 Vese 提出了一种基于区域的水平集活动轮廓模型——Chan-Vese 模型，通过极小化一个能量函数获取水平集方程。

Chan-Vese 模型将轮廓线 $\boldsymbol{v}(s,t)$ 用一个水平集函数 ϕ 的零水平集表示，Ω 为图像域，Ω_1 是零水平集曲线 ϕ 包围的内部区域，规定函数 $\phi > 0$；Ω_2 是 ϕ 以外的区域，规定函数 $\phi < 0$。能量函数定义为

$$E(\phi, c_1, c_2) = E_1 + E_2 = \iint_{\Omega_1} [f(x,y) - c_1]^2 dx dy + \iint_{\Omega_2} [f(x,y) - c_2]^2 dx dy \tag{9-43}$$

其中，c_1、c_2 分别表示曲线内部和外部的亮度均值。当 ϕ 恰好为物体边界时，能量 $E(\phi, c_1, c_2)$ 最小，此时是考虑物体内外亮度均值的最好分割（也可以使用其他区域属性）。曲线位置与 Chan-Vese 能量示意图如图 9-24 所示。

为了解决更复杂的分割问题，可以使用一些如曲线 ϕ 周长、在 ϕ 内的区域面积等正则项，

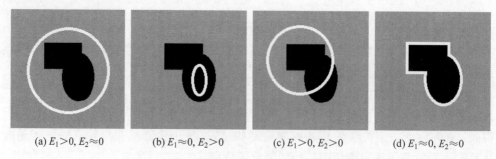

(a) $E_1 > 0, E_2 \approx 0$　　(b) $E_1 \approx 0, E_2 > 0$　　(c) $E_1 > 0, E_2 > 0$　　(d) $E_1 \approx 0, E_2 \approx 0$

图 9-24　曲线位置与 Chan-Vese 能量示意图

能量函数为

$$E(\phi, c_1, c_2) = \alpha \cdot \text{Length}(\phi = 0) + \beta \cdot \text{Area}(\phi \geqslant 0) + \lambda_1 \iint_{\Omega_1} [f(x,y) - c_1]^2 \mathrm{d}x \mathrm{d}y +$$

$$\lambda_2 \iint_{\Omega_2} [f(x,y) - c_2]^2 \mathrm{d}x \mathrm{d}y \tag{9-44}$$

其中，$\alpha \geqslant 0, \beta \geqslant 0, \lambda_1, \lambda_2 \geqslant 0$。

令 H 表示 Heaviside 函数（阶跃函数），δ 表示狄拉克（Dirac）δ 函数，有

$$H(z) = \begin{cases} 1, & z \geqslant 0 \\ 0, & z < 0 \end{cases}, \quad \delta_0 = \frac{\mathrm{d}H(z)}{\mathrm{d}z} \tag{9-45}$$

则

$$\text{Length}(\phi = 0) = \iint_{\Omega} |\nabla H[\phi(x,y)]| \mathrm{d}x \mathrm{d}y = \iint_{\Omega} \delta_0[\phi(x,y)] |\nabla \phi(x,y)| \mathrm{d}x \mathrm{d}y$$

$$\text{Area}(\phi \geqslant 0) = \iint_{\Omega} H[\phi(x,y)] \mathrm{d}x \mathrm{d}y$$

$$\iint_{\Omega_1} [f(x,y) - c_1]^2 \mathrm{d}x \mathrm{d}y = \iint_{\Omega} [f(x,y) - c_1]^2 H[\phi(x,y)] \mathrm{d}x \mathrm{d}y$$

$$\iint_{\Omega_2} [f(x,y) - c_2]^2 \mathrm{d}x \mathrm{d}y = \iint_{\Omega} [f(x,y) - c_2]^2 \{1 - H[\phi(x,y)]\} \mathrm{d}x \mathrm{d}y$$

因此

$$E(\phi, c_1, c_2) = \alpha \iint_{\Omega} \delta_0[\phi(x,y)] |\nabla \phi(x,y)| \mathrm{d}x \mathrm{d}y + \beta \iint_{\Omega} H[\phi(x,y)] \mathrm{d}x \mathrm{d}y +$$

$$\lambda_1 \iint_{\Omega} [f(x,y) - c_1]^2 H[\phi(x,y)] \mathrm{d}x \mathrm{d}y +$$

$$\lambda_2 \iint_{\Omega} [f(x,y) - c_2]^2 \{1 - H[\phi(x,y)]\} \mathrm{d}x \mathrm{d}y \tag{9-46}$$

固定水平集函数 ϕ，能量 $E(\phi, c_1, c_2)$ 分别对 c_1、c_2 求导，并令导数为零，得

$$c_1(\phi) = \frac{\iint_{\Omega} f(x,y) H[\phi(x,y)] \mathrm{d}x \mathrm{d}y}{\iint_{\Omega} H[\phi(x,y)] \mathrm{d}x \mathrm{d}y}, \quad c_2(\phi) = \frac{\iint_{\Omega} f(x,y) \{1 - H[\phi(x,y)]\} \mathrm{d}x \mathrm{d}y}{\iint_{\Omega} \{1 - H[\phi(x,y)]\} \mathrm{d}x \mathrm{d}y}$$

$$\tag{9-47}$$

可以看出，c_1、c_2 分别表示曲线内部和外部的图像灰度均值。

为推导关于水平集函数 ϕ 的欧拉-拉格朗日方程，Chan 和 Vese 选取了一个稍微规则的函数 H_ε 逼近 Heaviside 函数 H，并计算出对应的近似 Dirac 函数 δ_ε，如式（9-48）所示。

$$H_\varepsilon(z)=\frac{1}{2}\left[1+\frac{2}{\pi}\arctan\left(\frac{z}{\varepsilon}\right)\right],\quad \delta_\varepsilon(z)=\frac{\mathrm{d}H_\varepsilon(z)}{\mathrm{d}z}=\frac{1}{\pi}\frac{\varepsilon}{\varepsilon^2+z^2} \tag{9-48}$$

当参数 $\varepsilon\to0$ 时，H_ε 和 δ_ε 逼近 Heaviside 函数 H 和 Dirac 函数 δ_0。

固定 c_1 和 c_2，极小化能量 $E(\phi,c_1,c_2)$，得出关于水平集函数 ϕ 的欧拉-拉格朗日方程。引入时间变量 t，将 ϕ 看作一个关于 t 的函数，即 $\phi(x,y,t)$，进而得出水平集方程，如式(9-49)所示。

$$\frac{\partial\phi}{\partial t}=\delta_\varepsilon(\phi)\left[\alpha\cdot\mathrm{div}\left(\frac{\nabla\phi}{|\nabla\phi|}\right)-\beta-\lambda_1\left[f(x,y)-c_1\right]^2+\lambda_2\left[f(x,y)-c_2\right]^2\right] \tag{9-49}$$

6. Chan-Vese 模型的数值实现

令 w 表示空间步长，将空间变量 x,y 离散化，图像 $f(x,y)$ 的离散形式为 $f_{i,j}=f(iw,jw)$；用 Δt 表示时间步长，将时间变量 t 离散化，m 时刻($m\geqslant0$)水平集函数 $\phi(x,y,t)$ 的离散形式为 $\phi_{i,j}^m=\phi(iw,jw,m\Delta t)$。水平集方程式(9-49)转换为

$$\frac{\phi_{i,j}^{m+1}-\phi_{i,j}^m}{\Delta t}=\delta_w(\phi_{i,j}^m)\left[\frac{\alpha}{w^2}\Delta_x^-\left(\frac{\Delta_x^+\phi_{i,j}^{m+1}}{\sqrt{(\Delta_x^+\phi_{i,j}^m)^2/w^2+(\phi_{i,j+1}^m-\phi_{i,j-1}^m)^2/(2w)^2}}\right)+\right.$$
$$\frac{\alpha}{w^2}\Delta_y^-\left(\frac{\Delta_y^+\phi_{i,j}^{m+1}}{\sqrt{(\Delta_y^+\phi_{i,j}^m)^2/w^2+(\phi_{i+1,j}^m-\phi_{i-1,j}^m)^2/(2w)^2}}\right)-$$
$$\left.\beta-\lambda_1(f_{i,j}-c_1(\phi^m))^2+\lambda_2(f_{i,j}-c_2(\phi^m))^2\right] \tag{9-50}$$

其中，

$$\Delta_x^-=\phi_{i,j}-\phi_{i-1,j},\quad \Delta_x^+=\phi_{i+1,j}-\phi_{i,j}$$
$$\Delta_y^-=\phi_{i,j}-\phi_{i,j-1},\quad \Delta_y^+=\phi_{i,j+1}-\phi_{i,j} \tag{9-51}$$

Chan-Vese 模型算法的主要步骤如下。

(1) 针对初始轮廓线构造有向距离函数，初始化 ϕ^0，$m=0$。

(2) 由式(9-47)计算 $c_1(\phi^m)$、$c_2(\phi^m)$。

(3) 由式(9-50)迭代计算 ϕ^{m+1}。

(4) 用符号距离函数重新初始化 ϕ。

(5) 判断算法是否收敛，如不收敛，则令 $m=m+1$，转到步骤(2)；如收敛，则退出循环。

Scikit-image 库中 segmentation 模块的 chan_vese 函数使用 Chan-Vese 模型实现图像分割，其调用格式如下：

```
chan_vese(image, mu = 0.25, lambda1 = 1.0, lambda2 = 1.0, tol = 0.001, max_num_iter = 500, dt = 0.5, init_level_set = 'checkerboard', extended_output = False)
```

参数 image 是灰度图像数据；mu 是曲线长度权系数(对应公式中的 α)；lambda1 和 lambda2 对应公式中的 λ；init_level_set 定义初始水平集，可选'checkerboard'、'disk'、'small disk'；函数返回分割后的图像矩阵、最终的水平集和能量函数变化列表，如果 extended_output 设为 True，返回一个包含 3 个量的元组，如果为 False，只返回分割结果图。

【例 9.17】 编写程序采用 chan-vese 函数实现图像分割。

解：程序如下。

```
import numpy as np
```

```
import cv2 as cv
import matplotlib.pyplot as plt
from skimage.segmentation import chan_vese
Image = cv.imread("coins.png", cv.IMREAD_GRAYSCALE)
result = chan_vese(Image, extended_output = True)          #使用 Chan－Vese 模型分割
seg = np.array(result[0], dtype = np.float32)
cv.imshow("Original image", Image)
cv.imshow("Segmentation", seg)
plt.rcParams['font.sans－serif'] = ['Times New Roman']
plt.plot(result[2]), plt.title("Evolution of energy over iterations")
plt.show()
cv.waitKey()
```

程序运行结果如图 9-25 所示。

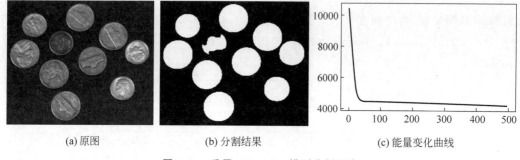

(a) 原图   (b) 分割结果   (c) 能量变化曲线

图 9-25　采用 Chan-Vese 模型分割图像

9.6　图割分割

图割分割是将图像表示为图的形式,通过优化目标函数,移除图中的边,将图中节点分为不相交的子集,从而实现图像分割的方法。

9.6.1　原理

首先通过交互式或自动定位等方法确定目标和背景的种子点,然后将待分割的图像用有向图 $G = (V \cup \{S, T\}, E)$ 表示,V 是节点的集合,对应图像中的像素;源 S(source) 和汇 T(sink)是两个特别的终端节点,与种子点硬连接,并且代表了目标和背景的分割标签;E 是连接节点的边,包括两类:n-连接和 t-连接,邻接像素对之间是 n-连接,像素与终端节点间是 t-连接,每条边对应一个权值,称为代价(cost)。

移除图 G 中的一组边,将节点集分成两个不相交的子集:和源相连的节点集,和汇相连的节点集,移除的边的集合称为割(cut)。一个割的代价函数是割上所有边的代价和,最小割就是代价最小的割。

图 9-26 为一个简单的图割分割示意图。图 9-26(a)中 B 和 O 是背景和目标种子像素,构建图 G,如图 9-26(b)所示,椭圆表示像素,S、T 是终端节点,实线表示 n-连接,虚线表示 t-连接,权值大的用稍粗的线表示,权值小的用稍细的线表示,最粗的点线表示种子点和终端节点的硬连接。通过最小化代价函数确定的最小割如图 9-26(c)中点线所示,最小割将图 G 的节点分为两个子集,对应于图像的背景像素集和目标像素集,完成了图像分割,最终分割结果如图 9-26(d)所示。

从以上描述可以看出,图 G 中边的权值决定了最后的分割结果,那么如何确定边的权

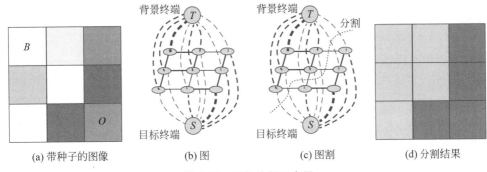

| (a) 带种子的图像 | (b) 图 | (c) 图割 | (d) 分割结果 |

图 9-26 图割分割示意图

值呢？

用 I 表示所有图像像素的集合，像素总数为 N；用 $I2$ 表示所有有向像素对 (p,q) 的集合，$p,q \in I$，且是邻接像素。有向像素对的含义是 (p,q) 的代价和 (q,p) 可以不同。

设图像分为目标像素和背景像素，目标标签为 o，背景标签为 b，每个像素 p 的标签 $L_p \in \{o,b\}$，标签向量 $\boldsymbol{L} = (L_1, L_2, \cdots, L_N)$ 定义了分割结果，分割的代价函数 C 定义为区域项 $R(\boldsymbol{L})$ 与边界项 $B(\boldsymbol{L})$ 的加权和

$$C(\boldsymbol{L}) = \alpha R(\boldsymbol{L}) + B(\boldsymbol{L}) \tag{9-52}$$

α 决定了两项的重要性，当 $\alpha = 0$ 时，只考虑边界因素。当 $C(\boldsymbol{L})$ 最小时，对应分割结果。

区域项为

$$R(\boldsymbol{L}) = \sum_{p \in I} R_p(L_p) \tag{9-53}$$

$R_p(L_p)$ 是将像素 p 标记为 L_p 的代价，分为 $R_p(o)$ 和 $R_p(b)$ 两种情况，实际是图 G 中 t-连接的边的代价，可取像素 p 属于目标和背景的概率的负对数值，即

$$R_p(o) = -\ln[P(I_p \mid O)], \quad R_p(b) = -\ln[P(I_p \mid B)] \tag{9-54}$$

如果 $P(I_p|O) > P(I_p|B)$，将像素 p 标记为目标，代价 $R_p(o) < R_p(b)$；如果 $P(I_p|O) < P(I_p|B)$，将像素 p 标记为背景，$R_p(b) < R_p(o)$；所有的像素都标记为其归属概率最大的标签，区域代价 $R(\boldsymbol{L})$ 最小。$P(I_p|O)$，$P(I_p|B)$ 可以通过灰度直方图获得。

边界项为

$$B(\boldsymbol{L}) = \sum_{(p,q) \in I2} B_{(p,q)} \delta(L_p, L_q) \tag{9-55}$$

其中，

$$\delta(L_p, L_q) = \begin{cases} 1, & L_p \neq L_q \\ 0, & L_p = L_q \end{cases} \tag{9-56}$$

$B_{(p,q)}$ 是将相邻像素 p,q 标记为不同标签的代价，实际是图 G 中 n-连接的边的代价。当 p,q 同属于目标或背景时，将它们标记为边界付出代价大，$B_{(p,q)}$ 取值大；分属于目标或背景时，$B_{(p,q)}$ 取值小。换言之，当 p,q 差别小，$B_{(p,q)}$ 取值大；当 p,q 差别大，$B_{(p,q)}$ 取值小。因此，认为

$$B_{(p,q)} \propto \exp\left[-\frac{(I_p - I_q)^2}{2\sigma^2}\right] \tag{9-57}$$

当 $L_p \neq L_q$ 时，p,q 分属于目标和背景，$\delta = 1$，否则 $\delta = 0$。所以，$B(\boldsymbol{L})$ 是边界项 $B_{(p,q)}$ 之和，当 p,q 分属于目标或背景时，对应代价最小。

综上所述，有向图 G 中各边的代价如表 9-2 所示。

表 9-2 图 G 中边的代价表

边	代 价	状 态
(p,q)	$B_{(p,q)}$	$(p,q) \in I2$
(S,p)	$\alpha R_p(b)$	$p \in I, p \notin \{O \cup B\}$
	K	$p \in O$
	0	$p \in B$
(p,T)	$\alpha R_p(O)$	$p \in I, p \notin \{O \cup B\}$
	0	$p \in O$
	K	$p \in B$

其中,

$$K = 1 + \max_{p \in I} \sum_{q:\,(p,q) \in I2} B_{(p,q)} \tag{9-58}$$

9.6.2 优化求解

最小割问题可以通过寻找从源 S 到汇 T 的最大流解决,将有向图 G 中各边当作管道,从源 S 到汇 T 运送"最大量的水",通过每条边的水量由该边的代价决定。从源 S 到汇 T 的最大流充满了图 G 中的一组边,这些边对应最小割。这个组合优化任务的求解算法有很多,可以分为两类:预流推进(Push-relabel)方法和增广路径(Augmenting Path)。下面以一幅小图像分割为例,说明增广路径最大流算法确定最小割的过程。

设 3×3 的图像像素灰度值如图 9-27(a)所示,加"○"的像素为种子点。连接 4 邻接像素,边的幅值表示为邻接像素灰度差值,如图 9-27(b)所示。构建有向图 G,令 $\alpha = 0$,即式(9-52)仅考虑边界项,按表 9-2 计算各边的代价,n-连接边的代价 $B_{(p,q)}$ 按式(9-59)计算:

$$B_{(p,q)} = (\max_{(i,j) \in I2} |I_i - I_j|) - |I_p - I_q| \tag{9-59}$$

对每个节点,计算 $B_{(p,q)}$ 之和,最大值为 23,即 $K = 24$,有向图 G 如图 9-27(c)所示。

增广路径算法从源 S 到汇 T 推进流传过图 G,直到最大流。一开始初始化为零流状态,此时源 S 到汇 T 之间没有流存在。

迭代运算开始,找到一条最短 $S \rightarrow T$ 的路径,压入最大可能的流使得路径中至少一条边饱和,如图 9-27(d)所示,黑线所示为一条路径,由于其中各边容量(代价)最小为 1,其饱和时该路径的流为 1,路径上所示数字为各边剩余容量。

迭代继续,在剩余图中再找非饱和边的最短 $S \rightarrow T$ 的路径,压入最大可能流为 1,剩余图如图 9-27(e)所示。

迭代继续,在剩余图中再找非饱和边的最短 $S \rightarrow T$ 的路径,压入最大可能流为 1,剩余图如图 9-27(f)所示。

流不能再增加,最大流为 3,优化过程停止。将所有饱和的边用粗黑线标记,如图 9-27(g)所示,这些边对应最小割,将图 G 的节点分为两个子集,如图 9-27(h)所示;最终分割结果如图 9-27(i)所示。如果 $\alpha \neq 0$,加入区域项,路径增多,优化过程一样。

整理图割分割过程如下。

(1) 确定种子点,构建有向图 G。可以采用交互式方法确定初始种子。

(2) 根据表 9-2 为图 G 中每一条边赋代价值。

(3) 使用一种可用的最大流图优化算法确定图割。

(4) 根据最小割结果分割图像。

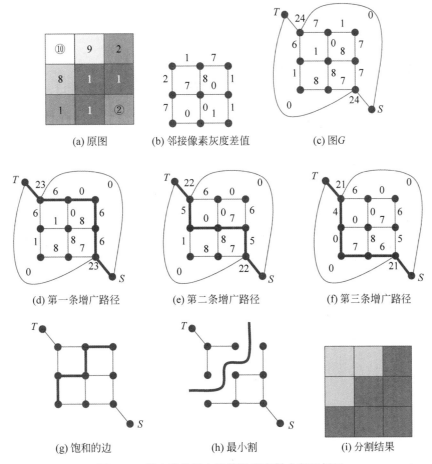

(a)原图 (b)邻接像素灰度差值 (c)图G

(d)第一条增广路径 (e)第二条增广路径 (f)第三条增广路径

(g)饱和的边 (h)最小割 (i)分割结果

图 9-27 增广路径最大流算法确定最小割示例图

图像分割在图像分析的各方面都有重要作用,图像数据集、数据大小、数据维数的不断增长也给图像分割算法提出新的要求、新的分割方法。由于分割观念层出不穷,在学习经典分割算法的基础上,也要了解技术的发展,吸收新的理念。

习题

9.1 除了平滑直方图,还有什么方法找双峰直方图的峰和谷?

9.2 解释 OTSU 阈值分割方法。

9.3 试按区域分裂、区域合并方法分割图 9-28,给出分割的各个步骤图。

9.4 利用边缘检测实现分割,常常会有一些短小或不连续的曲线,用什么样的处理方法可以消除这些干扰?

9.5 解释为什么分水岭分割趋向于过分割图像,如何削弱过分割?

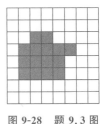

图 9-28 题 9.3 图

9.6 解释水平集中"速度函数"在图像分割中的主要作用。

9.7 编写程序,实现基于边界的图像分割,可以选择不同的边界改良算法。

9.8 编写程序,实现基于区域生长的图像分割。

9.9 思考识花软件的设计方法,编写分割花卉的程序。

第 10 章

图像描述与分析

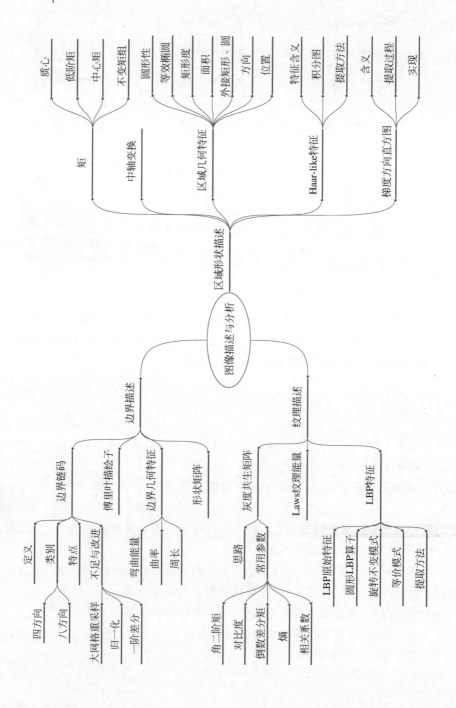

本章思维导图

经过图像分割,图像中具有不同相似特性的区域已经分离开来,为进一步理解图像的内容,需要对这些区域、边界的属性和相互关系用更为简单明确的文字、数值、符号或图描述或说明,这称为图像描述(Image Description)。图像描述在保留原图像或图像区域重要信息的同时,减少了数据量。这些文字、数值、符号或图按一定的概念或公式从图像中产生,反映了原图像或图像区域的某些重要信息,常常被称为图像的特征,产生它们的过程称为图像特征提取,用这些特征表示图像称为图像描述,这些描述或说明称为图像的描述子。

对图像的描述可以从几何性质、形状、大小、相互关系等多方面进行,一个好的描述子应具有以下特点。

(1) 唯一性:每个目标必须有唯一的表示。

(2) 完整性:描述是明确无歧义的。

(3) 几何变换不变性:描述应具有平移、旋转、尺度等几何变换不变性。

(4) 敏感性:描述结果应该具有对相似目标加以区别的能力。

(5) 抽象性:从分割区域、边界中抽取反映目标特性的本质特征,不容易因噪声等原因而发生变化。

在对具体图像描述时,应根据具体问题选择合适的描述方法及计算相应的特征量。

本章讲解常见的边界描述、区域形状描述、纹理描述。

10.1 边界描述

边界描述是指用相关方法和数据表达区域边界。边界描述中既含有几何信息,也含有丰富的形状信息,是一种很常见的图像目标描述方法。

10.1.1 形状矩阵

将边界点的坐标表示为二维向量$[x,y]^{\mathrm{T}}$,假设边界上有 n 个点,整个边界可以表示为矩阵:

$$\boldsymbol{X} = \begin{bmatrix} x_1 & \cdots & x_i & \cdots & x_n \\ y_1 & \cdots & y_i & \cdots & y_n \end{bmatrix} \tag{10-1}$$

这是一种很便捷、直观的方法,但是,当区域发生几何变换时,形状矩阵 $\boldsymbol{X}$ 会随之变化。因此,可以对形状矩阵 $\boldsymbol{X}$ 进行相应的变换以使其具有几何变换不变性。

去中心化,即

$$\boldsymbol{X}_{\mathrm{t}} = X - [\bar{x}, \bar{y}]^{\mathrm{T}} \tag{10-2}$$

其中,$[\bar{x}, \bar{y}]^{\mathrm{T}}$ 为 $\boldsymbol{X}$ 的重心,将 $\boldsymbol{X}$ 的每一列减去重心向量,新形状矩阵 $\boldsymbol{X}_{\mathrm{t}}$ 具有平移不变性。

归一化,即

$$\boldsymbol{X}_{\mathrm{ts}} = \boldsymbol{X}_{\mathrm{t}} / \sqrt{\mathrm{Tr}(\boldsymbol{X}\boldsymbol{X}^{\mathrm{T}})} \tag{10-3}$$

$\boldsymbol{X}_{\mathrm{t}}$ 的每个元素除以尺度因子$\sqrt{\mathrm{Tr}(\boldsymbol{X}\boldsymbol{X}^{\mathrm{T}})}$,新形状矩阵 $\boldsymbol{X}_{\mathrm{ts}}$ 同时具有平移、尺度不变性,即当区域平移或缩放时,$\boldsymbol{X}_{\mathrm{ts}}$ 不变。

计算主方向,将主方向作为横坐标方向,再表示矩阵,使其具有旋转不变性。主方向计算在后文学习。

10.1.2 边界链码

边界链码是对边界点的一种编码表示方法,其特点是利用一系列具有特定长度和方向的相连的直线段来表示目标的边界。

1. 边界链码的表示

常用的边界链码有 4 方向链码和 8 方向链码,如图 10-1(a)和图 10-1(b)所示。4 方向链码含 4 个方向,分别用 0、1、2、3 表示,相应的直线段长度为 1;8 方向链码含 8 个方向,用 0~7 表示,偶数编码方向 0,2,4,6,相应的直线段长度为 1;对于奇数编码方向 1,3,5,7,相应的直线段长度为 $\sqrt{2}$。

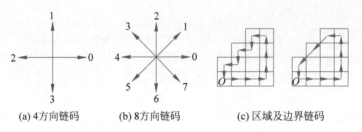

(a) 4方向链码　　　　(b) 8方向链码　　　　(c) 区域及边界链码

图 10-1　链码及区域边界链码编码

把区域边界像素间的逆时针连接关系用链码来表示,因此,区域边界可以表示成一列方向码。因为链码每个线段的长度固定而方向数目有限,所以只有边界的起点需要用绝对坐标表示,其余点都可只用接续方向来代表偏移量。

对图 10-1(c)所示区域,边界的起点设为左下角 O 点,设其坐标为(0,3),该区域的边界链码如下。

4 方向链码:(0,3)0 0 0 1 1 1 2 3 2 3 2 3;

8 方向链码:(0,3)0 0 0 2 2 2 4 5 5 6。

由于表示一个方向数比表示一个坐标值所需位数少,而且对每个点又只需一个方向数就可以代替两个坐标值,因此链码表示可大大减少边界表示所需的数据量。

从链码中可以很方便地获取相关几何特征,如区域的周长。对图 10-1(c)所示区域,用 4 方向链码表示,区域周长为 12;用 8 方向链码表示,周长为 $8+2\sqrt{2}$。

由于链码表示的是边界点的连接关系,因此,链码中也隐含了区域边界的形状信息。

【例 10.1】 编写程序,获取图 10-2 中区域的 8 方向边界链码。

解:程序如下。

图 10-2　小区域

```
import cv2 as cv
import numpy as np
Image = np.array([[0, 0, 0, 0, 0, 0, 0, 0], [0, 0, 0, 1, 0, 0, 0, 0],
                  [0, 0, 1, 1, 1, 1, 0, 0], [0, 0, 1, 1, 1, 1, 1, 0],
                  [0, 1, 1, 1, 1, 1, 1, 0], [0, 1, 1, 1, 1, 1, 1, 0],
                  [0, 0, 1, 1, 1, 1, 0, 0], [0, 0, 0, 0, 0, 0, 0, 0]],
                                            dtype = np.uint8)
contours, hier = cv.findContours(Image, cv.RETR_LIST, cv.CHAIN_APPROX_NONE)
chains = []
code = [[1, 0], [1, -1], [0, -1], [-1, -1], [-1, 0], [-1, 1], [0, 1], [1, 1]]
```

```
for i, contour in enumerate(contours):          # 如有多条边界线,依次处理
    chain = [(contour[0, 0, 0], contour[0, 0, 1])]   # 当前边界起点
    for j in range(len(contour) - 1):
        x = contour[j + 1, 0, 0] - contour[j, 0, 0]
        y = contour[j + 1, 0, 1] - contour[j, 0, 1]   # 边界线上后、前点的位置差
        pos = code.index([x, y])                # 判断方向
        chain.append(pos)                        # 给链码赋值
    x = contour[0, 0, 0] - contour[-1, 0, 0]
    y = contour[0, 0, 1] - contour[-1, 0, 1]
    pos = code.index([x, y])                     # 闭合轮廓中最后一点和第一点的方向
    chain.append(pos)
    print("第 % d 个区域的边界链码为" % (i + 1), chain)
    chains.append(chain)
```

运行程序,输出如下。

第 1 条链码为[(3, 1), 5, 6, 5, 6, 7, 0, 0, 0, 1, 2, 2, 3, 4, 3]

2. 边界链码的改进

实际中直接对分割所得的目标边界进行编码有可能出现三种问题:一是码串比较长;二是噪声等干扰会导致小的边界变化,从而使链码发生与目标整体形状无关的较大变动;三是目标平移时,链码不变,但目标旋转时,链码会发生变化。

常用的改进方法有以下 3 种。

1) 大网格对原边界重采样

对原边界以较大的网格重新采样,并把与原边界点最接近的大网格点定为新的边界点。这种方法也可用于消除目标尺度变化对链码的影响,如图 10-3 所示。

图 10-3(a)中区域边界编码码串很长。采用大网格,对于每个方框,在其中的所有点都归结为方框中心点,如图 10-3(b)所示,顺序连接这些中心点,按前述方法编码形成链码,如图 10-3(c)所示。此时,链码长度由网格的边长决定,网格边长作为基本测量单元。

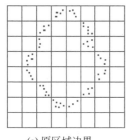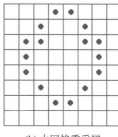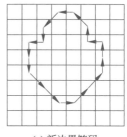

(a) 原区域边界　　　　　(b) 大网格重采样　　　　　(c) 新边界链码

图 10-3　大网格重采样示意图

2) 以链码归一化设定边界链码的起点

对同一个边界,如用不同的边界点作为链码的起点,得到的链码则是不同的。将链码归一化可解决这个问题:给定一个从任意点开始产生的链码,把它看作一个由各方向数构成的自然数;首先,将这些方向数依一个方向循环,以使它们所构成的自然数的值最小;然后,将这样转换后所对应的链码起点作为这个边界的归一化链码的起点。如图 10-1(c)所示的链码起点,即是归一化后的链码对应的起点。

3) 以一阶差分链码使链码具有旋转不变性

一阶差分链码是指将链码中相邻两个方向数按反方向相减(后一个减前一个)得到,当目标发生旋转时,一阶差分链码不发生变化,如图 10-4 所示。

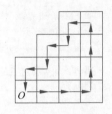 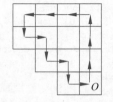

(a) 原区域及其边界链码   (b) 逆时针旋转90°后的区域及其边界链码

图 10-4   区域旋转与一阶差分链码

图 10-4(a)为原区域,其 4 方向边界链码为(3)00011123 2323;其一阶差分链码为:100100113131;

图 10-4(b)为旋转 90°后的区域,其 4 方向边界链码为(0)11122230 3030,与旋转前不一致;其一阶差分链码为1 0 0 1 0 0 1 1 3 1 3 1,与旋转前一致。

10.1.3   傅里叶描述子

区域边界上的点(x,y)表示成复数为 $x+\mathrm{j}y$,沿边界跟踪一周,得到一个复数序列

$$z(n)=x(n)+\mathrm{j}y(n), \quad n=0,1,\cdots,N-1 \tag{10-4}$$

很明显,$z(n)$是以周长为周期的周期信号。

求 $z(n)$的 DFT 系数

$$Z(k)=\sum_{n=0}^{N-1} z(n)\,\mathrm{e}^{-\mathrm{j}\frac{2\pi kn}{N}}, \quad k=0,1,2,\cdots,N-1 \tag{10-5}$$

系数 $Z(k)$称为傅里叶描述子。

因 DFT 是可逆的,因此,可以使用 $z(n)$表示边界,同样也可以使用 $Z(k)$描述边界。

作为描述子,希望 $Z(k)$具有几何变换不变性,即不随着目标发生平移、旋转或比例变换而变换,通过分析可知:当起始点沿曲线点列移动一个距离 n_0 后,其 DFT 系数的幅值不变,仅相位变化了 $2\pi k n_0/N$;曲线在坐标平面上平移 z_0,仅改变 $Z(0)$;当曲线点列旋转角度 θ时,DFT 系数幅值不变,相位随着改变 θ;当区域发生缩放变换时,DFT 系数幅值随着改变,相位不变。

综上所述,$Z(0)$表示区域形心(几何中心)的位置,受到曲线平移的影响。而对于别的系数,幅值具有旋转不变性和平移不变性,相位信息具有缩放不变性。

通过对 DFT 系数进行相应处理使其具有几何变换不变性,对 DFT 系数进行如下变换:

去掉 $Z(0)$,避免受平移影响;对 $Z(k)$,$k=1,2,\cdots,N-1$ 取幅值,不受起点位置改变和旋转的影响;将 $Z(k)$,$k=1,2,\cdots,N-1$ 都除以 $|Z(1)|$,将模 $|Z(1)|$ 归一化为 1,则不受缩放影响。至此,得到的 DFT 系数$\{|Z(k)|/|Z(1)|,k\geqslant 1\}$具有平移、旋转、比例变换及起始点位置改变的不变性。

DFT 是可逆的,可以利用 DFT 描述子重建区域边界曲线,由于傅里叶的高频分量对应于一些细节部分,而低频分量则对应基本形状,因此,重建时可以只使用复序列$\{Z(k)\}$,$k=0,1,\cdots,N-1$ 前 M 个较大系数,即后面 $N-M$ 个系数置零。重建公式为

$$\hat{z}(n)=\frac{1}{M}\sum_{k=0}^{M-1} Z(k)\,\mathrm{e}^{\mathrm{j}\frac{2\pi kn}{N}}, \quad n=0,1,\cdots,N-1 \tag{10-6}$$

由于在重建曲线时略去了具有细节信息的高频信息,当 M 较小时,只能得到原曲线的大体形状;系数越多,越逼近原曲线。

【例 10.2】 编写程序，获取图 10-2 中区域的傅里叶描述子。

解：程序如下。

```
import cv2 as cv
import numpy as np
from scipy.fft import fft, ifft
Image = np.array([[0, 0, 0, 0, 0, 0, 0, 0], [0, 0, 0, 1, 0, 0, 0, 0],
                  [0, 0, 1, 1, 1, 1, 0, 0], [0, 0, 1, 1, 1, 1, 1, 0],
                  [0, 1, 1, 1, 1, 1, 0, 0], [0, 1, 1, 1, 1, 1, 0, 0],
                  [0, 0, 1, 1, 1, 1, 0, 0], [0, 0, 0, 0, 0, 0, 0, 0]],
                                      dtype = np.uint8)
contours, hier = cv.findContours(Image, cv.RETR_LIST, cv.CHAIN_APPROX_NONE)
fouriers = []
np.set_printoptions(precision = 2)              #设置输出数据精度为小数点后两位
for i, contour in enumerate(contours):          #如有多条边界线，依次处理
    N = len(contour)
    if np.mod(N, 2):                            #边界点为奇数时，点数增加1
        contour = np.insert(contour, - 1, contour[N - 1], axis = 0)
        N += 1
    z = contour[:, 0, 0] + 1j * contour[:, 0, 1]  #构建复数序列
    Z = np.abs(fft(z))                           #傅里叶变换并取幅值
    Z = np.delete(Z / Z[1], 0)                   #计算{|Z(k)/Z(1)|, k≥1}
    print("第 %d 个区域的边界傅里叶描述子为\n" % (i + 1), Z)
    fouriers.append(Z)
```

运行程序，输出如下。

第 1 个区域的边界傅里叶描述子为
[1.   3.48 2.8 1.86 1.11 1.16 1.75 3.31 3.35 2.97 1.35 0.39 59.69]

10.1.4 边界几何特征

根据边界点列，可以计算一些比较简单的几何特征，用于描述边界或用于其他图像处理算法。

1. 周长

区域的周长即区域的边界长度，转弯较多的边界周长也长，因此，周长在区别具有简单或复杂形状物体时特别有用。

周长的计算由边界的表示方法决定，最简单的是取边界点的数目作为其周长。

当边界用链码表示时，把边界像素看作一个个点，求周长也即计算链码长度。

把图像中的像素看作单位面积小方块，则图像中的区域和背景均由小方块组成。区域的周长即为区域和背景缝隙的长度和，即边界点所在的小正方形串的外周长。

OpenCV 中的 arcLength 函数可以统计曲线长度或轮廓周长，其调用格式如下：

```
cv.arcLength(curve, closed) -> retval
```

参数 curve 是点列，closed 表示曲线是否封闭。arcLength 函数统计的是链码长度。

【例 10.3】 编写程序，获取图 10-2 中区域的周长。

解：程序如下。

```
import cv2 as cv
import numpy as np
Image = np.array([[0, 0, 0, 0, 0, 0, 0, 0], [0, 0, 0, 1, 0, 0, 0, 0],
                  [0, 0, 1, 1, 1, 1, 0, 0], [0, 0, 1, 1, 1, 1, 1, 0],
                  [0, 1, 1, 1, 1, 1, 0, 0], [0, 1, 1, 1, 1, 1, 0, 0],
```

$$[0, 0, 1, 1, 1, 1, 0, 0], [0, 0, 0, 0, 0, 0, 0, 0]],$$
$$\text{dtype} = \text{np.uint8})$$

```
contours, hier = cv.findContours(Image, cv.RETR_LIST, cv.CHAIN_APPROX_NONE)
lengths = []
for i, contour in enumerate(contours):
    length = cv.arcLength(contour, True)
    print("第%d个区域的周长为%.2f" % ((i + 1), length))
    lengths.append(length)
```

运行程序,将输出区域链码的长度:

第 1 个区域的周长为 16.49

2. 曲率

曲率是对边界不平坦度的一种度量,常用于图像分析与识别。由于边界点是离散的,需要采用合理的方法估算各点曲率,目前已有很多估算方法,下面主要介绍 Hermann 和 Klette 于 2003 年提出一种方法。

遍历一条平面曲线,假设点 p 是点 q 的前一个点,δ 是这两个点的正向切线所形成的夹角,如图 10-5(a)所示,点 p 处的曲率 k 定义为

$$k(p) = \lim_{pq \to 0} \frac{\delta}{pq} \tag{10-7}$$

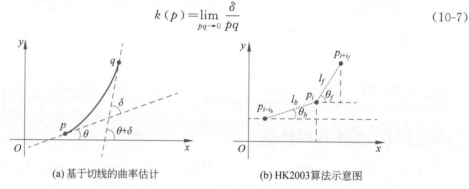

(a) 基于切线的曲率估计 (b) HK2003算法示意图

图 10-5　曲率估计

在离散情况下,对于当前边界点 p_i,确定以 p_i 为终点以及以 p_i 为起点的两条最长数字直线段[1](Digital Straight Segment,DSS)$[p_{i-i_b}, p_i]$ 和 $[p_i, p_{i+i_f}]$,如图 10-5(b)所示,估算两条数字直线段各自中点曲率,两者求平均作为 p_i 的曲率,有

$$l_b = \| p_{i-i_b} - p_i \|_2 \quad l_f = \| p_{i+i_f} - p_i \|_2 \tag{10-8}$$

$$\theta_b = \arctan\left(\frac{|y_{i-ib} - y_i|}{|x_{i-ib} - x_i|}\right) \quad \theta_f = \arctan\left(\frac{|y_{i+if} - y_i|}{|x_{i+if} - x_i|}\right) \tag{10-9}$$

$$\theta = (\theta_b + \theta_f)/2 \tag{10-10}$$

$$\delta_b = |\theta_b - \theta| \quad \delta_f = |\theta_f - \theta| \tag{10-11}$$

可知 $\delta_b = \delta_f$。点 p_i 处的曲率为

$$k(p_i) = \frac{\delta_b}{2l_b} + \frac{\delta_f}{2l_f} \tag{10-12}$$

HK2003 算法是一种简单有效的求解无符号曲率值的方法,可以通过分析用于计算的点

---

[1]　数字直线段是指在离散网格点上的直线段,离散点列中相邻像素只有水平或对角、垂直或对角邻接关系,且点列坐标具有单调性。

的坐标得到凹凸性。

3. 弯曲能量

弯曲能量是指把一个横杆弯曲成所要求的形状所需的能量,也称为边界能量,可以用来描述边界的复杂性程度,计算为边界曲率 $k(p)$ 的平方和除以边界周长 L。

$$E = \frac{1}{L} \sum_{p}^{L} k^2(p) \tag{10-13}$$

在面积相同的条件下,圆具有最小边界能量 $E = \frac{1}{L} \sum_{p=1}^{L} (1/r)^2 = (1/r)^2$,其中 r 为圆的半径。

根据 Parseval 定理,弯曲能量可以从傅里叶描述子计算出来。

10.1.5　片段序列

边界也可以被描述为一系列具有特定属性的片段(Segment),码字由代表类型的字母组成,这种描述适合句法模式识别。不同的片段对应了不同的方法,边界链码可以看作一种特殊的片段序列。本节主要介绍边界的多边形表示。

多边形表示是指通过一个多边形近似区域边界,多边形的各个边构成了线段链,高精度采用更多边的多边形。多边形表示的关键在于确定多边形顶点的位置,可以沿边界点列顺序检查,如果当前检查的点集合满足数字直线段的标准,这些点构成一个直线片段;如果新加入一个边界点后,当前点的集合不再满足标准,直线片段的最后一个点被标记为顶点,并开始构建一个新的片段。

多边形顶点可以根据边界点的方向确定。当边界点的方向有显著变化时,认为检测到边界顶点,适合边界线较直的情况。

确定多边形顶点也可以采用递归分裂的方法。用一条直线段连接曲线的两个端点 p_1 和 p_2,在所有曲线点中找到距离该直线段最远的点 p_3,如果这个距离大于预设的阈值,p_3 作为第 3 个顶点,新的直线段 $p_1 p_3$ 和 $p_2 p_3$ 递归分裂,直到距离小于阈值。

OpenCV 中的 approxPolyDP 函数采用多边形拟合轮廓线,其调用格式如下:

```
cv.approxPolyDP(curve, epsilon, closed[, approxCurve]) -> approxCurve
```

参数 curve 是待拟合的点列;epsilon 指明原始曲线和其近似曲线间的最大距离,表示近似精度;closed 表示曲线是否封闭;返回多边形顶点序列。

【例 10.4】　编写程序,用多边形近似图 10-2 中区域轮廓。

解:程序如下。

```
import cv2 as cv
import numpy as np
Image = np.array([[0, 0, 0, 0, 0, 0, 0, 0], [0, 0, 0, 1, 0, 0, 0, 0],
                  [0, 0, 1, 1, 1, 1, 0, 0], [0, 0, 1, 1, 1, 1, 1, 0],
                  [0, 1, 1, 1, 1, 1, 1, 0], [0, 1, 1, 1, 1, 1, 1, 0],
                  [0, 0, 1, 1, 1, 1, 0, 0], [0, 0, 0, 0, 0, 0, 0, 0]],
                                            dtype = np.uint8)
contours, hier = cv.findContours(Image, cv.RETR_LIST, cv.CHAIN_APPROX_NONE)
result1, result2 = Image.copy(), Image.copy()
for i, contour in enumerate(contours):
    poly = cv.approxPolyDP(contour, 1, True)          # 精度为 1 像素
    result1[poly[:, 0, 1], poly[:, 0, 0]] = 2          # 标记多边形顶点
```

```
poly = cv.approxPolyDP(contour, 0.1, True)                #精度为 0.1 像素
result2[poly[:, 0, 1], poly[:, 0, 0]] = 2
print("标记多边形顶点:(精度 1)\n", result1)
print("标记多边形顶点:(精度 0.1)\n", result2)
```

程序运行后显示标记多边形顶点的图像,如图 10-6 所示,标记为 2 的是多边形的顶点。

0	0	0	0	0	0	0	0
0	0	0	2	0	0	0	0
0	0	1	1	1	1	0	0
0	0	1	1	1	1	2	0
0	1	1	1	1	1	1	0
0	2	1	1	1	1	1	0
0	0	1	1	1	2	0	0
0	0	0	0	0	0	0	0

(a) 精度为1像素

0	0	0	0	0	0	0	0
0	0	0	2	0	0	0	0
0	0	2	1	2	2	0	0
0	0	2	1	1	1	2	0
0	2	1	1	1	1	1	0
0	2	1	1	1	1	2	0
0	0	2	1	1	2	0	0
0	0	0	0	0	0	0	0

(b) 精度为0.1像素

图 10-6　用多边形近似区域边界

除多边形表示外,多项式表示也很常用。多项式表示是指将边界分割成能用多项式表示的片段,例如二次插值样条曲线、Hermite 样条曲线、B 样条曲线等,可以参看计算机图形学的相关资料。

10.2　区域形状描述

除了边界描述,也可以利用区域自身信息描述区域形状,下面主要学习矩、中轴变换、常用区域几何特征、梯度方向直方图和 Haar-like 特征。

10.2.1　矩

二维函数 $f(x,y)$,它的 $p+q$ 阶矩定义为

$$M_{pq}=\int_{-\infty}^{\infty}\int_{-\infty}^{\infty}x^p y^q f(x,y)\,\mathrm{d}x\,\mathrm{d}y \quad p,q=0,1,2,\cdots \tag{10-14}$$

对于数字图像而言,式(10-14)改写为

$$M_{pq}=\sum_{x=0}^{M-1}\sum_{y=0}^{N-1}x^p y^q f(x,y) \quad p,q=0,1,2,\cdots \tag{10-15}$$

对于二值函数 $f(x,y)$,目标区域取值为 1,背景为 0,矩系数只反映了区域的形状而忽略其内部的灰度级细节。

零阶矩为

$$M_{00}=\sum_{x=0}^{M-1}\sum_{y=0}^{N-1}f(x,y) \tag{10-16}$$

所有的一阶矩和高阶矩除以 M_{00} 后,与区域的大小无关。对二值图像来讲,M_{10} 就是区域上所有点的 x 坐标的总和,M_{01} 就是区域上所有点的 y 坐标的总和。

$$\begin{cases} M_{10}=\sum\limits_{x=0}^{M-1}\sum\limits_{y=0}^{N-1}xf(x,y) \\ M_{01}=\sum\limits_{x=0}^{M-1}\sum\limits_{y=0}^{N-1}yf(x,y) \end{cases} \tag{10-17}$$

图像中一个区域的质心坐标为

$$\bar{x} = \frac{M_{10}}{M_{00}}, \quad \bar{y} = \frac{M_{01}}{M_{00}} \tag{10-18}$$

二阶矩 M_{20}、M_{02} 分别表示相对于 y 轴、x 轴的转动惯量,定义如下:

$$\begin{cases} M_{20} = \sum_{x=0}^{M-1} \sum_{y=0}^{N-1} x^2 f(x,y) \\ M_{02} = \sum_{x=0}^{M-1} \sum_{y=0}^{N-1} y^2 f(x,y) \end{cases} \tag{10-19}$$

矩不具有几何变换不变性,往往采用中心矩以及归一化的中心矩。

$p+q$ 阶中心矩定义为

$$\mu_{pq} = \sum_{x=0}^{M-1} \sum_{y=0}^{N-1} f(x,y)(x-\bar{x})^p (y-\bar{y})^q \tag{10-20}$$

归一化的中心矩为

$$\eta_{pq} = \frac{\mu_{pq}}{\mu_{00}^{\gamma}}, \quad \gamma = \frac{p+q}{2} + 1, \quad p+q = 2,3,\cdots \tag{10-21}$$

中心矩具有平移不变性,归一化后的中心矩具有比例变换不变性,在此基础上,由不高于三阶的归一化中心矩构造不变矩组

$$\begin{cases} \phi_1 = \eta_{20} + \eta_{02} \\ \phi_2 = (\eta_{20} - \eta_{02})^2 + 4\eta_{11}^2 \\ \phi_3 = (\eta_{30} - 3\eta_{12})^2 + (3\eta_{21} - \eta_{03})^2 \\ \phi_4 = (\eta_{30} + \eta_{12})^2 + (\eta_{21} + \eta_{03})^2 \\ \phi_5 = (\eta_{30} - 3\eta_{12})(\eta_{30} + \eta_{12})[(\eta_{30} + \eta_{12})^2 - 3(\eta_{21} + \eta_{03})^2] + \\ \qquad (3\eta_{21} - \eta_{03})(\eta_{21} + \eta_{03})[3(\eta_{30} + \eta_{12})^2 - (\eta_{21} + \eta_{03})^2] \\ \phi_6 = (\eta_{20} - \eta_{02})[(\eta_{30} + \eta_{12})^2 - (\eta_{21} + \eta_{03})^2] + 4\eta_{11}(\eta_{30} + \eta_{12})(\eta_{21} + \eta_{03}) \\ \phi_7 = (3\eta_{21} - \eta_{03})(\eta_{30} + \eta_{12})[(\eta_{30} + \eta_{12})^2 - 3(\eta_{21} + \eta_{03})^2] - \\ \qquad (\eta_{30} - 3\eta_{12})(\eta_{21} + \eta_{03})[3(\eta_{30} + \eta_{12})^2 - (\eta_{21} + \eta_{03})^2] \end{cases} \tag{10-22}$$

OpenCV 中的 moments 函数可以计算不高于三阶的矩、中心矩和归一化中心矩,HuMoments 函数可以计算不变矩组,调用格式如下:

```
cv.moments(array[, binaryImage]) -> retval
cv.HuMoments(m[, hu]) -> hu
```

moments 函数的参数 array 是单通道图像数据矩阵或 2 维点列;binaryImage 取 True 时,将数据矩阵中的非零值看作 1;返回各阶矩。

HuMoments 函数的参数 m 是 moments 函数计算的各阶矩;hu 是输出的不变矩组值。

【例 10.5】 编写程序,打开图像 leaf.jpg,提取目标并计算不变矩组。

解:程序如下。

```
import cv2 as cv
import numpy as np
Image = cv.imread("leaf.jpg")
hsv = cv.cvtColor(Image, cv.COLOR_BGR2HSV)
gray = cv.cvtColor(Image, cv.COLOR_BGR2GRAY)
```

```
h, s, v = cv.split(hsv)
mask = np.zeros(np.shape(h), np.uint8)
mask[(h > 30) & (s > 60)] = 255          # 根据 leaf.jpg 图像特征生成模板
target = mask * gray                      # 提取目标
moments = cv.moments(target, True)        # 计算矩、中心矩和归一化中心矩
Hu = cv.HuMoments(moments1)               # 计算不变矩组
np.set_printoptions(precision = 2)
print("Hu moments:\n", Hu)
cv.imshow("Original image", Image)
cv.imshow("Target", target)
cv.waitKey()
```

运行程序,提取的目标如图 10-7(b)所示,并在输出窗口输出不变矩组的取值,如图 10-7(c)所示。

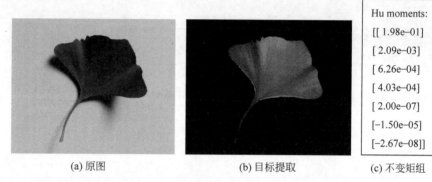

		Hu moments: [[1.98e−01] [2.09e−03] [6.26e−04] [4.03e−04] [2.00e−07] [−1.50e−05] [−2.67e−08]]
(a) 原图	(b) 目标提取	(c) 不变矩组

图 10-7   目标提取及不变矩组的计算

文献已经证明,这个矩组对于平移、旋转和比例变换具有不变性。编程验证留给读者作为习题。

10.2.2　中轴变换

中轴也称对称轴或骨架,既能压缩图像信息,又能完全保留目标的形状信息,且这种变换是可逆的,即由中轴及其他数值还可以恢复原区域,是一种重要的形状特征。

中轴有多种定义方法,从几何上讲,在区域内做内切圆,使其至少与边界两点相切,圆心的连线即是中轴;用点到边界的距离定义,中轴是目标中到边界有局部最大距离的点集合。如图 10-8 所示,图中虚线所示为火线,是中轴的一种形象描述:把区域看作一片均匀的草地,从边界同时放火向中心同速燃烧,火焰前端相遇的位置,就是该区域的中轴。

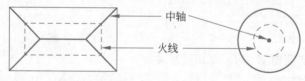

图 10-8   区域的中轴

中轴变换(Medial Axis Transform,MAT)是一种用来确定物体骨架的细化技术,对于区域中的每一点,寻找位于边界上离它最近的点,如果对于某点 p 同时找到多个这样的最近点,则称该点 p 为区域的中轴上的点。

由于上述中轴变换方法需要计算所有边界点到所有区域内部点的距离,计算量很大,实际中大多数采用逐次消去边界点的迭代细化算法,在这个过程中,要注意不要消去线段端点,不

中断原来连通的点,不过多侵蚀区域。

【例 10.6】 编写程序,利用距离变换实现中轴变换。

解:设计思路如下。

将图像进行边缘检测,边缘表示为 0;利用距离变换获取每个像素到最近的边缘的距离;如果某一像素的距离是局部最大,认为这点在区域的骨架上。

程序如下。

```
import cv2 as cv
import numpy as np
Image = cv.imread("blocks.jpg", cv.IMREAD_GRAYSCALE)
edge = 255 - cv.Canny(Image, 64, 220)              #边缘检测,并将边缘像素表示为 0
height, width = np.shape(edge)
cv.imshow("Original image", Image)
cv.imshow("Edge image", edge)
distI = cv.distanceTransform(edge, cv.DIST_C, 3)    #距离变换
cv.imshow("Distance image", distI / np.max(distI))
result = np.zeros([height, width], np.uint8)
for y in range(1, height - 1):
    for x in range(1, width - 1):
        cur = distI[y - 1: y + 2, x - 1: x + 2]
        if distI[y, x] == np.max(cur):              #判断当前点距离是否是局部最大的
            result[y, x] = 255
thresh, BW = cv.threshold(Image, 0, 255, cv.THRESH_BINARY_INV + cv.THRESH_OTSU)
result = cv.bitwise_and(result, BW)                #仅记录区域内部的骨架
cv.imshow("MAT", result)
cv.waitKey()
```

程序运行结果如图 10-9 所示。

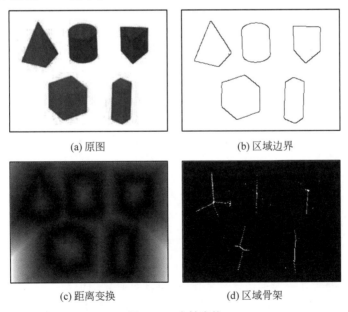

(a) 原图　　　　　　　　　　　　　(b) 区域边界

(c) 距离变换　　　　　　　　　　　(d) 区域骨架

图 10-9　中轴变换

10.2.3　区域的几何特征

图像的几何特征尽管比较直观和简单,但在许多图像分析问题中起着十分重要的作用。下面分别介绍有关的概念及计算方法。

1. 位置

区域在图像中的位置用区域面积的中心点表示。二值图像质量分布是均匀的,质心和形心重合,若其中的区域对应的像素位置坐标为$(x_i, y_j)(i=0,1,\cdots,m-1; j=0,1,\cdots,n-1)$,则可用式(10-23)计算质心位置坐标

$$\bar{x} = \frac{1}{mn}\sum_{j=0}^{n-1}\sum_{i=0}^{m-1}x_i; \quad \bar{y} = \frac{1}{mn}\sum_{j=0}^{n-1}\sum_{i=0}^{m-1}y_j \qquad (10\text{-}23)$$

一般图像的质心位置坐标计算可采用区域的矩表示,见式(10-18)。

2. 孔数和欧拉数

孔指的是不包含感兴趣像素的被封闭边缘包围的区域;图像中的对象数减去这些对象中的孔数,即是欧拉数。只要图形不撕裂、不折叠,对象数、孔数和欧拉数就不随着图形变形而改变,常用来作为图形的特征。

3. 面积

面积是物体总尺寸的一个方便的度量,只与该物体的边界有关,而与其内部灰度级的变化无关。面积通常采用统计边界内部的像素数目(通常也包括边界上的点)的方法来计算。对二值图像而言,若用1表示物体,用0表示背景,其面积就是统计$f(x,y)=1$的个数,即

$$A = \sum_{x=0}^{M-1}\sum_{y=0}^{N-1}f(x,y) \qquad (10\text{-}24)$$

4. 方向

如果区域是细长的,把较长方向的轴定为区域的方向,这个轴称为长轴或主轴。主轴可以通过求解最小二阶矩获得,也可以通过中轴变换在目标中拟合一条直线或曲线来确定。

一条过点(x_0, y_0)并和x轴成α角的直线方程为

$$(x - x_0)\sin\alpha - (y - y_0)\cos\alpha = 0 \qquad (10\text{-}25)$$

若将区域R中灰度函数$f(x,y)$视作质量,区域R关于这条直线的转动惯量为

$$I = \sum_y\sum_x\left[(x - x_0)\sin\alpha - (y - y_0)\cos\alpha\right]^2 f(x,y) \qquad (10\text{-}26)$$

使I取最小的直线称为区域的主轴,经过区域R的质心,给出区域的取向,如图10-10中虚线所示。

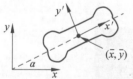

图 10-10 区域主轴图示

对式(10-26)求最小,得

$$\tan2\alpha = \frac{2\mu_{11}}{\mu_{20} - \mu_{02}} \qquad (10\text{-}27)$$

以质心为坐标原点,对x、y轴分别逆时针旋转α角得坐标轴x'、y',其与区域的长轴和短轴重合。如果区域在计算矩之前顺时针旋转α角,或相对于x'、y'轴计算矩,那么矩具有旋转不变性。

5. 等效椭圆

当图像区域中的灰度分布视作质量密度时,可计算其转动惯量,与椭圆方程在形式上一致(公式推导略),因此,一个区域的许多特征可以用这个椭圆的有关参数表示,这个椭圆称为等效椭圆。

等效椭圆的中心一般位于区域的质心,即式(10-18)所示的$(\bar{x}, \bar{y})$;椭圆主轴与x轴的夹角α如式(10-27)所示,椭圆的半长轴长、半短轴长如式(10-28)所示:

$$\begin{cases} a = \left[\dfrac{2\left(\mu_{20} + \mu_{02} + \sqrt{(\mu_{20} - \mu_{02})^2 + 4\mu_{11}^2}\right)}{\mu_{00}} \right]^{\frac{1}{2}} \\ b = \left[\dfrac{2\left(\mu_{20} + \mu_{02} - \sqrt{(\mu_{20} - \mu_{02})^2 + 4\mu_{11}^2}\right)}{\mu_{00}} \right]^{\frac{1}{2}} \end{cases} \tag{10-28}$$

等效椭圆的长轴与短轴之比表示离心率,描述了区域的紧凑性。

$$e = a/b \tag{10-29}$$

这样定义的 e 考虑了区域所有的像素及其灰度,更能反映区域的灰度分布性质;若区域的灰度是均匀的,当区域接近于圆时,e 接近于 1,否则 $e > 1$。但这样的计算受物体形状和噪声的影响比较大。

离心率也可定义为

$$e = \left(\frac{\mu_{20} + \mu_{02}}{\mu_{00}} \right)^{1/2} \tag{10-30}$$

反映了区域各点对质心距离的统计方差以及物体偏离质心的程度。

考虑到等效椭圆长轴和短轴的长度计算公式的差别,离心率可定义为

$$e = \frac{(\mu_{20} - \mu_{02})^2 + 4\mu_{11}}{\mu_{00}} \tag{10-31}$$

6. 最小外接矩形、外接圆和拟合椭圆

计算区域点的最大和最小坐标值,得到区域在坐标系方向上的外接矩形。但是,对任意朝向的目标,水平方向和垂直方向并非是我们感兴趣的方向,需要确定目标的主轴,然后计算主轴方向上的长度和与之垂直方向上的宽度,这样的外接矩形是目标的最小外接矩形(Minimum Enclosing Rectangle,MER)。

计算 MER 的一种方法是,将目标在坐标系中逐步旋转,每次旋转若干度,总共旋转 90°。每次旋转后,求其外接矩形及其面积。某个角度下的外接矩形面积最小,即是 MER,同时确定目标的长度和宽度以及目标的主轴方向。

寻找最小外接圆,可以先找到区域最上、最下、最左、最右的四个点,计算包含四个点的最小圆的圆心和半径;遍历所有点,对于不在圆内和圆上的点,和上一步确定圆的四个点分别组成新的组合,再确定最小外接圆;依次进行,直到所有点都在圆内或圆上为止。

可以采用椭圆拟合点集。先确定点集的主方向,根据点到主方向向量的距离平方和最小的原则,计算椭圆的长半轴和短半轴,进而拟合椭圆。

OpenCV 中的 boundingRect 函数可以对输入的点集或灰度图像中的非零像素计算外接矩形;minEnclosingCircle 函数能够确定包含输入点集的最小圆,并返回圆心和半径;minAreaRect 函数能够确定输入点集的最小外接矩形,并返回最小外接矩形的中心、长、宽和旋转角度,可以利用 boxPoints 函数获取最小外接矩形的四个顶点坐标,方便绘制旋转后的矩形;fitEllipse 函数能够确定输入点集的拟合椭圆,返回该椭圆的最小外接矩形。这些函数的调用格式如下:

```
cv.boundingRect(array) -> retval
cv.minEnclosingCircle(points) -> center, radius
cv.minAreaRect(points) -> retval
cv.boxPoints(box[, points]) -> points
cv.fitEllipse(points) -> retval
```

7. 矩形度

顾名思义,矩形度就是物体呈现矩形的程度,通常用物体对其外接矩形的充满程度来衡量。矩形度用物体的面积与其最小外接矩形的面积之比来描述,即

$$R = \frac{A_O}{A_{MER}}$$

(10-32)

式中,A_O 是该物体的面积,而 A_{MER} 是 MER 的面积。

R 的值为 0~1,当物体为矩形时,R 取最大值 1.0;圆形物体的 R 取值为 $\pi/4$;细长的、弯曲的物体的 R 的取值很小。可以通过 R 的值,粗略判断物体形状。

也可以使用 MER 宽与长的比值将细长的物体与圆形或方形的物体区分开,即

$$r = \frac{W_{MER}}{L_{MER}}$$

(10-33)

细长的物体,r 取值较小,而近似圆形或方形的物体,r 取值接近 1。

8. 圆形性

圆形性是区域形心到边界点的平均距离 μ_R 与区域形心到边界点的距离均方差 σ_R^2 之比。

$$C = \frac{\mu_R}{\sigma_R^2}$$

$$\mu_R = \frac{1}{L} \sum_{k=0}^{L-1} \| (x_k, y_k) - (\bar{x}, \bar{y}) \|$$

(10-34)

$$\sigma_R^2 = \frac{1}{L} \sum_{k=0}^{L-1} \left[\| (x_k, y_k) - (\bar{x}, \bar{y}) \| - \mu_R \right]^2$$

式中,$(\bar{x}, \bar{y})$ 为区域的形心坐标,(x_k, y_k) 为区域边界点坐标,L 为边界点个数。

当区域趋向圆形时,特征量 C 是单调递增且趋于无穷的,它不受区域平移、旋转和尺度变化的影响,可以用于描述三维目标。

9. 凸包

点集的凸包指一个最小凸多边形,满足点集中的点或者在多边形边上或者在其内。

凸包的检测需要已知区域边界的多边形顶点序列 P,前三个顶点 A、B、C 形成一个三角形,这个三角形表示了前三个点的凸包 $ABCA$,如图 10-11(a)所示。然后测试序列中下一个顶点 D 位于当前凸包的内部还是外部:如果位于内部,凸包不变,如图 10-11(b)所示;如果位于外部,D 成为一个新的凸包顶点,如图 10-11(c)所示。如果 D 是新的凸包顶点,将 D 点插入凸包序列不同位置,确定合适的位置,并去掉多余的顶点,如图 10-11(d)所示。对序列 P 中剩余顶点依次判断得到凸包。

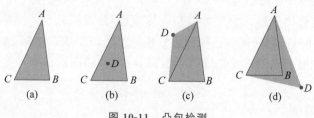

图 10-11　凸包检测

OpenCV 中的 convexHull 函数能够确定输入点集的凸包,其调用格式如下:

```
cv.convexHull(points[, hull[, clockwise[, returnPoints]]]) -> hull
```

参数 hull 是输出凸包,当 returnPoints 为 True 时,hull 是点向量,当 returnPoints 为 False 时,hull 是凸包顶点在点集中的索引;clockwise 是方向标志,取 True 时,输出凸包为顺时针方向,否则为逆时针方向。

【例 10.7】 编写程序,对图像进行阈值分割,并获取目标的外接矩形、最小外接矩形、最小外接圆、拟合椭圆和凸包。

解:程序如下。

```
import cv2 as cv
import numpy as np
Image = cv.imread('spanner.png')
gray = cv.cvtColor(Image, cv.COLOR_BGR2GRAY)
thresh, BW = cv.threshold(gray, 0, 255, cv.THRESH_BINARY_INV + cv.THRESH_OTSU)
height, width = np.shape(gray)
points = []
for y in range(height):
    for x in range(width):
        if BW[y, x]:
            points.append([x, y])                       ♯将区域表示为点集
rect = cv.boundingRect(BW)                              ♯获取外接矩形
mer = cv.minAreaRect(np.array(points))                 ♯获取最小外接矩形
box = (cv.boxPoints(mer)).astype(np.int32)             ♯获取最小外接矩形的四个顶点坐标
center, radius = cv.minEnclosingCircle(np.array(points))    ♯获取最小外接圆
mee = cv.fitEllipse(np.array(points))                  ♯拟合椭圆
ell_box = (cv.boxPoints(mee)).astype(np.int32)         ♯获取椭圆最小外接矩形的四个顶点
hull = cv.convexHull(np.array(points), returnPoints = True)    ♯获取凸包
br_I, mer_I, mec_I = Image.copy(), Image.copy(), Image.copy()
mee_I, hull_I = Image.copy(), Image.copy()
cv.rectangle(br_I, rect, (0, 255, 0), 2, cv.LINE_4)    ♯绘制外接矩形
cv.drawContours(mer_I, [box], 0, (0, 0, 255), 2)       ♯绘制最小外接矩形
cv.circle(mec_I, (int(center[0]), int (center[1])), int(radius), (255, 0, 0),
                                2, cv.LINE_8)           ♯绘制最小外接圆
cv.ellipse(mee_I, mee, (255, 255, 0), 2)               ♯绘制拟合的椭圆
cv.drawContours(mee_I, [ell_box], 0, (0, 0, 255), 2)   ♯绘制椭圆的最小外接矩形
cv.polylines(hull_I, [hull], True, (255, 0, 0), 2, cv.LINE_8)    ♯绘制凸包
cv.imshow("Bounding rect", br_I)
cv.imshow("MER", mer_I)
cv.imshow("MEC", mec_I)
cv.imshow("MEE", mee_I)
cv.imshow("Convex", hull_I)
cv.waitKey()
```

程序运行结果如图 10-12 所示。

OpenCV 中的 connectedComponentsWithStats 函数对二值图像进行连通成分标记,并获取各区域的部分几何特征,其调用格式如下:

```
cv. connectedComponentsWithStats ( image [, labels [, stats [, centroids [, connectivity
[, ltype]]]]]) -> retval, labels, stats, centroids
```

该函数返回连通成分数目、标记图像 labels、各区域的外接矩形和面积(stats)以及各区域的中心 centroids。

【例 10.8】 编写程序,利用 connectedComponentsWithStats 函数统计区域属性。

解:程序如下。

```
import cv2 as cv
import numpy as np
Image = cv.imread("blocks.jpg")
```

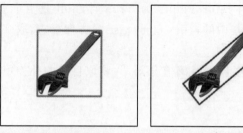

(a) 外接矩形   (b) 最小外接矩形

(c) 最小外接圆   (d) 拟合椭圆   (e) 凸包

图 10-12　外接图形

```python
gray = cv.cvtColor(Image, cv.COLOR_BGR2GRAY)
thresh, BW = cv.threshold(gray, 0, 255, cv.THRESH_BINARY_INV + cv.THRESH_OTSU)
num, label, stats, centers = cv.connectedComponentsWithStats(BW)
area = []
for i, center in enumerate(centers):
    cv.circle(Image, [int(center[0]), int(center[1])], 3, (0, 255, 0), -1)
                                                              #绘制各区域中心
    rect = (stats[i][0], stats[i][1], stats[i][2], stats[i][3])
    area.append(stats[i][4])                                  #获取各区域面积
    cv.rectangle(Image, rect, (0, 0, 0), 2, cv.LINE_4)        #绘制外接矩形
print("各区域面积为", area)
cv.imshow("Region properties", Image)
cv.waitKey()
```

运行程序,显示各区域中心以及外接矩形,如图 10-13(b)所示,并在输出窗口输出:

各区域面积为[47961,3096,3508,2845,4596,2674]

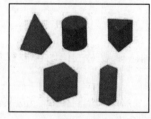 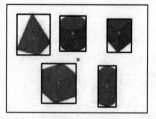

(a) 原图   (b) 检测的区域

图 10-13　连通成分的几何特征提取

10.2.4　梯度方向直方图

直方图反映了图像的概率统计特性,具有旋转不变性和缩放不变性,因此,常用来描述图像。对于一幅灰度图像,可以统计其灰度直方图,进而从直方图中计算各区域的均值、方差、能量、熵等特征值,用于表述图像信息。

灰度直方图是将灰度看作像素的一种特征值,那么,对于图像中另一种特征值 k_i,$i=1,2,\cdots,n$(n 为该特征取值的个数),统计出呈现 k_i 特征的像素个数 $N(k_i)$,计算 k_i 特征出现的概率

$$p(k_i)=\frac{N(k_i)}{\sum_i N(k_i)} \tag{10-35}$$

类似于灰度直方图,可以作出图像的特征直方图,并计算相应的参数描述图像信息。

梯度方向直方图(Histogram of Oriented Gradients,HOG)是特征直方图的一种,用于表征图像局部梯度方向和梯度强度分布特性,其主要思想是:在边缘具体位置未知的情况下,边缘方向的分布也可以很好地表示目标的外形轮廓。HOG 特征提取的大致步骤如下。

(1)图像灰度化。

颜色信息作用不大,通常要将彩色图像转换为灰度图像。

(2)图像归一化。

采用 γ 校正法对输入图像进行标准化(归一化),调节图像的对比度,降低图像局部的阴影和光照变化所造成的影响,同时可以抑制噪声的干扰。γ 可取 $1/2$。

$$f(x,y)=f(x,y)^\gamma \tag{10-36}$$

(3)计算图像中每个像素的梯度大小和方向,即

$$|\nabla f(x,y)|=[G_x(x,y)^2+G_y(x,y)^2]^{1/2}$$
$$\phi(x,y)=\arctan(G_y(x,y)/G_x(x,y)) \tag{10-37}$$

其中,$G_x(x,y)$、$G_y(x,y)$ 分别为沿 x、y 方向的梯度值,可采用 $[-1\ \ 0\ \ 1]$ 和 $[-1\ \ 0\ \ 1]^\mathrm{T}$ 计算。

(4)划分图像为若干方格单元,计算每个方格单元的梯度方向直方图。

将梯度方向在 $[0,\pi]$ 区间划分为 K 个均匀区间,用 bin_k 代表第 k 个梯度方向,若方格单元内某个像素梯度方向为 bin_k,则该梯度方向对应区间值累加该像素的梯度值。

(5)将相邻单元组成块,计算一个块中的 HOG 特征向量。

将块内每个方格单元的梯度方向直方图转换为单元向量,即对应方向梯度个数构成的向量,并把所有方格单元向量串联,构成块的 HOG 特征向量。设块由 $n\times n$ 个相邻方格单元组成,则块的 HOG 特征向量为 $n\times n\times K$ 维。

(6)块 HOG 特征向量归一化。

归一化是降低特征向量受光照、阴影和边缘变化的影响。设块 HOG 特征向量为 v,归一化函数可以采用

$$v=v\big/\sqrt{\|v\|_2^2+\varepsilon^2}$$
$$v=v\big/(\|v\|_1+\varepsilon) \tag{10-38}$$

其中,ε 是一个很小的常数,避免分母为 0。$\|v\|_1$、$\|v\|_2$ 为 L1、L2 范数。

(7)生成图像的 HOG 特征向量。

在图像上以一个方格单元为步长对块进行滑动,将每个块的特征组合在一起,即可得到图像的 HOG 特征。可以看出,块是重叠的,重叠部分的像素给相邻块的梯度方向直方图均提供贡献,从而将块和块关联在一起。

可以按照上述步骤编写程序实现 HOG 特征向量提取。

OpenCV 中的 HOGDescriptor 类封装了生成 HOG 特征向量、进行目标检测的相关函

数,其中,根据窗口尺寸等参数构造类的构造函数 HOGDescriptor、计算 HOG 特征向量的函数 compute 的调用格式如下:

```
HOGDescriptor(winSize, blockSize, blockStride, cellSize, nbins, ...) -> retval
Compute(img, descriptors, winStide, padding, locations) -> retva
```

【例 10.9】 编写程序,利用 HOGDescriptor 函数生成 HOG 特征向量。

解:程序如下。

```
import cv2 as cv
import numpy as np
Image = cv.imread("flower.jpg", cv.IMREAD_GRAYSCALE)
winsize, blocksize = np.shape(Image), (16, 16)
blockstride, cellsize, nbins = (8, 8), (8, 8), 9
hog = cv.HOGDescriptor(winsize, blocksize, blockstride, cellsize, nbins)
feature = hog.compute(Image, (8, 8))
print("特征维数:", len(feature))
```

运行程序,将在输出窗口输出:

特征维数: 34596

程序中,每方格单元为 8×8,每块由 2×2 个方格单元组成,$[0,\pi]$ 区间方向被分为 9 个均匀区间,每块的特征为 36 维,总共有 961 个块,共 34596 维。

10.2.5 Haar-like 特征

Haar-like 特征是一种常用的特征描述算子,也称为 Haar 特征,是受到一维 Haar 小波的启示而发明的,多用于人脸检测、行人检测等目标检测领域。

1. Haar-like 特征的定义

Haar-like 特征反映图像的灰度变化,用黑白两种矩形框组合成特征模板,如图 10-14 所示。

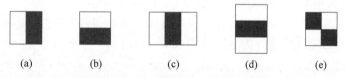

| (a) | (b) | (c) | (d) | (e) |

图 10-14　Haar-like 特征 5 种形式

图 10-14(a)、图 10-14(b)、图 10-14(e)特征模板内所示模块图像的 Haar-like 特征为白色矩形像素和减去黑色矩形像素和,而图 10-14(c)、图 10-14(d)所示模块图像的 Haar-like 特征为白色矩形像素和减去 2 倍黑色矩形像素和,是为了保证黑白色矩形模块中的像素数相同。

可以看出,图 10-14(a)、图 10-14(b)反映的是边缘特征,图 10-14(c)、图 10-14(d)反映的是线性特征,图 10-14(e)反映的是特定方向特征。

【例 10.10】 利用图 10-14(a)所示模板计算图像 $f = \begin{bmatrix} 0 & 0 & 0 & 0 \\ 0 & 0 & 0 & 1 \\ 0 & 0 & 1 & 1 \\ 0 & 0 & 1 & 1 \end{bmatrix}$ 的特征值。

解:Haar-like 特征模板在使用时,可以改变模板大小。本例中图像大小为 4×4,图 10-14(a)所示模板为左右像素和相减,模板宽应为偶数,高在 1~4 变化,所以可取的大小有: 2×1、

4×1、2×2、4×2、2×3、4×3、2×4、4×4。当模板位于图像左上角时(即像素$(0,0)$是模板左上角),可以进行运算的模板如图 10-15 所示。

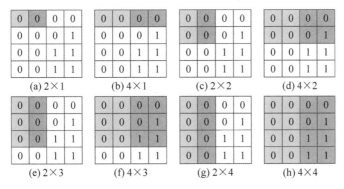

图 10-15 Haar-like 特征模板尺寸示例

对应的特征值为 0、0、0、1、0、3、0、5(深阴影部分像素和减去浅阴影部分像素和)。

当模板位于$(1,0)$点时,模板大小可以是:2×1、2×2、2×3、2×4,对应的特征值为 0、0、1、2。

当模板位于$(2,0)$点时,模板大小可以是:2×1、2×2、2×3、2×4,对应的特征值为 0、1、1、1。

当模板位于$(0,1)$点时,模板大小可以是:2×1、4×1、2×2、4×2、2×3、4×3,对应的特征值为 0、1、0、3、0、5。

当模板位于$(1,1)$点时,模板大小可以是:2×1、2×2、2×3,对应的特征值为 0、1、2。

当模板位于$(2,1)$点时,模板大小可以是:2×1、2×2、2×3,对应的特征值为 1、1、1。

当模板位于$(0,2)$点时,模板大小可以是:2×1、4×1、2×2、4×2,对应的特征值为 0、2、0、4。

当模板位于$(1,2)$点时,模板大小可以是:2×1、2×2,对应的特征值为 1、2。

当模板位于$(2,2)$点时,模板大小可以是:2×1、2×2,对应的特征值为 0、0。

当模板位于$(0,3)$点时,模板大小可以是:2×1、4×1,对应的特征值为 0、2。

当模板位于$(1,3)$点时,模板大小可以是:2×1,对应的特征值为 1。

当模板位于$(2,3)$点时,模板大小可以是:2×1,对应的特征值为 0。

本例中均采用了右侧区域像素和减去左侧区域像素和的方式,也可以用左侧区域像素和减右侧区域像素和,整个过程保持一致即可。

2. Haar-like 特征的计算

通过改变特征模板的大小和位置使得一个图像子窗口对应大量矩形特征,对这些特征求值的计算量是非常大的。Haar-like 特征计算一般采用积分图进行加速运算,以满足实时检测需求。

所谓积分图是对点(x,y)左上方向所有像素求和,即

$$\mathrm{ii}(x,y)=\sum_{x'\leqslant x,y'\leqslant y}f(x',y') \tag{10-39}$$

积分图实现快速求和的思路如下。

(1) 首先构造出图像的积分图 ii。

ii 中每一点的值都是其左上方向像素和,如图 10-16 所示,$\mathrm{ii}(x_1,y_1)$的值是区域 A 的像素和。

(2) 通过积分图 ii 几个点值的运算,得到任何矩阵区域的像素累加和。

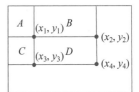

图 10-16 积分图求和示意图

在图 10-16 中，对区域 D 求和，可通过 $A+B+C+D+A-(A+B)-(A+C)$ 计算，即

$$\sum_{(x,y)\in D} f(x,y)=\mathrm{ii}(x_4,y_4)+\mathrm{ii}(x_1,y_1)-\mathrm{ii}(x_2,y_2)-\mathrm{ii}(x_3,y_3) \tag{10-40}$$

因此，积分图遍历一次图像，将图像从起点到各个点所形成的矩形区域的像素之和作为一个数组的元素存储，计算某个区域的像素和时，直接索引数组的元素，从而加快了计算速度。

积分图构建算法如下。

(1) 用 $s(x,y)$ 表示沿 y 方向的累加和，初始化 $s(x,-1)=0$。

(2) 用 $\mathrm{ii}(x,y)$ 表示一个积分图，初始化 $\mathrm{ii}(-1,y)=0$。

(3) 逐列扫描图像，递归计算每个像素 (x,y) 在 y 方向的累加和 $s(x,y)$ 和积分图 $\mathrm{ii}(x,y)$ 的值

$$\begin{aligned} s(x,y)&=s(x,y-1)+f(x,y)\\ \mathrm{ii}(x,y)&=\mathrm{ii}(x-1,y)+s(x,y) \end{aligned} \tag{10-41}$$

(4) 遍历图像，则得到积分图像 ii。

【例 10.11】 计算图像 $\boldsymbol{f}=\begin{bmatrix}0&0&0&0\\0&0&0&1\\0&0&1&1\\0&0&1&1\end{bmatrix}$ 的积分图，并利用积分图计算图 10-17(a)所示模板下的 Haar-like 特征。

解：求图像中各点左上方向像素和，可计算得积分图，如图 10-17(b)所示。

在图 10-17(a)所示模板中，左侧区域像素和根据该区域四个顶点处的积分值计算，即图 10-17(c)中加下画线的四个值计算，像素和为 0。右侧区域根据图 10-17(d)中加下画线的四个值计算，像素和 1。特征值为 1。

0	0	0	0
0	0	0	1
0	0	1	1
0	0	1	1

(a) 模板位置

0	0	0	0
0	0	0	1
0	0	1	3
0	0	2	5

(b) 积分图

0	0	0	0
0	0	0	1
0	0	1	3
0	0	2	5

(c) 计算左区域像素和

0	0	0	0
0	0	0	1
0	0	1	3
0	0	2	5

(d) 计算右区域像素和

图 10-17　利用积分图计算 Haar-like 特征示例

Scikit-image 库中 transform 模块的 integral_image 函数可以计算图像的积分图，feature 模块的 haar_like_feature 函数可以根据积分图计算 Haar-like 特征，调用格式如下：

```
integral_image(image, *, dtype=None) -> int_image
haar_like_feature(int_image, r, c, width, height, feature_type=None, feature_coord=None) -> feature
```

参数 int_image 是积分图；r 和 c 是需要检测的窗口左上角的行列数；width 和 height 是检测窗口的宽和高；feature_type 选择要计算的特征类型，可选'type-2-x'、'type-2-y'、'type-3-x'、'type-3-y'、'type-4'，对应图 10-14 所示的 5 种模板，默认情况下全部计算。

另外，OpenCV 中的 integral 函数也可以计算积分图。

【例 10.12】 编写程序，计算图像 $\boldsymbol{f}=\begin{bmatrix}0&0&0&0\\0&0&0&1\\0&0&1&1\\0&0&1&1\end{bmatrix}$ 的水平差值 Haar-like 特征。

解：程序如下。

```
from skimage.transform import integral_image
from skimage.feature import haar_like_feature
import numpy as np
Image = np.array([[0, 0, 0, 0], [0, 0, 0, 1],
                  [0, 0, 1, 1], [0, 0, 1, 1]], dtype = np.uint8)
int_I = integral_image(Image)                        #计算积分图
feature = haar_like_feature(int_I, 0, 0, 4, 4, 'type-2-x')   #计算水平差值特征
print("积分图:\n", int_I)
print("水平差值特征:\n", feature)
```

运行程序，在输出窗口输出积分图取值和水平差值特征，结果和例 10.10、例 10.11 一致。

3. 扩展 Haar-like 特征及其计算

加入旋转 45°角，对 Haar-like 矩形特征进一步扩展，如图 10-18 所示。

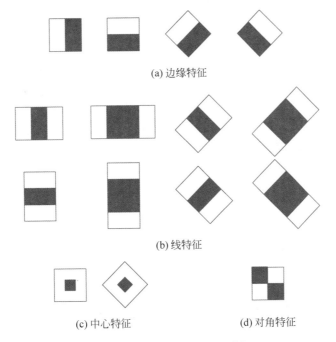

(a) 边缘特征

(b) 线特征

(c) 中心特征　　　　　　　　　　(d) 对角特征

图 10-18　扩展的 Haar-like 特征

水平和竖直矩阵特征计算和前面介绍的一致。对于 45°旋角的矩形，定义 $\mathrm{RSAT}(x,y)$ 为点 (x,y) 左上角 45°区域和左下角 45°区域的像素和。

$$\mathrm{RSAT}(x,y) = \sum_{x' \leqslant x, x' \leqslant x - |y - y'|} f(x',y') \tag{10-42}$$

可采用递推公式减少重复计算，即

$$\mathrm{RSAT}(x,y) = \mathrm{RSAT}(x-1,y-1) + \mathrm{RSAT}(x-1,y) + f(x,y) - \mathrm{RSAT}(x-2,y-1) \tag{10-43}$$

Haar-like 特征一般和机器学习中的 AdaBoost 算法、级联分类器等技术结合使用，关于后者，本书不做详细讨论，有兴趣的同学可以查找相关资料。

10.3　纹理描述

纹理是图像分析中常用的概念,类似于砖墙、布匹、草地等具有重复性结构的图像被称为纹理图像,纹理图像中灰度分布一般具有某种周期性(即便灰度变化是随机的,也具有一定的统计特性),周期长纹理显得粗糙,周期短纹理细致。纹理反映一个区域中像素灰度级空间分布的属性,是一种常见的图像描述分析方法,可用于纹理检测、分类、消除等多方面。

统计纹理描述方法以适合统计模式识别的一种形式描述纹理,即以特征向量描述纹理。本节主要讲解常用的统计纹理描述方法。

10.3.1　灰度共生矩阵法

对图像所有像素进行统计调查,以便描述其灰度分布的一种方法。

取图像中任意一点 (x,y) 及偏离它的另一点 $(x+\Delta x,y+\Delta y)$,设该点对的灰度值为 (f_1,f_2),令点 (x,y) 在整个画面上移动,得到各种 (f_1,f_2) 值。设灰度值的级数为 L,则 f_1 与 f_2 的组合共有 L^2 种。对于整个画面,统计出每一种 (f_1,f_2) 值出现的次数,排列成一个方阵,再用 (f_1,f_2) 出现的总次数将它们归一化为出现的概率 $p(f_1,f_2)$,称这样的方阵为灰度共生矩阵,也称为联合概率矩阵。

也可以通过设定方向 θ 和距离 d 来确定灰度对 (f_1,f_2),进而生成灰度共生矩阵。

偏离值 $(\Delta x,\Delta y)$ 取不同的值,可以形成不同的灰度共生矩阵。通常,$(\Delta x,\Delta y)$ 根据纹理周期分布的特性选择:变化缓慢的图像,$(\Delta x,\Delta y)$ 较小时,f_1 与 f_2 一般具有相近的灰度,体现在灰度共生矩阵中,矩阵对角线及其附近的数值较大;变化较快的图像,矩阵各元素的取值相对均匀。

生成灰度共生矩阵后,通常采用如下参数描述纹理特征。

1. 角二阶矩

$$\mathrm{ASM} = \sum_{f_1}\sum_{f_2}\left[p(f_1,f_2)\right]^2 \tag{10-44}$$

也称能量,用来度量图像平滑度:若所有像素具有相同灰度级 f,$p(f,f)=1$ 且 $p(f_1,f_2)=0$($f_1\neq f$ 或 $f_2\neq f$),则 $\mathrm{ASM}=1$;若具有所有可能的像素对,且像素的灰度级具有相同的概率,则 ASM 等于这个概率值;区域越不平滑,分布 $p(f_1,f_2)$ 越均匀,且 ASM 越低。

2. 对比度

$$\mathrm{CON} = \sum_k k^2\left[\sum_{f_1}\sum_{\substack{f_2\\k=|f_1-f_2|}} p(f_1,f_2)\right] \tag{10-45}$$

若灰度共生矩阵中偏离对角线的元素有较大值,即图像亮度值变化很快,则 CON 会有较大取值。

3. 倒数差分矩

$$\mathrm{IDM} = \sum_{f_1}\sum_{f_2}\frac{p(f_1,f_2)}{1+|f_1-f_2|} \tag{10-46}$$

也称为同质性、逆差矩,反映了图像中局部灰度相关性。当图像像素值均匀相等时,灰度共生矩阵对角元素有较大值,IDM 就会取较大的值。相反,区域越不平滑,IDM 值越小。

4. 熵

$$\mathrm{ENT} = -\sum_{f_1}\sum_{f_2} p(f_1, f_2)\, \mathrm{lb}_2\, p(f_1, f_2) \tag{10-47}$$

熵是描述图像具有的信息量的度量,表明图像的复杂程序,当复杂程序高时,熵值较大,反之则较小。若灰度共生矩阵值分布均匀,即图像近于随机或噪声很大,熵会有较大值。

5. 相关系数

$$\mathrm{COR} = \frac{\displaystyle\sum_{f_1}\sum_{f_2} (f_1 - \mu_{f_1})(f_2 - \mu_{f_2}) p(f_1, f_2)}{\sigma_{f_1}\sigma_{f_2}} \tag{10-48}$$

其中,

$$\mu_{f_1} = \sum_{f_1} f_1 \sum_{f_2} p(f_1, f_2), \quad \mu_{f_2} = \sum_{f_2} f_2 \sum_{f_1} p(f_1, f_2)$$

$$\sigma_{f_1}^2 = \sum_{f_1}(f_1 - \mu_{f_1})^2 \sum_{f_2} p(f_1, f_2), \quad \sigma_{f_2}^2 = \sum_{f_2}(f_2 - \mu_{f_2})^2 \sum_{f_1} p(f_1, f_2)$$

【例 10.13】 一幅图像 $f = \begin{bmatrix} 0 & 1 & 2 & 3 & 0 & 1 & 2 \\ 1 & 2 & 3 & 0 & 1 & 2 & 3 \\ 2 & 3 & 0 & 1 & 2 & 3 & 0 \\ 3 & 0 & 1 & 2 & 3 & 0 & 1 \\ 0 & 1 & 2 & 3 & 0 & 1 & 2 \\ 1 & 2 & 3 & 0 & 1 & 2 & 3 \\ 2 & 3 & 0 & 1 & 2 & 3 & 0 \end{bmatrix}$,设 $\Delta x = 1, \Delta y = 0$,按照定义,生成

灰度共生矩阵,并计算相应参数值。

解:统计图像中 $(f_{x,y}, f_{x+1,y})$ 灰度对出现次数,生成灰度共生矩阵。

$$\begin{bmatrix} 0 & 10 & 0 & 0 \\ 0 & 0 & 11 & 0 \\ 0 & 0 & 0 & 11 \\ 10 & 0 & 0 & 0 \end{bmatrix}$$

参数计算如下。

$\mathrm{ASM} = (10^2 + 11^2 + 11^2 + 10^2)/42^2 \approx 0.2506$

$\mathrm{CON} = [1 \cdot (10 + 11 + 11) + 3^2 \cdot 10]/42 \approx 2.9048$

$\mathrm{IDM} = \left(\dfrac{10}{1+1} + \dfrac{11}{1+1} + \dfrac{11}{1+1} + \dfrac{10}{1+3}\right)/42 \approx 0.4405$

$\mathrm{ENT} = -\dfrac{10}{42}\log\left(\dfrac{10}{42}\right) - \dfrac{11}{42}\log\left(\dfrac{11}{42}\right) - \dfrac{11}{42}\log\left(\dfrac{11}{42}\right) - \dfrac{10}{42}\log\left(\dfrac{10}{42}\right) \approx 1.9984$

$\mu_{f_1} = \displaystyle\sum_{f_1} f_1 \sum_{f_2} p(f_1, f_2) = (1 \cdot 11 + 2 \cdot 11 + 3 \cdot 10)/42 = 1.5$

$\mu_{f_2} = \displaystyle\sum_{f_2} f_2 \sum_{f_1} p(f_1, f_2) = (1 \cdot 10 + 2 \cdot 11 + 3 \cdot 11)/42 \approx 1.5476$

$\sigma_{f_1}^2 = [(0-1.5)^2 \cdot 10 + (1-1.5)^2 \cdot 11 + (2-1.5)^2 \cdot 11 + (3-1.5)^2 \cdot 10]/42 \approx 1.2024$

$\sigma_{f_1}^2 = [(0-1.5476)^2 \cdot 10 + (1-1.5476)^2 \cdot 10 + (2-1.5476)^2 \cdot 11 +$

$\qquad (3-1.5476)^2 \cdot 11]/42 \approx 1.2477$

$$\text{COR} = \frac{\begin{bmatrix}(0-1.5)\cdot(1-1.5476)\cdot10 + (1-1.5)\cdot(2-1.5476)\cdot11 + \\ (2-1.5)\cdot(3-1.5476)\cdot11 + (3-1.5)\cdot(0-1.5476)\cdot10\end{bmatrix}}{42\sqrt{1.2024\cdot1.2477}} \approx 0.1847$$

Scikit-image 库中 feature 模块的 graycomatrix 函数可以生成灰度共生矩阵,graycoprops 函数可以计算纹理特征,调用格式如下:

```
graycomatrix(image, distances, angles, levels = None, symmetric = False, normed = False) -> P
graycoprops(P, prop = 'contrast') -> props
```

graycomatrix 函数的参数 image 是灰度级在[0,levels-1]的图像,如果不是 uint8 型数据,需要设置 levels 参数;distances 和 angles 是像素对的偏移距离和方向(弧度);normed 为 True 时,灰度共生矩阵将归一化;返回 P 为 4 维矩阵,$P[i,j,d,\theta]$ 表示 θ 方向上、距离灰度 i 为 d 的像素灰度为 j 的次数(或概率);如果 symmetric 为 True,统计时忽略像素对 i,j 的前后顺序。

graycoprops 函数的参数 prop 可取 'contrast'、'dissimilarity'、'homogeneity'、'ASM'、'energy'、'correlation',即对比度、不相似度、倒数差分矩、角二阶矩、角二阶矩的平方根、相关系数。

【例 10.14】 打开图像进行平滑,生成平滑前后的灰度共生矩阵并计算纹理特征。

解:程序如下。

```
from skimage.feature import graycoprops, graycomatrix
import numpy as np
import cv2 as cv
Image = cv.imread("texture.bmp", cv.IMREAD_GRAYSCALE)
blur_I = cv.blur(Image, ksize = (21, 21))
P1, P2 = graycomatrix(Image, [3], [0]), graycomatrix(blur_I, [3], [0])
CON1, CON2 = graycoprops(P1, 'contrast'), graycoprops(P2, 'contrast')
ASM1, ASM2 = graycoprops(P1, 'ASM'), graycoprops(P2, 'ASM')
COR1, COR2 = graycoprops(P1, 'correlation'), graycoprops(P2, 'correlation')
IDM1, IDM2 = graycoprops(P1, 'homogeneity'), graycoprops(P2, 'homogeneity')
np.set_printoptions(precision = 2)
print("        对比度    角二阶矩    相关系数    倒数差分矩")
print("原图:  ", CON1, ASM1, COR1, IDM1)
print("平滑图:", CON2, ASM2, COR2, IDM2)
cv.imshow("Original image", Image)
cv.imshow("Smoothed image", blur_I)
cv.waitKey()
```

程序运行结果如图 10-19 所示。

	对比度	角二阶矩	相关系数	倒数差分矩
原图:	[[1628.84]]	[[8.e-05]]	[[0.35]]	[[0.03]]
平滑图:	[[20.52]]	[[0.]]	[[0.92]]	[[0.24]]

(a) 原图 　　　　(b) 平滑图 　　　　　　　　(c) 输出参数

图 10-19 灰度共生矩阵及参数计算

从图 10-19 中的数据可以看出,平滑后图像对比度降低,自相关性增强,角二阶矩和倒数差分矩增大。

灰度共生矩阵法是一种经典的基于统计的纹理描述方法,另外,还有灰度差分统计法和行程长度统计法,请扫描二维码,查看讲解。

10.3.2 Laws 纹理能量度量

Laws 提出使用模板计算局部纹理能量用于描述纹理特征的方法,对后续研究有很大的影响。

1. Laws 模板

Laws 模板由以下 3 个基本的 1×3 的模板构成:

$$\boldsymbol{L}_3 = \begin{bmatrix} 1 & 2 & 1 \end{bmatrix}$$
$$\boldsymbol{E}_3 = \begin{bmatrix} -1 & 0 & 1 \end{bmatrix}$$
$$\boldsymbol{S}_3 = \begin{bmatrix} -1 & 2 & -1 \end{bmatrix} \tag{10-49}$$

3 个首字母 $\boldsymbol{L}$、$\boldsymbol{E}$、$\boldsymbol{S}$ 分别代表局部平均、边缘检测和点检测。

3 个模板互相卷积得到 9 个 1×5 的模板,去掉相同的,得到如下 5 个 1×5 的模板:

$$\boldsymbol{L}_5 = \begin{bmatrix} 1 & 4 & 6 & 4 & 1 \end{bmatrix}$$
$$\boldsymbol{E}_5 = \begin{bmatrix} -1 & -2 & 0 & 2 & 1 \end{bmatrix}$$
$$\boldsymbol{S}_5 = \begin{bmatrix} -1 & 0 & 2 & 0 & -1 \end{bmatrix}$$
$$\boldsymbol{R}_5 = \begin{bmatrix} 1 & -4 & 6 & -4 & 1 \end{bmatrix}$$
$$\boldsymbol{W}_5 = \begin{bmatrix} -1 & 2 & 0 & -2 & 1 \end{bmatrix} \tag{10-50}$$

第 17 集
微课视频

$\boldsymbol{R}$ 和 $\boldsymbol{W}$ 代表波纹(Ripple)检测和波形(Wave)检测。

5 个 1×5 的模板通过矩阵乘法得到 25 个 5×5 的模板,其中,$\boldsymbol{L}_5^{\mathrm{T}} \boldsymbol{L}_5$ 是一个平均值不为 0 的模板,模板运算的结果依赖于图像像素值而不是纹理,这个模板对于纹理分析没有太大的作用;其余模板对边缘、点、线以及组合均十分敏感。也可以直接用基本的 1×3 模板相乘得到 9 个 3×3 的模板,其中 $\boldsymbol{L}_3^{\mathrm{T}} \boldsymbol{L}_3$ 也是平均值不为 0 的模板,两种情况原理一样。

2. 纹理能量

利用 25 个 5×5 的模板(也可以根据需要采用部分模板)对图像进行模板运算,生成图像 $F_n (n=1,2,\cdots,25)$;再在 $(2p+1) \times (2p+1)$ 的邻域内计算纹理能量,可以采用平方和或者绝对值和两种方式,前者对真实的能量响应更好,而后者计算量小,点 (x,y) 处绝对值和能量为

$$\mathrm{EN}_n(x,y) = \sum_{i=x-p}^{x+p} \sum_{j=y-p}^{y+p} |F_n(i,j)| \tag{10-51}$$

其中,p 可取 7。

$\boldsymbol{L}_5^{\mathrm{T}} \boldsymbol{L}_5$ 模板运算结果不为 0,采用它所对应的 EN_1 作为归一化因子,将其他能量图像逐点归一化,EN_1 不用于分析纹理。

在许多应用中,纹理的方向并不重要,可以将 24 个 EN 中对称的图合并(相加求均值代替)。例如,$\boldsymbol{L}_5^{\mathrm{T}} \boldsymbol{E}_5$ 对于垂直边缘敏感,而 $\boldsymbol{E}_5^{\mathrm{T}} \boldsymbol{L}_5$ 对水平边缘敏感,两者对应 EN 的均图能检测各方向边缘。合并后剩下 14 幅 EN 图,或者认为一个像素对应一个含有 14 个纹理属性的向量。

学者们研究发现,Laws 纹理能量度量方法比共生矩阵等基于像素对的测量方法更有效,但也存在一些问题,如小尺寸的模板可能会忽略大尺寸的纹理结构,在 15×15 窗口内的能量测量会模糊边缘的纹理特征等,因此,也有很多从不同角度进行改进的方法,比如 Ade 特征滤波器法,有兴趣可以扫描二维码,查看讲解。

10.3.3 LBP 特征

局部二元模式(Local Binary Pattern,LBP)是一种用来描述图像局部纹理特征的算子,于1994 年由 T. Ojala 等提出,具有旋转不变性和灰度不变性等显著的优点。

1. LBP 特征提取

原始的 LBP 算子定义为在 3×3 的窗口内,以窗口中心像素为阈值,将相邻的 8 像素的灰度值与其进行比较:若周围像素值大于中心像素值,则该像素的位置被标记为 1,否则为 0。因此,3×3 邻域内的 8 个点经比较可产生 8 位无符号二进制数,转换为十进制数,即为该窗口中心像素的 LBP 值,共 256 种,反映该区域的纹理信息。LBP 计算示意图如图 10-20 所示。

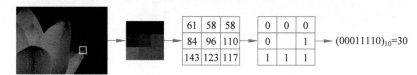

图 10-20 局部二元模式计算示意图

第 18 集
微课视频

LBP 值一般不直接用于目标检测识别,通常将图像分为 $n\times n$ 的子区域,对子区域内的像素计算 LBP 值,并在子区域内根据 LBP 值统计其直方图,以直方图作为其判别特征。

【例 10.15】 编写程序,生成图像的 LBP 特征图。

解: 程序如下。

```
import numpy as np
import cv2 as cv
Image = cv.imread("flower.jpg", cv.IMREAD_GRAYSCALE)
height, width = Image.shape
lbp = np.zeros([height, width])
for y in range(1, height - 1):
    for x in range(1, width - 1):
        count = 0
        neighbor = [[y - 1, x - 1], [y - 1, x], [y - 1, x + 1], [y, x + 1],
                    [y + 1, x + 1], [y + 1, x], [y + 1, x - 1], [y, x - 1]]
        for i in range(8):
            if Image[neighbor[i][0], neighbor[i][1]] > Image[y, x]:
                count = count + pow(2, 7 - i)
        lbp[y, x] = count
lbp = lbp.astype(np.uint8)
cv.imshow("Original image", Image)
cv.imshow("LBP image", lbp)
cv.waitKey()
```

程序运行结果如图 10-21 所示。

2. 圆形 LBP 算子

原始 LBP 算子只覆盖了一个固定半径范围内的小区域,不能满足不同尺寸和频率纹理的需要。为了适应不同尺度的纹理特征,并达到灰度和旋转不变性的要求,Ojala 等对 LBP 算子进行了改进,将 3×3 邻域扩展到任意邻域,并用圆形邻域代替了正方形邻域,改进后的 LBP

(a) 原图　　　　　(b) LBP特征图

图 10-21　LBP 特征值计算示例

算子允许在半径为 R 的圆形邻域内有 P 个采样点,从而得到了新的 LBP 算子 LBP_P^R,如图 10-22 所示。

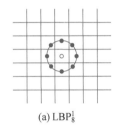 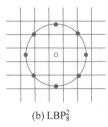 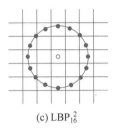 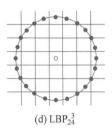

(a) LBP_8^1　　　　(b) LBP_8^2　　　　(c) LBP_{16}^2　　　　(d) LBP_{24}^3

图 10-22　圆形 LBP 算子模型

这种 LBP 特征被称为 Extended LBP,或 Circular LBP。图 10-22 中蓝色的点是采样点,其像素值与中心像素值通过比较确定 LBP 值。

如图 10-23 所示,采用像素坐标系,设中心像素为 (x_c, y_c),蓝色采样点为 (x_k, y_k),$k = 0, 1, \cdots, P-1$,其坐标按式(10-52)计算。

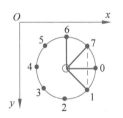

$$\begin{cases} x_k = x_c + R \times \cos\left(\dfrac{2\pi k}{P}\right) \\ y_k = y_c + R \times \sin\left(\dfrac{2\pi k}{P}\right) \end{cases} \qquad (10\text{-}52)$$

采样点为非整数像素,需要用插值的方法确定其像素值,可以采用双线性插值的方法。

图 10-23　圆形 LBP 采样点

3. LBP 旋转不变模式

圆形 LBP 特征具有灰度不变性,但还不具备旋转不变性,因此学者们提出了具有旋转不变性的 LBP 特征。

首先不断地旋转圆形邻域内的 LBP 特征,得到一系列 LBP 值,从中选择 LBP 特征值最小的作为中心像素的 LBP 值,如图 10-24 所示。

【例 10.16】　编写程序,生成图像的 LBP 旋转模式特征图。

解:程序如下。

```
import numpy as np
import cv2 as cv
Image = cv.imread("flower.jpg", cv.IMREAD_GRAYSCALE) / 255
height, width = Image.shape
P, R = 8, 2
clbp = np.zeros([height, width])
for y in range(R, height - R):
```

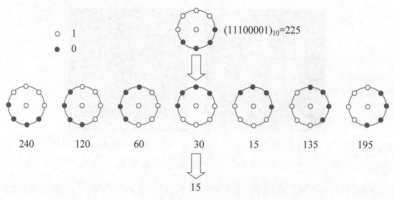

图 10-24　LBP 旋转模式

```
for x in range(R, width − R):
    count = 0
    for k in range(P):
        xk = x + R * np.cos(2 * np.pi * k / P)
        yk = y + R * np.sin(2 * np.pi * k / P)          #采样点计算
        Low_x, High_x = int(np.floor(xk)), int(np.ceil(xk))
        Low_y, High_y = int(np.floor(yk)), int(np.ceil(yk))
        coe_x, coe_y = xk − Low_x, yk − Low_y
        a = Image[Low_y, Low_x] + coe_x *
            (Image[Low_y, High_x] − Image[Low_y, Low_x])
        b = Image[High_y, Low_x] + coe_x *
            (Image[High_y, High_x] − Image[High_y, Low_x])
        pixel = a + coe_y * (b − a)                     #双线性插值
        if pixel > Image[y, x]:
            count = count + pow(2, P − 1 − k)
    lbp, mincount = np.binary_repr(count), count        #获取二进制特征值
    lbp = np.array(list(lbp))                           #转换为字符数组
    for k in range(P − 1):
        lbp = np.roll(lbp, 1)                           #循环移位
        temp = "".join(str(element) for element in lbp) #转换为二进制字符串
        count = int(temp, 2)                            #转换为十进制数
        if mincount > count:
            mincount = count
    clbp[y, x] = mincount
clbp = clbp.astype(np.uint8)
cv.imshow("Original image", Image)
cv.imshow("LBP image", clbp)
cv.waitKey()
```

程序运行结果如图 10-25(b)所示,修改参数 P 和 R,可得图 10-25(a)和图 10-25(c)。

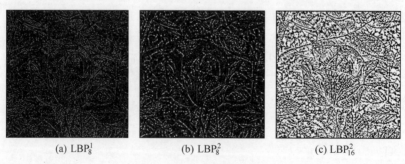

(a) LBP_8^1 　　　　(b) LBP_8^2 　　　　(c) LBP_{16}^2

图 10-25　LBP 旋转模式特征图

4. LBP 等价模式

一个 LBP_P^R 算子将会产生 2^P 种不同的二进制模式，例如，邻域内 16 个采样点，则有 2^{16} 种二进制模式，维数过高，不利于纹理的提取、分类、识别及存取，可以采用等价模式(Uniform Pattern，也称均匀模式)对原始的 LBP 模式降维。

在实际图像中，绝大多数 LBP 模式最多只包含两次从 1 到 0 或从 0 到 1 的跳变，在这个前提下，定义了等价模式类。当某个 LBP 所对应的循环二进制数从 0 到 1 或从 1 到 0 最多有两次跳变时，该 LBP 所对应的二进制称为一个等价模式类，如 00000000、00000111、10001111。除等价模式类以外的模式称为混合模式类，如 10010111。通过这样的改进，二进制模式的种类大大减少，而且不会丢失过多信息。

对于 LBP_P^R 算子，等价模式有 $P(P-1)+2$ 种，再加上混合模式，等价模式下的 LBP 算子一共有 $P(P-1)+3$ 维。例如 LBP_8^1 算子，采样点数目为 8 个，LBP 特征值有 256 种；0～255 对应的二进制数中，跳变次数小于 2 次的等价模式共 58 种，按照从小到大编码为 1～58；其余为混合模式类，编码为 0，因此，等价模式下 LBP 特征值范围为 0～58，共 59 种情况，直接作为灰度值，生成的 LBP 特征图偏暗。

除以上这些扩展外，LBP 算子还有一些其他的变形，比如构建梯度图像的 LBP 特征，构建局部三值模式(Local Ternary Pattern，LTP)等，可以参考相关文献。

Scikit-image 库中 feature 模块的 local_binary_pattern 函数可以计算 LBP 特征，调用格式如下：

```
local_binary_pattern(image, P, R, method = 'default')  -> LBP
```

参数 image 是 2 维灰度矩阵；P 和 R 指定圆形算子的采样点数和邻域半径；method 指定 LBP 特征的类型，可取 'default'、'ror'、'uniform'、'nri_uniform'、'var'，分别指原始 LBP 算子、圆形旋转不变算子、均匀模式、均匀模式的一种变体、局部图像纹理方差；返回 LBP 特征图。

【例 10.17】　编写程序，使用 local_binary_pattern 函数计算图像的 LBP 旋转模式特征图。

解：程序如下。

```
import numpy as np
import cv2 as cv
from skimage.feature import local_binary_pattern
Image = cv.imread("flower.jpg", cv.IMREAD_GRAYSCALE)
P, R = 8, 2
LBP = local_binary_pattern(Image, P, R, method = 'ror')
LBP = LBP.astype(np.uint8)
cv.imshow("Original image", Image)
cv.imshow("LBP image", LBP)
cv.waitKey()
```

程序运行结果与图 10-25(b)类似。

10.3.4　分形纹理描述

在数学领域以及自然界中，存在一些在 Euclid 几何里无法度量的现象。例如，Sierpinski 三角形(连接边长为 1 的等边三角形的三条边的中点，去掉中间一个三角形，将其余三个重复该操作，极限情况下的图形)，其周长为 $\lim_{n \to \infty} 3 \times (3/2)^n = \infty$，其面积为 $\lim_{n \to \infty} \sqrt{3}/4 \times (3/4)^n = 0$；

气象学家 Richardson 在测量英国西海岸长度时,发现了一个规律:绘制地图的比例尺由大变小时,如由 1cm 代表 100km 减小到 1cm 代表 1km 时,海岸线长度却变得越来越长。这些现象在 20 世纪 70 年代数学家 Benoit B. Mandelbrot 提出分形的概念后得以描述,即允许非整数维的几何存在。比如,Sierpinski 三角形,在第 n 步时,全等三角形为 3^n 个,每边长度为 $(1/2)^n$,维数为 $D = -\ln 3^n / \ln(1/2)^n \approx 1.58$。

人们认为粗糙不平的表面是一种分形对象,因此,可以采用分形方法描述纹理,纹理的分形描述一般基于分形维数(Fractal Dimension)和间隙度(Lacunarity)进行。

图像的分形维 D 可以按式(10-53)估计

$$D = T_d - H \tag{10-53}$$

T_d 是拓扑维数,对于图像,$T_d = 3$(两个空间维数以及表示图像亮度的第三维);H 是 Hurst 参数,可以根据式(10-54)估计

$$E\left[(\Delta f)^2\right] = c\left[(\Delta r)^H\right]^2 = c(\Delta r)^{6-2D} \tag{10-54}$$

式中,$E(\cdot)$ 是期望算子,$\Delta f = f(x_2, y_2) - f(x_1, y_1)$ 是灰度差异,c 是常系数,$\Delta r = \|(x_2, y_2) - (x_1, y_1)\|$ 是空间距离。式(10-54)可以简化为

$$E\left[|\Delta f|\right] = \alpha(\Delta r)^H \tag{10-55}$$

式中,$\alpha = E(|\Delta f|)_{\Delta r = 1}$。对式(10-55)取对数,得

$$\log\left[E(|\Delta f|)\right] = \log \alpha + H \log(\Delta r) \tag{10-56}$$

为了计算 H,考察 $N \times N$ 的图像 f,差分向量定义为 $\mathrm{IDV} = [\mathrm{id}(1), \mathrm{id}(2), \cdots, \mathrm{id}(s)]$,$s$ 是最大可能的尺度,$\mathrm{id}(k)$ 为

$$\mathrm{id}(k) = \frac{\left[\sum\limits_{x=0}^{N-1}\sum\limits_{y=0}^{N-k-1}|f(x,y) - f(x, y+k)| + \sum\limits_{x=0}^{N-k-1}\sum\limits_{y=0}^{N-1}|f(x,y) - f(x+k, y)|\right]}{2N(N-k-1)} \tag{10-57}$$

式(10-56)可以表示为

$$\log\left[\mathrm{id}(k)\right] = \log \alpha + H \log k \tag{10-58}$$

可以采用线性回归方法估计在 log 尺度下的 $\mathrm{id}(k)$ 曲线相对于 k 的斜率,获得参数 H,进而由式(10-53)近似分形维 D。分形维 D 小表示细密纹理,分形维 D 大对应粗糙纹理。

间隙度描述具有相同分形维但具有不同视觉表观的纹理特征。给定一个分形集 A,令 $P(m)$ 表示有 m 个点在以 A 的任意点为中心的、大小为 L 的盒子内的概率,令 N 为在盒子内的可能点的数目,则 $\sum\limits_{m=1}^{N} P_m = 1$,定义间隙度为

$$\lambda = \frac{M_2 - M^2}{M^2} \tag{10-59}$$

其中,$M = \sum\limits_{m=1}^{N} m P_m$,$M_2 = \sum\limits_{m=1}^{N} m^2 P_m$,间隙度表示一个二阶统计量,对于细密纹理取值小,对于粗糙纹理取值大。

统计纹理描述的方法还有很多,比如,数学形态学方法,对腐蚀运算结果进行相应的统计以描述形状的空间重复性;利用小波变换系数获取纹理特征;利用神经网络进行纹理分析等,有兴趣可以查看相关资料。

图像描述与分析方法多种多样,本章所介绍的方法只是其中的一部分,在实际应用中,可

以根据需要和实验效果选择合适的方法。

习题

10.1 设一幅图像为 $f=\begin{bmatrix} 0 & 0 & 0 & 0 & 0 & 0 & 0 & 0 \\ 0 & 0 & 0 & 1 & 1 & 1 & 0 & 0 \\ 0 & 0 & 1 & 1 & 1 & 1 & 0 & 0 \\ 0 & 1 & 1 & 1 & 1 & 1 & 1 & 0 \\ 0 & 1 & 1 & 1 & 1 & 1 & 1 & 0 \\ 0 & 0 & 1 & 1 & 1 & 1 & 0 & 0 \\ 0 & 0 & 1 & 1 & 1 & 0 & 0 & 0 \\ 0 & 0 & 0 & 0 & 0 & 0 & 0 & 0 \end{bmatrix}$，其中，0 表示背景，1 表示目标区

域，试按 4 连通和 8 连通标出目标区域边界，并给出边界的 4 方向和 8 方向边界链码。

10.2 对习题 10.1 所示图像目标区域，计算其位置、周长和面积。

10.3 对描述子的基本要求是什么？什么是傅里叶描述子？它有何特点？

10.4 有一幅图像为 $f=\begin{bmatrix} 0 & 0 & 1 & 1 \\ 0 & 0 & 1 & 1 \\ 0 & 2 & 2 & 2 \\ 2 & 2 & 3 & 3 \end{bmatrix}$，自行设定偏离值，并求其灰度共生矩阵及参数。

10.5 如何利用矩计算物体的质心和主轴？

10.6 编写程序，打开一幅图像，对其进行旋转、镜像、缩小等变换，并分别计算二阶矩等与矩相关的特征。

10.7 编写程序，打开一幅图像，对其进行高斯平滑，并对平滑前后的图像提取 LBP 特征。

10.8 编写程序，打开一幅人脸图像，设定窗口大小，试计算其 Haar-like 特征。

10.9 编写程序，打开一幅树叶图像，尝试实现树叶分割，并提取相关形状特征。

特征检测与匹配

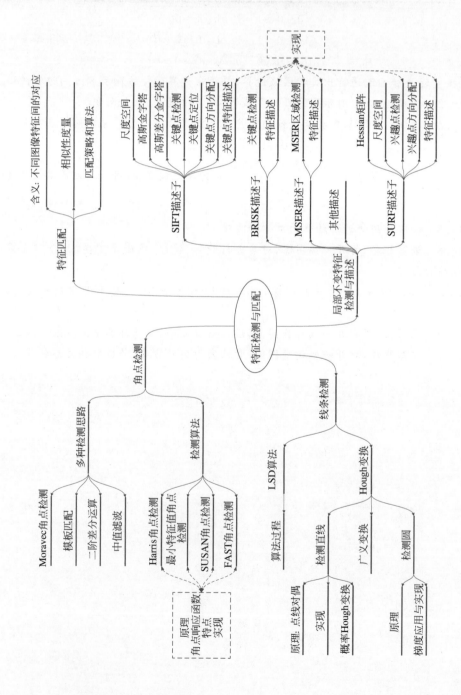

本章思维导图

从图像中提取出的各种特征,除了可以用于理解图像内容,也常用于图像匹配,便于拼接或建立立体视觉。本章学习在图像匹配中常用的一些特征检测和描述方法,包括角点检测、线条检测和局部不变特征检测,并了解特征匹配的主要思路。

11.1 角点检测

特征点是一幅图像中最典型的特征标志之一,一般情况下特征点含有显著的结构性信息,可以是图像中的线条交叉点、边界封闭区域的重心,或者曲面的高点等,某些情况下特征点也可以没有实际的直观视觉意义,但却在某种角度、某个尺度上含有丰富的易于匹配的信息。特征点在物体定位、影像匹配、图像拼接、运动估计以及形状描述等诸多方面都具有重要作用。

角点是特征点中最主要的一类,由景物曲率较大地方的两条或多条边缘的交点所形成,比如线段的末端、轮廓的拐角等,反映了图像中的重要信息。角点特征与直线、圆、边缘等其他特征相比,具有提取过程简单,结果稳定,提取算法适应性强的特点,可以用来进行物体定位、定向。

11.1.1 方法概述

由于角点处通常对应较大的像素值变化,一般是通过计算并用阈值衡量局部变化程度实现角点检测,不同的局部变化检测方法对应不同的角点检测方法,本节简要介绍角点检测方法发展过程中几种检测思路。

1. Moravec 角点检测算法

Moravec 角点检测算法是 Moravec 于 1977 年提出的第一个直接从灰度图像中检测兴趣点的算法。算法思路是以图像某个像素 (x,y) 为中心,计算固定窗口内 4 个主要方向上(水平、垂直、对角线、反对角线)相邻像素灰度差的平方和,选取最小值作为像素 (x,y) 的角点响应函数(Corner Response Function,CRF);若某点的 CRF 值大于某个阈值并为局部极大值时,则该像素即为角点。

当固定窗口在平坦区域时,灰度比较均匀,4 个方向的灰度变化值都很小;在边缘处,沿边缘方向的灰度变化值很小,沿垂直边缘方向的灰度变化值比较大;当窗口在角点或独立点上时,沿各个方向的灰度变化值都比较大。因此,若某窗口内各个方向变化的最小值大于某个阈值,说明各方向的变化都比较大,则该窗口所在即为角点所在。

Moravec 算子计算简单,运算速度较快,但是对噪声、边缘点也比较敏感,检测结果受到阈值的极大影响,Moravec 算子的响应值是在固定的 4 个方向上获取的灰度差的平方和,所以不具有旋转不变性。

2. 模板匹配

类似于边缘检测方法,设计合适的角点检测模板,例如:

$$\begin{bmatrix} -4 & 5 & 5 \\ -4 & 5 & 5 \\ -4 & -4 & -4 \end{bmatrix} \begin{bmatrix} 5 & 5 & 5 \\ -4 & 5 & -4 \\ -4 & -4 & -4 \end{bmatrix} \tag{11-1}$$

通过旋转得到 8 个模板,对图像进行模板运算,取最大值作为局部变化,再通过阈值化确定角点。理想情况下,这组模板能够定位所有角点,并在 22.5° 范围内估计角点方位。

由于不同的角点在多方面差别很大,如角的尖锐程度一般不同,很难设计出最佳角点检测模板。式(11-1)所示的 3×3 模板检测出的角点通常不够尖锐;若邻域较大,模板也要变大,需要更多的模板进行运算以检测出最佳角点;模板匹配方法通常计算量较大。

3. 二阶差分运算

二阶差分算子可以用来检测局部变化,如拉普拉斯算子,可以检测到直线、边缘、角点等变化明显的特征,但它不太适合作为角点检测器。

为实现角点检测,定义二阶差分矩阵

$$\begin{bmatrix} f_{xx} & f_{xy} \\ f_{yx} & f_{yy} \end{bmatrix} \tag{11-2}$$

式中, f_{xx} 、 f_{yy} 分别表示水平和垂直方向的二阶差分, $f_{xy} = f_{yx}$ 表示在不同方向上进行的二阶差分。计算矩阵的行列式

$$R = f_{xx} f_{yy} - f_{xy}^2 \tag{11-3}$$

作为角点响应函数。理想情况下,在角点处 $R = 0$,在角点的两侧 R 符号相反,需要根据这个特点进一步判断是否存在角点以及角点的确切位置。

为避免复杂的角点判断,研究者提出采用水平曲率 k 和局部梯度乘积作为角点的响应值,即

$$R = k\sqrt{f_x^2 + f_y^2} = \frac{f_{xx} f_y^2 - 2f_{xy} f_x f_y + f_{yy} f_x^2}{f_x^2 + f_y^2} \tag{11-4}$$

再沿梯度方向进行非极大抑制进一步确定角点位置。

4. 基于中值滤波的角点检测

对图像进行中值滤波,获取原始图像和滤波图像的差值图像,将差值图像作为角点的响应函数。在没有噪声的情况下,差值图像中背景区域、边缘附近的值不会很大,但角点处的取值较大,从而实现角点检测。

在这种方法中,角点响应值与原图中局部对比度以及角点的"锐度"大致成比例,而且容易受噪声干扰,导致检测性能较差,可以首先对边缘梯度进行阈值处理定位边缘点,再用中值检测器检查边缘点筛选出角点,从而提高检测性能。

以上这些角点检测的思路各有特点,方法简单易懂,希望读者通过对这些方法的了解,进一步理解和灵活应用图像处理的基本方法。下面学习四种比较有代表性的角点检测算法。

11.1.2 Harris 角点检测

Harris 算子是 C. Harris 和 M. J. Stephens 于 1988 年提出的一种角点检测算子,是基于图像局部自相关函数分析的算法。局部自相关函数表示局部图像窗口沿不同方向进行小的平移时的局部灰度变化,其定义如下:

$$E(\Delta x, \Delta y) = \sum_{x,y} w(x,y) \left[f(x + \Delta x, y + \Delta y) - f(x,y) \right]^2 \tag{11-5}$$

式中, $w(x,y)$ 为加权函数,可取常数或高斯函数。

对于式(11-5)有以下三种情况。

(1) 当局部图像窗口在平坦区域时,窗口沿任何方向进行小的平移,灰度变化很小,局部自相关函数很平坦。

(2) 当窗口位于边缘区域时,沿边缘方向小的平移,灰度变化很小;沿垂直边缘方向小的移动,灰度变化很大,局部自相关函数呈现山脊形状。

（3）当窗口位于角点区域时，窗口在各个方向上小的移动，灰度变化都很明显，局部自相关函数呈现尖峰状。

因此，角点检测即是寻找随着 Δx、Δy 变化，局部自相关函数 $E(\Delta x, \Delta y)$ 的变化都比较大的像素。

对 $f(x+\Delta x, y+\Delta y)$ 进行二维泰勒级数展开，取一阶近似，得

$$E(\Delta x, \Delta y) \approx \sum_{x,y} w(x,y) \left[f(x,y) + \Delta x f_x + \Delta y f_y - f(x,y) \right]^2$$

$$= \sum_{x,y} w(x,y) \left[\Delta x f_x + \Delta y f_y \right]^2$$

$$= (\Delta x \quad \Delta y) \sum_{x,y} w(x,y) \begin{bmatrix} f_x f_x & f_x f_y \\ f_x f_y & f_y f_y \end{bmatrix} \begin{pmatrix} \Delta x \\ \Delta y \end{pmatrix} \tag{11-6}$$

其中，$\boldsymbol{M} = \sum_{x,y} w(x,y) \begin{bmatrix} f_x f_x & f_x f_y \\ f_x f_y & f_y f_y \end{bmatrix} = w * \begin{bmatrix} f_x f_x & f_x f_y \\ f_x f_y & f_y f_y \end{bmatrix} = \begin{bmatrix} A & C \\ C & B \end{bmatrix}$，$*$ 表示卷积运算，f_x、f_y 代表图像水平和垂直方向的梯度，$A = w(x,y) * f_x^2$，$B = w(x,y) * f_y^2$，$C = w(x,y) * f_x f_y$。自相关函数 $E(\Delta x, \Delta y)$ 可以近似为二项函数：

$$E(\Delta x, \Delta y) \approx A \Delta x^2 + 2C \Delta x \Delta y + B \Delta y^2 \tag{11-7}$$

令 $E(\Delta x, \Delta y) =$ 常数，可用一个椭圆描绘这个二次项函数。椭圆的长短轴是与 $\boldsymbol{M}$ 的特征值 λ_1、λ_2 相对应的量。通过判断 λ_1、λ_2 的情况，可以区分出平坦区域、边缘区域和角点三种情况。

（1）平坦区域：在水平和垂直方向的变化量均比较小的点，即 f_x、f_y 都较小，对应 λ_1、λ_2 都较小，自相关函数 E 在各个方向上取值都小。

（2）边缘区域：仅在水平或垂直方向有较大变化的点，即 f_x、f_y 只有一个较大，对应 λ_1、λ_2 一个较大，一个较小，自相关函数 E 在某一方向上大，在其他方向上小。

（3）角点：在水平和垂直方向的变化量均比较大的点，即 f_x、f_y 都较大，对应 λ_1、λ_2 都较大，且近似相等，自相关函数 E 在所有方向都增大。

在具体计算中，为了避免特征值的直接求解并提高设计 Harris 角点检测的效率，设计角点响应函数如下：

$$R = \det \boldsymbol{M} - k(\mathrm{trace}\boldsymbol{M})^2 \tag{11-8}$$

其中，$\det \boldsymbol{M} = \lambda_1 \lambda_2 = AB - C^2$ 为矩阵 $\boldsymbol{M}$ 的行列式，$\mathrm{trace}\boldsymbol{M} = \lambda_1 + \lambda_2 = A + B$ 为矩阵 $\boldsymbol{M}$ 的迹，k 是经验参数，通常取 $0.04 \sim 0.06$。

式（11-8）中，R 仅由 $\boldsymbol{M}$ 的特征值决定，它在平坦区域绝对值较小，在边缘区域为绝对值较大的负值，在角点的位置是较大的正数。因此，当 R 取局部极大值且大于给定阈值 T 时的位置就是角点。

Harris 算子检测步骤如下。

（1）计算图像每一点水平和垂直方向梯度的平方以及水平和垂直梯度的乘积，这样可以得到 3 幅新的图像，分别为 f_x^2、f_y^2、$f_x f_y$。

（2）对得到的 3 幅图像进行高斯滤波，构造自相关矩阵 $\boldsymbol{M}$。

（3）计算角点响应函数，得到每个像素的 R 值，设定阈值 T，取 $R > T$ 的位置为候选角点。

（4）对候选角点进行局部非极大抑制，最终得到角点。

候选角点的选择依赖于阈值 T,由于其不具有直观的物理意义,取值很难确定。可以采用间接的方法来判断 R:通过选择图像中 R 值最大的前若干像素作为特征点,再对提取到的特征点进行局部非极大抑制处理。

OpenCV 中提供了计算 Harris 角点响应值的函数 cornerHarris,其调用格式如下:

cv.cornerHarris(src, blockSize, ksize, k[, dst[, borderType]]) −> dst

参数 src 是 8 位或浮点型单通道图像数据;blockSize 指定计算矩阵 **M** 的邻域范围;ksize 是 Sobel 算子的模板大小;k 是角点响应函数中的参数;dst 存放图像中各点的角点响应函数值。

【例 11.1】 编写程序,对图像进行 Harris 角点检测。

解:设计思路:可以采用前述 Harris 算子检测步骤进行。本例中直接采用 cornerHarris 函数计算图像中各点响应函数值,再进行局部非极大抑制,并在其中选择 R 值最大的 25 个点作为最终的角点。

程序如下。

```python
import cv2 as cv
import numpy as np
Image = cv.imread("blocks.jpg")
gray = cv.cvtColor(Image, cv.COLOR_BGR2GRAY)
height, width = gray.shape
result = Image.copy()
R_ori = cv.cornerHarris(gray, 7, 3, 0.05)                # 计算角点响应值 R
corners = np.zeros([height, width], dtype = np.float32)
cv.normalize(R_ori, corners, alpha = 0, beta = 255, norm_type = cv.NORM_MINMAX)
corners = cv.convertScaleAbs(corners)                    # 对 R 值进行归一化以便作为图像显示
pos, R_sel, radius = [], [], 3
for y in range(radius, height − radius):
    for x in range(radius, width − radius):
        temp = R_ori[y − radius : y + radius, x − radius : x + radius]
        if R_ori[y, x] == np.max(temp):                  # 判断 R 值是否为局部极大
            pos.append([y, x])                           # 记录局部极大的点
            R_sel.append(R_ori[y, x])                    # 记录局部极大的 R 值
pos_sorted = np.argsort(R_sel)                           # 返回升序排序后各值在原序列中的索引
pos = np.array(pos)
for i in range(25):                                      # 选择 25 个角点
    y, x = pos[pos_sorted[−i]][0], pos[pos_sorted[−i]][1]   # 角点的位置
    for j in range(−5, 6):                               # 在角点处加"×"标记
        result[y + j, x + j, :] = [0, 255, 0]
        result[y − j, x + j, :] = [0, 255, 0]
cv.imshow("Original image", Image)
cv.imshow("CRF image", corners)
cv.imshow("25 Strongest corners", result)
cv.waitKey()
```

程序运行结果如图 11-1 所示。

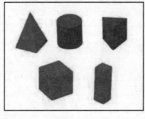  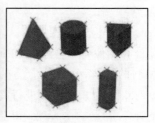

(a) 原图   (b) 角点响应值图像   (c) 检测结果

图 11-1 Harris 角点检测

Harris 角点具有旋转变换不变性,对亮度和对比度变化不敏感,不具有尺度变换不变性,读者可自行验证。

11.1.3　最小特征值角点检测

最小特征值算法(Minimum Eigenvalue Algorithm)是 J. Shi 和 C. Tomasi 在 1994 年提出的,在 Harris 角点检测的基础上,定义角点响应函数为

$$R = \min(\lambda_1, \lambda_2) \tag{11-9}$$

其中,λ_1、λ_2 与 Harris 角点检测中的含义一致,即矩阵 $\boldsymbol{M}$ 的特征值。根据 Harris 角点检测中的分析,角点处 λ_1、λ_2 的取值均较大,R 取值也大。

OpenCV 中提供了计算最小特征值响应的函数 cornerMinEigenVal,其调用格式如下:

```
cv.cornerMinEigenVal(src, blockSize[, dst[, ksize[, borderType]]]) -> dst
```

在计算出 R 值后,如果通过将 R 与阈值 T 比较确定角点,同样会遇到阈值难以确定的问题,可以和 Harris 角点检测一样,增加局部极大抑制、选择最强响应的若干角点等操作,提高检测性能。

【例 11.2】　改写例 11.1 的代码,利用 cornerMinEigenVal 函数对图像进行角点检测。

解:修改例 11.1 的代码,将其中的

```
R_ori = cv.cornerHarris(gray, 7, 3, 0.05)
```

修改为

```
R_ori = cv.cornerMinEigenVal(gray, 7, ksize = 3)
```

即可,程序运行结果如图 11-2 所示。

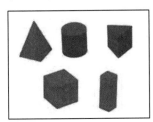  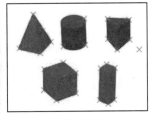

(a) 原图　　　　　　　　(b) 角点响应函数图像　　　　　(c) 检测结果

图 11-2　最小特征值角点检测

OpenCV 中的 goodFeaturesToTrack 函数可以实现角点检测,检测过程如下。

(1) 计算各像素角点响应值,可以采用 cornerMinEigenVal 或 cornerHarris 函数。

(2) 在 3×3 邻域内进行非极大抑制。

(3) 角点筛选。舍弃响应值小于最大响应值一定比例的角点,舍弃一定欧氏距离范围内非最强响应的角点。

(4) 选择整幅图像上最强响应的若干角点。

goodFeaturesToTrack 函数的调用格式如下:

```
cv.goodFeaturesToTrack (image, maxCorners, qualityLevel, minDistance[, corners[, mask[, blockSize
[, useHarrisDetector[, k]]]]]) -> corners
```

参数 maxCorners 是选择的角点数目,当 maxCorners≤0 时,返回所有角点;qualityLevel 指定最强响应值的比例,minDistance 是角点间的最小欧氏距离,两者用于角点筛选;mask 用

于指定检测角点的区域;useHarrisDetector 设定是否采用 Harris 检测算子;返回的 corners 是存放角点位置的三维矩阵。

【例 11.3】 编写程序,利用 goodFeaturesToTrack 函数检测角点。

解:程序如下。

```python
import cv2 as cv
import numpy as np
Image = cv.imread("blocks.jpg")
gray = cv.cvtColor(Image, cv.COLOR_BGR2GRAY)
corners = cv.goodFeaturesToTrack(gray, maxCorners = 25, qualityLevel = 0.01,
                                 minDistance = 10, blockSize = 7)    ♯角点检测
result = Image.copy()
for i, corner in enumerate(corners):
    center = [int(corner[0, 0]), int(corner[0, 1])]
    cv.circle(result, center, 5, (0, 255, 0))                       ♯绘制角点
cv.imshow("Original image", Image)
cv.imshow("Strongest corners", result)
cv.waitKey()
```

程序运行结果如图 11-3 所示。

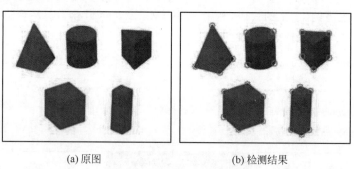

(a) 原图   (b) 检测结果

图 11-3 利用 **goodFeaturesToTrack** 函数检测角点

11.1.4 SUSAN 角点检测

最小核同值区(Smallest Univalue Segment Assimilating Nucleus,SUSAN)算子是由英国牛津大学的 S. M. Smith 和 J. M. Brady 于 1995 年首先提出的。SUSAN 算子没有采用通过计算图像中点的梯度求取角点的常规思想,而是以一种统计的方法来描述。

SUSAN 算法设计了一个圆形模板(USAN 模板),将模板内每个像素的灰度值都和中心像素作比较,把与中心点灰度值相近的点构成的区域称作 USAN 区域(核值相似区)。根据这种区域的大小,划分了几种可能的情况,如图 11-4 所示。

(1) a 类点:整个模板中的点都与中心点灰度相近。

(2) b 类点:模板中有超过半数的点与中心点灰度接近。

(3) c 类点:模板中有一半左右的点与中心点接近。

(4) d 类点:模板中只有一小部分点与中心点接近。

属于 a、b 类的点,基本上是图像中平坦区域的点,USAN 区域面积比较大;c 类点多位于图像的边缘处,USAN 区域面积较小;d 类点是最有可能成为角点的地方,USAN 区域面积最小。可见 USAN 区域的大小反映了图像局部特征的强度,USAN 面积越小,表明该点是角点的可能性越大。因此,SUSAN 算子就是通过计算比较 USAN 面积实现角点检测的。

圆形的 USAN 模板,一般使用半径为 3.4 含有 37 个像素的圆形模板,如图 11-5 所示。

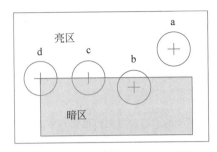

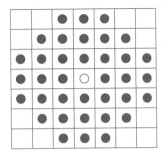

图 11-4 不同位置的 USAN 区域   图 11-5 37 个像素的 USAN 模板

SUSAN 算子检测步骤如下。

(1) 将圆形模板的中心依次放在待测图像的像素上,计算模板内的像素与中心像素的灰度差值,统计灰度差值小于阈值 T 的像素个数(相似像素数,即 USAN 区域面积),可以按式(11-10)进行检测也可以按式(11-11)进行检测。

$$c(r,r_0)=\begin{cases}1, & |f(r)-f(r_0)|\leqslant T\\0, & |f(r)-f(r_0)|>T\end{cases} \tag{11-10}$$

$$c(r,r_0)=e^{-\left(\frac{f(r)-f(r_0)}{T}\right)^6} \tag{11-11}$$

$$n(r_0)=\sum_{r\in D(r_0)}c(r,r_0) \tag{11-12}$$

其中,$D(r_0)$ 是以 r_0 为中心的圆形模板区域。

(2) 计算式(11-13)所示角点响应函数值。若某个像素的 USAN 值小于某一特定阈值 g,则该点被认为是初始角点。其中,检测角点时,g 可以设定为 USAN 的最大面积的一半;检测边缘点时,g 设定为 USAN 的最大面积的 3/4。

$$R(r_0)=\begin{cases}g-n(r_0), & n(r_0)<g\\0, & n(r_0)\geqslant g\end{cases} \tag{11-13}$$

(3) 排除伪角点。按式(11-14)计算 USAN 的重心,重心同模板中心的距离,如果距离较小,则不是正确的角点。

$$C_{r_0}=\frac{\sum\limits_{r}rc(r,r_0)}{\sum\limits_{r}c(r,r_0)} \tag{11-14}$$

(4) 进行非极大抑制求得最后的角点。

【例 11.4】 编写程序,对图像进行 SUSAN 角点检测。

解:程序如下。

```
import cv2 as cv
import numpy as np
Image = cv.imread("blocks.jpg")
gray = (cv.cvtColor(Image, cv.COLOR_BGR2GRAY)).astype(np.int32)
height, width = gray.shape
result = Image.copy()
R_ori = np.zeros([height, width])
templet = np.array([[0, 0, 1, 1, 1, 0, 0], [0, 1, 1, 1, 1, 1, 0],
```

```
                    [1, 1, 1, 1, 1, 1, 1], [1, 1, 1, 1, 1, 1, 1],
                    [1, 1, 1, 1, 1, 1, 1], [0, 1, 1, 1, 1, 1, 0],
                    [0, 0, 1, 1, 1, 0, 0]], dtype = np.uint8)    # USAN 模板
g, radius = np.floor(np.sum(templet)/2 - 1), 3        # 初始角点判断阈值和邻域半径
thresh = (np.max(gray) - np.min(gray)) / 10           # 灰度差阈值
pos = np.array([i for i in range( - radius, radius + 1)])
posx, posy = np.meshgrid(pos, pos)                    # USAN 模板内各点坐标矩阵
for y in range(radius, height - radius):
    for x in range(radius, width - radius):
        cur = gray[y - radius : y + radius + 1, x - radius : x + radius + 1]
        diff = cur * templet - gray[y, x]             # 模板覆盖范围内像素与中心像素的灰度差
        usan = (np.abs(diff) <= thresh) * templet
        count = np.sum(usan)                          # USAN 区域面积
        if 5 < count < g:                             # 排除 USAN 面积大的点和小噪声点,初步筛选角点
            centerx = np.sum(posx * usan) / count
            centery = np.sum(posy * usan) / count     # USAN 区域重心坐标
            dist = np.linalg.norm((centerx, centery)) # 与模板中心距离
            if dist > radius * np.sqrt(2) / 3:        # 距离小于阈值为伪角点
                R_ori[y, x] = g - count               # 角点响应函数值
for y in range(radius, height - radius):
    for x in range(radius, width - radius):
        temp = R_ori[y - radius:y + radius + 1, x - radius:x + radius + 1]
        if (R_ori[y, x] != 0) & (R_ori[y, x] == np.max(temp)): # 非极大抑制
            cv.circle(result, (x, y), 5, (0, 255, 0))  # 绘制角点
cv.imshow("Original image", Image)
cv.imshow("SUSAN corners", result)
cv.waitKey()
```

程序运行结果如图 11-6 所示。

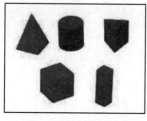

(a) 原图　　　　　　　　　(b) 检测结果　　　　　　　(c) 旋转15°后检测结果

图 11-6　SUSAN 角点检测

　　理论上圆形的 SUSAN 模板具有各向同性,可以抵抗图像的旋转变化,但实例中图像旋转中采用插值运算,有可能对像素值产生影响进而导致检测结果的变化。此外,算法中阈值的选择(如 g 和 USAN 重心和模板中心距离阈值)都会对程序运行结果有一定影响。

11.1.5　FAST 角点检测

　　FAST(Features from Accelerated Segment Test)算子是 E. Rosten 和 T. Drummond 于 2006 年提出的,以实现简单、运算快速著称。

　　FAST 算子认为:若某像素的像素值与其周围邻域内足够多的像素相差较大,则该像素可能是角点。原始算法步骤如下。

　　(1)以像素 p 为中心、以 3.4 像素为半径确定一个圆,圆上 16 个像素 p_i, $i=1,2,\cdots,16$,如图 11-7 所示。

　　(2)候选角点检测。定义一个阈值 T,用 f_p 表示中心像素 p 的像素值,若 p_i 中有至少

n 个连续的像素的像素值都大于 f_p+T，或者都小于 f_p-T，那么 p 是一个候选角点。阈值 T 可以根据相对于 f_p 的比例确定，也可以设定为一个具体的灰度值。

为提高速度，可以仅检测上下左右 4 个点 p_1、p_5、p_9、p_{13}，若 4 个点中至少有 3 个满足条件，再对圆上所有点进行检测。

（3）非极大抑制。以候选角点 p 为中心的一个邻域内，若有多个候选点，则判断每个候选点的响应值 V 与 p 的响应值的关系，若 p 是邻域所有候选点中响应值最大的，则保留；否则，去掉该候选点。若邻域内只有一个候选点，则保留。角点响应值计算如式（11-15）所示。

图 11-7　FAST 算法参与运算点示意图

$$V=\max\left[\sum_{f_{p_i}-f_p>T}(f_{p_i}-f_p),\sum_{f_p-f_{p_i}>T}(f_p-f_{p_i})\right] \tag{11-15}$$

另外也设计了基于机器学习的 FAST 算法，需要使用 ID3 算法建立决策树，详见相关资料。

OpenCV 中实现 FAST 角点检测的函数封装在 Feature2D 类的子类——FastFeatureDetector 类中，使用时需要先用 create 函数创建类的实例，再用 detect 函数实现 FAST 角点检测，两个函数调用格式如下：

```
cv.FastFeatureDetector.create([, threshold[, nonmaxSuppression[, type]]]) -> retval
cv.Feature2D.detect(images[, masks]) -> keypoints
```

参数 threshold 设置阈值 T，默认为 10；nonmaxSuppression 指明是否进行非极大抑制，默认为 True；type 指明角点检测算法的类型，可取 TYPE_5_8、TYPE_7_12、TYPE_9_16。

对于检测到的角点，可以采用 drawKeypoints 函数绘制，调用格式如下：

```
cv.drawKeypoints(image, keypoints, outImage[, color[, flags]]) -> outImage
```

【例 11.5】　编写程序，使用 FAST 角点检测方法检测角点。

解：程序如下。

```
import cv2 as cv
import numpy as np
Image = cv.imread("blocks.jpg")
fast = cv.FastFeatureDetector.create(threshold = 40)
corners = fast.detect(Image, None)
result = cv.drawKeypoints(Image, corners, None, (0, 255, 0))
cv.imshow("Original image", Image)
cv.imshow("FAST corners", result)
cv.waitKey()
```

程序运行结果如图 11-8 所示。

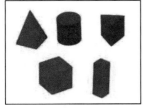
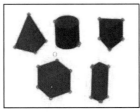

(a) 原图　　　　　　　　(b) 检测结果　　　　　　(c) 旋转15°后的检测结果

图 11-8　FAST 角点检测

11.2 线条检测

在本书图像分割和边界描述部分已经介绍,可以通过获取轮廓线上的像素来描述物体的轮廓,但如果是人造物体,轮廓线条一般具有特定的形态,比如直线段,可以采用一些特殊的方法检测和描述这类线条。

11.2.1 Hough 变换

Hough 变换(Hough Transform)是检测图像中直线和曲线的一种方法,其核心思想是建立一种点线对偶关系,将图像从图像空间变换到参数空间,确定曲线的参数,进而确定图像中的曲线。

1. Hough 变换检测直线

设直线为截距式方程:

$$y = kx + b \tag{11-16}$$

式中,k、b 为直线参数。

以 x 为横坐标,y 为纵坐标建立 xy 空间,以 k 为横坐标,b 为纵坐标建立 kb 参数空间,有下列 3 个对应关系:

(1)由于一条确定的直线对应一组确定的参数数据 k、b,因此 xy 空间一条确定的直线对应参数空间的一个点 (k,b);

(2)直线变形为关于 k 和 b 的直线 $b = -xk + y$,x、y 为其参数,因此参数空间的一条直线对应 xy 空间的一个点;

(3)综上所述,xy 空间一条直线上的 n 个点,对应参数 kb 空间经过一个公共点的 n 条直线。

因此,若原图像中有一条边界线为直线段,根据其上的 n 个点 (x_i,y_i),$i=1,2,\cdots,n$,可在 kb 参数空间绘制 n 条直线,检测出这 n 条直线的交点,即可得到图像中该直线的参数,从而确定这条线。

参数空间 n 条直线交点的检测方法为:对于原图中的每一点,在参数空间确定一条直线,即该直线所经过点的值累加 1,经过直线最多的点(累加值最大的点)为原图中直线的参数。

直线方程 $y = kx + b$ 对垂直线不起作用,一般采用极坐标形式,如图 11-9 和式(11-17)所示。

$$\rho = x\cos\theta + y\sin\theta \tag{11-17}$$

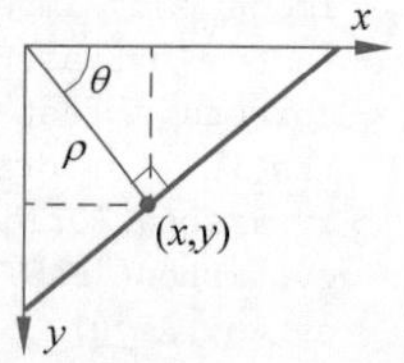

式中,ρ 表示该直线距原点的距离,θ 表示直线法线与 x 轴的夹角,(x,y) 与 (ρ,θ) 满足式(11-18):

图 11-9 直线的极坐标形式

$$\begin{cases} x = \rho\cos\theta \\ y = \rho\sin\theta \end{cases} \tag{11-18}$$

同前述原理一样,xy 空间一条确定的直线对应 $\rho\theta$ 参数空间的一个点;$\rho\theta$ 参数空间的一条正弦曲线对应 xy 空间的一个点;xy 空间一条直线上的 n 个点对应 $\rho\theta$ 参数空间经过一个公共点的 n 条正弦曲线。对于原图中的每一点,在参数空间确定一条正弦曲线,即该曲线所经过点的值累加 1,经过曲线最多的点(累加值最大的点)为原图中直线的参数。

OpenCV 中的 HoughLines 函数使用 Hough 变换检测二值图像中的直线段,其调用格式如下:

```
cv.HoughLines(image, rho, theta, threshold[, lines[, srn[, stn[, min_theta[, max_theta]]]]]) -> lines
```

参数 image 是 8 位单通道表示的二值图像;rho 和 theta 表示 ρ、θ 的精度(ρ 和 θ 的单位分别为像素和弧度);threshold 是在 $\rho\theta$ 空间判断是否是直线参数的阈值;min_theta 和 max_theta 指定角度范围;lines 是三维数组,存放检测到的直线参数 (ρ, θ)。

在 OpenCV 中采用 line 函数绘制直线,其调用格式如下:

```
cv.line(img, pt1, pt2, color[, thickness[, lineType[, shift]]]) -> img
```

【例 11.6】 编写程序,对图像进行边缘检测、Hough 变换,并在边缘图像上绘制检测到的直线。

解:程序如下。

```
import cv2 as cv
import numpy as np
import math
Image = cv.imread("houghsource.bmp")
edge = cv.Canny(Image, 100, 220)                    # Canny 算子检测边缘
c_edge = np.stack((edge, edge, edge), axis = 2)     # 边缘图像表示为三维矩阵
lines = cv.HoughLines(edge, 1, np.pi / 180, 70, None, 0, 0)
                # Hough 变换检测直线, ρ 精度为 1 像素, θ 精度为 1 弧度, 阈值为 70
                                                    # 如果检测到直线, 将在彩色图像 c_edge 上绘制
if lines is not None:
    for i in range(0, len(lines)):
        rho, theta = lines[i][0][0], lines[i][0][1]     # 读取直线参数
        a, b = math.cos(theta), math.sin(theta)
        x, y = a * rho, b * rho
        pt1 = (int(x + 1000 * (-b)), int(y + 1000 * a))
        pt2 = (int(x - 1000 * (-b)), int(y - 1000 * a))     # 计算直线上的点
        cv.line(c_edge, pt1, pt2, (255, 0, 0), 1, cv.LINE_AA)  # 绘制直线
cv.imshow("Original image", Image)
cv.imshow("Lines", c_edge)
cv.waitKey()
```

程序运行结果如图 11-10 所示。HoughLines 检测结果受参数设置制约较大,程序中检测到 3 条直线,其中两条的 θ 参数很接近,但三角形的最短边并没有被检测到;修改阈值,会得到不同的检测结果。

参数变换的计算复杂度会相当高,可以使用梯度信息降低计算量:知道梯度的方向,或边缘的方向,也就知道了 θ 值,则只需计算 ρ 值。

(a) 原图　　　　(b) 检测结果图

图 11-10　Hough 变换检测直线

另外,上述的 Hough 变换检测直线而不是直线段,也就是仅获得了直线段的 ρ、θ 参数,并不知道直线段的端点,解决这个问题可以采用概率 Hough 变换(Probabilistic Hough Transform):只对部分边缘像素进行变换,对检测到的直线寻找直线段端点,可以按如下步骤进行。

(1) 初始化。将二值边缘图像中的前景点的标记设为未标记,即还没有被确定为某一条直线上的点。

（2）随机抽取一个未标记的前景点，如果没有未标记的前景点，退出算法，否则进行第（3）步。

（3）对抽取的前景点进行 Hough 变换，即确定该点在参数空间对应的曲线，曲线经过的各点的值累加。

（4）选取参数空间累加值最大的点，如果累加值小于阈值，返回第（2）步重新抽样；否则获取直线参数，并进行第（5）步。

（5）根据直线参数确定原点到直线垂线的垂足，从该点出发，沿着直线的两个方向移动，经过的点标记为直线上的点，并找到直线段的两个端点，再返回第（2）步寻找下一条直线段。

OpenCV 中的 HoughLinesP 函数可以实现概率 Hough 变换，其调用格式如下：

```
cv.HoughLinesP(image, rho, theta, threshold[, lines[, minLineLength[, maxLineGap]]]) -> lines
```

长度大于参数 minLineLength 的目标才被认为是检测到直线段，同一个方向上间隔小于 maxLineGap 的点会被认为是同一条直线段上的点。返回的 lines 是三维数组，存放直线段的两个端点坐标。

【例 11.7】 修改例 11.6 的程序，检测边缘图像的直线段并绘制。

解：只需要修改进行 Hough 变换和绘制直线段的代码，如下所示：

```
……
lines = cv.HoughLinesP(edge, 1, np.pi / 180, 70, None, 50, 10)
if lines is not None:
    for i in range(0, len(lines)):
        seg = lines[i][0]
        cv.line(c_edge, (seg[0], seg[1]), (seg[2], seg[3]), (0, 0, 255), 3, cv.LINE_AA)
……
```

程序运行结果如图 11-11 所示。

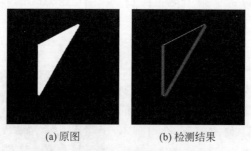

(a) 原图   (b) 检测结果

图 11-11　Hough 变换检测直线段

2. Hough 变换检测圆

Hough 变换检测圆的原理同检测直线一样，圆的方程式为

$$(x-a)^2 + (y-b)^2 = r^2 \tag{11-19}$$

式中，(a, b) 为圆心坐标，r 为圆的半径。

圆由 3 个参数 a、b、r 决定。因此下列 3 个对应关系成立：

（1）xy 空间一个圆对应三维参数空间的一个点 (a, b, r)；

（2）xy 空间圆上一个点 (x, y) 对应参数空间的一条曲线；

（3）xy 空间圆上 n 个点对应参数空间 n 条相交于一点的曲线。

设原图像为二值边缘图像,循环扫描图像上的所有点,对于每一点在(a,b,r)参数空间确定一条曲线,即参数空间上的对应曲线经过的所有(a,b,r)点的值累加 1。参数空间上累计值最大的点(a^*,b^*,r^*)为所求圆的参数,按照该参数在与原图像同等大小的空白图像上绘制圆。

与检测直线相比,检测圆需要在三维参数空间运算,计算量更大且算法复杂度增加,可以采用极坐标式(见图 11-12),通过获取边界点的梯度,根据指向圆内的梯度,可以求出圆心的位置。因为仅计算圆的半径,所以计算量减小。

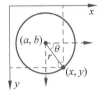 

(a) 圆的极坐标形式　　(b) 圆周边界点梯度方向

图 11-12　Hough 变换检测圆

$$\begin{cases} x = a + r\cos\theta \\ y = b + r\sin\theta \end{cases} \qquad (11\text{-}20)$$

OpenCV 中的 HoughCircles 函数可以实现圆的检测,其调用格式如下:

```
cv. HoughCircles (image, method, dp, minDist [, circles [, param1 [, param2 [, minRadius [, maxRadius]]]]])) -> circles
```

参数 image 是 8 位灰度图像数据;method 指定检测方法,支持 cv. HOUGH_GRADIENT、cv. HOUGH_GRADIENT_ALT,函数分两步检测圆——先检测边缘和圆心,再确定半径;dp 是参数空间和图像空间分辨率的反比,设为 1 时,两个空间分辨率一样,设为 2 时,参数空间分辨率为图像空间的一半;minDist 是检测到的圆心之间的最小距离;param1 指定 Canny 算子的高阈值(低阈值小两倍),param2 在 cv. HOUGH_GRADIENT 模式下指定确定圆心的参数空间累加值阈值;minRadius 和 maxRadius 指明最小和最大圆半径。返回 circles 是 $1 \times N \times 3$ 的数组,存放检测到的 N 个圆的圆心和半径。

【例 11.8】　编写程序,对图像 coins. png 进行 Hough 变换,检测并显示圆。

解:程序如下。

```
import cv2 as cv
import numpy as np
Image = cv. imread("coins.png")
gray = cv. cvtColor(Image, cv.COLOR_BGR2GRAY)
height, width = np.shape(gray)
circles = cv.HoughCircles(gray, cv.HOUGH_GRADIENT, 1, height / 16,
                          param1 = 240, param2 = 30, minRadius = 1, maxRadius = 50)
if circles is not None:
    circles = np.uint16(np.around(circles))
    for i in circles[0, :]:
        center = (i[0], i[1])
        cv.circle(Image, center, 1, (0, 0, 255), 3)        #绘制圆心
        radius = i[2]
        cv.circle(Image, center, radius, (255, 0, 0), 3)   #绘制圆
cv.imshow("Detected circles", Image)
cv.waitKey()
```

程序运行结果如图 11-13 所示。

(a) 原图   (b) 检测结果

图 11-13   Hough 变换检测圆

Hough 变换也可以推广到具有解析形式 $f(x,a)=0$ 的任意曲线，x 表示图像点，a 表示参数向量。方法同检测直线和圆一样，这里不再赘述。

3. 广义 Hough 变换

广义 Hough 变换（Generalized Hough Transform，GHT）用于检测不可解析的任意形状的曲线，但是需要了解理想化的形状模型，根据模型在图像中寻找相似的目标。

假设一条理想化的曲线如图 11-14(a) 所示，其中选择一个定点 (x_c,y_c)，从这点向边缘引一条线，交边缘于点 (x,y)，该点的切线与水平轴夹角为 φ（垂直于梯度方向，即边缘方向），(x,y) 到 (x_c,y_c) 距离为 r，两点连线和水平轴夹角为 α，可得

$$\begin{cases} x_c = x - \Delta x = x + r\cos\alpha \\ y_c = y - \Delta y = y - r\sin\alpha \end{cases} \tag{11-21}$$

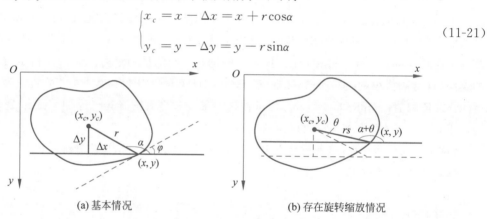

(a) 基本情况   (b) 存在旋转缩放情况

图 11-14   广义 Hough 变换的原理示意图

从 (x_c,y_c) 向边缘引多条线，交边缘于多点，得到多个 φ、r 和 α，将 (x_c,y_c) 看作关于 φ 的函数，用 R-表记录两者的关系，以 φ 排序；由于不同边缘点可能具有相同的 φ，所以，每个 φ 可能对应多于一对的 (r,α)，如表 11-1 所示。R-表其实就是将边缘点用特征 φ、r 和 α 表示并存储。

表 11-1   R-表

φ_1	$(r_1^1,\alpha_1^1),(r_1^2,\alpha_1^2),\cdots,(r_1^{n_1},\alpha_1^{n_1})$
φ_2	$(r_2^1,\alpha_2^1),(r_2^2,\alpha_2^2),\cdots,(r_2^{n_2},\alpha_2^{n_2})$
φ_3	$(r_3^1,\alpha_3^1),(r_3^2,\alpha_3^2),\cdots,(r_3^{n_3},\alpha_3^{n_3})$
$\vdots$	$\vdots$
φ_k	$(r_k^1,\alpha_k^1),(r_k^2,\alpha_k^2),\cdots,(r_k^{n_k},\alpha_k^{n_k})$

检测曲线是在图像中寻找和模型一致的图形。首先构建 x_c，y_c 空间，离散化为一个个网格（量化）；对于图像中每个前景点，计算对应的边缘方向 φ，在 R-表中以 φ 为索引检索对应的 r 和 α；根据式(11-21)计算 x_c，y_c 的值，x_c，y_c 空间对应网格的值累加 1；最终，找到参数空

间中累加值大于阈值的网格(x_c^*, y_c^*),计算的(x_c, y_c)对应该网格的那些前景点为边缘点,即完成了曲线的检测。

以上是广义 Hough 变换的基本原理,如果区域存在旋转或缩放情况,参数增多,则情况较复杂一些。

假设区域旋转角度为θ,以逆时针方向为正,缩放因子为s,如图 11-14(b)所示,则(x, y)和(x_c, y_c)的关系为

$$\begin{cases} x_c = x + rs\cos(\alpha + \theta) \\ y_c = y - rs\sin(\alpha + \theta) \end{cases} \tag{11-22}$$

构建x_c, y_c, θ, s空间,离散化为一个个网格(量化);对于图像中每一个前景点,计算对应的边缘方向φ,在 R-表中以φ为索引检索对应的r和α;以 1 个单位为步长,遍历θ, s,每一处都根据式(11-22)计算x_c, y_c的值,对应网格的值累加 1;最终,找到参数空间中累加值大于阈值的网格$(x_c^*, y_c^*, \theta^*, s^*)$,计算的$(x_c, y_c)$对应该网格的那些前景点为边缘点,完成曲线的检测和姿态估计。

广义 Hough 变换可以用来检测任意的形状,前提是形状事先定义。不知道精确形状的物体,可以用其他的修正方法检测,但是需要有用来近似物体模型的先验知识。

Hough 变换可以识别部分变形的形状,在识别部分遮挡物体时,性能很好;根据参数空间峰值及其空间位置,Hough 变换也可以用于度量模型与检测到的物体之间的相似性;Hough 变换对噪声不敏感;Hough 变换需要大量存储空间和计算量。

11.2.2 LSD 算法

除了利用参数变换(Radon 变换、Hough 变换)的方法外,LSD(Line Segment Detector)算法也可以检测直线段。LSD 算法将图像中与水平线(Level-Line)角度相近的边缘像素构成连通区域,确定区域的最小外接矩形,如果该矩形满足一定的条件,则作为直线段检测的结果。下面介绍 LSD 算法的主要处理环节。

1. 高斯滤波及下采样

LSD 算法的第一步是对图像进行高斯滤波以及下采样,可以避免由于离散化导致的阶梯状直线段现象。高斯函数的标准差设为σ/s,s是缩小比例,可以设置为 1(即不进行下采样)。

2. 梯度计算与处理

LSD 算法在 2×2 窗口内计算像素(x, y)的梯度和水平线角度,水平差分、垂直差分、梯度幅值分别为

$$\begin{cases} f_x = \dfrac{1}{2}\left[f(x+1, y) + f(x+1, y+1) - f(x, y) - f(x, y+1)\right] \\ f_y = \dfrac{1}{2}\left[f(x, y+1) + f(x+1, y+1) - f(x, y) - f(x+1, y)\right] \\ g(x, y) = \sqrt{f_x^2 + f_y^2} \end{cases} \tag{11-23}$$

水平线角度为

$$\arctan(-f_x/f_y) \tag{11-24}$$

与梯度方向垂直。

梯度幅值小于阈值ρ的像素不参与后续计算,阈值ρ为

$$\rho = \frac{q}{\sin\tau} \tag{11-25}$$

其中，τ 是角度容差，可设为 $22.5°$；q 是梯度的量化误差界限，可设为 2。

由于梯度幅值越大，对应的边界越明显，像素越靠近边界中心，确定直线段需要从高梯度值的像素开始处理，所以，将梯度幅值进行排序。为减少时间开销，将梯度幅值范围从大到小分为 1024 个区间，将像素归入不同区间，实现伪排序。

3. 区域生长

按照梯度区间由大到小，从未标记过的像素中选择一个作为种子像素，加入区域。对于区域内每一像素，判断其邻域的水平线角度和当前区域角度的偏差是否在角度容差（τ）范围内，如果是，则将该像素加入当前区域，并更新区域角度为

$$\arctan\left(\frac{\sum_j \sin(\alpha_j)}{\sum_j \cos(\alpha_j)}\right) \tag{11-26}$$

其中，α_j 表示区域内像素的水平线角度。当没有新的像素加入区域时停止生长。

4. 候选直线段判断

计算梯度图像 $g(x,y)$ 生成的区域的质心 $(\bar{x},\bar{y})$ 作为矩形中心（见式(10-18)），计算中心矩 μ_{20}、μ_{02} 和 μ_{11}（见式(10-20)），并利用 μ_{00} 归一化，构成矩阵 $\boldsymbol{M}$：

$$\boldsymbol{M} = \begin{bmatrix} \mu_{20}/\mu_{00} & \mu_{11}/\mu_{00} \\ \mu_{11}/\mu_{00} & \mu_{02}/\mu_{00} \end{bmatrix} \tag{11-27}$$

将矩阵 $\boldsymbol{M}$ 的最小特征值对应的特征向量的角度作为矩形的主方向。根据矩形中心和主方向，进一步确定包含区域所有像素的最小矩形。

矩形内所有水平线角度和矩形主方向偏差在 τ 范围内的像素称为对齐点。设对齐点的数目为 k，矩形内像素总数为 n，对齐点的密度满足

$$k/n \geqslant D \tag{11-28}$$

的矩形为候选直线段，D 可选 0.7。

如果要提高检测精度，可以进一步修正。对于不满足密度条件的矩形，截断为更小的矩形：减小角度容差 τ，以相同的种子像素重新进行区域生长，再进行判断；降低角度容差的方法只进行一次，如果新区域依然不满足密度条件，逐步去除离种子像素远的像素，直到满足条件或者区域太小被舍弃为止。

5. 直线段判断

矩形内的像素属于对齐点的概率可以表示为

$$p = \tau/\pi \tag{11-29}$$

可知，一个和矩形对应的噪声模型中对齐点数量不小于实际模型中对齐点数量的概率为

$$b(n,k,p) = \sum_{j=k}^{n} \binom{n}{j} p^j (1-p)^{n-j} \tag{11-30}$$

设图像的分辨率为 $M \times N$，矩形宽度最大为 $\sqrt{MN}$，所有可能的矩形个数为 $(MN)^{5/2}$，直线段的虚警次数（Number of False Alarms，NFA）为

$$\text{NFA}_r = (MN)^{5/2} b(n,k,p) \tag{11-31}$$

为了获得更准确的检测结果，按下列顺序对矩形进行修正，每次修正对几种情况对应的

NFA_r 进行比较,保留最小 NFA 对应的变量值。

(1) 修改 p 值,分 p、$p/2$、$p/4$、$p/8$、$p/16$、$p/32$ 几种情况进行对比。

(2) 从两边减小矩形宽,分 W、$W-0.5$、$W-1$、$W-1.5$、$W-2$、$W-2.5$ 几种情况进行对比。

(3) 从单边减小矩形宽,每次减少 0.5 像素,中心点随之移动 0.25 像素,对单边减少 0.5、1、1.5、2、2.5 几种情况进行对比。

(4) 从单边减小矩形长,和第(3)步一样进行比较。

(5) 将第(1)步获得的最佳 $\hat{p}$ 依次缩小为 $\hat{p}/2$、$\hat{p}/4$、$\hat{p}/8$、$\hat{p}/16$、$\hat{p}/32$ 几种情况进行对比。

设定阈值 ε,如果最小 $NFA_r \leqslant \varepsilon$,这个矩形被认为是直线段。

如果图像中还有未标记的点,重复进行区域生长、最小矩形近似,以及直线段判断,最终输出检测到的直线段。

6. 仿真实现

OpenCV 中的 LSD 算法封装在 LineSegmentDetector 类中,用 createLineSegmentDetector 函数创建类的实例,detect 函数可以实现直线段检测,drawSegments 函数可以在给定图像中绘制直线段,三个函数调用格式如下:

```
cv.createLineSegmentDetector([, refine[, scale[, sigma_scale[, quant[, ang_th[, log_eps[, density_th
[, n_bins]]]]]]]]) -> retval
cv.LineSegmentDetector.detect(image[, lines[, width[, prec[, nfa]]]]) -> lines, width, prec, nfa
cv.LineSegmentDetector.drawSegments(image, lines) -> image
```

createLineSegmentDetector 函数参数表见表 11-2。

表 11-2　createLineSegmentDetector 函数参数表

参　　数	含　　义
refine	检测直线段的方法,可取 cv.LSD_REFINE_NONE(无修正)、cv.LSD_REFINE_STD(默认,矩形截断修正)、cv.LSD_REFINE_ADV(NFA 计算和矩形修正)
scale	缩小比例 s,默认为 0.8
sigma_scale	高斯滤波器的参数 σ,默认为 0.6,对应高斯函数标准差为 sigma_scale/scale
quant	梯度的量化误差界限 q,默认为 2
ang_th	角度容差 τ,默认为 22.5
log_eps	NFA 阈值,默认为 0,判断方法为 $-\lg NFA > \log\_eps$
density_th	对齐点的密度阈值 D,默认为 0.7
n_bins	梯度幅值伪排序时的区间数目,默认为 1024

detect 函数的参数 image 是 8 位灰度图像数据;lines 存放检测到的直线段两端点坐标;width、prec 和 nfa 分别是直线段线宽、对应的 p 和 NFA 值。

【例 11.9】 编写程序,利用 LSD 算法检测图像中的直线段。

解:程序如下。

```
import cv2 as cv
import numpy as np
Image = cv.imread("blocks.jpg")
gray = cv.cvtColor(Image, cv.COLOR_BGR2GRAY)
lsd = cv.createLineSegmentDetector()
lines, width, prec, nfa = lsd.detect(gray)
result = np.zeros(Image.shape, dtype = np.uint8)
lsd.drawSegments(result, lines)
cv.imshow("Original image", Image)
```

```
cv.imshow("Detected line segments", result)
cv.waitKey()
```

程序运行结果如图 11-15 所示。

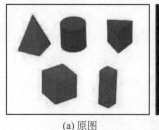

|(a) 原图|(b) 检测结果|

图 11-15　LSD 算法检测直线段

除了采用 Radon 变换、Hough 变换、LSD 算法检测直线段外,还可以采用其他方法,例如,基于 RANSAC 的检测方法。对于哪种直线段检测方法效果最好没有一致的看法,需要根据要解决的问题,甚至对比不同的方法以确定哪种最适合。

关于基于 RANSAC 的直线段检测,请扫描二维码,查看讲解。

11.3　局部不变特征检测与描述

第 19 集
微课视频

对于检测出的特征点,需要使用更紧凑和稳定(不变)的描述子描述特征点附近的局部图像模式,如梯度直方图、局部随机二值特征等。本节主要介绍尺度不变特征变换(Scale-Invariant Feature Transform,SIFT)、加速鲁棒特征(Speeded Up Robust Features,SURF)、二进制尺度不变关键点(Binary Robust Invariant Scalable Keypoints,BRISK)、最大稳定极值区域(Maximally Stable Extremal Regions,MSER)特征描述子。

11.3.1　SIFT 描述子

SIFT 算法由 D. G. Lowe 于 1999 年提出,主要思想是利用金字塔和高斯核滤波差分提取局部特征,在尺度空间寻找极值点,提取位置、尺度和旋转不变量。

1. 尺度空间

将图像 $f(x,y)$ 与不同尺度因子的高斯核函数 $h(x,y,\sigma)$ 进行卷积运算,构成该图像的尺度空间 $L(x,y,\sigma)$,如式(11-32)所示。

$$L(x,y,\sigma)=f(x,y)*h(x,y,\sigma) \tag{11-32}$$

式中,σ 是高斯函数的方差,取值越小,图像被平滑越少,相应的尺度也越小。

2. 高斯金字塔

所谓图像金字塔,即构建一个由大到小、从下到上的塔形图像序列,上一层图像由下一层图像进行下采样得到。金字塔的层数根据图像的原始大小和塔顶图像的大小共同决定,如式(11-33)所示。

$$O=\text{lb}\left[\min(M,N)\right]-t,t\in\left[0,\text{lb}\left[\min(M,N)\right]\right] \tag{11-33}$$

式中,M、N 为原图像宽和高,t 为塔顶图像的最小维数的对数值。

高斯金字塔是将每层图像使用不同参数进行高斯滤波,即金字塔的每层含有多幅高斯模糊图像,称为一组,组内的多幅图像按层次叠放,因此,直接称金字塔的层为组(Octave),称组内的多幅图像为层(Interval)，组数为 O，每组有 S 层(一般为 3～5 层)，如图 11-16 所示。

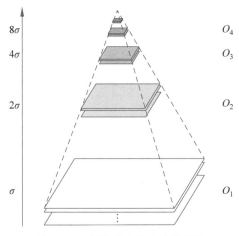

图 11-16　图像的高斯金字塔结构

一般认为获取的图像在成像时进行了初始模糊，尺度为 $\sigma_{pre}=0.5$，设置第 0 层尺度为 σ_{init} (可取 1.6)，高斯金字塔的初始尺度为

$$\sigma_0=\sqrt{\sigma_{init}^2-\sigma_{pre}^2} \tag{11-34}$$

对于第 i 组第 j 层，尺度为

$$\sigma_{i,j}=\sigma_i 2^{j/S} \tag{11-35}$$

第 i 组相邻两层的尺度关系简化为

$$\sigma_{i,j+1}=\sigma_{i,j} 2^{1/S} \tag{11-36}$$

即相邻两层图像间的高斯尺度为 $2^{1/S}$ 倍的关系。

相邻两组之间的尺度关系为

$$\sigma_{i+1,j}=\sigma_i 2^{(j+S)/S}=2\sigma_i 2^{j/S} \tag{11-37}$$

即相邻两组的同一层尺度为 2 倍关系。

为保持尺度的连续性，下采样时，高斯金字塔上一组图像的初始图像(底层图像)是由前一组图像的倒数第三幅图像隔点采样得到的。

3. 高斯差分尺度空间

图像的高斯差分尺度空间为图像的不同尺度空间之间的差，可以利用高斯差分算子(Difference of Gaussian，DoG)生成，如式(11-38)所示。

$$D(x,y,\sigma)=L(x,y,2^{1/S}\sigma)-L(x,y,\sigma)$$
$$=[h(x,y,2^{1/S}\sigma)-h(x,y,\sigma)]*f(x,y) \tag{11-38}$$

也就是使用高斯金字塔每组中相邻上下两层图像相减，得到高斯差分图像，如图 11-17 所示。将高斯差分尺度空间简称为 DoG 空间。

4. 关键点检测

关键点由 DoG 空间的局部极值点组成的，通过同一组内各相邻两层图像之间比较完成：将中间层每个像素和同尺度的 8 个邻点及上下相邻尺度对应的 9×2 个点(共 26 个点，如图 11-18 所示)比较，若该像素比 26 个邻点的 DoG 值都大或都小，则该点为一个局部极值。

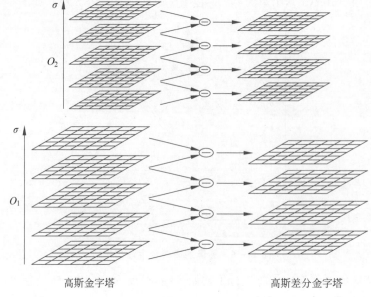

图 11-17 高斯差分金字塔的形成

由于关键点检测需要前后两层高斯差分图像,所以,如果查找 S 层的特征点,需要 $S+2$ 层高斯差分图像,然后查找其中的第 2 层到第 $S+1$ 层。

$S+2$ 层高斯差分图像需要 $S+3$ 层图像构建出来。所以,如果整个尺度空间一共有 O 组,每组有 $S+3$ 层图像。

SIFT 算法中图像尺度连续性的理解是一个难点,有兴趣可以扫描二维码,查看讲解。

第 20 集
微课视频

5. 关键点定位

由于 DoG 值对噪声和边缘较敏感,检测的局部极值点,往往需要进一步去除低对比度的极值点及边缘响应点,以增强匹配稳定性,提高抗噪声能力。如图 11-19 所示,检测到的极值点是离散空间的极值点,与真正的极值点存在距离,影响匹配的精度,利用已知的离散空间点插值得到连续空间极值点。

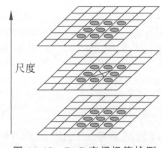

图 11-18 DoG 空间极值检测

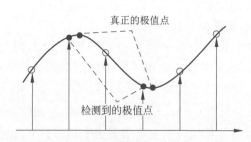

图 11-19 离解空间与连续空间极值点的区别

DoG 算子会产生较强的边缘响应,需要剔除不稳定的边缘响应点。获取特征点处的 Hessian 矩阵,主曲率通过一个 2×2 的 Hessian 矩阵 $\boldsymbol{H}$ 求出:

$$\boldsymbol{H} = \begin{pmatrix} D_{xx} & D_{xy} \\ D_{xy} & D_{yy} \end{pmatrix} \tag{11-39}$$

其中,D_{xx}、D_{yy}、D_{xy} 是检测点邻域对应位置的差分求得的。设 α 为 $\boldsymbol{H}$ 的最大特征值,β 为 $\boldsymbol{H}$ 的最小特征值,α 和 β 代表 x 和 y 方向的梯度,矩阵 $\boldsymbol{H}$ 的迹 $\mathrm{Tr}\boldsymbol{H}$ 和行列式 $\mathrm{Det}\boldsymbol{H}$ 为

$$\mathrm{Tr}\boldsymbol{H} = D_{xx} + D_{yy} = \alpha + \beta$$

$$\mathrm{Det}\boldsymbol{H} = D_{xx}D_{yy} - D_{xy}^2 = \alpha\beta \tag{11-40}$$

设 $\gamma = \alpha/\beta$，则

$$\frac{\mathrm{Tr}\boldsymbol{H}^2}{\mathrm{Det}\boldsymbol{H}} = \frac{(\alpha+\beta)^2}{\alpha\beta} = \frac{(\gamma\beta+\beta)^2}{\gamma\beta^2} = \frac{(\gamma+1)^2}{\gamma} \tag{11-41}$$

上式的结果与两个特征值的比例有关，和具体的大小无关，当两个特征值相等时，值最小，并且随着 γ 的增大而增大。值越大，说明在某一个方向的梯度值越大，而在另一个方向的梯度值越小，对应边缘的情况。所以为了剔除边缘响应点，需要让该比值小于一定的阈值，因此，为了检测主曲率是否在某阈值 γ 下，若

$$\frac{\mathrm{Tr}\boldsymbol{H}^2}{\mathrm{Det}\boldsymbol{H}} < \frac{(\gamma+1)^2}{\gamma} \tag{11-42}$$

则将该关键点保留，反之则剔除。原始论文中 γ 取 10。

6. 关键点方向分配

为了使描述符具有旋转不变性，利用图像的局部特征为每个关键点指定方向参数。对于在 DoG 金字塔中检测出的关键点，采集其所在高斯金字塔图像 3σ 邻域窗口内像素的梯度和方向分布特征，σ 是特征点的尺度。每个关键点的梯度幅值和梯度方向为

$$\begin{cases} m(x,y) = \sqrt{[L(x+1,y)-L(x-1,y)]^2 + [L(x,y+1)-L(x,y-1)]^2} \\ \theta(x,y) = \arctan\left[\dfrac{L(x,y+1)-L(x,y-1)}{L(x+1,y)-L(x-1,y)}\right] \end{cases} \tag{11-43}$$

以关键点为中心，确定一个邻域，统计该邻域窗口内每一个像素的梯度方向，生成梯度方向直方图。梯度方向直方图将 $0°\sim360°$ 的方向范围分为 36 个柱，每柱 $10°$，柱所代表的方向为像素梯度方向，柱的长短代表了梯度幅值，峰值代表了该关键点处邻域梯度的主方向，作为该关键点的方向。如果还有另一个相当于主峰值 80% 的峰值，认为该方向是关键点的辅方向。关键点可能会具有多个辅方向，增强匹配的鲁棒性。

按 Lowe 的建议，直方图统计半径为 $3\times1.5\sigma$，σ 是关键点的尺度；参与统计的所有像素的梯度幅值按照高斯圆形窗口加权，尺度为 1.5σ。梯度方向直方图通常要进行插值拟合处理，以求得更精确的方向信息。

7. 关键点特征描述

检测到的图像关键点都有三个特征信息：位置、尺度和方向，且关键点已经具备平移、缩放和旋转不变性。需要为每个关键点建立一个特征描述子，这个描述子不但包括关键点，也包含关键点周围对其有贡献的像素。因此，对关键点周围图像区域分块，计算块内梯度方向直方图，生成具有独特性的特征向量，以便于提高特征点正确匹配的概率。

(1) 确定计算描述子所需的图像区域：设关键点的主方向为 θ，所在尺度为 σ，将关键点附近邻域划分成 $d\times d$ 个子区域，每个子区域的尺寸为 $3\sigma\times3\sigma$ 像素；考虑到插值需要，图像区域边长为 $3\sigma(d+1)$；再加上旋转因素，实际计算的图像区域半径为 $R = 3\sigma\sqrt{2}(d+1)/2$。

(2) 以关键点为中心，将附近半径为 R 的圆内图像坐标旋转一个方向角 θ，以确保旋转不变性。

(3) 在旋转后的图像坐标下，以关键点为中心，选取 $3\sigma d\times3\sigma d$ 大小的区域，对每个像素计算梯度幅值和梯度方向，并对每个像素的梯度幅值用尺度为 $0.5d$ 的高斯分布进行加权。

（4）将 $3\sigma d\times 3\sigma d$ 大小的图像区域等间隔划分为 $d\times d$ 个子区域，在每个子区域内计算 8 个方向的梯度方向直方图，绘制每个梯度方向的累加值，形成 $d\times d\times 8$ 的特征向量。

（5）对特征向量进行归一化处理，去除光照变化的影响。

（6）设置门限值（一般取 0.2）截断较大的梯度值。然后，再进行一次归一化处理，提高特征的鉴别性。

（7）按特征点的尺度对特征描述向量进行排序，生成 SIFT 特征描述子。

如图 11-20 所示，将关键点周围选择了 2×2 个小区域，每个区域计算 8 个方向的梯度方向直方图，最终形成 32 维的特征向量。建议选择 4×4 个小区域，构成 128 维特征向量。

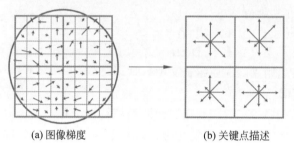

(a) 图像梯度　　　　　　　　　　　(b) 关键点描述

图 11-20　关键点描述子的创建

OpenCV 中 SIFT 特征检测和描述函数封装在 Feature2D 类的子类——SIFT 类中，create 函数用于创建类的实例，detect 函数用于实现关键点检测，compute 函数用于生成关键点对应的特征向量，detectAndCompute 函数用于同时实现关键点检测和描述，调用格式如下：

```
cv.SIFT.create([, nfeatures[, nOctaveLayers[, contrastThreshold[, edgeThreshold[, sigma[, enable_
precise_upscale]]]]]]) -> retval
cv.Feature2D.detect(images[, masks]) -> keypoints
cv.Feature2D.compute(image, keypoints[, descriptors]) -> keypoints, descriptors
cv.Feature2D.detectAndCompute(image, mask[, descriptors[, useProvidedKeypoints]]) -> keypoints,
descriptors
```

create 函数的参数 nfeatures 是要获取的特征数目，按局部对比度排序；contrastThreshold 是筛选特征的对比度阈值；sigma 是用于滤波的高斯函数初始标准差。

参数 keypoints 是存放关键点的元组，每个元素包括一个关键点的数据，含方向角 angle、所属目标 ID 号 class_id、所在组号 octave、位置 pt、响应值 response 以及邻域大小 size。

【例 11.10】　编写程序，利用 SIFT 类函数对图像进行特征检测与描述。

解：程序如下。

```
import cv2 as cv
import numpy as np
from math import sin, cos
Image = cv.imread("cameraman.tif")
gray = cv.cvtColor(Image, cv.COLOR_BGR2GRAY)
sift = cv.SIFT.create(40)                                    # 创建 SIFT 类实例, 获取 40 个特征
keypoints = sift.detect(gray)                                # 检测关键点
keypoints, descriptors = sift.compute(gray, keypoints)       # 获取关键点特征向量
result = Image.copy()
for i, kp in enumerate(keypoints):
    center = (int(kp.pt[0]), int(kp.pt[1]))                  # 各关键点位置
    cv.circle(result, center, 2, (0, 255, 0), 1)
    radius = int(kp.size)                                    # 邻域大小
    cv.circle(result, center, radius, (0, 255, 0), 1)        # 绘制关键点邻域
    posx = int(center[0] + radius * cos(kp.angle))
```

```
        posy = int(center[1] + radius * sin(kp.angle))    #计算主方向上圆上的点
        cv.line(result, center, (posx, posy), (0, 255, 0), 1)  #绘制主方向
    print(descriptors.shape)                              #输出特征向量维数
    cv.imshow("SIFT keypoints", result)
    cv.waitKey()
```

程序运行结果如图 11-21 所示,并输出特征向量维数:(40,128),即检测了 40 个特征点,各对应一个 128 维的向量。

图 11-21　SIFT 特征检测与描述

11.3.2　SURF 描述子

H. Bay 等于 2006 年提出 SURF 算法,在生成特征向量时,利用积分图,使用快速 Hessian 检测子来判断尺度空间提取的关键点是否为极值点;确定每个极值点的主方向,沿主方向构造一个窗口区域,在窗口内提取特征向量,用该向量描述关键点。相比 SIFT 算法,SURF 保持了尺度不变和旋转不变的特性,速度快,鲁棒性好。

1. Hessian 矩阵与盒式滤波

对于图像中某个像素 (x,y),尺度 σ 的 Hessian 矩阵 $\boldsymbol{H}(x,y,\sigma)$ 为

$$\boldsymbol{H}(x,y,\sigma)=\begin{bmatrix} L_{xx}(x,y,\sigma) & L_{xy}(x,y,\sigma) \\ L_{xy}(x,y,\sigma) & L_{yy}(x,y,\sigma) \end{bmatrix} \tag{11-44}$$

其中,L_{xx} 表示图像 $f(x,y)$ 与高斯函数二阶偏导数 $\dfrac{\partial^2 h(\sigma)}{\partial x^2}$ 在像素 (x,y) 处的卷积,L_{xy}、L_{yy} 与之类似。

对于 $\sigma=1.2$ 的高斯二阶微分滤波器,取 9×9 的模板,作为最小尺度空间值对图像进行滤波,L_{xx}、L_{yy}、L_{xy} 模板如图 11-22(a)所示。由于高斯核是服从正态分布的,为提高运算速度,使用盒式滤波器近似替代高斯滤波器,将对图像的滤波转换为计算图像上不同区域间像素的加减运算问题,只需要查找积分图就可完成。盒式滤波器如图 11-22(b)所示,蓝色区域权值为 -1 或 -2,白色区域权值为 1,其他灰色区域权值为 0。使用 D_{xx}、D_{yy}、D_{xy} 表示盒式滤波器与图像进行卷积的结果,则将 Hessian 矩阵的行列式简化为

$$\det(H_{\mathrm{approx}})=D_{xx}D_{yy}-(0.9D_{xy})^2 \tag{11-45}$$

其中,在 D_{xy} 前的加权系数 0.9 是为了平衡因使用盒式滤波器近似所带来的误差。

2. 尺度空间的构建

SURF 算法从 9×9 的盒式滤波器开始,不断增大模板的尺寸,通过不同尺寸的盒式滤波

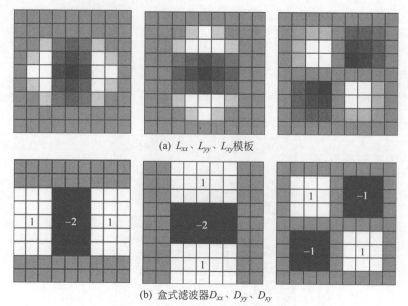

(a) L_{xx}、L_{yy}、L_{xy}模板

(b) 盒式滤波器D_{xx}、D_{yy}、D_{xy}

图 11-22 $L(x,y,\sigma)$模板和对应的加权盒式滤波器

器,求取 Hessian 矩阵行列式的响应图像,构成尺度空间。

与 SIFT 算法类似,将尺度空间划分为若干组,一个组代表了逐步放大的滤波模板对同一输入图像进行滤波的一系列响应图。每组又由若干固定的层组成。由于积分图离散化的原因,两层之间的最小尺度变化量由高斯二阶微分滤波器在微分方向上对正负斑点响应长度 l_0 决定的,设为盒式滤波模板尺寸的 1/3。对于 9×9 的模板,$l_0=3$。下一层的响应长度至少应该在 l_0 的基础上增加 2 像素,以保持黑白区域一边一个,确保中心点的存在,即 $l_0=5$,模板的尺寸为 15×15。以此类推,得到一个模板序列,尺寸分别为 9×9、15×15、21×21、27×27,每层滤波器尺寸增加量为 6。

采用类似的方法处理其他几组的模板序列。其方法是将滤波器尺寸增加量翻倍(6,12,24,48)。这样,可以得到第二组的滤波器尺寸,它们分别为 $15\times15,27\times27,39\times39,51\times51$。第三组的滤波器尺寸为 27,51,75,99。如果原始图像的尺寸仍然大于对应的滤波器尺寸,尺度空间的分析还可以进行第四组,其对应的模板尺寸分别为 51,99,147 和 195。

对于尺寸为 L 的模板,近似二维高斯核滤波时,对应的高斯核参数 $\sigma=1.2\times(L/9)$,随着尺度的增大,被检测到的斑点数量迅速衰减,Bay 建议将尺度空间分为四组,每组中包括四层。

综上所述,将一幅图像经过图 11-22(b)所示的三种盒式滤波器,计算 Hessian 行列式的值,所有 Hessian 行列式值构成一幅 Hessian 行列式图像。一幅灰度图像经过尺度空间中不同尺寸盒式滤波器的滤波处理,生成多幅 Hessian 行列式图像,从而构成了图像金字塔。

3. 兴趣点的检测与定位

对式(11-45)计算出的行列式值设一个阈值,大于该值的为候选兴趣点,再采用 $3\times3\times3$ 邻域非极大值抑制,即比较候选兴趣点与周围 8 个邻点及上下两层相应位置 9×2 个点(26 个点,如图 11-18 所示)的行列式值,若该点行列式的值比周围 26 个点的值都大,则确定该点为该区域的特征点。

4. 兴趣点方向的分配

为使特征具备较好的旋转不变性,需要给每个特征点分配一个主方向。以某个兴趣点为圆心,确定以 $6s$(s 为该兴趣点对应的尺度)为半径的圆,用尺寸为 $4s$ 的 Haar 小波模板对图像进行处理,求 x、y 两个方向的 Haar 小波响应 d_x 和 d_y。Haar 小波的模板如图 11-23 所示,黑色表示 -1,白色表示 $+1$。

(a) x方向模板　(b) y方向模板

图 11-23　Haar 小波模板

用以兴趣点为中心的高斯函数($\sigma = 2s$)对 Haar 小波响应进行加权,对靠近圆心贡献大的关键点赋以较大权重,削弱远离圆心的关键点对主方向构建的影响。

在圆内选择 $60°$ 的扇形区域 w,统计其中的 Haar 小波特征总和及方向,如式(11-46)所示。

$$m_w = \sum_w d_x + \sum_w d_y$$

$$\theta_w = \arctan\left(\sum_w d_y \bigg/ \sum_w d_x\right) \tag{11-46}$$

以一定角度间隔旋转扇形区域,并再次统计该区域内的 Harr 小波特征值 m_w,最后将值最大的那个扇形的方向 θ_w 作为该特征点的主方向。

5. 特征描述子的生成

以兴趣点为中心,沿主方向方位,构建一个大小为 $20s$ 的方形区域,如图 11-24 所示。将其划分为 4×4 个矩形区域,边长为 $5s$。对每个子区域,统计 5×5 个等间距采样点水平和垂直方向的 Haar 小波特征:水平方向值之和为 $\sum d_x$,垂直方向值之和为 $\sum d_y$,水平方向值绝对值之和为 $\sum |d_x|$ 以及垂直方向绝对值之和为 $\sum |d_y|$,把这 4 个值作为每个子块区域的特征向量,如式(11-47)所示。SURF 特征的描述子为 $4 \times 4 \times 4 = 64$ 维的向量,如图 11-25 所示。

$$V = \left(\sum d_x, \sum |d_x|, \sum d_y, \sum |d_y|\right) \tag{11-47}$$

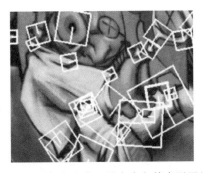

图 11-24　以兴趣点为中心沿主方向的方形区域示意

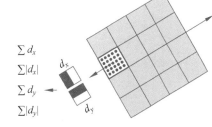

图 11-25　构造 SURF 特征描述子

OpenCV 中 SURF 特征检测和描述函数封装在 Feature2D 类的子类——xfeatures2d 的 SURF 类中,同样地,create 函数用于创建类的实例,detect 函数用于实现关键点检测,compute 函数用于生成关键点对应的特征向量,调用格式如下:

```
cv.xfeatures2d.SURF.create([, hessianThreshold[, nOctaves[, nOctaveLayers[, extended[,
upright]]]]]) -> retval
```

参数 hessianThreshold 是 Hessian 行列式阈值,默认时为 100;nOctaves 和 nOctaveLayers 为尺度空间组数和每组层数,默认时分别为 4 和 3;extended 为 False 时计算 64 维特征向量,为

True 时扩展为 128 维；upright 为 True 时不计算特征主方向。

11.3.3　BRISK 描述子

BRISK 算法是由 S. Leutenegger、M. Chli、R. Y. Siegwart 于 2011 年提出的一种特征提取算法，是一种二进制的特征描述算子。BRISK 算法通过构造图像金字塔，在尺度空间利用 FAST9-16 进行特征点检测，以满足尺度不变性。

1. 特征点检测

BRISK 尺度空间有 n 个 octave 层，用 c_i 表示，n 个 intra-octave 层，用 d_i 表示，$i=0,1,\cdots,n-1$，典型取值 $n=4$。c_0 是原始图像，后面每一层 c_i 是上一层 c_{i-1} 的 2 倍下采样。intra-octave 层的 d_0 是原图的 1.5 倍下采样，后面每一层 d_i 是上一层 d_{i-1} 的 2 倍下采样。设每层的下采样率为 t，4 层 c_i 的下采样率 $t=2^i$，4 层 d_i 的下采样率 $t=2^i\times1.5$，t 也称为尺度。

在进行特征点检测时，首先，对尺度空间的 8 幅图采用同样的阈值 T 进行 FAST9-16 角点检测，在每幅图中确定潜在的兴趣区域。然后，对兴趣区域中的点在尺度空间进行非极大抑制：和同一层周围 8 个邻点、上下层环绕点相比，该点 FAST 分值 V 最大的保留。由于特征点的检测需要当前层的上下两层的信息，对 c_0 进行 FAST5-8 角点检测当作 d_{-1} 层，但不要求 d_{-1} 层点的 FAST 分值小于 c_0 层（FAST 分值在此用 V 来表示，和前文 FAST 角点检测表示保持一致，原文中用字母 s 表示）。

获取极值点的位置和尺度，在其所在层及其上下层所对应的位置，对 FAST 得分值进行二维二次函数插值（考虑 x、y、V），得到较准确的 FAST 分值极值及其坐标位置；再对尺度方向进行一维插值，得到极值点所对应的尺度，作为特征点尺度，如图 11-26 所示。

2. 特征描述

以特征点为中心，构建不同半径的同心圆，在每个圆上获取一定数目的等间隔采样点（含特征点在内共 N 个，原文中 $N=60$），用实线小圈表示；以采样点为中心进行高斯滤波，滤波半径大小与高斯方差 σ 成正比，用虚线大圈表示，如图 11-27 所示（$t=1$）。

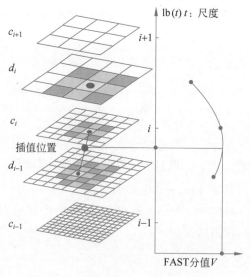

图 11-26　尺度空间 BRISK 特征点检测

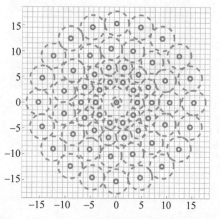

图 11-27　BRISK 采样模式（$N=60,t=1$）

由于有 N 个采样点，两两组合，共有 $N(N-1)/2$ 种组合方式，点对 (p_i, p_j) 的局部梯度表示为

$$g(p_i, p_j) = (p_j - p_i) \frac{f(p_j, \sigma_j) - f(p_i, \sigma_i)}{\| p_j - p_i \|^2} \tag{11-48}$$

其中，$f(p_i, \sigma_i)$、$f(p_j, \sigma_j)$ 表示采用标准差为 σ_i、σ_j 的高斯滤波后采样点 p_i、p_j 的像素值。

所有组合点对用集合 A 表示：

$$A = \{(p_i, p_j) \in \mathbf{R}^2 \times \mathbf{R}^2 \mid i < N, j < i, i, j \in N\} \tag{11-49}$$

定义短距离点对子集 S、长距离点对子集 L：

$$S = \{(p_i, p_j) \in A \mid \| p_i - p_j \| < \delta_{max}\} \subseteq A$$
$$L = \{(p_i, p_j) \in A \mid \| p_i - p_j \| > \delta_{min}\} \subseteq A \tag{11-50}$$

其中，距离阈值 $\delta_{max} = 9.75t$，$\delta_{min} = 13.67t$。

使用长距离点对集估计特征点的主方向 σ：

$$g = \begin{pmatrix} g_x \\ g_y \end{pmatrix} = \frac{1}{L} \sum_{(p_i, p_j) \in L} g(p_i, p_j)$$

$$\alpha = \arctan2(g_y, g_x) \tag{11-51}$$

将特征点周围的采样区域旋转到主方向，得到新的采样区域，采样模式同上。向量描述子由所有的短距离点对组成，每位表示为

$$b = \begin{cases} 1, & f(p_j^\alpha, \sigma_j) > f(p_i^\alpha, \sigma_i) \\ 0, & \text{其他} \end{cases}, \quad \forall (p_i^\alpha, p_j^\alpha) \in S \tag{11-52}$$

根据上述的采样方式和距离阈值，获得一个 512 位的描述子，可以用 64 字节表示。

3. BRISK 特征点提取的实现

OpenCV 中 BRISK 描述函数封装在 Feature2D 类的子类——BRISK 类中，同样地，create 函数用于创建类的实例，detect 函数用于实现关键点检测，compute 函数用于生成关键点对应的特征向量，调用格式如下：

cv.BRISK.create(thresh, octaves, radiusList, numberList[, dMax[, dMin[, indexChange]]]) -> retval

参数 radiusList 是在关键点周围取采样点的半径；numberList 是采样点个数；dMax 和 dMin 是距离阈值。

【例 11.11】 编写程序，利用 BRISK 类函数对图像进行特征检测与描述。

解：程序如下。

```python
import cv2 as cv
import numpy as np
from math import sin, cos
Image = cv.imread("cameraman.tif")
gray = cv.cvtColor(Image, cv.COLOR_BGR2GRAY)
brisk = cv.BRISK.create()                              # 创建 BRISK 实例
keypoints = brisk.detect(gray)                         # 检测关键点
keypoints, descriptors = brisk.compute(gray, keypoints)  # 获取关键点的特征向量
result = Image.copy()
keypoints = sorted(keypoints, key = lambda x: x.response, reverse = True)
                                                       # 关键点按照响应值排序
for i, kp in enumerate(keypoints[0:10]):               # 绘制响应值最大的前 10 个关键点
    center = (int(kp.pt[0]), int(kp.pt[1]))
    cv.circle(result, center, 2, (0, 255, 0), 1)
```

```
        radius = int(kp.size)
        cv.circle(result, center, radius, (0, 255, 0), 1)
        posx = int(center[0] + radius * cos(kp.angle))
        posy = int(center[1] + radius * sin(kp.angle))
        cv.line(result, center, (posx, posy), (0, 255, 0), 1)
print(descriptors.shape)                              ♯输出描述子的维数
cv.imshow("Original image", Image)
cv.imshow("BRISK keypoints", result)
cv.waitKey()
```

程序运行结果如图 11-28 所示,并输出特征向量维数:(591,64),即检测了 591 个特征点,各对应一个 64 维的向量。

图 11-28　BRISK 特征检测

11.3.4　MSER 描述子

J. Matas 等于 2002 年提出了 MSER 描述子,这是一种仿射不变区域特征提取算法,通过寻找最大稳定极值区域作为区域特征描述。

1. 最大稳定极值区域

定义图像 f 为区域 D 到灰度 S 的映射:$f : D \in \mathbf{Z}^2 \rightarrow S$,区域 D 内像素间的邻接关系为 A,设点 $p, q \in D$,用 pAq 表示 p 和 q 两点关于 A 关系邻接。

区域 $Q \subset D$,是 D 中的一个连通成分。Q 的边界定义为

$$\partial Q = \{q \in D \backslash Q : \exists p \in Q, qAp\} \tag{11-53}$$

即边界 ∂Q 中的像素 q 至少和 Q 中的一个像素 p 相邻,但不属于 Q。

对于所有的 $p \in Q, q \in \partial Q$,若 $f(p) > f(q)$,称 Q 为极大值区域;若 $f(p) < f(q)$,称 Q 为极小值区域。

对于一组嵌套的极值区域序列 $Q_1, Q_2, \cdots, Q_{i-1}, Q_i, \cdots$ 即 $Q_i \subset Q_{i+1}$,若区域面积变化率

$$q(i) = \frac{|Q_{i+\Delta} \backslash Q_{i-\Delta}|}{|Q_i|} \tag{11-54}$$

在 i 处取局部最小值,则称 Q_i 为最大稳定极值区域。其中,$\Delta \in S$,是微小的灰度变化,$|\cdot|$ 表示求区域面积。面积变化的计算方式也可以采用单边检测,即

$$q(i) = \frac{|Q_i \backslash Q_{i-\Delta}|}{|Q_{i-\Delta}|} \tag{11-55}$$

最大稳定极值区域的通俗解释如下所示。

首先取阈值为最小灰度,二值化后的图像为全白色;阈值逐渐增大,具有较小灰度的像素

以黑点慢慢呈现,慢慢聚合成小区域,小区域汇合成大区域,当阈值为最大灰度时,二值化图像为全黑色。在这个过程中,阈值在一定范围内变化时,区域的面积变化很缓慢的区域即是最大稳定极值区域。这样检测得到的 MSER 内部灰度值小于边界,表示为 MSER+;将图像灰度反转后进行检测(或者将阈值从大到小变化),得到的 MSER 内部灰度值大于边界,表示为 MSER−;MSER+和 MSER−共同组成了 MSER。

OpenCV 中 MSER 区域检测函数封装在 Feature2D 类的子类——MSER 类中,create 函数用于创建类的实例,detectRegions 函数用于实现 MSER 区域检测,调用格式如下:

```
cv.MSER.create([, delta[, min_area[, max_area[, max_variation[, min_diversity[, max_evolution
[, area_threshold[, min_margin[, edge_blur_size]]]]]]]]]) -> retval
cv.MSER.detectRegions(image) -> msers, bboxes
```

create 函数的参数 delta 指定单边区域面积变化率,默认为 5;min_area 和 max_area 指定获取区域的面积范围,默认为 60 和 14400;max_variation 指定区域和其子区域的面积变化率阈值,默认为 0.25;其余参数用于彩色图像。

detectRegions 函数返回各个 MSER 中的点坐标和外接矩形。

【例 11.12】 编写程序,利用 MSER 类函数对图像进行 MSER 检测。

解:程序如下。

```
import cv2 as cv
import numpy as np
Image = cv.imread("coins.png")
gray = cv.cvtColor(Image, cv.COLOR_BGR2GRAY)
mser = cv.MSER.create()                              # 采用默认参数创建 MSER 实例
regions, bboxes = mser.detectRegions(gray)           # MSER 检测
result = np.zeros(Image.shape, dtype = np.uint8)
for i, rect in enumerate(bboxes):
    result[regions[i][:, 1], regions[i][:, 0], :] = 255
    cv.rectangle(result, rect, (0, 255, 0), 1)
    cv.ellipse(Image, cv.fitEllipse(regions[i]), (0, 255, 0))
cv.imshow("Original image", Image)
cv.imshow("MSER regions", result)
cv.waitKey()
```

程序运行结果如图 11-29 所示。

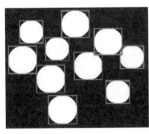

(a) MSER和外接矩形　　　　(b) 用椭圆拟合MSER区域

图 11-29　MSER 检测

2. 仿射不变区域特征描述子提取

获取 MSER 后,可以进一步对各个区域进行描述。首先对 MSER 计算二阶中心矩,用等效椭圆拟合 MSER;将拟合区适当扩大为测量区,指定半径归一化为圆形区域;在归一化区域内进行图像梯度直方图统计,找出该直方图的最大值,并将该最大值对应的方向作为归一化区图像梯度的主方向;根据主方向对归一化区图像进行旋转,保证特征描述的旋转不变性;

对灰度归一化保证对灰度变化的不变性。

11.4 特征匹配

所谓特征匹配是判断图像间的特征向量是否存在对应关系,在提取出两幅或多幅图像的特征向量后,计算向量间的相似程度,寻找两两最相似的特征点匹配对。因此,特征匹配的关键技术包括相似性度量以及匹配策略与算法。

11.4.1 相似性度量

相似性度量是指采用某个具体的量表达向量之间的相似程度。特征向量之间的距离越近,两者越相似,因此,常采用距离度量特征向量的相似性。常用的相似性度量有以下几种。

1. 欧氏距离(Euclidean Distance)

$$d_{\text{Euc}}(\boldsymbol{x}_i, \boldsymbol{x}_j) = \parallel \boldsymbol{x}_i - \boldsymbol{x}_j \parallel = \sqrt{\sum_{k=1}^{n} (x_{ik} - x_{jk})^2} \tag{11-56}$$

其中,$\boldsymbol{x}_i = [x_{i1}, x_{i2}, \cdots, x_{in}]^T$、$\boldsymbol{x}_j = [x_{j1}, x_{j2}, \cdots, x_{jn}]^T$ 表示两个 n 维的特征向量。

2. 城市距离

也称街区距离(City Block Distance)或曼哈顿距离(Manhattan Distance)

$$d_{\text{Man}}(\boldsymbol{x}_i, \boldsymbol{x}_j) = \sum_{k=1}^{n} |x_{ik} - x_{jk}| \tag{11-57}$$

3. 汉明距离(Hamming Distance)

$$d_{\text{Ham}}(\boldsymbol{x}_i, \boldsymbol{x}_j) = N_{10} + N_{01} \tag{11-58}$$

其中,N_{10} 为 $\boldsymbol{x}_i$ 取值为 1、$\boldsymbol{x}_j$ 取值为 0 的特征元素个数,N_{01} 为 $\boldsymbol{x}_i$ 取值为 0、$\boldsymbol{x}_j$ 取值为 1 的特征元素个数。汉明距离即两个向量在相同位置上字符不同的个数,取值越大越不相似。二进制描述子常采用汉明距离。

4. Pearson 相关系数(Pearson's Correlation Coefficient)

$$S_{\text{PCC}}(\boldsymbol{x}_i, \boldsymbol{x}_j) = \frac{(\boldsymbol{x}_i - \boldsymbol{\mu}_{x_i})^T (\boldsymbol{x}_j - \boldsymbol{\mu}_{x_j})}{\sqrt{(\boldsymbol{x}_i - \boldsymbol{\mu}_{x_i})^T (\boldsymbol{x}_i - \boldsymbol{\mu}_{x_i})(\boldsymbol{x}_j - \boldsymbol{\mu}_{x_j})^T (\boldsymbol{x}_j - \boldsymbol{\mu}_{x_j})}} \tag{11-59}$$

Pearson 相关系数是去中心化的夹角余弦,取值在 $[-1, 1]$,越接近 1 线性相关性越强,负数表示负相关。

除以上方法,还可以采用其他的距离、相关系数衡量,例如 Minkowski 距离、Spearman 秩相关系数、互信息等,此处不再赘述。

11.4.2 匹配策略与算法

给定一个距离度量,最简单的一个策略就是通过阈值(最大距离)确定匹配向量,将获取在这个阈值范围内的其他图像中的所有匹配向量。这种方法的匹配结果受到阈值的制约:阈值太高,会产生很多"误报",也就是获取了不正确的匹配向量;阈值太低,会产生很多"漏报",也就是很多正确的匹配向量丢失了。

为了避免固定阈值的问题,可以选择最近邻匹配策略,也就是选择距离最近或者相似性最强的特征向量作为匹配向量。但是,如果一些特征本身没有匹配向量,采用最近邻匹配策略,依然会确定匹配向量,这个匹配肯定是不正确的。例如,某些目标在其他图像中被遮挡了。可以结合阈值方法减少误报。

选定匹配策略后,需要在潜在的候选中搜索匹配的特征向量,匹配算法指的是匹配特征向量搜索的过程。一种最直接的方法就是将特征向量和其他所有特征向量两两比较,但是,由于特征点较多,这种方法计算量很大,所以,往往需要合理安排搜索的过程,在降低搜索量的同时,尽可能找到最优的特征点匹配对,需要有效的数据结构和算法,如 Brute-Force 算法、k-D 树等。

通过相似性度量得到的匹配对,不可避免地会产生一些错误匹配,因此需要根据几何限制或其他的附加约束消除错误匹配,如随机抽样一致性算法(Random Sample Consensus,RANSAC)。因篇幅关系,对于匹配算法和错配消除算法不做介绍,读者可以参看相关资料。

OpenCV 中的 DescriptorMatcher 封装了进行特征匹配的相关函数,其中,create 函数用于创建类实例,match 函数用于对每一个特征向量从候选集中搜索最佳匹配,drawMatches 函数用于绘制两幅图像间的匹配特征对,调用格式如下:

```
cv.DescriptorMatcher.create(descriptorMatcherType) -> retval
cv.DescriptorMatcher.match(queryDescriptors, trainDescriptors[, mask]) -> matches
cv.drawMatches(img1, keypoints1, img2, keypoints2, matches1to2, outImg[, matchColor[, singlePointColor
[, matchesMask[, flags]]]]) -> outImg
```

参数 descriptorMatcherType 可取 FLANNBASED、BRUTEFORCE、BRUTEFORCE_L1、BRUTEFORCE_ HAMMING、BRUTEFORCE_ HAMMINGLUT、BRUTEFORCE_ SL2,FLANNBASED 表示使用 FLANN(快速最近邻搜索库)计算最近邻匹配,其他指采用不同度量的 Brute-Force 算法。

【例 11.13】 编写程序,使用 SIFT 描述子实现特征匹配。

解:程序如下。

```
import cv2 as cv
import numpy as np
Image1 = cv.imread("car1.jpg", cv.IMREAD_GRAYSCALE)
Image2 = cv.imread("car2.jpg", cv.IMREAD_GRAYSCALE)
h1, w1 = np.shape(Image1)
h2, w2 = np.shape(Image2)
sift = cv.SIFT.create(40)
keypoints1, descriptors1 = sift.detectAndCompute(Image1, None)    #获取 SIFT 描述子
keypoints2, descriptors2 = sift.detectAndCompute(Image2, None)
matcher = cv.DescriptorMatcher.create(cv.DescriptorMatcher_BRUTEFORCE)
matches = matcher.match(descriptors1, descriptors2)              #进行特征匹配
img_matches = np.empty((max(h1, h2), w1 + w2, 3), dtype = np.uint8)
cv.drawMatches(Image1, keypoints1, Image2, keypoints2, matches, img_matches)
cv.imshow('Matches', img_matches)
cv.waitKey()
```

程序运行结果如图 11-30 所示。

匹配的特征建立了图像间的对应关系,方便后续进行配准、拼接、计算相关参数等操作。

图 11-30　特征匹配

习题

11.1　角点检测的主要思路有哪些？

11.2　请总结 Hough 变换检测直线的原理。

11.3　请分析当图像亮度变化，或发生平移、旋转时，SIFT 描述子是否发生变化？为什么？

11.4　编写程序，根据原理实现 FAST 角点检测。

11.5　编写程序，判断一幅公路路面图像上的车道数目。

11.6　编写程序，生成高斯金字塔。

11.7　编写程序，对图像进行 MSER 检测，并计算其中最大区域的区域几何特征。

11.8　编写程序，利用 Harris 角点特征，在两幅图像之间建立匹配点对，根据匹配点对估计几何变换矩阵，再对第二幅图像进行几何变换实现两幅图像的配准。

第 12 章

图 像 编 码

本章思维导图

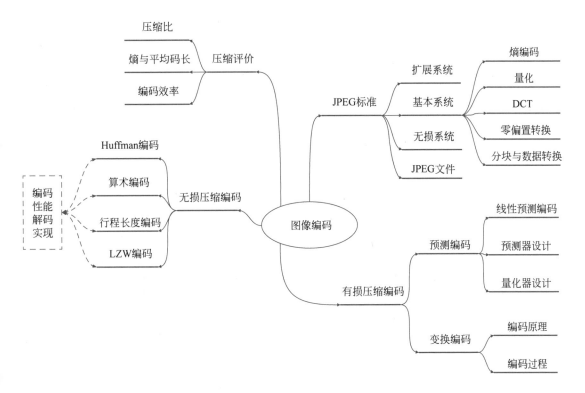

　　图像信号数字化后的数据量非常大,对信息的存储和传输造成很大困难。为了有效地传输、存储、管理、处理和应用图像,有必要压缩表示一幅图像所需的数据量,这是图像编码要解决的主要问题。因此,也常称图像编码为图像压缩,即对给出的定量信息,设法寻找一种有效的表示图像信息的符号代码,力求用最少的码数传递最大的信息量,属于信源编码的范畴。

　　根据压缩编码后的文件能否准确恢复成原文件,将压缩编码技术分为无损编码和有损编码。本章主要介绍典型的无损压缩编码方法,如 Huffman 编码、算术编码、LZW 编码等,以及有损压缩编码方法,如预测编码、变换编码等。

12.1　图像编码的基本理论

　　数字图像的数据量大,如一幅 1024×768 的彩色图像,不压缩则需要 $(1024 \times 768 \times 3)\mathrm{B} \approx 2.3\mathrm{MB}$ 的存储空间;10min CIF 格式数字视频未压缩需要 $(352 \times 288 \times 3)\mathrm{B} \times 10\mathrm{min} \times 60\mathrm{s/min} \times 30$ 帧$/\mathrm{s} \approx 5\mathrm{GB}$ 的存储空间。巨大的数据量给存储、处理、传输带来了很多的问题。大数据时代,海量的图像数据,压力和需求有增无减,因此,需要对图像数据进行压缩,降低数据量。

12.1.1　图像压缩的可能性

　　图像压缩所要解决的问题是尽量减少表示数字图像时需要的数据量,而减少数据量的基本原理是去除其中的冗余数据。

　　图像中有大量的冗余信息,人眼视觉系统对某些因素也不敏感,去除信息中的冗余,或去除人眼不敏感的信息,减少承载信息的数据量,则能实现图像压缩。在编码中常考虑的冗余有:编码冗余、像素间冗余、心理视觉冗余以及应用需求冗余。

　　1. 编码冗余

　　编码冗余又称为信息熵冗余,指表示图像时实际采用的数据多于表达信息需要的数据。例如,一幅二值图像,两个灰度级用 1 位即可表示,采用标准的 8 位表示,即产生编码冗余。再如,在大多数图像中,图像的灰度值分布是不均匀的,若对图像的不同灰度值都用同样的编码长度,出现最少的和出现最多的灰度级具有相同位数,也将产生编码冗余。

　　2. 像素间冗余

　　对应图像目标的像素之间一般具有相关性,像素间冗余与相关性密切相关,主要有以下 5 种。

　　(1) 空间冗余。同一幅图像中,相邻像素间或数个相邻像素块间在灰度分布上存在很强的空间相关性。

　　(2) 频间冗余。多谱段图像中各谱段图像的对应像素之间灰度的相关性很强。

　　(3) 时间冗余。序列图像帧间画面对应像素灰度的相关性很强。

　　(4) 结构冗余。有些图像存在较强的纹理结构或自相似性,如墙纸、草席等图像。

　　(5) 知识冗余。有些图像中包含与某些先验知识相关的信息,如人脸的图像有固定的结构,比如说嘴的上方有鼻子,鼻子的上方有眼睛,鼻子位于正脸图像的中线上等。这类规律性的结构可由先验知识和背景知识得到。

　　3. 心理视觉冗余

　　最终观测图像的对象是人,而人的视觉存在一定的主观心理冗余。人的眼睛并不是对所有信息都有相同的敏感度,在感觉过程中,有些信息与另一些信息相比并不那么重要,这些信息可以认为是心理视觉冗余的,去除或削弱这些信息将导致定量信息的损失,但并不会明显地降低所感受到的图像质量。例如,人的视觉对颜色的感知存在着冗余,256色和真彩色24位图像视觉效果区别不明显;对亮度变化比对色度变化更敏感;对静态物体的敏感度大于对动态物体的敏感度;对图像中心信息敏感程度大于对图像边缘信息敏感程度,可以根据人的视觉特性对不敏感区进行降分辨率编码。

4. 应用需求冗余

应用需求多种多样,编码传输时可以考虑应用方的需求,进行分层分级编码,对于不需要高分辨率、高质量的图像信息的应用方,可以被传输或接收较少的数据量。如接收端设备分辨率低,搜索图片时,可以只对部分感兴趣的图像接收高质量数据,没必要所有的图像都接收高质量数据。

12.1.2 图像编码方法的分类

图像编码方法目前已有多种,其分类方法视出发点的不同而有差异。

1. 基于编码前后的信息保持程度的分类

根据压缩前和解压后的信息保持程度,可将常用的图像编码方法分为三类。

(1) 信息保持编码,也称无失真编码,或无损编码,或可逆型编码。它要求在编解码过程中保证图像信息不丢失,从而可以完整地重建图像。信息保持编码的压缩比一般不超过3:1。

(2) 保真度编码,也称信息损失型编码,或有损编码。主要利用人眼的视觉特性,在允许失真条件下或一定保真度准则下,最大限度地压缩图像。保真度编码可实现较大压缩比。对于图像来说,过高的空间分辨率和过多的灰度层次,不仅增加了数据量,而且人眼也接收不到。因此在编码过程中,可以丢掉一些人眼不敏感的次要信息,在保证一定的视觉效果条件下提高压缩比。

(3) 特征提取。在图像识别、分析和分类等技术中,往往并不需要全部的图像信息,而只要对感兴趣的部分特征进行编码压缩即可。例如,对遥感图像进行农作物分类时,只需对用于区别农作物与非农作物,以及农作物类别之间的特征进行编码,而可以忽略道路、河流、建筑物等其他背景信息。

其中,第三类通常是针对特殊的应用场合。因此,一般就将图像编码分成无损和有损编码。

2. 基于编码方法的分类

根据图像压缩方法的原理也可以将图像编码分为以下四类。

(1) 熵编码。熵编码是基于信息统计特性的编码技术,是一种无损编码。其基本原理是对出现概率较大的符号赋予一个短码字,而对出现概率较小的符号赋予一个长码字,从而使得最终的平均码长很小。如行程编码、Huffman编码和算术编码等。

(2) 预测编码。预测编码基于图像数据的空间或时间冗余特性,用相邻已知像素(或像素块)预测当前像素(或像素块)的取值,然后再对预测误差进行量化和编码。可分为帧内预测和帧间预测。常用的预测编码方法有差分脉冲编码调制和运动估计与补偿预测编码法。

(3) 变换编码。变换编码通常是将空间域上的图像经过正交变换映射到另一变换域上,使变换后图像的大部分能量只集中到少数几个变换系数上,降低了变换后系数之间的相关性,采用适当的量化和熵编码有效地压缩图像。

(4) 其他方法。其他编码方法还有很多,如混合编码、向量量化、LZW算法、使用人工神经元网络(Artifical Neural Network,ANN)的压缩编码、分形编码(Fractal Coding)、小波编码(Wavelet Coding)、基于模型的压缩编码(Model Based Coding)和基于对象的压缩编码(Object Based Coding)等。

12.1.3　图像编码压缩术语简介

1. 压缩比

压缩比是衡量数据压缩程度的指标之一。目前常用的压缩比定义式为

$$r = \frac{n}{\bar{L}} \tag{12-1}$$

式中，r 表示压缩比，n 表示压缩前每像素所占的平均比特数，$\bar{L}$ 表示压缩后每像素所占的平均比特数。一般情况下，压缩比 $r \geqslant 1$。r 越大，则说明压缩程度越高。

2. 图像熵与平均码字长度

令图像像素灰度级集合为 $\{d_1, d_2, \cdots, d_m\}$，其对应的概率分别为 $\{p(d_1), p(d_2), \cdots, p(d_m)\}$，熵定义为

$$H = -\sum_{i=1}^{m} p(d_i) \mathrm{lb} p(d_i) \tag{12-2}$$

熵的单位为比特/字符。图像熵表示图像灰度级集合的比特数均值，或者说描述了图像信源的平均信息量。

平均码字长度 $\bar{L}$ 为

$$\bar{L} = \sum_{i=1}^{m} L_i p(d_i) \tag{12-3}$$

式中，L_i 为灰度级 d_i 所对应的码字的长度。

3. 编码效率

编码效率为

$$\eta = \frac{H}{\bar{L}} \times 100\% \tag{12-4}$$

如果 $\bar{L}$ 与 H 相等，编码效果最佳；$\bar{L}$ 接近 H，编码效果为佳；$\bar{L}$ 远大于 H，编码效果差。

12.2　图像的无损压缩编码

无损压缩编码是指编码后的图像可经译码完全恢复为原图像的压缩编码。在编码系统中，无失真编码也称为熵编码，可以通过变长编码和信源的扩展（符号块）实现。

若数字图像的每个抽样值都以相同长度的二进制码表示，称为等长编码。其优点是编码方法简单，缺点是编码效率低。要提高图像的编码效率，可采用变长编码，变长编码一般比等长编码所需码长要短。

在变长编码中，对于出现概率较大的信息符号赋予短字长的码，对于出现概率较小的符号赋予长字长的码。如果编码的码字长度严格按照所对应的信息符号出现概率大小逆顺序排列，则其平均码字长度为最小。

12.2.1　Huffman 编码

Huffman 编码是由 D. A. Huffman 于 1952 年提出的，码字长度的排列与符号概率大小的排列严格逆序，平均码长最短，单元像素的位数最接近图像的实际熵值，被图像、视频国际编码标准采用。

1. 编码

Huffman 编码具体算法步骤如下。

（1）进行概率统计（如对一幅图像或 m 幅同种类型图像作灰度信号统计），得到 n 个不同

概率的信息符号。

（2）将 n 个信源符号的 n 个概率按照从大到小的顺序排序。

（3）将 n 个概率中最后两个小概率相加,形成新的概率值,和其他的概率值构成新的概率集合。

（4）将新的概率集合按照从大到小的顺序重新排序。

（5）重复步骤（3）,将新排序后的最后两个小概率再次相加,相加之和再与其余概率一起再次排序。如此重复下去,直到概率和为 1 为止。

（6）给每次相加的两个概率值以二进制码元 0 或 1 赋值,大的赋 0,小的赋 1（或相反,整个过程保持一致）。

（7）从最后一次概率相加到第一次参与相加,依次读取所赋码元,构造 Huffman 码字,编码结束。

下面举例说明 Huffman 编码的过程。

【例 12.1】　给出一幅 8×8 的图像 $f=\begin{bmatrix} 7 & 2 & 5 & 1 & 4 & 7 & 5 & 0 \\ 5 & 7 & 7 & 7 & 7 & 6 & 7 & 7 \\ 2 & 7 & 7 & 5 & 7 & 7 & 5 & 4 \\ 5 & 2 & 4 & 7 & 3 & 2 & 7 & 5 \\ 1 & 7 & 5 & 5 & 7 & 6 & 7 & 2 \\ 3 & 3 & 7 & 3 & 5 & 7 & 4 & 1 \\ 7 & 2 & 1 & 7 & 3 & 3 & 7 & 5 \\ 0 & 3 & 7 & 5 & 7 & 2 & 7 & 4 \end{bmatrix}$,求

（1）对其进行 Huffman 编码;

（2）计算编码效率、压缩比及冗余度。

解:由题意可知,图像 f 共有 8 个灰度级:0、1、2、3、4、5、6、7。

（1）对图像 f 中的灰度级进行概率统计,有

$$p_0 = \frac{2}{64}, \quad p_1 = \frac{4}{64}, \quad p_2 = \frac{7}{64}, \quad p_3 = \frac{7}{64}$$

$$p_4 = \frac{5}{64}, \quad p_5 = \frac{11}{64}, \quad p_6 = \frac{3}{64}, \quad p_7 = \frac{25}{64}$$

根据上述 Huffman 编码步骤,则其 Huffman 编码过程为

符号	概率							
p_7	25/64	25/64	25/64	25/64	25/64	25/64	39/64 0	
p_5	11/64	11/64	11/64	12/64	16/64	23/64 0	25/64	1
p_2	7/64	7/64	9/64	11/64	12/64 0	16/64 1		
p_3	7/64	7/64	7/64	9/64 0	11/64 1			
p_4	5/64	5/64	7/64 0	7/64 1				
p_1	4/64	5/64 0	5/64 1					
p_6	3/64 0	4/64 1						
p_0	2/64 1							

编码结果如表 12-1 所示。

表 12-1　编码结果

灰度级	0	1	2	3	4	5	6	7
码字	00011	0101	011	0000	0100	001	00010	1
码长	5	4	3	4	4	3	5	1

（2）计算平均码字长度为

$$\bar{L} = \sum_{i=0}^{7} L_i p_i = \frac{25}{64} \times 1 + \frac{11}{64} \times 3 + \frac{7}{64} \times 3 + \frac{7}{64} \times 4 + \frac{5}{64} \times 4 + \frac{4}{64} \times 4 + \frac{3}{64} \times 5 + \frac{2}{64} \times 5$$

$$= 2.625\text{bit/px}$$

信源熵为

$$H = -\sum_{k=0}^{7} p_k \text{lb}_2 p_k$$

$$= -\left(\frac{25}{64}\text{lb}\frac{25}{64} + \frac{11}{64}\text{lb}\frac{11}{64} + 2 \times \frac{7}{64}\text{lb}\frac{7}{64} + \frac{5}{64}\text{lb}\frac{5}{64} + \right.$$

$$\left. \frac{4}{64}\text{lb}\frac{4}{64} + \frac{3}{64}\text{lb}\frac{3}{64} + \frac{2}{64}\text{lb}\frac{2}{64} \right)$$

$$= 0.529 + 0.437 + 0.698 + 0.287 + 0.25 + 0.207 + 0.156$$

$$= 2.564\text{bit/px}$$

编码效率为

$$\eta = \frac{H}{\bar{L}} \times 100\% = \frac{2.564}{2.625} \times 100\% \approx 97.68\%$$

由于图像 f 共 8 个灰度级，压缩前量化需 3bit/px，经压缩以后的平均码长 $\bar{L}$ 为 2.625bit/px，因此压缩比为 $r = 3/2.625 \approx 1.14$。

冗余度为

$$\xi = 1 - \eta = 1 - 0.978 = 2.2\%$$

图像编码后，码流如下。

1 011 001 0101 0100 1 001 00011 001 1 1 1 1 00010 1 1 011 1 1 001 1 1 001 0100 001 011 0100 1 0000 011 1 001 0101 1 00010 001 1 00010 1 011 0000 0000 1 0000 001 1 0100 0101 1 011 0101 1 0000 0000 1 001 00011 0000 1 001 1 011 1 0100

即各像素值的编码依次排列，共 168 位，可以 8 位归为一个单元，用十进制数存储，即 178 169　35　62　45　231　40　90　65　202　196　98　176　8　26　45　172　2　70　19　116。

应该指出，因可以给相加的两个概率指定为 0 或 1，所以由上述过程编出的最佳码并不唯一，但其平均码长是一样的，所以不影响编码效率和数据压缩性能。但对于解码过程，Huffman 码是唯一的且可即时解码的。

Huffman 编码可以采用数据结构中的 Huffman 树实现。

2. 解码

Huffman 编码时，生成码表；存储和传输时需要存储码表，解码时需结合码表进行。

Huffman 并行解码具体算法步骤如下。

（1）计算最长码字长度 LMAX。

（2）从码流中一次读入 LMAX 位，至少包含一个码字。

（3）查码表，从左端起，看和哪一个码字一样，找出对应符号及其码长 L。

（4）左移码串 L 位，已解码的丢掉，再取 LMAX 位，重复上述过程。

12.2.2 算术编码

算术编码是在 20 世纪 60 年代初期 Elias 提出的，由 Rissanen 和 Pasco 首次介绍了其实用技术，是另一种变长无损编码方法。算术编码与 Huffman 编码不同，它无须为一个符号设定一个码字，即不存在源符号和码字间的一一对应关系。算术编码将待编码的图像数据看作由多个符号组成的序列，直接对该符号序列进行编码，输出的码字对应于整个符号序列，而每个码字本身确定了 0 和 1 之间的 1 个实数区间。

算术编码的基本原理：将输入图像看作一个位于实数线上 $[0,1)$ 区间的信息符号序列；将区间 $[0,1)$ 划分为若干子区间，各个子区间互不重叠，每个子区间有一个唯一的起始值或左端点；当对输入的符号序列编码时，依据符号出现概率划分子区间宽度。符号序列越长，相应的子区间越窄，编码表示该子区间所需位数就越多，码字越长。这就是区间作为代码的原理。

1. 编码

（1）统计信源符号 $i=1,2,\cdots,n$，其对应的概率分别为 p_i，将区间 $[0,1)$ 划分为若干子区间，互不重叠，各子区间长为各信源符号概率 p_i。

（2）输入待编码符号序列中的第一个符号，按概率确定子区间。

（3）输入待编码符号序列中的下一个符号，按式(12-5)确定当前序列所在子区间。

$$\begin{cases} \text{Start}_N = \text{Start}_B + \text{Left}_C \times L \\ \text{End}_N = \text{Start}_B + \text{Right}_C \times L \end{cases} \tag{12-5}$$

式中，Start_N 和 End_N 分别为新子区间的起始位置和终止位置，Start_B 为前子区间的起始位置，Left_C 和 Right_C 分别为当前符号在 $[0,1)$ 区间的起始和终止位置，L 为前子区间的宽度。

（4）重复上述过程，直到待编码符号序列处理完毕。

（5）字符串所在区间任意一个实数都对应该字符串，将区间左右端点对应实数编码，取该区间内码长为最短的码字作为最后的实际编码码字输出。

下面通过具体的算术编码实例来说明算术编码的原理及过程。

【例 12.2】 试对图像信源数据集 $[41312]$ 进行算术编码。其中各符号出现概率分别为 $p(1)=0.4,p(2)=0.2,p(3)=0.2,p(4)=0.2$。

解： 各符号出现概率已知，直接对各符号 1、2、3、4 在 $[0,1)$ 内分配编码区间，依次为

$$[0,0.4)、\quad [0.4,0.6)、\quad [0.6,0.8)、\quad [0.8,1.0)$$

然后根据算术编码迭代公式，计算新区间。

（1）对符号 4 进行编码。

前符号区间为 $[0,1)$，而符号 4 归为 $[0.8,1.0)$ 区间。

（2）对符号 1 进行编码。

前符号区间为 $[0.8,1.0)$，而符号 1 区间为 $[0,0.4)$，则数串 41 的取值范围应在前符号区间 $[0.8,1.0)$ 的 $[0,0.4)$ 范围之内，得

$$\text{Start}_N = \text{Start}_B + \text{Left}_C \times L = 0 + 0 \times 0.2 = 0.8$$

$$\text{End}_N = \text{Start}_B + \text{Right}_C \times L = 0 + 0.4 \times 0.2 = 0.88$$

数串 41 的编码区间为 $[0.8,0.88)$，宽度为 0.08。

（3）对符号 3 进行编码。

前符号区间为[0.8,0.88)，而符号 3 为[0.6,0.8)，则数串 413 取值范围应在前符号区间[0.8,0.88)的[0.6,0.8)范围之内，得编码区间为[0.848,0.864)，宽度为 0.016。

（4）对符号 1 进行编码。

前符号区间为[0.848,0.864)，而符号 1 为[0,0.4)，则数串 4131 取值范围应在前符号区间[0.848,0.864)的[0,0.4)范围之内，得编码区间为[0.848,0.8544)，宽度为 0.0064。

（5）对符号 2 进行编码。

前符号区间为[0.848,0.8544)，而符号 2 为[0.4,0.6)，则数串 41312 的取值范围应在前符号区间[0.848,0.8544)的[0.4,0.6)范围之内，得编码区间为[0.85056,0.85184)，宽度为0.00128。

可知，数据串[41312]被描述成一个编码实数区间[0.85056,0.85184)，或者说在此区间内任一实数值都唯一对应该数据序列。把该十进制实数区间用二进制表示为[0.110110011011,0.110110100001]，忽视小数点，不考虑"0."，取该区间内码长为最短的码字作为最后的实际编码码字输出。

最终对数据串[41312]进行算术编码的输出码字为 1101101。可以看出，算术编码器对整个信息符号序列只产生一个码字，这个码字是在区间[0,1)中的一个实数。

信源熵为

$$H = -\sum_{k=1}^{8} p_k \, \mathrm{lb} p_k = -(0.4\mathrm{lb}0.4 + 3 \times 0.2\mathrm{lb}0.2) = 1.92 \text{ 比特/字符}$$

平均码字长度为

$$\overline{L} = \mathrm{ceil}(-\mathrm{lb}(0.85184 - 0.85056))/5 = 10/5 = 2 \text{ 比特/字符}$$

编码效率为

$$\eta = \frac{H}{\overline{L}} \times 100\% = \frac{1.92}{2} \times 100\% \approx 96\%$$

2. 解码

（1）根据信源符号及其概率，将区间 [0,1)划分为若干子区间，互不重叠，各子区间长为各信源符号概率。

（2）将接收到的码字转换为小数 Start。

（3）根据该小数对应概率范围，确定字符串第一个字符 i 在[0,1)区间的起始位置 Left_i 和终止位置 Right_i，区间长 $L_i = \mathrm{Right}_i - \mathrm{Left}_i$。

（4）计算$(\mathrm{Start} - \mathrm{Left}_i)/L_i$，根据结果对应概率范围，确定字符串下一个字符 j。

（5）重复上述过程，直到所有字符解码完毕。

算术编码必须接收到完整码字才能解码；它对错误敏感，一位发生错误会导致整个序列被译错；实际使用中，最好能在编码过程中估算信源概率。算术编码应用在国际标准的高级版本中。

12.2.3 行程长度编码

行程也称游程，特定方向上具有相同灰度值的相邻像素所延续的长度。行程长度编码（Run Length Encoding，RLE）是指将一行中灰度值相同的相邻像素用一个计数值和该灰度值代替，能减少或消除图像中的像素间冗余。

例如,aaabcccccccddeee 不压缩存储需要 $15 \times 8 = 120$ 位,采用行程长度编码为 3a1b6c2d3e,需要 $10 \times 8 = 80$ 位,减少存储位数。

如果图像中有很多灰度相同的大面积区域,压缩效率惊人,如二值图像。如果每相邻的两个像素灰度都不同,用这种算法,不但不能压缩,反而数据量会增加一倍。所以,单纯对图像采用游程编码的算法用得不多。JPEG 标准中,通过量化处理,将图像块中的很多高频数据置为 0,很多个 0 连续排列,非常方便采用 RLE;编码时,和 Huffman 编码结合使用。

12.2.4　LZW 编码

LZW 编码是一种基于字典的编码,被收入主流的图像文件格式中,如图形交换格式(GIF)、标记图像文件格式(TIFF)和可移植文件格式(PDF)等。

LZW 编码的基本思想是:把数字图像看作一个一维字符串,在编码处理的开始阶段,先构造一个对图像信源符号进行编码的码本或"字典"。在编码器压缩扫描图像的过程中动态更新字典。每当发现一个字典中没有出现过的字符序列,就将其加入字典。下次再碰到相同字符序列,就用字典索引值代替字符序列。

1. 编码

LZW 编码算法的具体步骤如下。

(1) 建立初始化字典,包含图像信源中所有可能的单字符串,并且在初始化字典的末尾添加两个符号 LZW_CLEAR 和 LZW_EOI。LZW_CLEAR 为编码开始标识,LZW_EOI 为编码结束标志。

(2) 定义 R、S 为存放字符串的临时变量。取"当前识别字符序列"为 R,且初始化 R 为空。从图像信源数据流的第一个像素开始,每次读取一个像素并赋予 S。

(3) 判断生成的新连接字串 RS 是否在字典中:①若 RS 在字典中,则令 $R=$RS,且不生成输出代码;②若 RS 不在字典中,则把 RS 添加到字典中,且令 $R=S$,编码输出为 R 在字典中的位置。

(4) 依次读取图像信源数据流中的每个像素,判断图像信源数据流中是否还有码字要译。如果"是",则返回步骤(2)。如果"否",则把当前识别字符序列 R 在字典中的位置作为编码输出,然后输出结束标志 LZW_EOI 的索引。

至此,编码结束。

下面用一个实例来说明 LZW 编码的过程。

【例 12.3】　对一幅 4×4 的 8 位图像 $f = \begin{bmatrix} 30 & 30 & 30 & 30 \\ 110 & 110 & 110 & 110 \\ 30 & 30 & 30 & 30 \\ 110 & 110 & 110 & 110 \end{bmatrix}$ 进行 LZW 编码。

解:(1) 建立初始化字符串表。

初始化字符串表为一个有 512 个字符(位置)的字典,其中字典中前 256 个字符位置被分配给灰度值 $0,1,2,\cdots,255$,位置 256、257 被分配给符号 LZW_CLEAR 和 LZW_EOI,位置 258～511 暂时为空,如表 12-2 所示。

表 12-2　字符串表

字符	0	1	…	255	LZW_CLEAR	LZW_EOI	—	…	—
索引值	0	1	…	255	256	257	258	…	511

（2）图像通过从左到右、从上到下的顺序处理其像素并进行编码，编码过程如表 12-3 所示。

表 12-3　编码过程

当前识别序列 R	被处理的像素 S	编码输出	字典条目	字典位置（码字）
		256		
	30			
30	30	30	30-30	258
30	30			
30-30	30	258	30-30-30	259
30	110	30	30-110	260
110	110	110	110-110	261
110	110			
110-110	110	261	110-110-110	262
110	30	110	110-30	263
30	30			
30-30	30			
30-30-30	30	259	30-30-30-30	264
30	110			
30-110	110	260	30-110-110	265
110	110			
110-110	110			
		262		
		257		

至此，LZW 编码完毕，编码码字输出为"256 30 258 30 110 261 110 259 260 262 257"。

如果对 LZW 编码输出的一系列码字进行 PCM 自然二进制编码，每个码字占 9b，则最后的编码输出为"100000000 000011110 100000010 000011110 001101110 100000101 001101110 100000011 100000100 100000110 100000001"，共占 99b。

原始图像为 $16 \times 8 = 128b$，则压缩比为 $128/99 = 1.3$。

2. 解码

LZW 解码算法如下。

设置两个存放临时变量的字符串 Code 和 OldCode。读取的第一个字符为 LZW_CLEAR，初始化字符串表，第一个字符是多少，原图中有多少字符。

依次读取数据流中的每个编码，每读入一个编码就赋值于 Code。检索字符串表中有无此索引，若有，则输出 Code 对应的字符串，并将 OldCode 对应的字符串与 Code 对应的字符串的第一个字符组合成新串，添加到字符串表中，并使 OldCode＝Code；若没有，则将 OldCode 对应的字符串及 Code 的第一个字符组合成新串，输出新串，并把新串添加到字符串表中，修改 OldCode 为新串。

接收到编码 Code 等于 LZW_EOI 时,解码完毕。

LZW 编码有如下性质。

(1) 自适应性。

LZW 编码从一个空的符号串表开始工作,然后在编码过程中逐步生成表中的内容。从这个意义上讲,算法是自适应性的。

(2) 前缀性。

表中任何一个字符串的前缀字符串也在表中,即任何一个字符串 R 和某一个字符 S 组成一个字符串 RS,若 RS 在串表中,则 R 也在表中。字符串表是动态产生的。编码前可以将其初始化以包含所有的单字符串,在压缩过程中,串表中不断产生正在压缩的信息的新字符串(串表中没有的字符串),存储新字符串时也保存新字符串 RS 的前缀 R 相对应的码字。

(3) 动态性。

LZW 编码算法在编码过程中所建立的字符串表是动态生成的,因此在压缩文件中不必保存字符串表。

12.3 图像的有损压缩编码

对图像信源进行有损编码主要采用了两种基本方法:一种是预测编码,它的原理是根据图像的相关性先进行预测,再针对预测误差进行编码;另一种是变换编码,其目的是对图像信号进行去除相关性的处理,然后再将其作为独立信源对待。

12.3.1 预测编码

预测编码利用图像信号的空间或时间相关性,用已传输的一个或多个像素对当前像素进行预测,然后对预测值与真实值的差(即预测误差)进行编码处理和传输。由于图像相邻像素的相关性,预测误差远小于原图像,可用较少比特数表示,达到压缩编码的目的,该方式通常称作 DPCM(Differential Pulse Code Modulation,差分脉冲编码调制)。

1. 线性预测编码的基本原理

f_0 为当前待编码的像素,$\hat{f}_0$ 表示预测值,$f_1, f_2, \cdots, f_N$ 表示前面 N 个已编码像素,$\{\alpha_i | i = 1, 2, \cdots, N\}$ 表示预测系数,则有

$$\hat{f}_0 = \alpha_1 f_1 + \alpha_2 f_2 + \cdots + \alpha_N f_N = \sum_{i=1}^{N} \alpha_i f_i \tag{12-6}$$

$\hat{f}_0$ 预测值是通过前面 N 个像素的线性组合来生成的,因此是一种线性预测。N 是预测所取的样本数,也称预测器的阶数。当 $N = 1$ 时,称作 Δ 调制。

定义预测误差为

$$e_0 = f_0 - \hat{f}_0 \tag{12-7}$$

对预测误差 e_0 进行编码,框图如图 12-1(a)所示,求原始数据 f_0 与预测值 $\hat{f}_0$ 的误差 e_0,对 e_0 进行量化和编码,形成压缩数据输出;量化后的 e'_0 和 $\hat{f}_0$ 相加,重建当前数据 $\hat{f}'_0$,再对下一数据进行预测。图 12-1(b)所示为解码过程。可以看出,预测编码中有两个关键点:预测器的设计和量化器的设计。

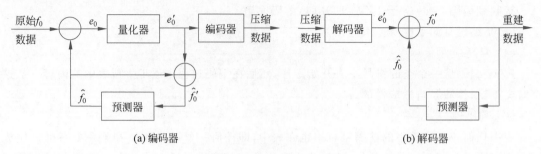

(a) 编码器　　　　　　　　　　　　　　　　　(b) 解码器

图 12-1　预测编码解码框图

2. 预测器设计

首先确定预测器的阶数 N，即确定预测器的输出是由多少个输入数据线性组合而成的。考虑到方便实现，N 不宜过高，应尽量减少乘法运算。

再求解预测系数，即选取适当的预测系数 α_i，实现最佳线性预测。定义预测误差的均方值：

$$\sigma_e^2 = E\left[(f_0 - \hat{f}_0)^2\right] \tag{12-8}$$

最佳线性预测是选择一组预测系数 $\{\alpha_i | i=1,2,\cdots,N\}$ 使得预测误差的均方误差值为最小。

要使均方误差值为最小，则有

$$\frac{\partial \sigma_e^2}{\partial \alpha_j} = 0 \tag{12-9}$$

由此解出 N 个预测系数，称为最佳预测系数。

图像编码预测的方式通常有两种：帧内预测和帧间预测。

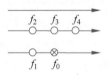

图 12-2　帧内预测

帧内预测利用帧内像素对当前像素进行预测，即 f_i 取自同一帧，利用的是图像的空域相关性。可以采用一维预测，即行内预测，用同一扫描行的相邻样值进行预测；也可以采用二维预测，即帧内预测，用同一扫描行和前面几行中的样值预测。图 12-2 所示即是帧内预测，采用相邻的 4 个像素预测当前像素 f_0，是一个四阶预测。帧内预测方法简单，易于硬件实现，但对信道噪声和误码敏感，会产生误码扩散。

帧间预测利用相邻帧已传像素对当前像素进行预测，即 f_i 取自不同帧，利用的是图像的时间相关性。帧内、帧间预测方法结合使用，预测效果更好。

3. 量化器设计

量化器将预测误差值进行量化，分为若干级别，为编码做准备。由于存在量化误差，导致信息丢失，设计时需考虑人眼特性，在不被人眼察觉的情况下，认为图像主观质量无下降。

量化器设计一般采用均匀量化，也可以使某个或某些衡量参数为最佳，这种量化方法称为最佳量化，可以把量化层数和量化误差作为标准：当量化器的层数 K 给定，根据量化误差均方值为极小值的方法设计；使量化器的量化层次尽量少，而保证量化误差不超出视觉可见度阈值。

常用的标量量化方法，将输入数据的整个动态范围分为若干小区间，每个小区间有一个代表值，也称码书，量化时，落入小区间的信号值就用这个码书代替。

12.3.2　变换编码

变换编码的基本思想是将空间域里描述的图像经过某种变换（常用的是二维正交变换，如

DFT、DCT、DWT等),在变换域中进行描述,达到改变能量分布的目的,图像能量在空间域的分散分布变为在变换域的能量相对集中分布,利用系数的分布特点和人类感觉特性,对系数进行量化、编码,达到压缩的目的。

图12-3是典型的变换编码系统。整个编码过程包括子块划分、正交变换、量化和编码;而解码过程正好相反,包括解码、反量化、逆变换、子块拼接。

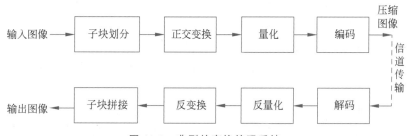

图 12-3 典型的变换编码系统

1. 子块划分

把输入的 $M \times N$ 图像分割为许多个 $n \times n$ 的图像方块,称为分块,每块称为子图像。子块尺寸是影响变换编码误差和计算复杂度的一个重要因素。子块不能过大,如太大,则像素间的相关性小;子块不能过小,太小,计算量大。一般子块的长和宽通常为2的整数次幂。典型的划分子块尺寸是 8×8 或 16×16,H.264中整数DCT取到 4×4。不足的部分补边缘像素。

2. 正交变换

假设以 1×2 像素构成一个子图像(即相邻两个像素组成的子图像),每个像素有8个可能灰度级,则两个像素有64种可能灰度组合,如图12-4(a)所示。空域中图像相邻像素之间存在很强相关性,相邻两像素灰度级相等或很接近,即在 $f_1 = f_2$ 直线附近出现概率大;在空域 $f_1 - f_2$ 坐标系中能量分布比较分散,两者 f_1、f_2 具有大致相同能量,两个分量都需进行相同编码。

进行正交变换,相当于进行45°的旋转,变成 $F_1 - F_2$ 坐标系,如图12-4(b)所示。由 $f_1 - f_2$ 中的能量分散分布变为 F_1 方向的集中分布,$F_1 F_2$ 之间的相关性小。正交变换实现了去相关,让能量集中于少数变换系数,使压缩成为可能。

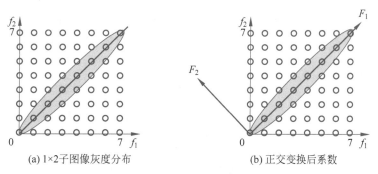

(a) 1×2子图像灰度分布   (b) 正交变换后系数

图 12-4 正交变换去除相关性示意

正交变换的选择取决于可允许的重建误差和计算要求。一般认为,一个能把最多的信息集中到最少的系数上去的变换所产生的重建误差最小。在理论上,K-L变换是所有正交变换中信息集中能力最优的变换,但K-L变换需要计算原图各子图像块的协方差矩阵,将特征向量作为变换后的基向量,依赖图像数据,每次都重新计算协方差矩阵,计算量大,不太实用。在实际中,通常采用的都是与输入图像无关且具有固定基图像的变换。相比较而言,DCT要比

DFT 具有更接近于 K-L 变换的信息集中能力,且最小化子图像块边缘上明显可见的块效应。因此,DCT 在实际的变换编码中应用最多,被认为是准最佳变换,被国际压缩标准采用。

3. 编码

编码常用两种思路:区域编码和阈值编码。

变换系数集中在低频区域,可对该区域的变换系数进行量化、编码、传输,对高频区域既不编码又不传输即可达到压缩目的,这称为变换区域编码。区域编码压缩比可达到 5∶1,缺点是高频分量被丢弃,图像可视分辨率下降。

阈值编码通过事先设定一个阈值,只对其变换系数的幅值大于此阈值的编码;在保留低频成分的同时,选择性地保留了高频成分,重建图像质量得到改善;但需要同时对系数所处的位置编码,复杂度提高。

变换编码是一种有失真编码,失真表现在:高频信息丢失或减少导致可分辨性下降,在图像灰度平坦区有颗粒噪声出现,产生方块效应。变换编码被国际标准所采用,实际编码细节在12.4 节学习。

12.4 JPEG 标准和 JPEG 2000

JPEG 是 ISO/IEC 和 ITU-T 的联合图片专家小组(Joint Photographic Experts Group)的缩写,该小组的任务是选择一种高性能的通用连续色调静止图像压缩编码技术。本节主要介绍传统的静止图像压缩标准 JPEG 和新一代静态图像编码标准 JPEG 2000。

12.4.1 JPEG 标准

JPEG 标准根据不同应用场合对图像的压缩要求,定义了如下 3 种不同的编码系统。

(1) 有损基本编码系统。该系统以 DCT 为基础,足够应付大多数压缩方面的应用。

(2) 扩展的编码系统。该系统面向的是更大规模的压缩、更高的精确性或逐渐递增的重构应用系统。

(3) 面向可逆压缩的无损独立编码系统。

所有符合 JPEG 标准的编解码器都必须支持基本系统,而其他系统则作为不同应用目的的选择项。JPEG 基本系统输入图像的精度为 8bit/px,以 8×8 块为单位进行处理,编码器框图如图 12-5 所示。

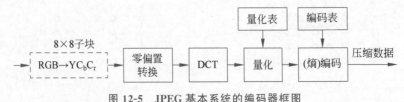

图 12-5　JPEG 基本系统的编码器框图

1. 分块与数据转换

由于人眼对亮度信号的变化比对色度信号的变化更加敏感,编码时可对亮度信号赋予更多码率,对色度信号给予较少码率。因此,为了实现图像中亮度信号与色度信号的分离,需要进行从 RGB 色彩空间到 YC_bC_r 色彩空间的转换。

2. 零偏置转换

在进行 DCT 前,需要对每个 8×8 的子图像块进行零偏置转换处理。

对于灰度级为 2^n 的 8×8 子图像块,像素值减去 2^{n-1}。例如,对于灰度级为 2^8 的图像块,就要将 $0\sim255$ 的值域通过减去 128 转换为值域在 $-128\sim127$ 的值。这样做的目的是大大减少像素绝对值出现 3 位十进制数的概率,提高计算效率。

3. DCT

8×8 的 DCT 公式定义为

$$F(u,v) = \frac{1}{4}C(u)C(v)\sum_{x=0}^{7}\sum_{y=0}^{7}f(x,y)\cos\frac{(2x+1)u\pi}{16}\cos\frac{(2y+1)v\pi}{16} \tag{12-10}$$

其中

$$C(u),C(v) = \begin{cases} 1/\sqrt{2}, & u,v=0 \\ 1, & u,v=1,2,\cdots,7 \end{cases} \tag{12-11}$$

并且

$$F(0,0) = \frac{1}{8}\sum_{x=0}^{7}\sum_{y=0}^{7}f(x,y) = 8\cdot\bar{f}(x,y) \tag{12-12}$$

位于原点的 DCT 系数值和子图像的平均灰度是成正比的。因此,把 $F(0,0)$ 系数称为直流系数,即 DC 系数,代表该子图像的平均亮度。其余 63 个系数称为交流系数,即 AC 系数。

4. 量化

量化将 DCT 系数除以量化步长再取整,如式(12-13)所示。通过量化,将小的系数变为 0,大的值缩小,便于进行编码。对于 8×8 子块中的每个点,量化步长不相等,对于低频系数,量化步长相对较小,高频系数对应的量化步长相对较大,达到了保持低频分量、抑制高频分量的目的。8×8 的量化步长构成了量化表,对亮度和色度分量不相同,如表 12-4 和表 12-5 所示。

$$S_q(u,v) = \text{round}\left(\frac{F(u,v)}{Q(u,v)}\right) \tag{12-13}$$

式中,$S_q(u,v)$ 为量化后的结果,$F(u,v)$ 为 DCT 系数,$Q(u,v)$ 为表 12-4 和表 12-5 所示量化表中的数值,round 表示四舍五入取整。

表 12-4　亮度信号量化表

v	u							
	0	1	2	3	4	5	6	7
0	16	11	10	16	24	40	51	61
1	12	12	14	19	26	58	60	55
2	14	13	16	24	40	57	69	56
3	14	17	22	29	51	87	80	62
4	18	22	37	56	68	109	103	77
5	24	35	55	64	81	104	113	92
6	49	64	78	87	103	121	120	101
7	72	92	95	98	112	100	103	99

表 12-5　色度信号量化表

v	u							
	0	1	2	3	4	5	6	7
0	17	18	24	47	99	99	99	99
1	18	21	26	66	99	99	99	99
2	24	26	56	99	99	99	99	99
3	47	66	99	99	99	99	99	99
4	99	99	99	99	99	99	99	99
5	99	99	99	99	99	99	99	99
6	99	99	99	99	99	99	99	99
7	99	99	99	99	99	99	99	99

5. 熵编码

JPEG 基本系统使用 Huffman 编码对 DCT 量化系数进行熵编码,进一步压缩码率。

1) DC 系数编码

DC 系数反映一个 8×8 子图像块的平均亮度,一般与相邻块有较大相关性。JPEG 对 DC 系数采用无失真的 DPCM 编码,即用前一个已编码子块的 DC 系数作为当前子块的 DC 系数预测值,再对实际值与预测值的差值 Δ 进行 Huffman 编码。

按照 Δ 的取值范围,JPEG 把 Δ 分为 12 类,如表 12-6 所示。编码时,将 Δ 表示为(符号 1,符号 2)的形式,符号 1 为从表 12-6 中查得的类别,实际上是用自然二进制码表示 Δ 所需的最少位数;符号 2 为实际的差值编码,大于或等于 0 时,编码为 Δ 的原码;否则,取 Δ 的反码。

表 12-6　DC 差值 Δ 类别及编码表

类　别	DC 差值 Δ 范围	亮度 Huffman 码	色度 Huffman 码
0	0	00	00
1	$-1,1$	010	01
2	$-3,-2,2,3$	011	10
3	$-7,\cdots,-4,4,\cdots,7$	100	110
4	$-15,\cdots,-8,8,\cdots,15$	101	1110
5	$-31,\cdots,-16,16,\cdots,31$	110	11110
6	$-63,\cdots,-32,32,\cdots,63$	1110	111110
7	$-127,\cdots,-64,64,\cdots,127$	11110	1111110
8	$-255,\cdots,-128,128,\cdots,255$	111110	11111110
9	$-511,\cdots,-256,256,\cdots,511$	1111110	111111110
10	$-1023,\cdots,-512,512,\cdots,1023$	11111110	1111111110
11	$-2047,\cdots,-1024,1024,\cdots,2047$	111111110	11111111110

2) AC 系数编码

首先采用 Z 形扫描,如图 12-6 所示,将子块的 63 个 AC 系数,低频系数在前,高频系数在后,转变成一个 1×63 的序列,表示成 $00\cdots0X,00\cdots0X,\cdots,00\cdots0X$ 的形式,X 为非 0 值,若干个 0 和一个非 0 值组成一个编码单位。

量化后,AC 系数中出现较多的 0,采用行程长度编码;非零值 X 按用二进制表示该值所需的最少位数分为 10 类,如表 12-7 所示。一个基本的编码单位表示为:(行程/类别,X 值)。符号 1(行程/类别)采用 Huffman 编码,JPEG 提供了码表;符号 2(X 值)采用自然二进制码。

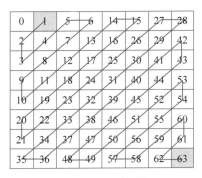

图 12-6　Z 形扫描

表 12-7　非零 AC 系数的类别表

类　别	非零 AC 系数	类　别	非零 AC 系数
1	$-1,1$	6	$-63,\cdots,-32,32,\cdots,63$
2	$-3,-2,2,3$	7	$-127,\cdots,-64,64,\cdots,127$
3	$-7,\cdots,-4,4,\cdots,7$	8	$-255,\cdots,-128,128,\cdots,255$
4	$-15,\cdots,-8,8,\cdots,15$	9	$-511,\cdots,-256,256,\cdots,511$
5	$-31,\cdots,-16,16,\cdots,31$	10	$-1023,\cdots,-512,512,\cdots,1023$

另有两个专用符号：ZRL(AC 符号 1 的一种，行程为 16)和 EOB(块结束标志，表示该块中剩余的系数都为 0)。在 JPEG 编码中，最大 0 行程只能等于 15。当 0 行程长度大于 16 时，需要将其分开进行多次编码，即对前面的每 16 个 0 以"F/0"(ZRL)表示，对剩余的继续编码。在每一个图像块的编码结束后需要加一个 EOB 块结束符号，用来表示该图像块的剩余 AC 系数均为 0。

非零 AC 系数的部分 Huffman 编码如表 12-8、表 12-9 所示。

表 12-8　亮度分量的非零 AC 系数的部分 Huffman 编码

行程/类别	码　字	码　长	行程/类别	码　字	码　长
0/0(EOB)	1010	4	1/5	11111110110	11
0/1	00	2	1/6	1111111110000100	16
0/2	01	2	1/7	1111111110000101	16
0/3	100	3	1/8	1111111110000110	16
0/4	1011	4	1/9	1111111110000111	16
0/5	11010	5	1/A	1111111110001000	16
0/6	1111000	7	2/1	11100	5
0/7	11111000	8	2/2	11111001	8
0/8	1111110110	10	2/3	1111110111	10
0/9	1111111110000010	16	2/4	111111110100	12
0/A	1111111110000011	16	2/5	1111111110001001	16
1/1	1100	4	2/6	1111111110001010	16
1/2	11011	5	2/7	1111111110001011	16
1/3	1111001	7	2/8	1111111110001100	16
1/4	111110110	9	2/9	1111111110001101	16

行程/类别	码　字	码　长	行程/类别	码　字	码　长
2/A	1111111110001110	16	7/2	111111110111	12
3/1	111010	6	7/3	1111111110101110	16
3/2	111110111	9	7/4	1111111110101111	16
3/3	111111110101	12	7/5	1111111110110000	16
3/4	1111111110001111	16	7/6	1111111110110001	16
3/5	1111111110010000	16	7/7	1111111110110010	16
3/6	1111111110010001	16	7/8	1111111110110011	16
3/7	1111111110010010	16	7/9	1111111110110100	16
3/8	1111111110010011	16	7/A	1111111110110101	16
3/9	1111111110010100	16	8/1	111111000	9
3/A	1111111110010101	16	8/2	111111111000000	15
4/1	111011	6	8/3	1111111110110110	16
4/2	1111111000	10	8/4	1111111110110111	16
4/3	1111111110010110	16	8/5	1111111110111000	16
4/4	1111111110010111	16	8/6	1111111110111001	16
4/5	1111111110011000	16	8/7	1111111110111010	16
4/6	1111111110011001	16	8/8	1111111110111011	16
4/7	1111111110011010	16	8/9	1111111110111100	16
4/8	1111111110011011	16	8/A	1111111110111101	16
4/9	1111111110011100	16	9/1	111111001	9
4/A	1111111110011101	16	9/2	1111111110111110	16
5/1	1111010	7	9/3	1111111110111111	16
5/2	11111110111	11	9/4	1111111111000000	16
5/3	1111111110011110	16	9/5	1111111111000001	16
5/4	1111111110011111	16	9/6	1111111111000010	16
5/5	1111111110100000	16	9/7	1111111111000011	16
5/6	1111111110100001	16	9/8	1111111111000100	16
5/7	1111111110100010	16	9/9	1111111111000101	16
5/8	1111111110100011	16	9/A	1111111111000110	16
5/9	1111111110100100	16	A/1	111111010	9
5/A	1111111110100101	16	A/2	1111111111000111	16
6/1	1111011	7	A/3	1111111111001000	16
6/2	111111110110	12	A/4	1111111111001001	16
6/3	1111111110100110	16	A/5	1111111111001010	16
6/4	1111111110100111	16	A/6	1111111111001011	16
6/5	1111111110101000	16	A/7	1111111111001100	16
6/6	1111111110101001	16	A/8	1111111111001101	16
6/7	1111111110101010	16	A/9	1111111111001110	16
6/8	1111111110101011	16	A/A	1111111111001111	16
6/9	1111111110101100	16	B/1	1111111001	10
6/A	1111111110101101	16	B/2	1111111111010000	16
7/1	11111010	8	B/3	1111111111010001	16

续表

行程/类别	码 字	码 长	行程/类别	码 字	码 长
B/4	1111111111010010	16	D/8	1111111111101000	16
B/5	1111111111010011	16	D/9	1111111111101001	16
B/6	1111111111010100	16	D/A	1111111111101010	16
B/7	1111111111010101	16	E/1	1111111111101011	16
B/8	1111111111010110	16	E/2	1111111111101100	16
B/9	1111111111010111	16	E/3	1111111111101101	16
B/A	1111111111011000	16	E/4	1111111111101110	16
C/1	1111111010	10	E/5	1111111111101111	16
C/2	1111111111011001	16	E/6	1111111111110000	16
C/3	1111111111011010	16	E/7	1111111111110001	16
C/4	1111111111011011	16	E/8	1111111111110010	16
C/5	1111111111011100	16	E/9	1111111111110011	16
C/6	1111111111011101	16	E/A	1111111111110100	16
C/7	1111111111011110	16	F/0(ZRL)	11111111001	11
C/8	1111111111011111	16	F/1	1111111111110101	16
C/9	1111111111100000	16	F/2	1111111111110110	16
C/A	1111111111100001	16	F/3	1111111111110111	16
D/1	11111111000	11	F/4	1111111111111000	16
D/2	1111111111100010	16	F/5	1111111111111001	16
D/3	1111111111100011	16	F/6	1111111111111010	16
D/4	1111111111100100	16	F/7	1111111111111011	16
D/5	1111111111100101	16	F/8	1111111111111100	16
D/6	1111111111100110	16	F/9	1111111111111101	16
D/7	1111111111100111	16	F/A	1111111111111110	16

表 12-9　色度分量的非零 AC 系数的部分 Huffman 编码

行程/类别	码 字	码 长	行程/类别	码 字	码 长
0/0(EOB)	00	2	1/5	11111110110	11
0/1	01	2	1/6	111111110101	12
0/2	100	3	1/7	1111111110001000	16
0/3	1010	4	1/8	1111111110001001	16
0/4	11000	5	1/9	1111111110001010	16
0/5	11001	5	1/A	1111111110001011	16
0/6	111000	6	2/1	11010	5
0/7	1111000	7	2/2	11110111	8
0/8	111110100	9	2/3	1111110111	10
0/9	1111110110	10	2/4	111111110110	12
0/A	111111110100	12	2/5	111111111000010	15
1/1	1011	4	2/6	1111111110001100	16
1/2	111001	6	2/7	1111111110001101	16
1/3	11110110	8	2/8	1111111110001110	16
1/4	111110101	9	2/9	1111111110001111	16

行程/类别	码　字	码　长	行程/类别	码　字	码　长
2/A	1111111110010000	16	7/2	11111111000	11
3/1	11011	5	7/3	1111111110101111	16
3/2	11111000	8	7/4	1111111110110000	16
3/3	1111111000	10	7/5	1111111110110001	16
3/4	111111110111	12	7/6	1111111110110010	16
3/5	1111111110010001	16	7/7	1111111110110011	16
3/6	1111111110010010	16	7/8	1111111110110100	16
3/7	1111111110010011	16	7/9	1111111110110101	16
3/8	1111111110010100	16	7/A	1111111110110110	16
3/9	1111111110010101	16	8/1	11111001	8
3/A	1111111110010110	16	8/2	1111111110110111	16
4/1	111010	6	8/3	1111111110111000	16
4/2	111110110	9	8/4	1111111110111001	16
4/3	1111111110010111	16	8/5	1111111110111010	16
4/4	1111111110011000	16	8/6	1111111110111011	16
4/5	1111111110011001	16	8/7	1111111110111100	16
4/6	1111111110011010	16	8/8	1111111110111101	16
4/7	1111111110011011	16	8/9	1111111110111110	16
4/8	1111111110011100	16	8/A	1111111110111111	16
4/9	1111111110011101	16	9/1	111110111	9
4/A	1111111110011110	16	9/2	1111111111000000	16
5/1	111011	6	9/3	1111111111000001	16
5/2	1111111001	10	9/4	1111111111000010	16
5/3	1111111110011111	16	9/5	1111111111000011	16
5/4	1111111110100000	16	9/6	1111111111000100	16
5/5	1111111110100001	16	9/7	1111111111000101	16
5/6	1111111110100010	16	9/8	1111111111000110	16
5/7	1111111110100011	16	9/9	1111111111000111	16
5/8	1111111110100100	16	9/A	1111111111001000	16
5/9	1111111110100101	16	A/1	111111000	9
5/A	1111111110100110	16	A/2	1111111111001001	16
6/1	1111001	7	A/3	1111111111001010	16
6/2	11111110111	11	A/4	1111111111001011	16
6/3	1111111110100111	16	A/5	1111111111001100	16
6/4	1111111110101000	16	A/6	1111111111001101	16
6/5	1111111110101001	16	A/7	1111111111001110	16
6/6	1111111110101010	16	A/8	1111111111001111	16
6/7	1111111110101011	16	A/9	1111111111010000	16
6/8	1111111110101100	16	A/A	1111111111010001	16
6/9	1111111110101101	16	B/1	111111001	9
6/A	1111111110101110	16	B/2	1111111111010010	16
7/1	1111010	7	B/3	1111111111010011	16

续表

行程/类别	码 字	码 长	行程/类别	码 字	码 长
B/4	1111111111010100	16	D/8	1111111111101011	16
B/5	1111111111010101	16	D/9	1111111111101100	16
B/6	1111111111010110	16	D/A	1111111111101101	16
B/7	1111111111010111	16	E/1	1111111111101110	16
B/8	1111111111011000	16	E/2	1111111111101111	16
B/9	1111111111011001	16	E/3	1111111111110000	16
B/A	1111111111011010	16	E/4	1111111111110001	16
C/1	111111010	9	E/5	1111111111110010	16
C/2	1111111111011011	16	E/6	1111111111110011	16
C/3	1111111111011100	16	E/7	1111111111110100	16
C/4	1111111111011101	16	E/8	1111111111110101	16
C/5	1111111111011110	16	E/9	1111111111110110	16
C/6	1111111111011111	16	E/A	1111111111110111	16
C/7	1111111111100000	16	F/0(ZRL)	1111111010	10
C/8	1111111111100001	16	F/1	111111111000011	15
C/9	1111111111100010	16	F/2	1111111111110110	16
C/A	1111111111100011	16	F/3	1111111111110111	16
D/1	1111111111100100	16	F/4	1111111111111000	16
D/2	1111111111100101	16	F/5	1111111111111001	16
D/3	1111111111100110	16	F/6	1111111111111010	16
D/4	1111111111100111	16	F/7	1111111111111011	16
D/5	1111111111101000	16	F/8	1111111111111100	16
D/6	1111111111101001	16	F/9	1111111111111101	16
D/7	1111111111101010	16	F/A	1111111111111110	16

【例 12.4】 一个 8×8 的亮度分量子图像块,如图 12-7(a)所示,对其进行 JPEG 基本编码(假设相邻前一个 8×8 的亮度分量子图像块经处理后的量化 DC 系数为 0)。

解:第一步 对该 8×8 的亮度子块进行以下计算步骤处理:零偏置转换;正向 DCT;量化 DCT 系数。分步骤计算结果如图 12-7(b)、图 12-7(c)、图 12-7(d)所示。

第二步 对图 12-7(d)所示的量化 DCT 系数矩阵,进行熵编码。

(1) 对于 DC 系数,其 DC 差值 $DIFF = -35 - 0 = -35$,查表 12-6,可得 Δ 的符号 1 的 Huffman 码字为 1110,符号 2 为 35 的反码 011100,因此,DC 系数的编码为 1110 0111 00。

$$
\begin{bmatrix}
16 & 11 & 10 & 16 & 24 & 40 & 51 & 61 \\
12 & 12 & 14 & 19 & 26 & 58 & 60 & 55 \\
14 & 13 & 16 & 24 & 40 & 57 & 69 & 56 \\
14 & 17 & 22 & 29 & 51 & 87 & 80 & 62 \\
18 & 22 & 37 & 56 & 68 & 109 & 103 & 77 \\
24 & 35 & 35 & 64 & 81 & 104 & 113 & 92 \\
49 & 64 & 78 & 87 & 103 & 121 & 120 & 101 \\
72 & 92 & 95 & 98 & 112 & 100 & 103 & 99
\end{bmatrix}
\qquad
\begin{bmatrix}
-112 & -117 & -118 & -112 & -104 & -88 & -77 & -67 \\
-116 & -116 & -114 & -109 & -102 & -70 & -68 & -73 \\
-114 & -115 & -112 & -104 & -88 & -71 & -59 & -72 \\
-114 & -111 & -106 & -99 & -77 & -41 & -48 & -66 \\
-110 & -106 & -91 & -72 & -60 & -19 & -25 & -51 \\
-104 & -93 & -93 & -64 & -47 & -24 & -15 & -36 \\
-79 & -64 & -50 & -41 & -25 & -7 & -8 & -27 \\
-55 & -36 & -33 & -30 & -16 & -28 & -25 & -29
\end{bmatrix}
$$

(a) 8×8 的亮度分量子图像块   (b) 零偏置转换

图 12-7 JPEG 基本系统编码算法的分解

$$\begin{bmatrix} -565 & -170 & -14 & 33 & -28 & 8 & -2 & -6 \\ -192 & 0 & 37 & 2 & 5 & 4 & 8 & -4 \\ 34 & 45 & 10 & -24 & 14 & -10 & -4 & 6 \\ -6 & -31 & 1 & 4 & 1 & 6 & 0 & -7 \\ 4 & 13 & -1 & -2 & 2 & -4 & 4 & 0 \\ 0 & -3 & 2 & 0 & -2 & 1 & 3 & 0 \\ -13 & 4 & 6 & -4 & 11 & -2 & -10 & 4 \\ 11 & 1 & -5 & -3 & 0 & 5 & 2 & 2 \end{bmatrix} \qquad \begin{bmatrix} -35 & -15 & -1 & 2 & -1 & 0 & 0 & 0 \\ -16 & 0 & 3 & 0 & 0 & 0 & 0 & 0 \\ 2 & 3 & 1 & -1 & 0 & 0 & 0 & 0 \\ 0 & -2 & 0 & 0 & 0 & 0 & 0 & 0 \\ 0 & 1 & 0 & 0 & 0 & 0 & 0 & 0 \\ 0 & 0 & 0 & 0 & 0 & 0 & 0 & 0 \\ 0 & 0 & 0 & 0 & 0 & 0 & 0 & 0 \\ 0 & 0 & 0 & 0 & 0 & 0 & 0 & 0 \end{bmatrix}$$

（c）正向 DCT 　　　　　　　　　（d）量化 DCT 系数

图 12-7 （续）

（2）对于 63 个 AC 系数，将其按照 Z 形（Zig-zag）方式扫描可得以下一维序列：

$-15,-16,2,0,-1,2,3,3,0,0,-2,1,0,-1,0,0,-1,0,1,\text{EOB}$

其中有 12 个非零系数，查表 12-7，将每个编码单元表达为（行程/类别，X）形式，查表 12-8 获得"行程/类别"对应的码字，"X"对应码字为 X 的自然二进制码，得到结果如表 12-10 所示。

表 12-10　例 12.4 的结果

编码单元	-15	-16	2	$0,-1$	2	3	3
表示	$(0/4,-15)$	$(0/5,-16)$	$(0/2,2)$	$(1/1,-1)$	$(0/2,2)$	$(0/2,3)$	$(0/2,3)$
码字	1011,0000	11010,01111	01,10	1100,0	01,10	01,11	01,11
编码单元	$0,0,-2$	1	$0,-1$	$0,0,-1$	$0,1$	EOB	
表示	$(2/2,-2)$	$(0/1,1)$	$(1/1,-1)$	$(2/1,-1)$	$(1/1,1)$	EOB	
码字	11111001,01	00,1	1100,0	11100,0	1100,1	1010	

有 AC 系数的编码输出为

10110000　1101001111　0110　11000　0110　0111　0111　1111100101　001　11000　111000
11001 1010

因此，量化 DCT 系数矩阵的总的熵编码输出为

1110011100　10110000　1101001111　0110　11000　0110　0111　0111　1111100101　001　11000
111000　11001　1010

8 位一个单元，用十进制数存储，即 231 44 52 246 195 59 252 167 28 102 2。

可以看出，编码后总的比特数为 78b，而编码前总的比特数为 $8\times8\times8=512\text{b}$，则得压缩比

$$r = \frac{512}{78} \approx 6.56$$

通常情况下，JPEG 算法的平均压缩比为 15∶1，当压缩比大于 50 倍时将可能出现方块效应。这一标准适用于黑白及彩色照片、传真和印刷图片。

6. JPEG 文件

JPEG 文件采用分段存储方式，但存储内容并不是全部都是段，段的多少和长度并不是一定的，只要包含了足够的信息，该 JPEG 文件就能够被打开。每个段都一定包含段的标识和长度，这两部分都由 2 字节构成。标识的第一个字节是 0xFF，第二个字节 0xXX，对于不同的段，这两个字节的值是不同的。标识的 2 字节不算到段的长度中。

JPEG 文件一般由下面的 8 部分组成。

（1）图像开始（Start of Image，SOI）标记 0xFFD8。

（2）APP0 段。依次包括以下内容。

① 标记：0xFFE0,2 字节。

② 长度：2 字节。

③ 标识符：5 字节,JFIF 的识别码。

④ 版本号：2 字节。

⑤ X 和 Y 的密度单位：1 字节,取 0 表示无单位,取 1 表示点数/英寸,取 2 表示点数/厘米。

⑥ X 方向像素密度：2 字节。

⑦ Y 方向像素密度：2 字节。

⑧ 缩略图水平像素数目：1 字节。

⑨ 缩略图垂直像素数目：1 字节。

⑩ 缩略图 RGB 位图：每像素 3 字节。

(3) APPn 段。依次包括以下内容。

① APPn 标记,其中 $n = 1 \sim 15$(任选)。

② APPn 长度。

③ 应用详细信息。

(4) 一个或多个量化表。依次包括以下内容。

① 标记：0xFFDB,2 字节。

② 长度：2 字节。

③ 量化表数目：1 字节,高 4 位表示量化表的数据精确度,取 0 时每个量化值为 8 位,取 1 时每个量化值为 16 位；低 4 位是量化表的编号,取值在 $0 \sim 3$。在基本系统中,高 4 位为 0,低 4 位为 $0 \sim 1$,即最多有两个量化表。

④ 量化表：量化表的值,Z 形排列,共 64 个,每个值的位数由量化表数目的高 4 位确定。

(5) 帧图像开始段。包括以下内容。

① 标记：2 字节,不同的 JPEG 编码系统,标记不一样,在基本 DCT 编码系统中,标记为 0xFFC0。

② 长度：2 字节。

③ 精度：每个颜色分量中每个像素的位数,1 字节,在基本系统中为 0x08。

④ 图像高度：2 字节。

⑤ 图像宽度：2 字节。

⑥ 颜色分量数：1 字节,取 1 表示灰度图,取 3 表示真彩图。

⑦ 各颜色分量参数：共 3 字节。

- ID：1 字节。

- 垂直方向的样本因子。

- 水平方向的样本因子。

- 量化表号：1 字节。

(6) 一个或者多个 Huffman 表。包括以下内容。

① 标记：0xFFC4。

② 长度：2 字节。

③ 类型：和下一项"索引"共用 1 字节,这一项为高 4 位,在基本系统中,取 0 表示 DC 码表,取 1 表示 AC 码表。

④ 索引：1 字节的低 4 位,码表编号,在基本系统中,取 0 或 1,也就是说基本系统中最多

有 4 个码表。

⑤ 位表：L1～L16，每个 Ln 占 1 字节，表示每个 n 位的 Huffman 码字的个数。

⑥ 值表：每个 Huffman 码字所对应的值，即前面所讲的符号 1。

(7) 扫描开始。包括以下内容。

① 标记：0xFFDA，2 字节。

② 长度：2 字节。

③ 颜色分量数：同前述的帧图像开始段中的颜色分量数一样，1 字节。

④ 各个颜色分量采用的码表：2 字节。

- ID：1 字节。
- AC 系数表号：与下一项"DC 系数表号"共用 1 字节，这一项为低 4 位。
- DC 系数表号：字节的高 4 位。

⑤ 谱选择：3 字节，在基本系统中为 0x00、0x3F、0x00。

⑥ 压缩图像数据：码流，以 0x3F 结束，8 位为一个单元，以十进制数表示。

(8) 图像结束标识 0xFFD9。

其他更多的段及标记不再赘述。需要注意的是，JPEG 文件中的字节是按照正序排列的，例如，十六进制数为 0xA02B，正序存放就是 A02B，逆序存放就是 2BA0。

OpenCV 中的 imencode 函数可以将数据矩阵编码为指定格式的字节流，方便图像的存储、传输和处理，当指定格式为 JPEG 时，按照例 12.4 的过程进行编码，其调用格式如下：

```
cv.imencode(ext, img[, params]) -> retval, buf
```

参数 ext 指定编码格式，params 设置存储模式，同 imwrite 函数参数 params 含义一致；对于 JPEG 文件，params 取 cv.IMWRITE_JPEG_QUALITY 时设置编码质量，取值在 0～100，取值越大质量越好，默认为 95；不同质量参数对应的量化表不同，当取值为 50 时，量化表如表 12-4 所示。输出 retval 是布尔变量，表示编码是否成功；buf 是输出的字节流，包含 JPEG 文件的完整数据。

imdecode 函数可以将字节流解码转换为数据矩阵，其调用格式如下：

```
cv.imdecode(buf, flags) -> retval
```

参数 buf 是字节流，flags 设置读取图像模式，同 imread 函数的 flags 参数一致。

【例 12.5】 编写程序，对例 12.4 中的亮度分量子图像块进行 JPEG 编码以及解码。

解：设计思路如下。

可以按照例 12.4 所示过程进行编码，需要先储存好量化表、码表，方便查询。本例中采用 imencode 编码并显示编码字节流，采用 imdecode 解码恢复数据矩阵。

```
import cv2 as cv
import numpy as np
f = np.array([[16, 11, 10, 16, 24, 40, 51, 61], [12, 12, 14, 19, 26, 58, 60, 55],
              [14, 13, 16, 24, 40, 57, 69, 56], [14, 17, 22, 29, 51, 87, 80, 62],
              [18, 22, 37, 56, 68, 109, 103, 77], [24, 35, 35, 64, 81, 104, 113, 92],
              [49, 64, 78, 87, 103, 121, 120, 101], [72, 92, 95, 98, 112, 100, 103, 99]])
encode_param = [int(cv.IMWRITE_JPEG_QUALITY), 50]          # 设置质量参数
flag, stream = cv.imencode('.jpg', f, encode_param)        # 编码
for i in range(len(stream)):
    if (stream[i] == 255) and (stream[i + 1] == 218):      # 查找扫描开始段 0xFFDA
        num = stream[i + 2] * 256 + stream[i + 3]          # 获取段长度
        code = stream[i + 2 + num:]                        # 获取编码字节流
```

```
        print('编码为', code)
        break
out = cv.imdecode(stream, cv.IMREAD_GRAYSCALE)                    # 解码
print('解码为\n ', out)
```

运行程序,输出结果如下。

```
编码为[231 44 52 246 195 59 252 167 28 102 191 255 217]
解码为
[[ 15 18 15 10 20 41 56 60]
 [ 12 14 13 14 28 50 62 61]
 [ 15 16 16 22 42 63 66 58]
 [ 21 22 24 35 59 79 75 60]
 [ 21 26 33 50 78 99 95 79]
 [ 26 35 49 67 94 114 114 101]
 [ 49 61 74 86 101 115 114 104]
 [ 76 88 97 99 102 107 103 94]]
```

编码字节流中最后 2 字节"255 217"是图像结束标识 0xFFD9,编码的最后 1 字节"191"其实是由码流的最后两位"10"和结束标志"111111"(0x3F)构成,和例 12.4 结果一致。解码结果和原矩阵有所区别,这是因为本例采用的是有损编码方式。可以对照文件头各部分内容查看完整的 stream 数组。

12.4.2　JPEG 2000

JPEG 2000 是 JPEG 工作组制定的新的静止图像压缩编码的国际标准,其克服了传统 JPEG 基本系统的抗干扰能力差和在高压缩比情况下可能出现严重方块效应的缺陷。这主要在于它放弃了 JPEG 所采用的以 DCT 为主的区块编码方式,而采用以 DWT 为主的多解析编码方式。

JPEG 2000 编码器结构框图如图 12-8 所示。

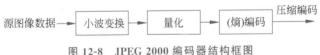

图 12-8　JPEG 2000 编码器结构框图

整个 JPEG 2000 的编码过程可概括如下。

(1) 把原图像分解成各个成分(亮度信号和色度信号)。

(2) 把图像和它的各个成分分解成矩形图像片,图像片是原始图像和重建图像的基本处理单元。

(3) 对每个图像片实施小波变换。

(4) 对分解后的小波系数进行量化并组成矩形的编码块(Code-Block)。

(5) 对在编码块中的系数进行"位平面"熵编码。

(6) 为使码流具有容错性,在码流中添加相应的标识符(Maker)。

(7) 可选的文件格式用来描述图像和它的各个成分的意义。

在 JPEG 2000 中,其核心算法是优化截断嵌入式块编码(Embedded Block Coding with Optimized Truncation,EBCOT),它不仅能实现对图像的有效压缩,同时产生的码流具有分辨率可伸缩性、信噪比可伸缩性、随机访问和处理等非常好的特性。而这些特性正是 JPEG 2000 标准所要实现的,所以联合图片专家组才以该算法作为 JPEG 2000 的核心算法。

需要强调的是,JPEG 2000 不仅提供了比 JPEG 基本系统更高的压缩效率,而且提供了一

种对图像的新的描述方法,可以用单一码流提供适应多种应用的性能。

JPEG 2000 与 JPEG 基本系统相比具有以下优点。

(1) 高压缩率。

(2) 无损压缩和有损压缩。

(3) 渐进传输。

(4) 感兴趣区域压缩。

(5) 码流的随机访问和处理。

(6) 容错性。

(7) 开放的框架结构。

(8) 基于内容的描述。

习题

12.1 试对图像 $f=\begin{bmatrix} 0 & 0 & 0 & 0 & 1 & 1 & 1 & 2 \\ 0 & 0 & 0 & 0 & 1 & 1 & 2 & 3 \\ 1 & 1 & 1 & 1 & 1 & 2 & 2 & 3 \\ 2 & 2 & 2 & 2 & 2 & 2 & 2 & 3 \\ 3 & 3 & 3 & 3 & 3 & 3 & 3 & 3 \\ 3 & 3 & 3 & 3 & 3 & 4 & 4 & 5 \\ 4 & 4 & 4 & 4 & 4 & 4 & 4 & 5 \\ 6 & 6 & 6 & 6 & 7 & 7 & 5 & 5 \end{bmatrix}$ 进行 Huffman 编码,并求其平均码长。

(要求写出 Huffman 编码过程及对图像中不同字符赋予的码字)

12.2 已知信源符号集 $X=\{a_1,a_2\}=\{0,1\}$,符号产生概率为 $p(a_1)=1/4,p(a_2)=3/4$,试对序列 1011 进行算术编码。

12.3 对 4×4 的 8b 图像 $f=\begin{bmatrix} 39 & 39 & 126 & 126 \\ 39 & 39 & 126 & 126 \\ 39 & 39 & 126 & 126 \\ 39 & 39 & 126 & 126 \end{bmatrix}$ 进行 LZW 编码,写出具体编码过程,并求压缩比。

12.4 图像的正交变换本身能不能压缩数据?为什么?试画出变换编码原理框图。

12.5 在预测编码系统中,可能引起图像失真的主要原因是什么?为什么?

12.6 试画出静止图像编码国际标准 JPEG 的原理框图。

12.7 在 JPEG 编码系统中,一个 8×8 的亮度子块经过 DCT 和量化后的系数矩阵如图 12-9 所示。设前一个子块的 DC 系数为 14,

(1) 计算系数的 Zig-zag 扫描序列输出;

(2) 计算 DC 系数编码输出;

(3) 计算 AC 系数编码输出;

(4) 计算数据的压缩比(如果压缩前每像素占 8b)。

$$\begin{bmatrix} 15 & 6 & 0 & 0 & 0 & 0 & 0 & 0 \\ -3 & 0 & 2 & 0 & 0 & 0 & 0 & 0 \\ 1 & 1 & 0 & 0 & 0 & 0 & 0 & 0 \\ 0 & 0 & 0 & 0 & 0 & 0 & 0 & 0 \\ 0 & 0 & 0 & 0 & 0 & 0 & 0 & 0 \\ 0 & 0 & 0 & 0 & 0 & 0 & 0 & 0 \\ -2 & 0 & 0 & 0 & 0 & 0 & 0 & 0 \\ 0 & 0 & 0 & 0 & 0 & 0 & 0 & 0 \end{bmatrix}$$

图 12-9 题 12.7 图

参 考 文 献

[1] SONKA M,HLAVAC V,BOYLE R.图像处理、分析与机器视觉[M].兴军亮,艾海舟,等译.4 版.北京:清华大学出版社,2016.

[2] 章毓晋.图像工程[M].4 版.北京:清华大学出版社,2018.

[3] SZELISKI R.计算机视觉:算法与应用[M].艾海舟,兴军亮,等译.北京:清华大学出版社,2020.

[4] 胡威捷,汤顺青,朱正芳.现代颜色技术原理及应用[M].北京:北京理工大学出版社,2007.

[5] 寿天德.视觉信息处理的脑机制[M].2 版.合肥:中国科学技术大学出版社,2010.

[6] 谢凤英.数字图像处理及应用[M].2 版.北京:电子工业出版社,2016.

[7] KEYS R G. Cubic convolution interpolation for digital image processing[J]. IEEE Transactions on Acoustics,Speech and Signal Processing,1981,ASSP-29(6): 1153-1160.

[8] PARKER J A, KENYON R V, TROXEL D E. Comparison of interpolating methods for image resampling[J]. IEEE Transactions on Medical Imaging,1983,MI-2(1): 31-39.

[9] 李水根,吴纪桃.分形与小波[M].北京:科学出版社,2002.

[10] 唐向宏,李齐良.时频分析与小波变换[M].北京:科学出版社,2008.

[11] BURRUS C S,GOPINATH R A,GUO H.小波与小波变换导论[M].程正兴,译.北京:机械工业出版社,2007.

[12] 程正兴,杨守志,冯晓霞.小波分析的理论、算法、进展和应用[M].北京:国防工业出版社,2007.

[13] ZUIDERVELD K. Contrast limited adaptive histogram equalization[J]. Graphics Gems IV,1994: 474-485.

[14] TOMASI C,MANDUCHI R. Bilateral filtering for gray and color images[C]//In the Proceedings of the IEEE Interational Conference on Computer Vision. Piscataway: IEEE Press,1998: 839-846.

[15] CANNY J. A computational approach to edge detection[J]. IEEE Transactions on Pattern Analysis and Machine Intelligence,1986(6): 679-698.

[16] RICHARDSON W H. Bayesian-based iterative method of image restoration[J]. Journal of the Optical Society of America,1972. 62(1): 55-59.

[17] LUCY L B. An iterative technique for the rectification of observed distributions[J]. The Astronomical Journal,1974,79 (6): 745-754.

[18] LAND E H. The Retinex theory of color vision[J]. Scientific American,1977,237: 108-129.

[19] RAHMAN Z,JOBSON D J,WOODELL G A. Retinex processing for automatic image enhancement[J]. Journal of Electronic Imaging,2004,13(1): 100-110.

[20] CHENG D L,PRICE B,COHEN C,et al. Effective learning-based illuminant estimation using simple features[C]//In the Proceedings of IEEE Conference on Computer Vision and Pattern Recognition. Piscataway: IEEE Press,2015: 1000-1008.

[21] REINHARD E,ASHIKHMIN M,GOOCH B,et al. Color transfer between images[J]. IEEE Computer Graphics and Applications,2002,21(5): 34-41.

[22] GUNILLA B. Distance transformations in digital images[J]. Computer Vision, Graphics, and Image Processing,1986,34(3): 344-371.

[23] FERNAND M. Color image segmentation[C]//In Proceedings of International Conference on Image Processing and its Applications. [S. l. : s. n.],1992: 303-306.

[24] REN X F,MALIK J. Learning a classification model for segmentation[J]. International Conference on Computer Vision,2003: 10-17.

[25] ACHANTA R,SHAJI A,SMITH K,et al. SLIC superpixels compared to state-of-the-art superpixel methods[J]. IEEE Transactions on Pattern Analysis and Machine Intelligence, 2012, 34 (11): 2274-2282.

［26］ KASS M，WITKIN A，TERZOPOULOS D. Snakes：active contour models［J］. International Journal of Computer Vision，1988，1（4）：321-331.

［27］ TONY F C，LUMINITA A V. Active contours without edges［J］. IEEE Transactions on Image Processing，2001，10（2）：266-277.

［28］ CASELLES V，KIMMEL R，SAPIRO G. Geodesic active contours［J］. International Journal of Computer Vision，1997，22（1）：61-79.

［29］ BOYKOV Y，JOLLY M. Interactive graph cuts for optimal boundary & region segmentation of objects in N-D images［C］//In Proceedings of International Conference on Computer Vision. ［S. l. ：s. n. ］，2001（1）：105-112.

［30］ LI Y，SUN J，TANG C K，et al. Lazy snapping［C］//In the Proceedings of International Conference on Computer Graphics and Interactive Techniques. ［S. l. ：s. n. ］，2004：303-308.

［31］ HERMANN S，KLETTE R. A comparative study on 2D curvature estimators［C］//In the Proceedings of the International Conference on Computing：Theory and Applications. ［S. l. ： s. n. ］，2007.

［32］ HERMANN S，KLETTE R. Multigrid analysis of curvature estimators［C］//In the Proceedings of Conference：IVCNZ. ［S. l. ： s. n. ］，2003.

［33］ OJALA T，PIETIKÄINEN M，HARWOOD D. Performance evaluation of texture measures with classification based on kullback discrimination of distributions［C］//In the Proceedings of the 12th IAPR International Conference on Pattern Recognition. Washington DC：IEEE Computer Society Press，1994：582-585.

［34］ OJALA T，PIETIKÄINEN M，HARWOOD D. A comparative study of texture measures with classification based on feature distributions［J］. Pattern Recognition，1996，29：51-59.

［35］ ADE F. Characterization of textures by 'Eigenfilters'［J］. Signal Processing，1983，5：451-457.

［36］ AHONEN T，HADID A，PIETIKÄINEN M. Face recognition with local binary patterns［J］. European Conference on Computer Vision，2004，3021（12）：469-481.

［37］ HARRIS C，STEPHENS M. A combined corner and edge detector［C］//In Proceedings of Alvey Vision Conference. ［S. l. ： s. n. ］，1988.

［38］ ROSTEN E，PORTER R，DRUMMOND T. Faster and better：a machine learning approach to corner detection［J］. IEEE Transactions on Software Engineering，2010，32（1）：105-119.

［39］ BALLARD D. Generalizing the hough transform to detect arbitrary shapes［J］. Pattern Recoqnition，1981，13（2）：111-122.

［40］ GIOI R G，JAKUBOWICZ J E，MOREL J M，et al. LSD：a line segment detector［J］. Image Processing on Line，2012，2（4）：35-55.

［41］ David G. Lowe. distinctive image features from scale-invariant keypoints［J］. International Journal of Computer Vision，2004，60（2）：91-110.

［42］ BAY H，ESS A，TUYTELAARS T，et al. SURF：speeded up robust features［J］. Computer Vision and Image Understanding，2008，110（3）：346-359.

［43］ LEUTENEGGER S，CHLI M，ROLAND Y，et al. BRISK：binary robust invariant scalable keypoints［C］//In the Proceedings of International Conference on Computer Vision. ［S. l. ： s. n. ］，2011：2548-2555.

［44］ NISTÉR D，STEWÉNIUS H. Linear time maximally stable extremal regions［C］//In the Proceedings of European Conference on Computer Vision. ［S. l. ： s. n. ］，2008：183-196.

［45］ DALAL N，TRIGGS B. Histograms of oriented gradients for human detection［C］//In the Proceedings of IEEE Computer Society Conference on Computer Vision and Pattern Recognition. Washington DC：IEEE Computer Society Press，2005：886-893.

［46］ STÉFAN D W，JOHANNES L，SCHÖNBERGER J N，et al. Scikit-image：image processing in Python［J］. PeerJ，2014，2：e453.